NEW WCDP 新文京開發出版股份有限公司
新世紀・新視野・新文京 — 精選教科書・考試用書・專業參考書

New Wun Ching Developmental Publishing Co., Ltd.

New Age · New Choice · The Best Selected Educational Publications — NEW WCDP

Fourth Edition

Modern Human Resource Management

現代人力資源管理

總校閱 丘周剛

編 著

丘周剛 田靜婷
林欣怡 林俊宏
高文彬 徐克成
劉敏熙 劉嘉雯
羅心妤

第四版

PREFACE

序言

前美國奇異(GE)集團總裁傑克・威爾許(Jack Welch)是著名的管理大師，曾經對於他所扮演的角色做出下列之敘述：「其實，我只要做三件事：挑選適當人才，把資金做適當分配，以及像光速般超快地把構想從一個部門傳遞至其他部門。」，中國創辦阿里巴巴集團，打造淘寶帝國的馬雲，他也認為，「企業不應該去費力挖角，最好的人才一定是自己發現、培養和訓練出來的。」企業應該努力培養年輕人成為團隊有力的一份子。眾所皆知，奇異公司是一個巨大之集團，總裁能夠如此輕鬆，主要即在於能夠有效地運用公司的人力資源。所謂「人力資源(human resource)」係指與組織內員工有關的所有資源而言，包括員工性別、年齡、知識、人數、素質、工作技能、動機與態度。人力資源管理(human resource management)是指有效發展組織成員的工作潛力、擴大成員參與組織決定，以同時滿足個人目標與組織目標的一套原理原則與方法。所有管理者的管理工作無不涉及規劃(planning)、組織(organizing)、用人(staffing)、領導(leading)與控制(controlling)等五項基本管理功能，可知「人力資源管理」是管理學中重要的研究課題，也是實務應用最廣泛的領域。

近年來，國內學術界對於人力資源管理日趨重視，相關的科系以及課程也積極投入人力資源管理的研究當中。尤其自 2019 年 COVID-19 傳播以來，改寫了諸多人力資源管理與理論，本書修訂加入諸多新理論與觀念，內容包羅人力資源管理與發展，適合國內大專院校開設人力資源管理課程作為主要及輔助教材，作者群皆為大專院校富教學與研究經驗的學者，內容的寫作上兼具理論與實務的介紹，頗能符合一般技專院校學生程度及其學習需求。

本書之撰寫為作者多年教學經驗與研究所得，並加入先進的人力資源發展與管理概念，如核心能力，組織學習，知識管理等，適合做為相關領域教學與研究之參考。因此，無論是作為大學課程的入門教科書或是進階的進修教科書，本書皆能符合各階段的學習需求，提供完整而清晰的概念。

此外，由於本書對於人力資源管理的實務皆分門別類地加以具體介紹，並輔以個案加強說明，對於實際應用人力資源管理的實務界人士而言，本書能提供一個清楚的實務架構，協助組織發展專家或組織中相關的人員更深入了解組織發展的實務運作，並能加以運用。

編撰委員暨總校閱

國立政治大學勞工研究所專任教授

丘周剛 謹識

丘周剛

學歷　國立臺灣大學　博士

現職　國立政治大學勞工研究所　教授

臺灣綠能文創協會　理事長

臺中市政府勞工局調解、仲裁委員

臺中、彰化地方法院勞動事件調解委員

經歷　國立臺中教育大學特聘教授　教務長、學務長

事業經營管理研所創所所長

田靜婷

學歷　彰化師範大學　工業教育系人力資源組　博士

現職　朝陽科技大學　保險金融管理系　副教授

經歷　朝陽科技大學三創教育課程種子師資／關鍵就業力課程師資(DC)／共通核心職能課程講師／訓練規劃與評量職能之國際合作研習活動，取得澳洲「訓練規劃與評估四級證書」(Certificate IV in Training and Assessment)／勞動部小型企業人力提升計畫輔導顧問／勞動部促進中高齡就業企業輔導團顧問／勞動部多元培力就業計畫輔導團顧問／私人企業總經理室行銷企劃高級專員、人力資源部高級專員、企業內部講師】

ABOUT THE AUTHORS

林欣怡

學歷　美國 老道明大學(Old Dominion University) 博士

現職　國立臺中教育大學管理學院院長／文化創意產業設計與營運學系（含事業經營管理碩士班）教授／管理學院國際經營管理碩士在職專班(EMBA)主任／管理學院新住民語文課程整合推動中心主任／國際專案管理師（PMI-PMP）／經濟部標準檢驗局品質管制國家標準技術委員／臺灣上市櫃公司協會中臺灣女力論壇聯合會榮譽顧問／國家教育研究院國際評比委員

經歷　國立臺中教育大學校務中心中心主任、教學發展中心主任
國家教育研究院籌備處 主任室秘書

林俊宏

學歷　國立中央大學 人力資源管理 博士

現職　將來商業銀行 行政管理處 資深協理

經歷　104 人資學院 副總經理
國立中央大學 兼任助理教授
致理科技大學 兼任助理教授

高文彬

學歷　英國 華威大學 人力資源發展 博士

現職　國立中正大學 成人及繼續教育研究所暨高齡者教育研究所 教授
職涯發展中心 主任

經歷　中臺科技大學 行銷管理系副主任／國立臺灣大學圖書館館員／中華電信股份有限公司人事處專員／艾威電腦管理顧問有限公司行銷部工程師／文泰文化企業股份有限公司董事長室企劃

徐克成

學歷　國立彰化師範大學 工業教育及技術學系人力資源組 博士

現職　嶺東科技大學 企業管理系 助理教授
行政院勞動部勞動力發展署 TTQS 訓練品質系統 評核委員

經歷　嶺東科技大學註冊組 組長／國立勤益科技大學應用英語系與企管系兼任助理教授／大東樹脂（股）製造單位與業務單位主管／環隆電氣（股）製造單位與業務單位主管／淡江大學經濟系經濟學助教／台元紡織（股）總經理室管理師／行政院勞動部勞動力發展署在地服務中彰投地區服務委員

劉敏熙

學歷　國立中央大學 人力資源管理研究所 博士

現職　國立中正大學 企業管理系 副教授

經歷　東吳大學企業管理學系 副主任／副教授

劉嘉雯

學歷　國立彰化師範大學 工業教育與技術學系人力資源組 博士

現職　國立臺中科技大學商業經營系助理教授／高教深耕計畫辦公室執行長

經歷　勞動部 TTQS 主導評核委員（第 1 屆起迄今超過 16 年）／勞動部跨國人力仲介服務品質評鑑委員／勞動部就業績優獎評選委員／勞動部職訓計畫審查委員、輔導專家／評核與輔導事業單位與培訓單位超過 600 家次

羅心妤

學歷　國立陽明交通大學經營管理研究所 博士班

現職　臺灣綠能文創協會秘書長

CONTENTS

CONTENTS

CONTENTS

CONTENTS

CONTENTS

01 Chapter 人力資源管理導論

學習目標

1. 什麼是人力資源管理？
2. 人力資源管理的發展歷史。
3. 人力資源管理的組織與功能。
4. 人力資源管理趨勢。
5. 本書的章節設計。

話說管理 職場的十大人力資源趨勢

一、提升員工福祉是當務之急

由於工作場所的壓力日益上升，公司正在努力將工作場域建立為幸福的引擎，藉由降低工作壓力來影響員工個人以及員工與朋友、家人和同事的負面關係。例如：Delta 航空通過為擴大對心理健康治療的關注，每年為員工及其家庭成員提供從 7 次增加至 12 次免費心理諮詢，也在員工餐廳和休息室提供更健康、更實惠的食品選擇，試行更環保的健康食品足跡、提供新的金融教育計畫，激勵員工與教練合作，提高他們的個人理財技能，例如：預算、信貸管理和儲蓄。期望將幸福融入公司文化，是員工在工作、家庭和社區中蓬勃發展的第一步。

二、公司招聘基於技能及發展潛力而非學位

相關研究指出，由於越來越多的雇主更看重經驗而非學歷，基於技能的招聘大幅成長。此現象拓寬了人才庫，也加快了招聘速度，並增加了員工隊伍中思想的多樣性。此外，隨著越來越多的職業（例如：資訊工程領域的職業）不需要學位來執行任務，也加速這種現象的轉變，隨著技能成為勞動力市場的貨幣，相信未來基於技能招聘轉變會更為快速。

三、維持所有員工的工作時間彈性化

工作時間彈性是一個人選擇工作時間表的能力，它不再只是意味著遠距工作，也意味著每週工作日的縮短或是每天工作時間延長。根據研究指出，未來員工可以選擇工作的完成時間，而不僅只有對工作地點選擇的靈活彈性。對於知識工作者來說，非同步工作需要雇主進行文化轉變，尊重工作生活的界限，信任員工可以在非固定上下班外完成工作。

工作的高度靈活彈性是各階層勞動者所希望的，這對緊張的勞動力市場帶來了希望，同時我們也要創造新的工作節奏，讓所有員工都能靈活應對。

四、混成學習將使公司重視開發實體企業學院

根據研究指出，混成工作和學習的發展將促使企業再度重視教學以重塑企業學院模式。線上和實體混合使得公司跟諸多地方合作學習，這些合作顯示了未來企業學院將是全方位的，學習者無論是在公司總部、分公司、臨時空間或是線上都可以就近參與學習。

五、ESG（環境、社會和治理）報告將更吸引人才注意

由於新的監管要求和來自投資者、董事會以及從現有和潛在員工到消費者的一系列利益相關者的壓力，ESG（環境、社會和治理）報告的重要性正在增加。ESG 表現的透明度將成為常態，對於人力資源和業務領導者而言，ESG 中的 S 將變得更加重要，因為新法規和董事會都傾向於解決人才問題，例如：人才招聘和保留、新員工和現有員工的多樣性、下一代人才的發展以及薪酬公平和透明度。

六、人際技能是未來工作的重要技能

未來的工作場所需要哪些技能？根據研究指出，雇主正在尋找的前五種最搶手的技能如下：1.溝通；2.客戶服務；3.領導；4.注重細節；5.合作。人力資源領導者一直都知道人際技能至關重要，但現在我們看到，對它們的需求也在逐漸增加。它們依賴於人際關係、領導他人的能力，而且無法自動化。

七、混合工作(Hybrid Working)將繼續存在，並且須界定達成原則

混合工作是新常態，並成為永久性的工作方式，對此，人力資源和業務領導者需要制定明確的達成原則，在員工開始以混合模式工作之前，員工和團隊領導需要就指導方針達成一致，通過定義工作場所、所需的技術工具、團隊規範、核心協作時間和成功儀式來確保包容性。

八、未來的辦公場域將重新設計

隨著公司和員工逐漸習慣混合和遠距工作，公司辦公室被迫重新設計。員工要求彈性靈活的工作安排，而雇主認為仍然需要實際存在。在辦公空間過剩的背景下，需要同時關注員工體驗和未使用辦公空間的重新用途。例如：將它們變成員工的協作空間或舉辦社區活動的空間。如：Dropbox 將其辦公室轉變為 Dropbox Studios。這些空間被設計成結合了咖啡店、協作空間和團體培訓空間，Dropbox 發布了一個 Virtual First Toolkit 來收集這些經驗資訊。

九、人類和資訊化機器人創造了新的混合勞動力

過去認為混合勞動力是全職、兼職和零工的結合，但資訊化的增加使用改變了混合勞動力的定義。研究指出未來勞動力構成的變化，包括減少對全職員工的依賴，以及兼職員工和零工員工的增加，此外最大的改變是更多地使用自動化輔助機器人。而人力資源自動化也提供更多的自助服務解決方案，在提高

招聘速度和增強員工體驗方面帶來了價值，必須對其進行偏見審計，以確保人工智能既透明又可解釋，這是種新型混合勞動力的副產品。

十、人資倦怠是一個需要解決的危機

人力資源成員一直處於工作場所大規模變革的前沿，而這些變革遠遠超出了傳統的人員管理，他們正在處理心理健康和福祉問題、業務連續性、辦公室再造計畫、休假以及遠程工作和學習。人力資源倦怠危機不僅僅是大流行病的犧牲品。它表明 HR 的角色已經演變到更加複雜、策略性和跨職能的程度。領導者必須了解影響 HR 的變化的嚴重性，並為他們提供強化培訓、獲得指導，並承認和讚賞他們在組織成功中發揮的更大作用。

【本文摘譯自(Top Ten HR Trends For The 2023 Workplace)《Forbes》Jan 10, 2023，作者為 Jeanne Meister，對全文有興趣者，請參閱該雜誌】

面對以上的分析，想一想，面對未來，你該如何面對挑戰？思索現在，你該如何準備？本章是你進入人力資源管理的第一章，將會告訴你下列的議題：

1. 什麼是人力資源管理？
2. 人力資源管理的發展歷史。
3. 人力資源管理的組織與功能。
4. 人力資源管理的未來趨勢。
5. 本書章節的設計。

1.1 什麼是人力資源管理？

1.1.1 前言

前美國奇異(GE)集團總裁傑克・威爾許(Jack Welch)是著名的管理大師，曾經對於他所扮演的角色做出下列之敘述：「其實，我只要做三件事：挑選適當人才，把資金做適當分配，以及像光速般超快地把構想從一個部門傳遞至其他部門。」，眾所皆知，奇異公司是一個巨大之集團，總裁能夠如此輕鬆，主要即在於能夠有效地運用公司的人力資源。企業要想度過衝擊，化危機為轉機，決定性關鍵還是人。因此企業如何能在適當時機，獲得足夠、適質的人才便取決於人力資源管理，只有那些重視人力資源，重視員工訓練，讓人才能在企業中成

長發展，實踐理想，才有足夠誘因讓人有好的工作表現，讓企業有高的生產力。1993 年管理大師彼得‧杜拉克(Peter F. Drucker)在其所著《後資本主義社會》(Post-capitalist Society)一書中表示在資訊社會中，知識已取代勞工、資本、土地等實體資本，成為企業獲取競爭優勢的主要來源。所以，企業營運最大的價值來自於員工的智慧及知識，而人力資本是所有無形資產中最具獨特性、最具核心價值的資產。

所謂「人力資源(human resource)」係指與組織內員工有關的所有資源而言，包括員工性別、年齡、知識、人數、素質、工作技能、動機與態度。人力資源管理(human resource management)是指有效發展組織成員的工作潛力、擴大成員參與組織決定，以同時滿足個人目標與組織目標的一套原理原則與方法。所有管理者的管理工作無不涉及規劃(planning)、組織(organizing)、用人(staffing)、領導(leading)與控制(controlling)等五項基本管理功能，可知「人力資源管理」是管理學中重要的研究課題，也是實務應用最廣泛的領域。而在作法上包括員工的「選、用、育、留」等，企業必須從現在開始儲備具競爭力的人才、吸收卓越的員工、激勵他們的表現，才能在未來的競爭中脫穎而出將人視為組織的一種資源，人員的補充是組織分配社會人力資源的基本進程，因此，組織必須隨時添用新人，以確保組織人力的新鮮、充足、活躍和新生。而員工所具有的知識、經驗、技術與能力，可以為組織創造價值、支援組織內各項作業，以達成組織目標。

在過去，企業要成功，需要仰賴四大因素：自然資源、資金、技術、人力，換句話說，成功的企業特徵就是要有豐富的天然資源、充裕的資金、先進的技術、以及高素質的人力，但是到了廿一世紀，自然資源與資金已不再是優勢，科技及人力資源將成為企業成功的主要競爭武器與強國的要素，人可以成為組織的限制，也可以成為組織的力量，組織面臨環境改變，經常顯示在人力資源管理變革，當大環境人口結構改變時，員工的人口組成、教育程度、工作態度也會跟著改變。人力資源管理應當採取適當措施，回應大環境的變化。

由此可知，未來世界競爭的舞台，人力資源將扮演著舉足輕重的角色，有效地管理和運用人力資源，可能成為組織績效和生存的關鍵因素。由此可知，「人」是組織中最重要的資產，也是知識的主宰，完善而有效的人力資源管理，不但能整合組織的資源，亦能完成組織的「知識管理」。對此，麻省理工學院 Lester Thurow 教授分析工業革命以來的經濟演變，企業經營越來越仰賴人力資源，尤其有賴員工的「知識資源」(intellectual resources)。而未來的七大關鍵產業：微電子、生物科技、材料科學、民航、通訊、機械工具、電腦與軟體，無一不是電腦產業。不僅是七大關鍵產業有賴員工的腦力，腦力也關係到其他組織甚至非營利組織的經營；為組織發掘腦力、開發腦力，更是「知識經濟」時代，人力資源管理的重要任務之一。

另外，人不僅是企業組織的基本元素，同樣也是社會與國家的組成基礎。企業勞動力來自於社會，社會提供了企業所需要的人力，因此企業對於促進就業、安定社會、提高人民生活的福祉，也負有一定的責任；而從事人力資源管理的工作者，在追求為企業創造利潤之餘，也不可忽視穩定社會所應負的責任。政府的勞動相關立法，其要旨便在督促企業善盡其對社會大眾的責任。最後，一個國家或經濟體系的強弱，和這個國家的人力素質有絕對的關係，我國自民國五〇年代以來的經濟發展奇蹟，與我國國民教育普及所提供的高水準人力有絕大的關係。人力資源管理同時肩負了為組織找尋優秀的員工、協助員工的發展並實現其生涯目標，以及為社會創造穩定的就業環境、促成經濟發展的多重責任，其重要性不言可喻。

近年來臺灣企業面臨國際化、自由化與資訊化的衝擊，加上市場經濟環境的多元化和國內外政治環境的不確定性影響，企業的管理部門已經無法再以過去長期遵循的模式來因應多變的大環境。企業的成功與否受到人的因素直接影響，因此，對其內部的人力資源管理與運用也會影響企業的營運與生存，所以如何建立一個合適的人力資源管理體系，使公司更有效地運用公司內部的人員，以幫助企業創造與維持競爭優勢，是目前企業管理者所面臨的重要課題。

1.1.2 人力資源管理的定義

何謂人力資源管理？不同的學者，不同的時代背景，不同的角度切入自有其不同的定義，有些組織和管理者仍舊使用人事管理(Personnel Management)、員工管理(Employee Management)或勞工關係(Labor Relation)等舊名詞，但大部分已使用具有前瞻性、意義更為深遠的名詞------人力資源管理。例如：

(一) Beer 等學者在《Human resource management: A general manager's perspective》一書中認為人力資源管理乃是指員工和組織之間關係的管理，包括所有公共關係的管理哲學、政策、原則和實務。

(二) Cenzo & Robbins 在《Human Resources Management》一書中指出人力資源管理乃是由人力資源初始、發展及激勵等等一連串的程序所形成之活動。

(三) 黃英忠教授在《人力資源管理》一書中提出所謂人事管理是組織內之所有人的資源(Human Resource)、開發(Development)、維持(Maintenance)、與活用(Utilization)，為此所計畫、執行與統制之過程稱之。

(四) 謝安田教授在《人力資源管理》一書中提出人事管理乃是運用科學的原則與方法，來管理企業內員工的活動，使其維持良好的體制，以提高效率，並達到勞、資及社會三方面互利的目標。

(五) 曾柔鶯教授在《人力資源管理》一書中提出組織中有關人力資源需求的規劃、招募、選任運用、解雇、報酬激勵、訓練、發展和評估等管理功能。無論組織中是否有人力資源管理部門，每位管理人在領導單位皆會面臨人力資源管理的相關問題。

(六) Anthony 等學者在《Strategic Human Resource Management》一書中，提到人力資源管理在計畫與策略的形成、權力、範圍、決策、整合與協調均以較宏觀及長遠的角度出發，並強調與各部門及員工的整合協調。

對此，廣義的人力資源管理包括人力資源發展和人力資源管理兩大部分。

人力資源發展主要指國家（或企業組織）對所有人員（包括成年人和未成年人、待業人員和從業人員）進行正規教育，補習教育、職業訓練、轉業訓練和全社會性的能力開發服務，目的是提高國民素質和人力資源質量，為社會提供源源不斷的各類合格人才。而一般所稱的人力資源管理指對全社會的各類型、階層、職級從業人員的規劃、招募、面試、錄取、培訓、聘僱、升遷、調動、評估，直至他們退休的整個管理過程。研究他們在工作中能力開發和作用發揮，通過科學的管理達到人盡其才，發揮出最大的創造性和積極性，從而推動社會的迅速發展。

在以上人力資源管理職能中，規劃一項尤為重要，它是整個活動的基礎和前提。在制定人力資源管理計畫即規劃人力資源管理活動時，首先要認識組織的總目標以及長期、中長期和短期工作目標和計畫，堅持人力資源計畫，服從服務於組織總目標、總計畫的原則；其次，要注意分析各職能間的相互關係和相互作用，從人力資源管理的整體上看問題、處理好各職能協調關係，後則以績效評估作為培訓與薪酬之手段，人力資源管理關係流程如下圖 1.1。

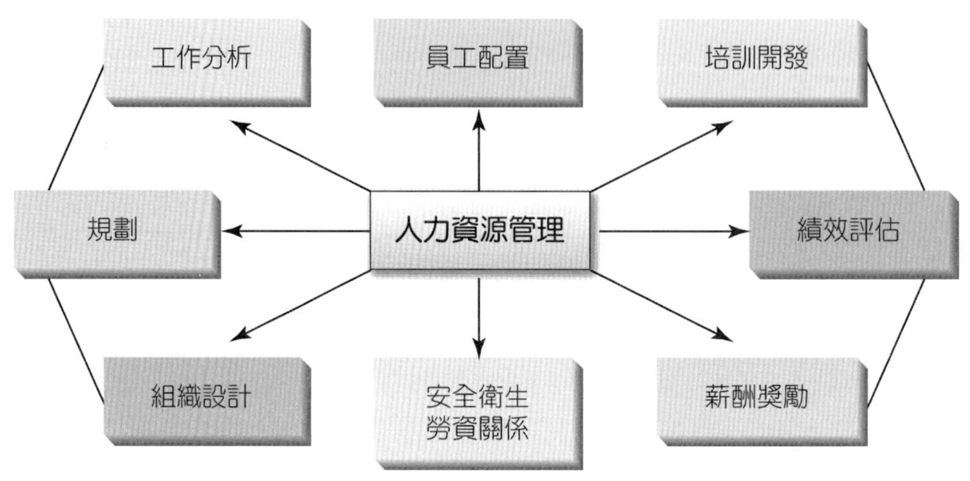

圖 1.1 人力資源管理系統圖

至於人力資源部門之職責主要細分如下：

» 表 1.1 人力資源部門職責表

人力資源部部門職責	職責細分
1. 人力資源管理制度建立	(1) 制定企業人力資源策略規劃。 (2) 編制員工手冊，建立員工工作規則。 (3) 制定企業人事管理制度與工作流程，組織、協調、執行、監督人事制度和流程的落實。
2. 企業組織結構設計與職位說明書編寫	(1) 企業組織結構設計。 (2) 編制各部門職責與職位說明書。
3. 人員招聘管理	(1) 根據企業人員編制，制訂年度人力資源需求計畫、招聘計畫。 (2) 招聘管道的拓展與維護。 (3) 招聘過程中的人才測評與人員甄選。 (4) 人員招聘工作的具體實施。 (5) 建立後備人才選拔方案和人才儲備機制。
4. 員工訓練與發展	(1) 制訂企業年度訓練計畫。 (2) 外部講師的聯繫與內部講師的管理。 (3) 訓練課程的開發與管理。 (4) 員工訓練的組織與過程管理，進行訓練效果的評估。 (5) 管理員工相關在職訓練工作。
5. 員工績效管理	(1) 員工日常考核。 (2) 設計企業績效考核方案並組織實施。 (3) 企業績效成果的評估與管理。

>> 表 1.1 人力資源部門職責表（續）

人力資源部部門職責	職責細分
6. 員工薪酬管理	(1) 企業薪酬狀況的調查分析，提供決策參考依據。 (2) 制定企業人力成本預算並監督其執行情況。 (3) 企業薪酬體系的設計。 (4) 員工薪資福利的調整與獎勵實施。
7. 勞動關係管理	(1) 定期進行員工滿意度調查，建立良好的溝通管道。 (2) 協調有關政府部門、保險監管部門及業內企業的關係。 (3) 企業員工勞動合同、人事檔案等資料的管理。 (4) 員工離職與勞動糾紛處理。
8. 人力 e 化管理	(1) 人事資訊的錄入、更新。 (2) 提供各類人力資源統計資料與分析表單。 (3) 人事執行資訊系統的使用與日常維護。

1.2 人力資源管理的發展歷史

在人類的歷史發展中，每一時期的人力資源管理形式總與當時當地的政治、經濟、文化、人口、管理等緊密聯繫，儘管「人力資源管理」這一專有名詞還是近半個世紀才為人類所接受和使用，但「對人的管理」是與人類的發展同時產生的，在人力資源管理形成的過程中，有其發展的若干重要階段。

1.2.1 19 世紀末期以前的古典管理階段

在論述人力資源管理的重要議題前，先回顧它的演進歷程，人類自古即有組織活動，有關人力運用的問題早已存在，只是當時人力資源的問題並未受到關注與重視。但隨著環境變化和人性需求的發展，人力資源管理逐漸受到廣泛的重視。人力資源管理的歷史可追溯到英國，發生於 18 世紀的工業革命，開啟近代複雜的工業社會，蒸汽和機器取代體力，工作條件、分工形式，以及社會型態因而產生巨大變化。在工廠體制下，工頭成為老闆與員工之間的權力代理人，在此之前，員工與工廠老闆之間並沒有太大的距離。稱之為「基爾特」(guild)的同業公會或行會，例如：木匠、水泥匠、皮革工人各自結合而成的工匠組織，團結起來以爭取較好的工作條件，被視為職業工會(trade union)的前身。

1750 年代的工業革命，讓西方的產業組織發生重大的變化，形成富有的資產階級與出賣勞力的無產階級，資產階級與無產階級的對立與鬥爭，此時為人事管理的黑暗期，直到 19 世紀中工會組織出現之後，勞資雙方的問題才較趨緩和。

1.2.2 19 世紀末至 20 世紀初的近代管理階段

1900~1970 年是人力資源管理的人事管理階段。此階段又可分成下列三個時期：

1. 1900~1925 年之間，科學管理之父泰勒(Frederick W. Taylor)，在 1878 至 1890 年間擔任費城 Midvale Steel Works 的工程師，他研究工作者的效率並企圖找出「最好的方法」及最快的方法來完成工作，他的科學管理可簡單摘要如下：(1)科學，而非口頭規則；(2)和諧，而非混亂；(3)合作，而非個人主義；(4)最大的輸出，而非限制輸出；同時期吉爾伯斯夫婦(Mr. & Mrs. Gilbreths)等人所領導的科學管理運動重視員工甄選、訓練、獎勵制度，這對人力資源管理有莫大的貢獻，此時期人事管理的重心主要在員工身上。
2. 1925~1950 年，另一個早期對人力資源管理作出貢獻的是「人際關係(human relations)」運動，兩位哈佛大學的學者 Elton Mayo 及 Fritz Roelthisberger，將人際因子融入工作中，這是 1924~1933 年間在芝加哥的西方電器(Western Eletric)Hawthorne 廠的研究所得的結果。這些研究的目的是在確定對工作者進行啟發與他們生產力的影響。證明工作環境對工作效率有極大的影響，其確立了管理人性化的指標，在員工的激勵和報償方面強調財務性報償的有限性，以及非財務性報償的重要性。
3. 1950~1970 年則以個人需求與激勵為人事管理的重心，其目的在提升員工的工作績效。

在 1960 年代初期，人力經濟學說興起，美國著名經濟學者舒茲(Schultz)提出了著名的《人力資本論》(Human Capital Theory)，以經濟學的概念分析「人力資本」對於美國經濟發展的貢獻，指出人力素質能經由正規教育、在職訓練、健康等的改善而提升，是促進國家經濟成長的主要原因。同時指出美國國民生產量的增加快速，不單是只靠資本，而同時人力的投入也是一項主要因素。促使各國更體認發展人力資源的重要性。而人力資源管理是有關組織中相關人員管理的哲學、政策、程序和實務，人力資源管理是由組織的人力資源的招募、發展、激勵和維持所組成的過程。

1.2.3 20 世紀 70 年代以來的現代管理階段

經過 70 年代兩次能源危機造成世界性的經濟衰退，80 年代企業的經營環境起了空前的變化。其中影響人力資源管理最深的有二個趨勢：一是高科技產業的高度發展，一是後工業社會服務業的興起。在高科技產業和服務業中，企業的核心競爭力在於人才的素質，高水準人力的獲得和維持，成為企業獲取競爭優勢的重要武器，人力資源管理開始扮演起策略性的角色。即使在一般傳統的企業中，人的重要性也再度受到重視，進入了所謂策略性人力資源管理(Strategic Human Resource Management)的時代。

這一時期，是人力資源管理思想最活躍的時期，特別是第二次世界大戰以後，人力資源管理進入最新階段。在這一階段中，人力資源管理作為企業的一個按功能劃分的子系統而具有獨立運行的功能。另一方面，它作為企業管理之首，具有對其於子系統的運行進行影響和左右的功能，它是決策系統最重要的參謀系統，人力資源管理日益成為系統運行的中樞。

1970 年代，人力資源管理開始躍上舞台，加入新的範疇，而將傳統人事管理、工業與組織心理及組織行為容納於其中。之後勞工安全議題亦受到重視而與工作績效相提並論。

隨著工商發達與激烈的企業競爭，企業為贏得競爭優勢，對組織決策、人力資源策略管理、人力資源規劃、勞資關係、福利政策、訓練發展...等的重視，亦隨之而扶搖直上。

1.2.4 21 世紀工業 5.0 的智能管理階段

21 世紀初，人類社會繼工業文明之後，進入知識經濟時代。高新技術迅速發展，資訊技術廣泛應用，網際網路日益普及，全球經濟趨向一體化。伴隨著新時代的到來以及工業 5.0 的發展階段，工業的發展是以人工智慧、機器人、生物技術、新材料等為代表，實現了機器和人類的融合，生產方式向智慧化、個性化、協作化轉變，讓人和機器在生產和創新中互相協作。人力資源的開發和利用起著舉足輕重的作用，人力資本已超過物質資本和自然資本，成為最主要的生產要素和社會財富，成為經濟、財富增長的源泉。人力資源需求與供給、企業道德與倫理、企業環境、企業文化…等便成為人力資源管理所重視的課題了。此外，電子化的人力資源(Electric Human Resource, e-HR)亦將人力資源管理進行大革命，所謂 e-HR 是利用網路科技（例如：Internet、Intranet 及

Extranet）將人力資源管理部門所處理的 60~80%之日常業務和行政事務，重新進行整理安排，將以前人工重複性和耗時費力的工作交由電腦來處理。E 時代人力資源管理的真正功能與目標不只是在提升行政管理的效率，更重要的是組織能力的提升。如此一來，人力資源管理部門將有更多的機會與能力，可協助企業制定更佳的決策，發展成為以事業及策略為導向的單位，以取代過去的行政事務導向。E 化之後，人力資源管理部門的行政業務大量地減少，空閒的人力必須做更有價值的工作，尤其是預測與創造知識的策略性工作。另外，由於網路能突破時間和空間的限制，配合著全球化國際分工的趨勢，將許多人力資源的作業外包(Outsourcing)給更有效率的國外分公司，以降低人力資源管理運作的成本，並提升整體組織的效率。因此，人力資源管理的從業人員必須不斷地自我提升，增加自己的價值，來面對新的挑戰。

1.3 人力資源管理的組織與功能

1.3.1 人力資源管理組織的發展與衡量

在一般小型企業中，傳統上人力資源管理的工作大都由企業主一手擔任，企業只憑自己的經驗來找人、用人及給付薪資。但隨著組織擴大到一定的規模、事務的增加，使得組織必須經由專業分工來提升運作效率，人力資源的管理工作也必須請專人來負責。因此當組織人數超過一定規模時，人力資源管理部門就必須建立起來，以掌管公司內所有人力資源的活動與功能。

當組織持續成長至更大規模時，人力資源管理部門也必須增加人員，甚至提升為人力資源處，下設不同功能的部門，如招募僱用部、人力資源發展部、薪資福利部及勞工關係部等。

組織效能的衡量效標很多，一般包括目標的達成、有效率地僱用技能合格的員工、績效表現、員工滿意、出勤狀況、離職率、產品不良率、員工申訴率以及工安意外事故等。的確，公司要生存，有獲利能力，必須在合理範圍內達成各項目標。而對多數組織而言在衡量效能時，必須平衡各種互補性目標，例如達成目標、員工技能的應用、取得人才和留住人才。

1.3.2 人力資源管理的功能

人力資源管理是一個服務性的功能，其主要的目標在為了滿足其他部門的人力需求，透過招募、甄選作業，為組織各部門提供人才，是其基本的責任。在提供各部門所需人力時，除了滿足各部門人力在質與量上的需求之外，同時尚需注意到人力獲得在時間點上的配合，以及合理的成本。

人力資源管理的功能性角色，是將人力資源管理視為企業功能的一部分，其角色與生產、行銷、財務等具有同樣的地位，成為獨立的部門。相對於企業的其他各個功能，人力資源管理主要在處理組織中與「人」相關的各種作業。除了傳統的人事招募與甄選（選才）之外；人才的訓練與發展（育才）；派職、績效評估、生涯發展（用才）；薪資與福利、領導與激勵、勞資關係（留才）等，均納入人力資源管理的範圍。

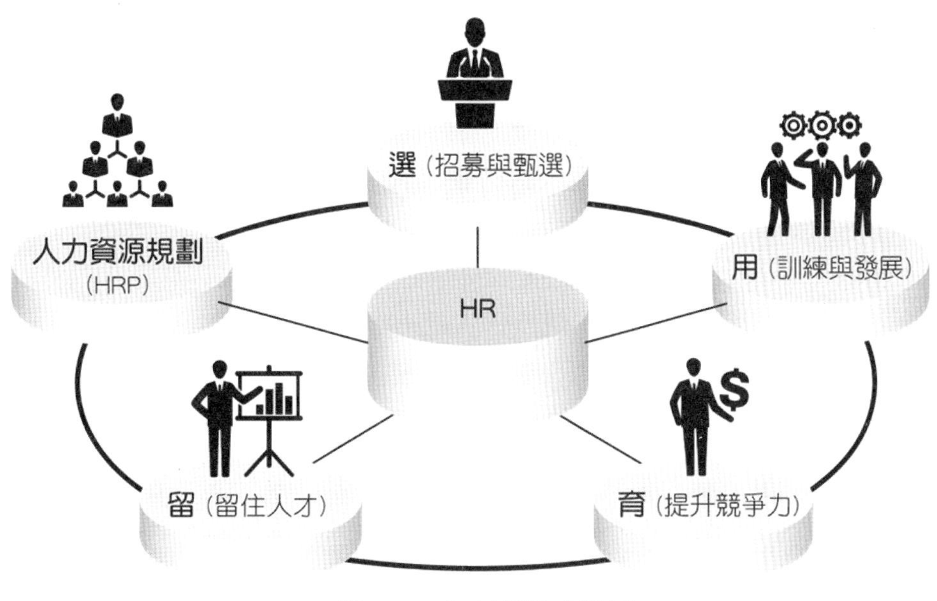

圖 1.2　人力資源功能圖

近年來流行的策略性人力資源管理則強調，人力資源為組織中的關鍵性資源，是提升企業競爭力的主要武器。所謂人力資源管理的策略性角色，即在於以人力資源支援組織的經營策略，提升企業的競爭優勢。在高科技產業與服務業中，企業的競爭力幾乎可以說絕大部分是建立在人的身上；即使在傳統的行業中，隨著科技的發展，組織中大量引進自動化與資訊化的設備，人力的素質同樣成為組織成功與否的關鍵因素。

1.3.3 人力資源主管的角色

隨著外在環境的演變，組織比往常更需要重視許多法令、經濟、科技和社會的問題，人力資源管理的角色也由原來單一的行政事務功能，轉而成為多元化的角色；人力資源管理部門的地位也隨之從行政的事務性工作，轉而成為管理性工作或甚至成為公司經營層級的策略夥伴。其擔負的角色包含以下幾種：

一、公司的策略夥伴

由於環境變化加劇，組織必須隨時變革以因應策略的制定，人力資源管理部門應該提高層級成為公司的策略夥伴，並與高層主管共同參與，一起帶領組織變革。

策略制定通常是公司最高經營層級的工作，但人力資源管理人員必須彙整員工的問題、外在環境的衝擊，以及哪些措施可獲得競爭優勢的資料，以提供給高階管理者參考。在策略制定過程中，人力資源管理人員也可與相關人員溝通，並蒐集他們的意見，以使政策制定得更為健全。人力資源管理部門應當從關注日常運作的行政專家和員工支持者晉升為企業策略性的人力資源夥伴和企業的變革代理，人事主管應當把大部分的時間花在關注企業的未來、策略和商業運作上，人力資源管理人員應具備組織設計的相關知識，以因應現在組織設計的工作需求，並建立順暢的生產與服務管道來增進顧客滿意度，以確保有效且有彈性的資源運用與配置的能力。

二、行政管理專家

人力資源主管的工作包括確保檔案完整，收集所有員工資訊、確保招聘流程得當、進行培訓、考核、薪資福利、職位調整等基本資訊的建構等等，這項工作要求人力資源主管細緻、有耐心，要有較強的理解力，要了解不同人的性格、思維方式、行為特點，不能以自我為中心，主要任務是以研究所得的專業知識，來蒐集資料，持續反映、改進或解決有關人力資源的問題，以提升組織的整體戰鬥力。

三、人力資源管理領域的技術專家

人力資源主管可以不知道員工的缺點，但必須知道他的優點，只有這樣，才能用人之長。本項工作包括教育訓練與敦促員工的學習及發展。除了制式的課程外，還必須幫助員工確立自己本身的能力、價值觀與目標，並增進其職能，以提升其就業安全。人力資源管理人員必須了解各相關部門和人員，他們在人力資源政策和工作事務上，是否有達成人力資源管理的目標。此外，人力資源管理部門亦負責有關人力資源的功能與工作，例如：員工的招募及甄選、教育訓練、薪資及報酬等運作是否順暢，並由直線管理部門提供最有效率與效果的服務。

四、內、外部關係的公關高手

人際關係也是一種生產力，擅長溝通協調且注重人際關係。能夠使人力資源工作被更多的人理解和接受。對上司要敢於任事，積極主動提供決策資訊與建議，做好未雨綢繆的準備，並在各方面都有提前思考和尋找最佳解決方案的能力，對下屬要像個教練，既要做好計畫、組織、領導、控制、又要鍛鍊下屬，豐富知識，提高技能、積累經驗，使部下成為勝任工作、技藝精湛、責任心強的員工，與各個部門形成合作的角色。與相關部門尤其是部門經理形成相同或相近的價值觀，設身處地為他人考慮，做一個企業人力資源管理理念的貫徹者和其他部門或員工的服務者。

1.3.4 人力資源主管的特質

一般而言，人力資源主管應具備下列所述特質：

1. 高度的整合能力。人力資源主管要具有宏觀的、高度的，把珍珠用一根線穿成鏈的能力。
2. 良好的策劃能力。能很好地策劃招聘、培訓、組織改造、企業文化、留才策略、人才篩選等各種人力資源方案。
3. 良好的協調能力。人力資源主管與很多部門的員工、部門主管、客戶都有關聯，要善於溝通，對人有特殊的感情，認識到人的潛在價值，能夠很好地磨合，協調人際關係。
4. 創新意識及創新能力。如招聘會上攤位能否用新穎的方式吸引人才；在薪資福利不提升的狀態下，想出不用錢激勵員工的辦法等等。
5. 高度的意志力。如要革新一種薪資政策，把高底薪、低獎金變成低底薪、高獎金，這會觸犯某些既得利益者的利益，同與其想法不一的人產生矛盾，如果沒有高度的意志力，好的想法就會不了了之，企業還會在混亂中運行。
6. 良好的職業道德。如守口如瓶，對尚未定案的政策散布消息，在高層主管判斷提拔哪些人時，走漏風聲等等，都會影響上層和各部門員工的信賴程度。

今天的世界，不是單槍匹馬打天下的時代了，只有同事間合作，才能在激烈的競爭中獲得整體優勢；與相關政府部門（如勞動部、各縣市政府勞工行政單位等）、人才培訓中心、各級學校等等相關單位進行分工合作時的角色是公關者，要代表組織與外部合作者建立關係，為公司創造有利的外部資源環境。人力資源主管在企業與員工之間，應是「溝通橋梁而不是夾心餅乾」。既要面對員工，代表組織貫徹方針目標，把對員工的要求有效實施下去，又要細心聽取員工的建議要求，有效反映員工的心聲。

不論諮詢輔導的顧客來自於組織或個人的需求，人力資源管理人員都需要以自己的專業能力，提供給內部顧客最適切的建議與回饋。

1.4 人力資源管理趨勢

21 世紀初，人類社會繼工業文明之後，進入知識經濟時代。高新技術迅猛發展，資訊技術廣泛應用，網際網路日益普及，全球經濟趨向一體化。伴隨著新時代的到來，人力資源的開發和利用扮演著至關重要的角色，人力資本已超過物質資本和自然資本，成為最主要的生產要素和社會財富，以及經濟、財富增長的源泉。對人力資源的爭奪，創新人才的培養成為當今各類企業及社會組織時刻關注的重心。隨著科技文明急遽發展，外部環境如民主政治風潮不斷、社會勞動力結構變化、經濟不景氣持續、環保意識高漲及全球化競爭各項變化，使得傳統觀念逐漸被顛覆，新型態的組織應運而生，如水平式組織、虛擬式組織及以追求自我成就的工作團隊等組織型態，改變了傳統的科層體制。特別是隨著資訊網路的普遍應用，工作型態逐步變化，以追求更大成長空間與更彈性的組織型態於是產生，作為企業經營者及人力資源部門的主管，更應思索企業內部組織變革，經營策略的調整、人力部署的新安排、獎懲系統的落實、科技的適應與運用、團隊工作風格及新工作族群的價值觀等變數，隨時檢視企業的組織型態是否符合潮流。一個企業組織如何透過人力資源管理來重整組織結構與策略目標，達成永續經營、全員共享的經營任務是刻不容緩的工作。在此僅就個人經驗，討論人力資源管理的趨勢：

1. **企業人力整體營運**：不再把人力資源管理局限在傳統功能人事部門，改從站在協助經營者整體營運和使組織資源極大化角度來思考企業整體組織目標，使企業經營者能及時掌握資訊作出正確決策。

2. **企業決策人員層級提升**：應該讓人力資源部門主管定期參與企業組織決策與發展會議，人力資源部門才能以前瞻性、策略性角度來規劃因應企業組織未來發展所需的人力布署及核心專長人才的培育。
3. **為企業員工規劃生涯發展**：企業應該以輪調制度或升遷制度積極為員工規劃個人生涯發展，使得員工願意對組織願景承諾，降低本位主義，提升士氣。
4. **建立企業為一個學習性組織**：面臨多元化的競爭，企業不被淘汰的良法就是不斷學習，運用網路和新科技來學習，讓知識成為企業不斷成長力量。
5. **人力資源決策系統的建立**：為了促進組織整體效益並讓企業組織決策透明化，企業應整合組織包含資金、人力、知識、材料、技術、產品、市場、通路等資源與資訊，加以分析歸納與實際人力資源決策運用。
6. **簡化企業營運流程**：為了快速滿足顧客需求並建立企業競爭優勢，企業如何在生產、銷售、研究發展、採購、企劃、運輸、人力資源及服務等部門流程簡化也是一個重要趨勢。
7. **建立公平合理的企業績效評估系統**：績效評估制度可以以客觀標準檢視目標達成率，並對各部門、工作團隊、利潤中心組織、及其員工施以公平獎懲。

人力資源管理的基本假定是，人有從事有意義工作的意願與傾向，管理者的重要使命在於設計一套原理原則與方法，全力開發員工的潛力，並擴大員工參與的機會，以滿足員工的需求並同時達成組織的目標。

1.5 ›› 本書的章節設計

本書是設計來呈現人力資源部門如何運作，討論人力資源活動在各種規模的公司中的重要性，描述人力資源部門員工所面對的挑戰，並釐清營運經理應了解和使用的人力資源管理工具、程序及政策。每一位管理者必須能負責利用人力資產以最佳的方式達成組織的目標。

本書全部共分十六章，從人力資源管理導論開始，內容包括人力資源規劃、工作設計與分析、人員招募與遴選、人力資源部門勞動法令實務、人員任用與遷調、員工訓練、組織管理與發展、績效考核與評估、生涯發展與規劃、薪資管理與獎勵、員工福利、員工安全與健康、勞資關係、大陸與國際人力資源管理以及非營利組織人力資源管理等，涵蓋整個人力資源部門應熟悉的作業環境以及實務程序，不管是初習者或是實務專家，都能夠就所需求部分得到學習的內容。

人管新知｜ChatGPT 對人力資源管理的影響

ChatGPT，全稱聊天生成預訓練轉換器(Chat Generative Pre-trained Transformer)，是 OpenAI 開發的人工智慧聊天機器人程式，於 2022 年 11 月推出。該程式使用基於 GPT-3.5 架構的大型語言模型並以強化學習訓練。ChatGPT 目前仍以文字方式互動，而除了可以用人類自然對話方式來互動，還可以用於甚為複雜的語言工作，包括自動生成文字、自動問答、自動摘要等多種任務等。ChatGPT 的開發對人力資源管理有哪些正負面影響？本篇為作者利用與 AI 機器人對話產生的結果編輯而成。

ChatGPT 認為它對人力資源管理的正面影響包括：

一、提高招聘效率

大型語言模型可以說明人力資源部門在招聘流程中，使用自然語言處理技術來自動化篩選簡歷和預先面試，以加快招聘流程。此外，它還可以根據職位要求和潛在候選人的資訊，為招聘工作提供智慧化建議和支援。

二、提供智慧培訓和發展的個性化

ChatGPT 可以提供大量的學習和培訓資源，幫助員工提高技能和知識，促進他們的職業發展。此外，ChatGPT 可以根據員工的職業發展和個人需求提供個性化的培訓和發展建議，這有助於提高員工的技能和知識水準，提高員工的忠誠度和工作滿意度。它還可以為人力資源部門提供自動化和智慧化的培訓管理工具，提高培訓效果和效率。

三、改善員工福利

大型語言模型可以提供有關員工福利計畫的資訊，並說明人力資源部門調查員工的需求和意見，制定更好的福利計畫，例如健康保險、退休金等以提高員工滿意度和忠誠度。

四、績效管理的改善

ChatGPT 可以幫助人力資源部門更好地評估員工的績效，提高評估的準確性和公正性。

五、改進員工體驗

ChatGPT 可以為員工提供智慧化的解決方案，例如智慧聊天機器人，以幫助員工解決常見問題並提供支持。這可以提高員工的工作效率，改善員工的工作體驗。

六、資料分析和決策支援

ChatGPT 可以協助人力資源部門進行資料分析和模型預測，並預測未來的趨勢，這有助於人力資源部門更好地規劃員工招聘、培訓和發展計畫，以及員工福利計畫。以改進人力資源管理策略和決策提高整體績效和員工滿意度。

綜上所述，ChatGPT 可以為人力資源部門提供各種智慧化和自動化的解決方案，幫助優化人力資源管理，提高員工滿意度和整體績效。

雖然 ChatGPT 在人力資源管理中有很多正面影響，但也有一些潛在的負面影響，包括：

一、資料隱私和安全

ChatGPT 可以分析和處理大量的人力資來源資料，包括員工的個人資訊、工作表現和薪資等敏感資訊。如果這些資料被不當使用或洩露，可能會對員工的個人隱私和公司的信譽造成負面影響。

二、自動化取代人力資源工作

大型語言模型和其他自動化技術可能會在某些情況下取代人力資源工作，例如自動篩選和面試候選人、自動化培訓和發展等。這可能會導致員工感到失業的風險，尤其是在低技能和高度規範化的任務領域。

三、依賴技術

人力資源部門依賴於 ChatGPT 和其他自動化技術，可能會降低員工的技能和能力水準，從而導致他們更難適應新的工作流程和技術變化。

四、誤導和偏見

由於 ChatGPT 訓練資料中的潛在偏見，例如：性別、種族、文化差異等，因此在某些情況下可能會導致對候選人的判別或建議存在偏見和誤導。

綜上所述，雖然 ChatGPT 在人力資源管理中可以提供很多積極的影響，但在使用時需要注意它們的潛在風險和負面影響，並採取相應的措施來解決這些問題。

為了解決這些問題，可以採取以下措施：

一、數據隱私

確保使用的資料經過充分的保護，例如採取加密措施、限制資料存取權限等，同時採取資料保護法規所要求的合規措施。

二、歧視檢測

對使用的資料進行審核，確保資料集不包含任何歧視性特徵，或對資料進行重新加工和清洗，以確保系統不會出現歧視性結果。

三、監測和維護

對 ChatGPT 系統進行持續監測和維護，以確保系統的正常運行，及時發現和解決技術故障問題。

四、員工參與

員工可以對人工智慧系統提出建議和回饋，以便改進和完善系統，同時，通過培訓和教育員工，讓他們了解人工智慧系統的運作原理和優勢，增強員工的信任和接受度。

綜上所述，採取上述措施可以有效解決人力資源管理中使用 ChatGPT 所面臨的潛在風險和負面影響，從而更好地應用人工智慧技術提高人力資源管理的效率和品質。

參考資料

Anthony , P. William. & Perrewe, L. Pamela . & Kacmar,K.Michele. (1993)。Strategic Human Resource Management . Orlando：Dryden Press.

Beer, M., Spector, B., Lawrence, P. R., Mills, D. Q., & Walton, R. E. (1985) Human resource management: A general manager's perspective. New York: Free Press.

Clayton P.Alderfer, Existence、Relatedness、and Growth, New York: a division of the Macmillan company，1972，p.9~21。

De Cenzo & Robbins (1996), Human Resources Management, New York: John Wiley & Sons.

Drucker, P. F. 1993. Post Capitalist Society. New York: Harper Collins.

Gray Dessler, Organization and Management: A Contingency Approach, Prentice-Hall Inc., 1980, p.24。

Frederick Herzberg, Work and Nature of Man, the World Publishing CO., 1966，p.12~31、56、72~74。

James L. Gibson, John M. Ivacevich, James H. Donnelly, JR, Organization: Behavior、Structure、Process，Richard.IRWIN.INC., seven edition, 1991, p.110~111。

Stephen P.Robbins, Organization Behavior, Prentic Hall Inc, Sixth, 1992, p.205。

A.H.Maslow, Motivation and Personality, Harper & Row, 1954, p.80~100。

Victor Vroom, Managment and Motivation, N.Y.:Job Wuley and Son, 1964。

J.S.Adams, Toward an Understanding of Inequity，Journal of Abnormal and Social Psychology, Vol.67, 1963, p.422~436。

Edwin Locke, A Theory of Goal Setting and Tast Performance, Prentice-Hall INC., 1990, p.1~26。

廖勇凱、楊湘怡著，人力資源管理理論與應用，智高出版社。

張緯良著，人力資源管理，雙葉書廊。

丁志達編著，人力資源管理，揚智出版社。

徐國華主編，現代企業管理，北京市：中國經濟出版社，1993.1，p.121。

陳定國(1981)，企業管理，臺北：三民書局，p.469。

張麗華(2004.10)，人力資源管理系統與人力資源管理趨勢，品質月刊，p.41~44。

劉玉炎(1986)，組織行為，臺北：華泰，p.153~154。

張潤書(1980)，組織行為與管理技巧，臺北：五南，p.113。

謝安田(1999)，人力資源管理。臺北：著者發行。

張錦富(1999)，重新定義的薪酬價值觀，管理雜誌第 303 期，p.40~42。

黃英忠(1998),人力資源管理（三版），臺北：三民書局。

陳殷哲、楊幼威(2022)，工業 4.0 下之人力資源專業職能探究。品質學報，29(4)，267-291。https://doi.org/10.6220/joq.202208_29(4).0002。

康雅菁(2022) ，疫情對國內企業人力資源管理之影響與因應，臺灣勞工季刊，(70)，p.15~21。

黃櫻美、蔡維奇、林隆偉(2022)，內外兼俱，雙管齊下：探討內部人力資源發展活動與外部顧客經營活動對研發主管職能之影響，人力資源管理學報，22(1)，1-28。https://doi.org/10.6147/JHRM.202206_22(1).0001。

https://www.forbes.com/sites/jeannemeister/2023/01/10/top-ten-hr-trends-for-the-2023-workplace/?sh=718f2f1b5933。

— 問題與討論 —

1. 何謂人力資源管理？
2. 人力資源管理的功能為何？
3. 人力資源主管的角色包含哪幾種？
4. 人力資源主管應具備哪些特質？
5. 人力資源管理的趨勢為何？

MEMO

人力資源規劃

02
Chapter

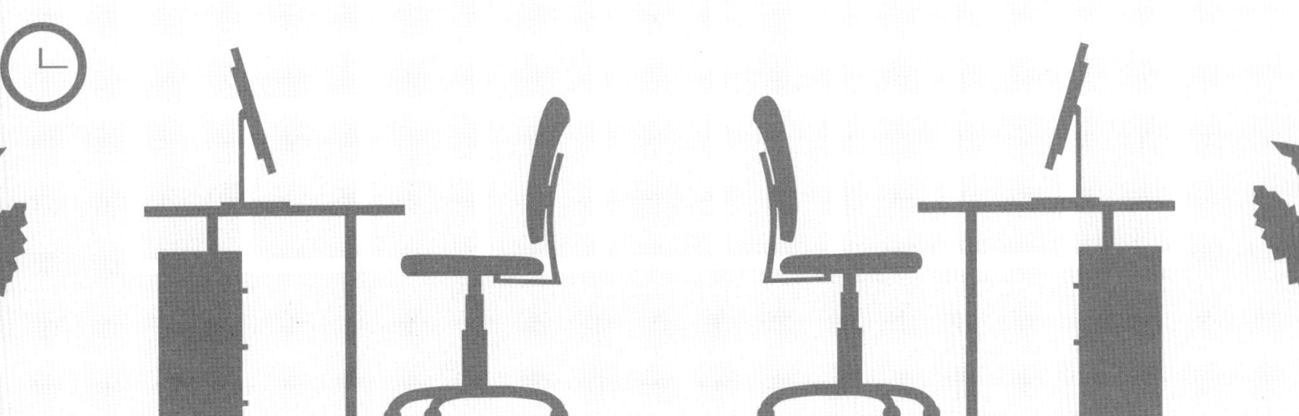

學習目標

1. 說明人力資源規劃的目的與重要性。
2. 解釋策略性人力資源規劃。
3. 界定人力資源規劃的過程與步驟。
4. 描述預測人力資源需求的方法。
5. 描述預測人力資源供給的方法。
6. 描述人力資源淨需求的行動方案。
7. 解釋人力資源彈性策略。
8. 說明整合性人力資源規劃。

話說管理 人力資源規劃—公司穩定成長的基石

面對現今世界，近年來烏卡(VUCA)一詞說明環境的動盪性(Volatility)、不確定性(Uncertainty)、複雜性(Complexity)，以及模糊性(Ambiguity)。從 2007 年美國次級房貸風暴、接著 2008 年全球金融風暴，好不容易 2009 年開始復甦，歷經近 10 年的成長，2019 年末嚴重特殊傳染性肺炎(COVID-19)引發的全球大流行疫情，在 2020 年迅速擴散至全球多國，全球經濟從需求面極凍，從 2020 年的需求不振、2021 年的供給不順，原預期 2022 年可望持續復甦，第一季爆發俄烏戰爭、COVID-19 變種病毒，以及通貨膨脹等因素，全球經濟成長率由 2021 年 6.0% 降至 2022 年 3.2%（孫明德、方俊德, 2022,2023）。

另一方面，國內人口連 3 年為負成長，2022 年新生兒 13.8 萬，創歷年新低。在勞動參與率方面，因高等教育擴張，青年延後進入職場，加上中高齡者過早離開勞動市場，在高齡化時程方面，我國 2018 年轉為高齡社會，推估將於 2025 年邁入超高齡社會，65 歲人口將超過 20%。代表 15~64 歲勞動人口逐年降低，2028 年佔比將低於總人口的 2/3，即我國人口紅利將於 2028 年結束，也就是說充沛的勞動力不再，勞動供給減少。

在這樣多變的競爭環境中，組織中的人力該如何安排，組織中人力在過剩、短缺、過剩、短缺…中徘徊？人力政策是裁員、招募、裁員、招募…？還是有一套長遠的人力配套措施，以因應環境的劇烈變化。眼看全球經濟復甦是曇花一現，抑或是成長的前兆？公司對人力的需求，是短期人力的需求？抑或是對長期人力的需求？然而此人力安排不單僅是單純的人力需求，還必須考量公司整體的政策，而公司未來的走向又如何？如此考驗著人力資源管理者人力安排的智慧。

因此人力資源管理者不僅需考慮是否有足夠的人力以因應營運需求，更需要了解未來景氣變化、勞動力結構、公司經營策略與營運模式，適時提供公司所需要的人力與所需具備的技能，而這正是人力資源規劃(Human Resource Planning, HRP)的議題。在本章中，我們將從策略觀點說明人力資源規劃議題，主要內容如下：

1. 人力資源規劃的意義。
2. 人力資源規劃的流程步驟。
3. 預測人力資源的需求。
4. 預測人力資源的供給。
5. 人力淨需求的行動方案。
6. 整合性的人力資源規劃。

2.1 人力資源規劃的意義

早期組織人力與企業目標配合的過程稱為「人力規劃」(Manpower Planning)，隨者組織對「人」的重視，將「人」視為公司重要的資源，遂以「人力資源規劃」一詞取代「人力規劃」，賦予它更積極的目的，因此除了傳統「量」的人力規劃，如人力數量上的短缺或過剩，還需加上人力「質」的規劃，即人力所需具備的知識、技能和態度(knowledge, skill, attitude, KSA)，更需與組織的策略目標相連結。

人力資源管理的目的在提供組織適量、適質的人力，達成組織的目標與發展，而人力資源規劃是在組織策略目標下，以更長期的觀點預測公司未來人力的供給與需求，確保組織需要的員工人數與所需具備的知識、技能和態度(KSA)，藉以決定人力資源管理行動方案的一個過程。員工人數考量的因素如員工的新進、離退、內部晉升或調任之流動等等；知識、技能和態度(KSA)的變化考量的因素如人才訓練與發展的缺口、人才養成的時間與科技變化等等。故人力資源規劃的目的在確保組織：

1. 獲得與維持組織所需知識、技術與態度的人力資源數量與品質。
2. 發揮人力資源的最大功能。
3. 能妥善處理人力過剩或人力不足的問題。
4. 能適時提供訓練完備與彈性的人力，使組織有能力適應外在環境的變化。
5. 當公司關鍵技術的外部勞動力供給減少時，可以降低對外部勞動力的依賴。

2.1.1 組織策略規劃與策略性人力資源規劃

規劃包含設定組織目標與設定達成目標的行動方案，在組織中有關目標與計畫依組織層級可以分為使命、策略目標與計畫、戰術目標與計畫，以及作業目標與計畫，如圖 2.1 所示。

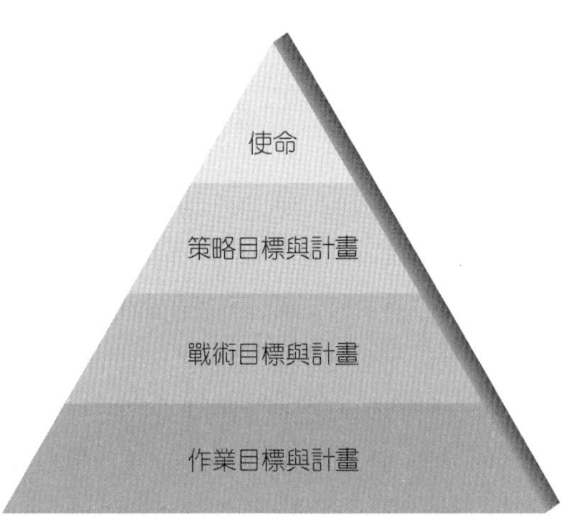

圖 2.1　組織目標的層級

人力資源規劃是一個結合組織目標與人力資源活動的過程，因此必須和組織目標有高度的相關聯性，也就是說人力資源規劃必須和組織策略相連結，稱之為策略性人力資源規劃。故人力資源規劃必須和組織的策略相配合，而當組織在進行策略規劃時也必須將人力資源規劃納入考量。

人力資源規劃和組織策略密切配合不但可以讓高階經營了解人力資源管理功能的重要性，進一步也可以讓他們對人力資源活動做出承諾，另一方面，和組織目標連結更可以使直線經理人體認到人力資源管理工作的切身性，不再認為人力資源管理工作僅是人力資源部門的專屬責任，將使得經理人更積極且投入人力資源管理活動。

如圖 2.2 所示，策略規劃和人力資源規劃是同步且相互協調的，且人力資源規劃者與直線管理者亦是相互協調與合作。正因為環境的快速變化，組織必須不斷改變才得以生存並永續發展，人力資源規劃應是以組織策略為基礎的，協助組織達成策略目標，因此，為了和組織策略密切配和，人力資源規劃除了提供組織適量、適質的人力以達成組織的目標與發展之外，也必須不斷地監控環境和因應環境的變化，故策略性人力資源規劃涵蓋「整合性」(integration)與「適應性」(adaptation)的概念，可以做到下列幾項工作：

1. 熟悉並溝通組織的使命和價值觀。
2. 確保組織中的管理者和所有員工了解組織適應環境的策略或作法。
3. 熟悉人力資源策略以確保組織有足夠的能力滿足達成目標的需要。
4. 整合性的人力資源活動以滿足利害關係人(stakeholders)。
5. 整合性的人力資源活動以協助組織其他部門，如財務、行銷與生產單位。

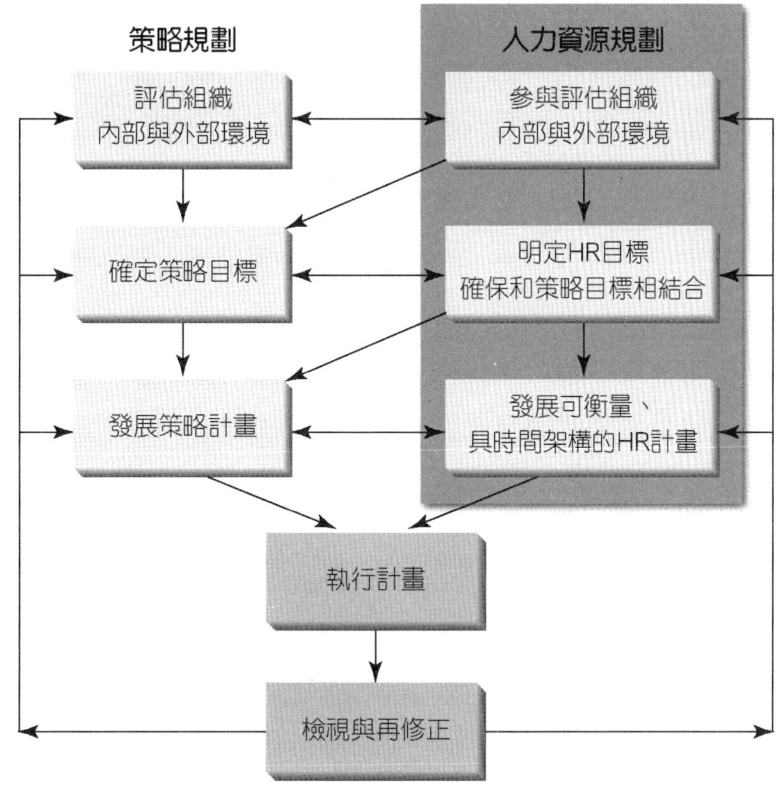

圖 2.2　策略規劃和人力資源規劃

資料來源：Jackson, S. E., & Schuler, R. S. (2003). Managing Human Resources: Through Strategic Partnerships. P.177. Ohio: South-western.

6. 具批判性的思考能力。
7. 發展監控環境變化的方法。
8. 能夠警覺到環境的變化以修正人力資源規劃的過程與內容。

2.1.2　人力資源規劃的時間架構

組織在進行規劃與分類時，時間架構是重要的，一般組織的計畫可以分為短期、中期與長期，短期是 1 年以內，中期為 1~5 年，長期則為 5 年以上、甚至超過 10 年，至於年限的劃分仍須視組織與環境變動的速度而定，無法一概而論。

而人力資源規劃和組織規劃是緊密結合的，因此人力資源規劃和組織規劃的時間架構應該是一致的。

2.2 人力資源規劃的流程步驟

人力資源規劃是一系統化的過程，需了解其規劃步驟之流程與內容、相關的預測技術，以及後續的行動方案。

人力資源規劃的步驟流程如圖 2.3 所示。人力資源規劃是在確保組織策略目標達成與計畫執行的過程中，組織人力能適時、適量、適質地配合，故人力資源規劃步驟的流程開始於組織使命與策略目標的結合，接著為預測組織內外部人力資源的需求與供給，第三步驟為比較人力資源的供需情況，進而得出人力資源的淨需求，最後依據人力資源淨需求發展行動方案以提供組織適量、適質的人力。詳細內容將於本章後續說明之。

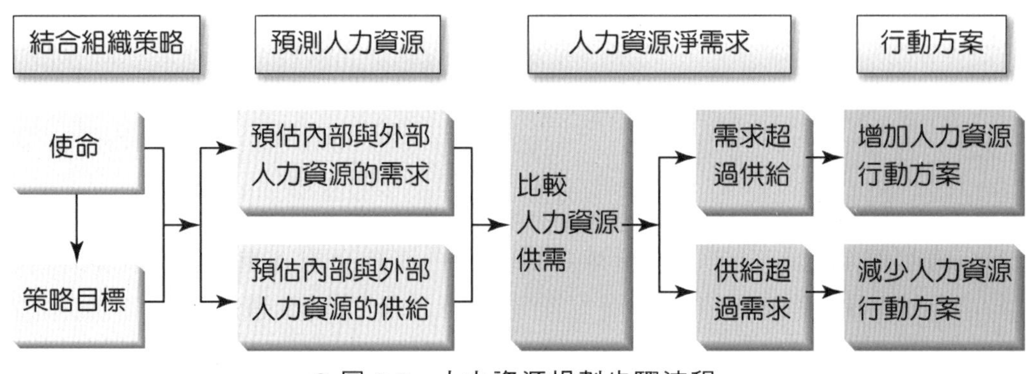

圖 2.3　人力資源規劃步驟流程

2.3 預測人力資源的需求

人力資源規劃在確保組織能適時、適量、適質地提供人力以協助組織策略目標與計畫的達成，在人力規劃的過程中，不僅需考慮因應組織策略的人力需求外，還必須考量外部環境因素對人力資源質與量的影響。

外部環境因素如 PEST（政治、經濟、社會文化、科技）、全球化等等影響人力資源需求、供給的質與量。政治因素包括勞工政策、法規、國家發展政策等等，例如我國於 2021 年發布的六大核心戰略產業，包含：資訊及數位、資安卓越、臺灣精準健康、綠電及再生能源、國防及戰略、民生及戰備等六大產業，會影響人力培養的方向；公平就業法、身心障礙者保護法等法令會影響人力需求的方向。

經濟因素包括：經濟成長率、國民所得、通貨膨脹率、經濟結構等等，經濟因素影響失業率、勞動參與率與或勞動短缺等等因素，經濟的繁榮或衰退會影響產業人才的流動、組織的薪酬結構、僱用方式等，例如油價不斷的上漲，將使運輸部門或產業人力需求降低。

社會文化包括：人口結構、工作態度、勞動意識、社會型態、社會價值觀等等。例如價值觀會產生所謂的熱門科系或熱門行業，進而影響產業人力的變動。而後疫情時代（2019 年 COVID-19 疫情之後）工作與生活方式、社會行為的改變，例如在家遠距工作(Work From Home, WFH)，或改變成自由工作者在家工作(Work At Home, WAH)。

科技包含資訊化、自動化、生產與製造技術等等，而科技的變遷將造成技術與技能，以及工作型態的改變，影響企業用人的數量與結構。現今科技的 ABCD 趨勢，指人工智慧(Artificial Intelligence)、區塊鏈(Block Chain)、雲端運算(Cloud Computing)和大數據(Big Data)，進而影響人力資源量與質的變化。

在外部人力的預測方面，全球化因素亦需考量其影響力，地球村的概念除了地球任一地方的風吹草動會影響公司的營運外，也造成人才的全球性流動，人才在國際間流動、企業亦在全球中搶人才，使得公司在進行人力規劃時需預測全球化人力的變化與流動。而在全球化下，全球性議題納入企業營運思維中，例如 2015 年聯合國宣布「2030 永續發展目標」(Sustainable Development Goals, SDGs)，指引全球共同邁向永續努力，我國的 2050 年淨零轉型、企業的永續報告書 ESG 分別是環境保護(E, Environmental)、社會責任(S, Social)，以及公司治理(G, Governance)，如此影響人力資源的管理與運用。

在內部人力的需求預測方面，人力資源的預測技術可以分為數量技術與質性技術兩種。組織在進行人力資源規劃時會同時使用數量技術與質性技術，在選擇預測技術時，沒有一種方法可以適用所有情況，隨著科技的進步，更能運用資料庫、人工智慧運算、大數據分析等等，在選擇預測方法時，管理者可以考慮：1.需要歷史資料嗎？2.歷史資料適用嗎？3.所需的成本；4.預測時效；5.準確度。

2.3.1 數量技術

常使用的數量技術有時間序列分析、迴歸分析、趨勢分析、生產力比率、人事比率、以及人力變遷矩陣等六種。隨著電腦科技的進步與普及，日新月異，此類方法運用的趨向漸形重要。

一、時間序列分析

當時間是一個重要影響因素時，會使用公司過去的歷史資料來預估人力資源的供給與需求，此方法需先將資料依時間先後順序排列，如季節性、循環性、長期趨勢等。故此方法主要是以時間因素來預測未來，用以了解組織人力資源需求與供給變動的趨勢。例如冰品業生產量在夏季、冬季的變化，旅遊業有淡季、旺季之分等等。

二、迴歸分析

此方法目的在了解之間的關係，用它來預測某些變項與人力資源需求與供給預測的關係，例如銷售量、生產水準等可以預測人力資源需求變化的情形。但此迴歸分析方法必須確保相關指標和預測指標之間存在相關關係，且短期內或變數之間的關係無重大改變。例如醫院中可以病床數、門診科別數、門診開放時間、醫生人數等等因素來預估護士的人數，而這些相關指標的選定必須有足夠的歷史資料證明相關指標（自變數）和預測指標（應變數）是存在相關性的。

三、趨勢分析

根據過去長期的資料，經過研判，來預測未來人力供需的變化。例如利用環境變動趨勢、產業趨勢分析、公司發展趨勢、業務成長趨勢等等來預測人力的變化。

四、生產力比率

生產力比率為【生產量／員工人數】，利用公司對未來生產量的預估來預測人力供需的變化。生產力比率亦可換成銷售力比率，即針對公司未來銷售量的預估，用以預測所需的人力。

五、人事比率

利用公司過去人事相關資料，分析各個工作職務類別與工作人數之間的關係，再利用迴歸分析或生產力比率分析預測人力資源的需求量，再依此需求量分配至不同的工作類別，如此便可預測出每個職務類別的工作人數需求。例如以五星級飯店客房數與服務人員比率為 1:1.4，代表 500 間客房，就需要 700 位服務人員，那麼隨著客房數的增減，服務人員的人數亦隨之變動。

六、人力變遷矩陣(personnel transitional matrix)

人力變遷矩陣是利用馬可夫矩陣(marcov matrix)來預估各職務類別的人力，以過去歷史資料中不同職務類別之人力移轉流動的機率來預估人力的變化，藉此可以了解某一段時間內各職務人力的流動去向，以及各職務人力的來源或其穩定狀況。此種方法的優點為可以了解公司未來各職務人力移轉流動的方向，而此方法的缺點為矩陣中各職務移轉機率的資料不易取得。

表 2.1 之人力變遷矩陣中表示該組織 2020~2023 年業務和生產單位相關職務人力的變化。例如從表中的橫列可以看出 2020~2023 年時相關職務人員的異動，以第三橫列業務員和第四橫列生產經理為例，2020 年時有 60%的業務員在 2023 年時仍在原職位，而有 20%晉升至業務主任，有 20%已離職；而在生產經理方面，有 93%的生產經理在 2023 年時仍在原職位，而有 5%的生產經理調至工程單位擔任工程人員，有 2%人調至當業務經理，且離職率為 0%。由此看出生產單位人員穩定性比業務單位高，且生產單位和業務單位間的人力可流動。

另外，亦可以從表中的直行看出現在 2023 年中相關職務人員是來自何處，例如第五直行工程人員和第六直行生產人員為例，2023 年的工程人員有 5%來自生產經理、83%從 2020 年至今未異動、10%至生產人員調入，而有 2%對外招募而來；第六直行的生產人員在 2023 年時有 80%是從 2020 年就在此職位，而新招募 20%，如此可以看出生產人員在組織內的異動率低，而新進人員比率也較高。

» 表 2.1　人力變遷矩陣

2020 年	2023 年						
	1.業務經理	2.業務主任	3.業務員	4.生產經理	5.工程人員	6.生產人員	7.離職
1.業務經理	85%						15%
2.業務主任	10%	70%					20%
3.業務員		20%	60%				20%
4.生產經理	2%			93%	5%		0%
5.工程人員				5%	83%		12%
6.生產人員					10%	80%	10%
7.招募	3%	10%	40%	2%	2%	20%	

2.3.2 質性技術

除了以數學為基礎來預測人力資源供需的變化外。管理者可以用判斷法來進行預測，以下介紹幾個常用的方法。

一、管理估計

管理估計又稱管理者判斷法或經驗預測法，管理者憑藉自己的經驗和直覺以預測人力資源的需求。此方法可分為由上而下，或由下而上。由上而下先由組織經營層進行整體人力預測，再展至各階層，如此方法較能得到整體的觀點與兼具長期觀點；由下而上則先由低階層預測各單位的人力，再沿組織層級逐層往上預測與彙整。

二、德菲法(delphi technique)

這是一種專家意見調查法，但專家之間彼此不見面，首先先選定一些專家，首先分別徵求專家的意見，並由一聯絡人將專家意見予以整理後，將彙整後的專家的意見，再分別徵求專家的意見與判斷，如此反覆的問卷調查，最後得到專家一致性的集合判斷，如此方法可以減少主觀的判斷與專家間面對面討論的衝突與干擾。此一方法較適合：1.缺乏歷史資料；2.外在因素產生重大改變，過去的歷史資料不適用；3.需要整合多數專家的意見；4.需要具備蒐集資料的廣度與深度，不希望受個人意見的干擾。

三、情境分析(scenario analysis)

情境分析法是使用一連串的假想事件來詮釋組織未來可能面臨的情境，探討組織在此情境中可能採取的行動，預測未來情境可能產生的結果，藉以提供人力資源預測的決策。一般情境分析的目的在藉由不同假想事件與預測情境的交互影響以籌劃出未來藍圖，且用簡單易懂的方式描述所預測的未來情境。

因而情境分析法主要用在未來環境的不確定相當高，且難以預測與掌握，是一種比較非傳統的方法，先從大量且模糊的資訊中選擇一個最可能發生的情境，再由經理人經過腦力激盪方式預測未來勞動力的狀況，當預測漸漸具體化後，再反過來確認主要的情境重點，此方法主要的優點為鼓勵經理人採用和過去傳統不同的思考模式。

四、標竿管理法(benchmarking)

標竿管理是一有系統、持續性的評估過程，將組織人力資源預測的方法或流程和在此方面表現卓越的公司相比較，以獲取或協助組織改善人力資源預測的資訊。比較的對象可以分為共同標竿和競爭者標竿。共同標竿為和世界上在人力資源預測方法或流程上表現最好的公司相比較；而競爭者比較則是選擇一家和公司類似的企業，或是同業中表現最好的公司，參考其預測指標、意見與判斷。

企業可以利用標竿管理法學習在人力資源規劃中表現卓越的其他公司，學習他們如何預測而達到成功的預測結果，然後和自己公司的預測結果與預測方法相比較，在此標竿管理法中，組織不但會檢討自己的預測結果與預測方法，更會強化組織積極尋找最佳的人力資源預測方式。

2.4 預估人力資源的供給

人力資源供給的預估包括組織內部人力資源的供給，以及組織外部勞動力供給的預測，如此才能掌握人力資源「量」與「質」的變化。

2.4.1 外部人力供給

外部人力的供給亦會受到 PEST（政治、經濟、社會文化、科技）與全球化的影響，當然組織在進行策略規劃時會考量外部環境對組織的影響，進而分析對組織帶來的機會和威脅，此時，人力資源部門需提供勞動市場的現況與趨勢，適時掌握外部人力的供給變化，進行人力資源規劃的同時，適時調整其他人力資源政策，如招募計畫、任用政策、教育訓練計畫，或是管理發展計畫等等，以達成組織對人力資源的需求。公司所考慮的外部人力影響因素可分為地區性、全國性或產業面：

在地區性方面有：

1. 公司雇用人力的地區範圍。
2. 公司和其他公司對人力需求的競爭情形。
3. 失業率水準。
4. 過去勞動市場所提供人力在技術、能力上的適質性。

5. 學校畢業生所提供人力在技術、能力上的適質性。
6. 地區勞動人口流動的情況，以及部分工時勞動力。
7. 地區是否適合居住，就業機會多寡。

在全國性（或產業面）方面有：

1. 勞動力供給的趨勢。
2. 畢業生質與量的趨勢。
3. 人才培育政策方向。
4. 教育制度的改變。
5. 政府勞動相關法規的影響。

2.4.2 內部人力供給

在預測內部人力資源供給，組織應進行現有人力資源的評估，以了解人力供給的情形。進行現有人力評估與分析可使用的相關資料有技能檔案、繼任計畫、員工在組織內的流動、人事異動比率，以及利用電腦科技輔助的資料庫系統。

一、技能檔案

技能檔案(skill inventory)是組織人力資源針對員工個人的整體資料，公司亦稱為人事資料檔案，技能檔案是員工在公司的歷史紀錄，常被當作晉升與調動的參考資料來源，一般技能檔案的內容可分為下列幾大項：

1. **個人基本資料**：姓名、員工代號、年齡、性別、婚姻狀況等等。
2. **技能**：教育程度、到任前之工作經驗、專業證照、語文、教育訓練記錄等等。
3. **特殊資格**：專業團體、特殊成就等等。
4. **薪資與工作經歷**：目前與過去薪資、調薪日期與記錄、過去的職務異動歷史等等。
5. **公司資料**：現職、福利計畫、留職停薪與復職、退休資訊、歷年績效考核記錄等等。

技能檔案除了有助於員工晉升與調動的決策參考之外，隨著電腦科技的進步，還可以進一步進行職能分析、協助員工教育訓練計畫、生涯發展計畫、管理發展與改善計畫等等，亦可協助主管進行管理決策，如人力分析、能力盤點、福利分析、薪資結構等等。

二、繼任計畫

繼任計畫(succession planning)是一套針對管理階層或重要職位如何進行人力遞補的計畫，又稱為接班計畫，一般繼任計畫會以人力更替圖(personnel replacement chart)表示每一個職位現任者的績效表現、晉升可能，以及與潛在的接班情形，一般人力更替圖會以組織圖來表示，同時呈現出該職位的現任者與潛在的接班人，如圖 2.4 所示。

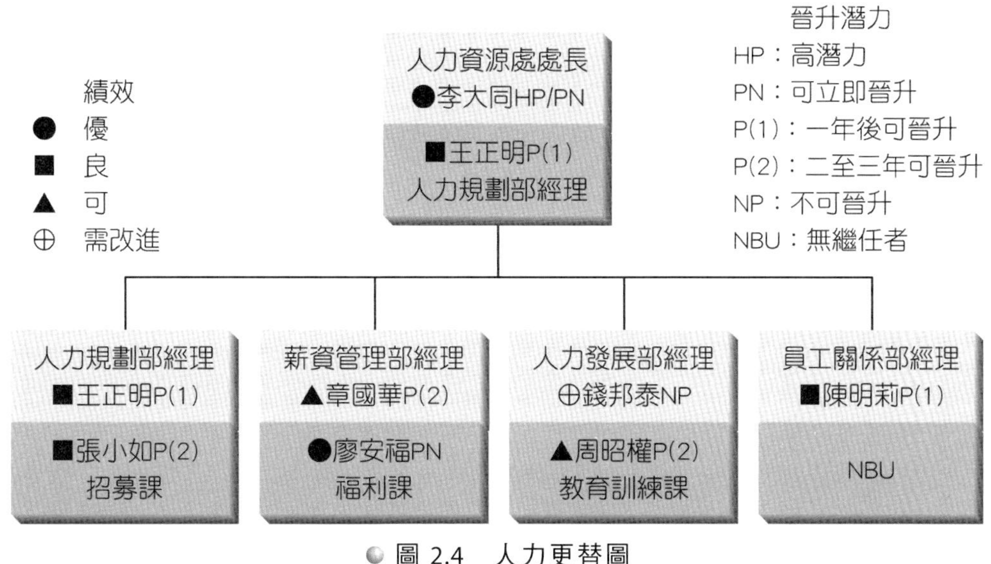

圖 2.4　人力更替圖

三、員工在組織內的流動

了解員工在組織內的流動，如圖 2.5 所示，可以預估員工在組織內職位異動的生涯流動或生涯模組(career patern)，如此方法可以預測人力資源供給的變化。

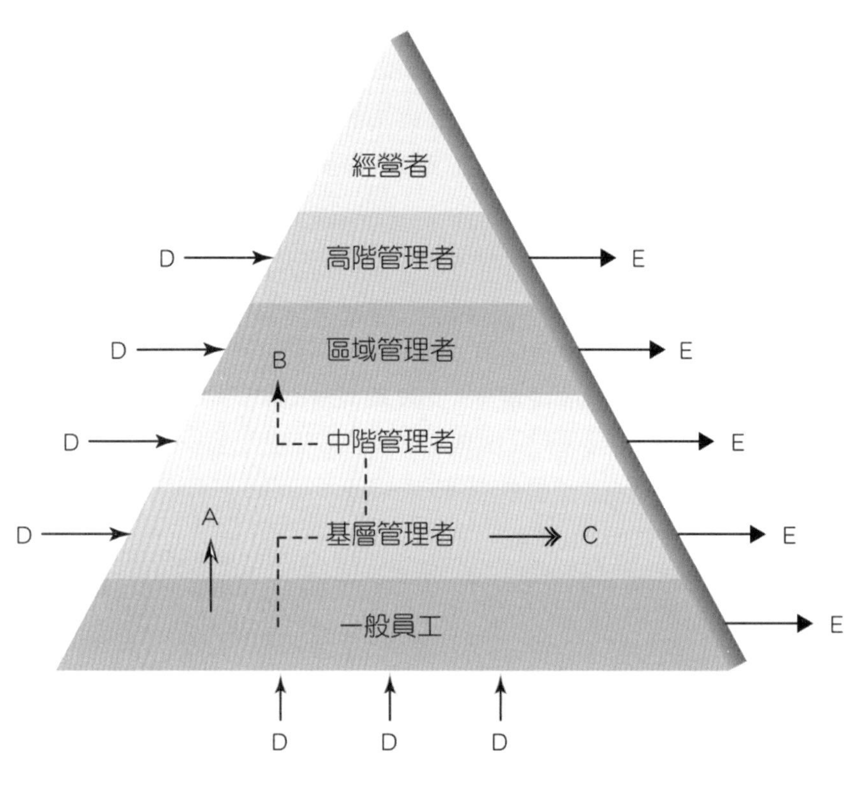

A：向上流動 ——→ 晉升、升等（年資因素）
B：發展和向上流動 -----→ 水平發展、經驗、彈性、多角化
C：水平流動 ——→ 工作輪調、個人發展因素、多角化
D：招募 ——→ 擴充人力、成長、組織目標、多角化
E：流失 ——→ 年齡因素、新技術

圖 2.5　員工在組織內的流動圖

資料來源：Beardwell, J.,and Claydon, T. (2007).Human Resource Management (5th Ed.). p.169. London: Prentice Hall.

四、人事異動比率

舉凡組織內人事異動的情形均會影響內部人力的供給，如員工的退休、資遣、解雇、調入與調出、離職、復職、長期病假、死亡…等等因素，以下介紹幾種常用的預測方法。

（一）離職率

離職率表示組織內人力資源可能減少的數量，是一人力資源耗損指數，離職率的計算方法如下：

$$\frac{\text{特定期間內(通常為1年)的離職人員}}{\text{特定期間內的平均員工總人數}}\times 100\%$$

（二）穩定指數(stablity index)

穩定指數表示在前期結束的基礎上，本期可以整期地完成工作的人數比率，其公式如下：

$$\frac{\text{服務滿一年或以上員工人數}}{\text{一年前員工總人數}}\times 100\%$$

（三）留任率(stablity index)

留任率公式如下：

$$\frac{\text{一定期間仍在職的員工人數}}{\text{員工總人數}}\times 100\%$$

（四）流動率(turnover index)

流動率表示公司員工流動的情形，流動率低表示人事安定，但容易缺乏生氣，活力不夠；太高則表示人員異動頻繁，組織留不住員工，容易造成生產力的低落，其公式如下：

$$\frac{\text{特定期間內(通常為1年)的離職人員+新進人數}}{\text{特定期間內的平均員工總人數}}\times 100\%$$

（五）組織活力指數(organizational vitallity index)

組織活力指數表示組織適任的人才是否源源不絕，高的組織活力指數，表示組織目前或三年內可晉升的人選，以及候補的人員都已確認，也表示這個組織是有生命力的；反之，過低的組織活力指數，表示組織人員的晉升潛力低且遞補的適任性也低，也表示組織是停滯的。參考圖 2.4 人力更替圖，其公式如下：

$$\frac{\begin{array}{c}\text{高潛力者(HP)}+\text{可立即晉升者(PN)}+\text{一年後可晉升者(P1)}\\+\text{二至三年後可晉升者(P2)}-\text{不可晉升者(NP)}-\text{無繼任者(NBU)}\end{array}}{\text{員工總人數}}\times 100\%$$

五、人力資源資訊系統

隨著電腦科技的進步，組織對人力資源過去、現在資料的管理可以利用電腦資料庫進行記錄與評估，大量減少人工繁瑣的業務，此套資料庫系統稱之為人力資源資訊系統(Human Resource Information System, HRIS)。此系統是針對人力資源管理活動所設計的資料庫，提供人力資源 e 化管理方案，一般人力資源資訊系統包含人事行政業務（人事、薪資計算、出勤、加班、保險等等）、教育訓練、薪酬與福利管理、績效考核等等，甚至結合組織的策略規劃、知識管理、線上學習…等。

2.5 人力資源淨需求

經過組織內部、外部人力資源的供給與需求分析之後，可以得出組織人力資源的淨需求，當需求超過供給，表示組織人力不足，需考慮人力增加的行動方案；如果供給大於需求，則表示組織人力過剩，需規劃後續減少人力資源運用的行動方案。

在選擇人力資源淨需求的後續行動方案時，除了方案本身解決問題的速度外，更需考慮每個方案所帶來的優缺點影響。

2.5.1 人力不足——需求超過供給

當組織面臨人力資源不足的情形時，不僅只有招募計畫一種方式，組織可以透過其他人力資源功能，如訓練計畫、增聘臨時工、加班、改變任用標準、培育多能工、工作再設計、承諾式計畫（增進勞資關係、強化員工向心力、減少離職率等）、員工協助方案(Employee Assistance Programs, EAP)等等，以及組織的營運管理，如外包、改變技術、增加生產力等等行動方案來因應人力短缺的問題。

在規劃後續的行動方案需考慮各個方案改善人力資源不足情形的速度問題，以及實施的可能性，各個行動方案的比較如表 2.2。

>> 表 2.2　人力不足時的行動方案

方案選擇	時間性	可能性
加班	快	高
雇用臨時工、契約工	快	高
外包	快	高
改變任用標準	快	高
提供不休假獎金	快	高
運用派遣人力	快	中
增加生產力	中	中
承諾性計畫	慢	中
招募	快	高
技術創新（如自動化）	慢	低
強化訓練	慢	低
多能工	慢	低
工作再設計	慢	低
員工協助方案(EAP)	慢	低
個人發展計畫(IDP)	慢	低

2.5.2　人力過剩——供給超過需求

當組織面臨人力資源過剩的情形時，比起人力資源不足的情形更需謹慎的處理，在進行人力資源減少的行動方案時除考慮此方案解決問題的速度之外，更要考量方案所帶來的負面影響。所以，同樣地，組織可以透過其他人力資源功能，如降低工時、無薪休假、減薪、提早退休、工作分享、再訓練等等，以及組織的營運管理，如多角化、轉任計畫、輔導自行創業等等行動方案來因應人力短缺的問題。

在規劃後續的行動方案需考慮各個方案改善人力資源過剩情形的速度問題，以及實施後所造成的負面影響，各個行動方案的比較如表 2.3。

表 2.3　降低人力過剩的行動方案

方案選擇	時間性	負面影響
組織精簡（解雇）	快	大
無薪休假	快	大
減薪	快	中
降低工時	快	中
工作分享	快	中
限制雇用	慢	小
提早退休	中	小
轉任計畫	慢	小
輔導自行創業	慢	小
再訓練	慢	小
多角化	慢	小
員工協助方案(EAP)	慢	低
個人發展計畫(IDP)	慢	低

2.5.3　人力資源彈性策略

在選擇人力資源淨需求的後續行動方案時，為了因應快速變遷的內外部環境，行動方案可能偏向短期或是彈性，其中彈性的策略更行重要，以下介紹幾種組織平時便可使用的人力資源彈性策略，以隨時因應人力資源供給與需求的變化。

一、職能彈性(task or functional flexibility)

職能彈性指的是員工在執行工作任務時的流動性與適應性，也就是說當組織面臨工作需求或技術需求的改變時，員工可以在工作任務間快速調動，此種人力資源彈性策略的作法有工作擴大化、工作豐富化、團隊或專案工作、工作輪調等等方式以增加員工多樣化的技能，另外搭配人力資源訓練與發展計畫提供員工多樣化技能學習的機會，以培養員工第二、第三專長。

二、數量彈性(numerical flexibility)

數量彈性指的是組織面臨市場需求波動，如景氣波動或季節性波動，所造成的生產與銷售變動時適時調整人力數量作法，此種彈性策略的目標即是在維持人力需求與雇用員工人數上數量的一致，避免因長期雇用契約所產生人事成本的高出。一般的作法多屬於契約上的彈性作法，如臨時工、兼職人員、短期契約（定期契約）、人力派遣與外包等。

三、時間彈性(temporal or working-time flexibility)

時間彈性的目的和上述數量彈性類似，乃利用工作時間的彈性調整以維持人力需求與雇用員工人數上數量的一致。一般工時上的彈性作法有員工不同上下班時間安排、部分工時、加班、輪班等。

四、薪資彈性(financial or wage flexibility)

薪資彈性指的是改變薪資政策使員工個人績效和個人薪資相結合，藉此使得個人績效表現和薪資所得的變化幅度加大。這是一種留才的策略，當組織面臨人力需求時，可以減緩人力的流失，留住公司重要且表現優秀的員工。

2.6 整合性的人力資源規劃

人力資源規劃從結合組織策略規劃開始，經過內外部人力資源的供給與需求預測、決定人力資源的淨需求，最後針對人力不足或過剩採行解決方案這一連串的規劃步驟可以整合其他人力資源管理功能的策略，如圖 2.6 所示，使得人力資源規劃更能滿足組織的需求，也可以提升整體人力資源管理的功效。

人力資源工作者亦可以試著回答下列問題，用整合性的觀點以判斷人力資源規劃的工作。

1. 公司需要多少人力？
2. 公司未來需要何種知識、技術與能力？
3. 現有的人力可以應付現在或未來的需求嗎？
4. 需要更進一步的訓練和發展計畫？
5. 需要進行招募嗎？
6. 何時需要新進人員？
7. 何時需要啟動訓練或招募計畫？

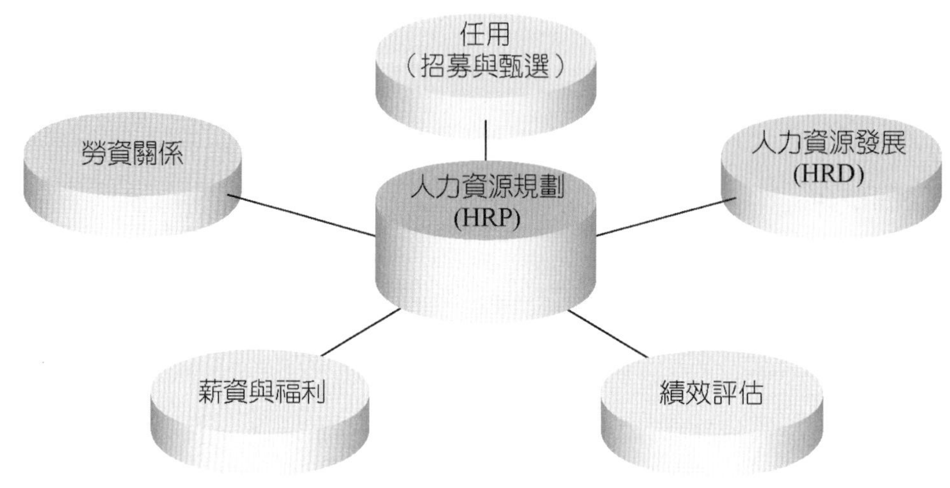

圖 2.6　整合性人力資源規劃

8. 如果需要減少勞動力以降低成本或是因應生產量、銷售量的降低，何種方法是最好的？
9. 有其他人力可以解決人力過多的問題嗎？
10. 如何更彈性使用人力以因應人力淨需求問題？

因此，整合性人力資源規劃可以含括人力獲取方案、人力維持方案、人力發展方案、人力運用方案，以及人力彈性方案，而這些方案的執行可以藉由和人力資源其他功能如任用（招募與甄選）、人力資源發展、績效評估、薪資與福利，以及勞資關係等功能的相結合而達成組織目標。

在人力資源規劃與任用方面，參考組織的任用政策與標準以預測組織人力的供需，透過招募或限制聘雇以調解人力供需不平衡狀況，而晉升政策、繼任計畫亦是組織內部人力資源供給的依據。

在人力資源規劃與人力資源發展方面，透過再訓練、多能工的培養、管理發展、生涯管理等等人力資源發展方案與政策的搭配，更能有效地確保組織人力資源在知識、技術與能力的確保。

在人力資源規劃與績效評估方面，如果員工不清楚他們自己工作的責任或績效標準，也不了解工作做好和做不好的差別，或是覺得績效評估是不公平的，對員工來說都是反激勵的，進而不利於人力資源供給面的規劃。而一個富有公平、正義和公司策略目標結合的績效評估制度，也會降低人力資源縮減策略的負面影響。

在人力資源規劃與薪資與福利方面，不具吸引力的薪資福利政策是無法適時因應人力資源短缺的需求，對於人才的留任也會造成傷害；另外，在組織面臨不景氣需縮減人力以降低成本時，取得員工的認同，適當地從薪資與福利政策方面著手，可以避免直接裁員的負面影響。

在人力資源規劃與勞資關係方面，增進勞資關係、提升員工向心力有助於員工的留任率，承諾性計畫，傳達組織的使命、價值觀與策略目標，暢通的溝通管道、員工身心健康的照顧，對員工的保留以及組織精簡（裁員、解雇）後的人心安定有很大的幫助。

—— 參考資料 ——

Armstrong, M. (1999). A Handbook of Human Resource Management Practice. p.313-329. London: Kogan Page.

Atkinson, J. (1984). Manpower strategies for flexible organizations. Personal Management, 7, 28-31.

Atkinson, J. (1987). Flexibility or fragmentation? The United Kingdom market in the eighties. Labour and Society, 12(1), 87-105.

Baek, P., & Kim, N. (2017). The Subjective Perceptions of Critical HRD Scholars on the Current State and the Future of CHRD. Human Resource Development Quarterly, 28(2), 135–161. https://doi-org.cyut.idm.oclc.org/10.1002/hrdq.21275

Beardwell, J.,and Claydon, T. (2007).Human Resource Management (5th Ed.). p.169-170, p.174. London: Prentice Hall.

Chicci, D. L. (1979). Four steps to an organization/human resource plan. Personnel Journal , p.392.

Hornsby, J. S., and Kuratko, D. F. (2005). Frontline HR: A Handbook for the Emerging Manager. OH: Thomson. p.229-246.

Jackson, S. E., & Schuler, R. S. (2003). Managing Human Resources: Through Strategic Partnerships. P.177-189. Ohio: South-western.

Kleiman, S. L. (2000). Human Resource Management: A management tool for competitive advantage (2nd ed.). South-Western.

Noe, R. A., Hollenbeck, J. R., Gerhart, B., and Wright, P. M. (2007). Fundamentals of Human Resource Management (2nd Ed.), p.142. NY: McGraw Hill.

孫明德、方俊德(2022)。2022 年全國經濟展望。產業雜誌。622 期。

孫明德、方俊德(2023)。2023 年全國經濟展望。產業雜誌。634 期。

國家發展委員會(2022)。2021 年主要國家勞動力參與率。https://www.ndc.gov.tw/Content_List.aspx?n=798ADD7B17A1A2CB

郭秋榮(2009)。全球金融風暴之成因、對我國影響及因應對策之探討。經濟研究，59-89。

陳美菊(2009)。全球金融危機之成因、影響及因應。經濟研究，9，261-296。

蕭明峰(2008)。美國次級房貸風暴成因、影響、對策及對我國金融業之啟示。存款保險資訊季刊，21(2)，104-144。

— 問題與討論 —

1. 請解釋人力資源規劃的目的與重要性。
2. 請描述人力資源規劃和組織策略規劃的關係。
3. 請說明人力資源規劃的過程與步驟。
4. 請描述預測人力資源需求的質性方法。
5. 請描述預測人力資源需求的數量方法。
6. 請問預測人力資源內部供給的方法有哪些？
7. 當人力資源規劃發生人力不足時，請問有哪些後續的行動方案？
8. 當人力資源規劃發生人力過剩時，請問有哪些後續的行動方案？
9. 何謂解釋人力資源彈性策略。
10. 何謂整合性的人力資源規劃。

工作分析與工作設計

03
Chapter

學習目標

1. 了解工作分析的意義和人力資源管理之關係。
2. 工作分析的方法。
3. 工作設計的原則。
4. 熟悉工作設計實務上的作法。
5. 人力合理化的進行方式。

話說管理　透過 iCAP 職能發展應用平台，快速完成工作說明書

工作分析包含工作說明與工作規範，工作說明包含工作本身之任務、職責與責任，工作規範則包含知識、技術、能力與其他特質；工作說明的部分需要透過問卷、訪談與觀察的方式獲得工作相關的資訊，能力的部分則需要進一步針對工作進行量化與質化分析才能確定工作說需要的知識、技術與能力，整體上是相對耗時且繁複的，好消息是勞動部已訂定 800 個職位之職能基準供企業與從業人員參考，將可大幅降低人資人員進行工作分析的時間。

所謂的職能基準(Occupational Competency Standard-OCS)指《產業創新條例》第 18 條所述，為由中央目的事業主管機關或相關依法委託單位所發展，為完成特定職業或職類工作任務，所應具備之能力組合，包括該特定職業或職類之各主要工作任務、對應行為指標、工作產出、知識、技術、態度等職能內涵。簡言之，「職能基準」就是政府所訂定的「人才規格」。在職能的分類上，屬專業職能，為員工從事特定專業工作（依部門）所需具備的能力。(https://icap.wda.gov.tw/)

政府目前所訂定的職能基準，基本上為產業職能基準，於產業職能基準的內涵中，職能的建置必須考量產業發展之前瞻性與未來性，並兼顧產業中不同企業對於該專業人才能力之要求的共通性，以及反應從事該職業（專業）能力之必要性(https://icap.wda.gov.tw/)。因此，企業的人資夥伴是可以職能基準作為基礎，加入本身企業所屬的工作內容與職位需求，就可以快速的完成工作說明書，既符合產業的標準，也滿足企業的特性。

目前 800 個職位的職能基準（後續會陸續增加已放置於職能發展應用平台中，需要者可以到網站的職能資源專區中的職能基準查詢中下載），下載的檔案如職能基準格式所示，包含職業基本資料、工作內涵與能力內涵等資料，對工作的了解與工作說明書的建置有非常大的幫助。人資實務上的流程，多是先進行工作分析，收集與分析工作有關的資訊後，視組織的需要再進行工作的設計，因此本章的安排上，先說明工作分析的定義與作法，之後再說明工作設計的原則，最後則是本章的結論。

職能發展應用平台(https://icap.wda.gov.tw/)

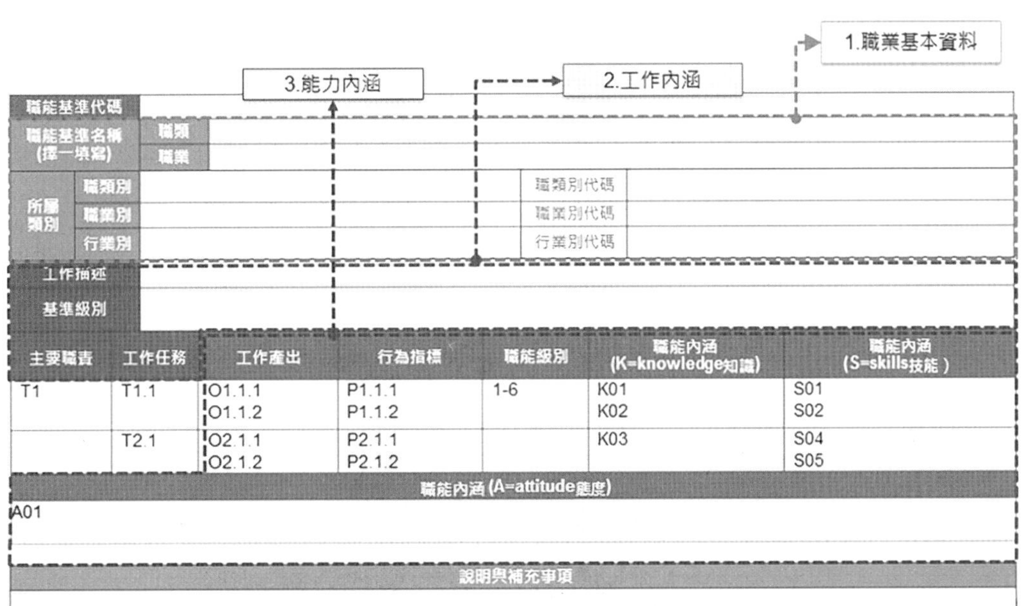

職能基準代碼							
職能基準名稱(擇一填寫)	職類						
	職業						
所屬類別	職類別		職類別代碼				
	職業別		職業別代碼				
	行業別		行業別代碼				
工作描述							
基準級別							
主要職責	工作任務	工作產出	行為指標	職能級別	職能內涵 (K=knowledge知識)	職能內涵 (S=skills技能)	
T1	T1.1	O1.1.1 O1.1.2	P1.1.1 P1.1.2	1-6	K01 K02	S01 S02	
	T2.1	O2.1.1 O2.1.2	P2.1.1 P2.1.2		K03	S04 S05	
職能內涵 (A=attitude態度)							
A01							
說明與補充事項							

職能基準格式(https://icap.wda.gov.tw/)

3.1 工作分析

3.1.1 工作分析的定義

從組織的角度而言，工作分析的主要目的是以科學的方法獲取組織內部各種工作的資訊，以確保人力資源管理工作的正確有效，協助企業目標的實踐；Noe, Holleneck, Gerhart, Wright,(2022)及蕭鳴政(2018)認為，工作分析對組織管理有四個益處，包含：

1. 工作分析是高層管理者決策的基礎，對組織而言，每個工作就像大廈中的磚塊，是組織結構的最基礎的部分，並且是所有管理者的出發點與歸宿，每一個管理者，不論其職位的高低，皆必須思考該工作是否可以協助組織增加產值，如何設計該工作使組織更有競爭力、怎樣的工作安排更可以發揮員工的潛能與工作動機，如過缺乏這個操作性的過程，管理者將缺乏決策與管理的依據。
2. 工作分析是組織發展與創新管理的重要手段：在激烈的市場競爭下，組織的生存越來越依賴經營者是否能不斷的擴展新市場、開發新技術、提供新服務等等，在提供這些創新事物時，往往需要管理者先進行工作分析，將原有舊的工作內容、工作流程與工作標準作一改造與創新，並以此為基礎進行有效的控制，以確保新目標的實踐。
3. 工作分析是管理者全面掌握組織內外各項工作信息的有效工具：管理者重要的天職，就是他必須確保所有的工作都是可以協助組織達到目標，也就是所有的工作必須與組織目標有高度的一致性(alignment)，然而管理者有他的專業領域，對他有經驗的工作，可能足以判斷工作的合理性，對他不熟悉的工作，就必須運用工作分析的手法來收集資料，並藉以判斷其與組織目標、部門目標與團隊目標的關係，讓每個工作對組織而言，都是必要且重要的工作。
4. 工作分析是當前組織變革與組織結構調整的重要依據：企業的短期策略是不斷改變的，為了讓企業策略能有效的執行，就必須調整組織結構以配合企業策略，此時工作分析的資訊對組織結構調整就非常的重要，其資訊可以用來重新檢視目標、流程與方法，並避免重工的情形發生，讓新的組織運作起來更有效率。

由以上可得知，工作分析不但是人資工作者所應具備的基本知能，也是組織內所有管理人員所應掌握的一個基本技術。

學理上定義工作分析為一種有目的、有系統的流程，用來蒐集與工作相關之各種層面的重要資訊(Gatewood & Field, 2018)。簡而言之，工作分析是一種活動或過程，分析者運用科學的手段，直接收集、比較、綜合有關工作的訊息，為組織的策略規劃、人力資源管理以及其他管理行為服務的一種活動。這些工作有關的重要資訊包含工作活動及工作環境；也就是工作者做的是什麼事，他們如何及為什麼或何時要處理這些活動；在工作活動的過程中需要何種設備與工具；工作執行時所需要的知識、技巧、能力或是其他的個人特質。所以不只當新組織建立或新工作產生時，會需要進行工作分析，當有新技術發明或環境改變時，也會需要重新進行工作分析，甚至當某工作的離職率特別高時，也可以試圖從工作分析中找出答案。

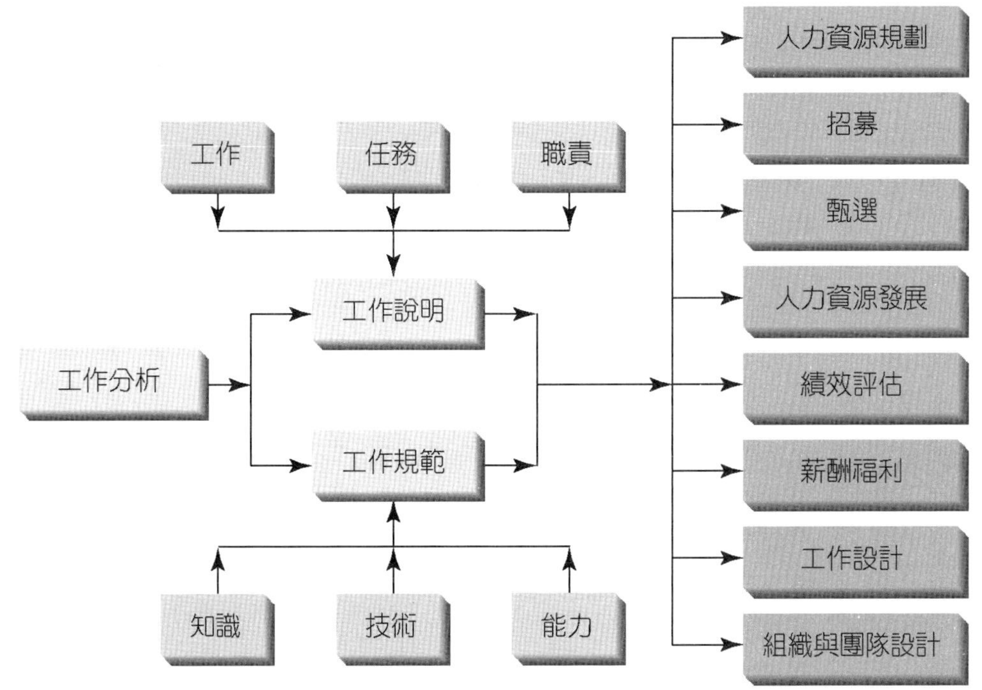

圖 3.1　透過工作分析可大量的解決管理上的困難

工作分析的產物則為該項職位的工作說明書，工作說明書包含兩大部分，一為工作說明，二為工作規範，如圖 3.1 所示，工作說明包含該工作的細項(task)、任務(duty) 與職責(responsibility)，工作規範則詳列要執行該工作所需要的人員規格，包含教育程度、體能、技術能力、知識(knowledge)、技術(skill)、能力(ability)與其他條件等等。有了工作說明，我們就可以用來重新設計工作，進行人員配置，定義員工績效。有了工作規範，則我們於招募甄選有了標準，人員發展有了依據；最後整體的工作說明書，可以作為職位評價的參考，並可作為組織與團隊設計的基石。

3.1.2 工作分析的作法

工作分析的最早由泰勒(F.W. Taylor) 所提出，並把工作分析列為科學管理五大原則的第一原則，並建議由實際觀察員工執行工作並依此提出相關的改善，此乃觀察法的濫觴。Noe 等學者(2022)在工作分析的做法上，提出三工作分析方式，分別為職位分析問卷(Position Analysis Questionnaire, PAQ)、工作分析清單(Job Task Analysis)、及佛萊門工作分析系統(Fleishman Job Analysis System)，其本質上都是透過問卷的發放，以收集相關的工作資訊。Gatewood & Field(2018)則建議除以工作分析問卷、職位分析問卷為主要之工作分析方法外，另一個方式則為工作分析面談。無獨有偶的，Thomasine(1981)則建議工作分析流程先由工作分析面談開始，而面談對象為與該工作熟悉的主管或員工，如此工作面談分析法的效度才能成立，所以 Thomasine(1981)強烈建議用面談法；此外還有一些也常被運用的工作分析方法，例如重大事件法(Critical Incident Technique)則是請受訪者回顧特別成功或不成功的工作事件，並記錄該事件之後果及處理方式（包含情境和因素等）。綜合以上工作分析的方法，其大體可以分為觀察法、訪談法、問卷法，分別介紹如下：

一、觀察法

觀察法是最傳統的職務分析方法，指的是工作分析人員直接到工作現場，針對特定的任職者（一人或多人）的作業活動進行觀察，並收集記錄與工作有關的內容、並用文字或圖形的方式記錄下來，然後進行分析與歸納。使用觀察法有幾個前提要件，首先是觀察者最好有實際的操作經驗，其次為工作是相對穩定且重複性高的，也就是在一定的時間內，工作內容、程序等是不會有變化的，最後則為適用可標準化的，週期性短的體力活動為主的工作。

觀察法的操作原則如下（鄭曉明、吳志明，2006）：

1. 挑選具代表性的工作行為樣本。
2. 觀察人員在觀察時，盡量不要引起被觀察者的注意，干擾被觀察者的工作。

3. 觀察前要有詳細的觀察題綱和行為標準。
   (1) 確定觀察內容、例如工作的目標、任務、使用設備、工作時間、上下級關係、體能要求、工作環境等。
   (2) 確定觀察的時間。
   (3) 確定觀察的位置，選擇觀察位置要求保證可以觀測到工作執行人員的全部行為，並不影響被觀察人員的正常工作。
   (4) 觀察時使用的問題應簡單且便於記錄。

觀察法雖然是傳統的方法，但其優點是可以讓分析的執行人員能比較深入且全面的了解工作的內容與特性，並最適用於那些靠肢體活動來完成的工作，例如採礦人員、生產線的裝配工人、保全人員、餐廳的服務人員等等。但其缺點是不適合那些無法「觀察」的工作，例如管理人員、律師、研究人員等等；此外，觀察法也可能產生一些效果降低工作分析的準確度，如霍桑實驗時由於工人發現有觀察者，導致工作加倍努力，然而有更多的員工對「觀察」難以接受，會覺得自己被監視，進而對工作分析人員產生反感，使工作或動作產生一些變形。

二、訪談法

訪談法是應用最廣泛的一種職務分析方法，是指工作分析執行者就某一個職務面對面的詢問在職者、在職者的主管、在職者的客戶或專家對工作的意見與看法。此種方法的好處在於可收集到更深一層次的工作內容，且適用面廣，能夠簡單而迅速的收集多方面的工作資訊。

訪談法可以是標準化或非標準化的，不過實務上大多建議盡量進行標準化的操作，也就是運用同樣的訪談流程、訪談問題與訪談紀錄格式，以便於控制訪談內容以及針對同一職務不同任職者所回答的結果進行比較。而訪談法的類型又可分為個別訪談法、群體訪談法以及主管人員訪談法；個別訪談法適用於個別的工作存在明顯的差異，且工作分析的時間很充裕的情況。群體訪談法適用於多人從事同一工作的情況，同時針對兩個以上的在職者進行面談。至於主管人員訪談法則是邀請主管針對多個工作進行了解與面談，由於主管對工作非常了解，可以節省許多工作分析的時間。

訪談法所要收集的資訊可以歸納為 6W1H。即：

1. What（做什麼）：是指所從事的工作活動。

2. Why（為什麼）：表示該工作的工作目的，也就是該項工作在整個組織中的關係與作用。
3. Who（用誰）：指對從事該項工作的資格與能力要求。
4. When（何時）：是在什麼時間從事工作。
5. Where（哪裡）：表示從事工作的環境。
6. For Whom（為誰）：是指工作中會與哪些人發生關係，或為誰而工作。
7. How（如何作）：要怎樣進行工作以得到預期的結果。

而訪談的典型問題可為：

1. 請問您從事什麼樣的工作？
2. 您的工作的主要職責？
3. 您是如何完成工作？
4. 您的工作環境與別人有什麼不同？
5. 工作需要什麼樣的資格條件、能力、與特質？
6. 這項工作的職責與任務及工作的標準？
7. 您所處的工作環境如何？
8. 工作對身體的要求為何？工作對情緒與智力的要求為何？
9. 工作對安全與健康的影響？

訪談法是應用最廣泛的一種方式，其也可以讓工作分析人員了解短期內觀察法不易了解與發現的情況，並可收集到工作態度與工作動機等更深層次的資料，然而訪談法也有其缺點，首先是成本過高，費力費時；另外訪談法本身也要有專門的技巧，必須充分訓練訪員；最後則是要注意所收集到的訊息是否已經扭曲與失真，因為被訪談者可能會誇大或者弱化某些工作職責。

三、問卷法

問卷調查法是採用來收集工作資訊的一種方法，先由工作分析人員設計工作分析的問卷，之後再由職位擁有者來進行問卷的填寫，最後再由工作分析人員將資料加以分析及歸納，產生工作說明書。

問卷調查法的優點為費用低，速度快，調查範圍廣，有些問卷並可以產生許多量化的資料供工作分析人員參考，實務上工作分析的問卷有很多種，不過大體可以分為兩類，第一種為開放式的問卷，以下為某公司所使用的開放式工作分析問卷：

職位說明書

職位代碼：

職　　稱	人力資源部經理	填寫日期	
部室名稱		科別名稱	

一、工作範圍：（請以兩到三句話簡述）

負責公司人力資源策略與政策之規劃與擬定，推動人力資源政策，提升及維護公司人力資源競爭力，促進勞資關係和諧

二、主要職務與職責：請以“動詞＋名詞”說明；動詞 例：規劃、執行、核准、評估、協助、協調、監督、提供等）

1. 規劃與評估人力資源策略。
2. 擬定公司人力資源政策、制度與規章。
3. 督導、核可及評估人員甄選與任用等作業。
4. 督導、核可及評估薪資作業。
5. 督導及評估教育訓練與發展等作業。
6. 規劃與協助員工績效考核作業。
7. 規劃與協助員工生涯發展。
8. 維護公司勞資關係和諧。

三、獨立自主性：（請舉出職位者在自身職責範圍內可自行裁決，不需經主管同意且影響最大的事項）

1. 選定有效之招募管道。
2. 擬定與推動員工發展計畫。
3. 薪資調查與薪資結構建議。

四、問題的複雜度：（請列舉本職位所面臨最重要且經常發生的問題及其處理方式）

1. 推動人力資源策略與組織變革。
2. 降低離職率與留住優秀人才。
3. 協助提升組織人力資源競爭力。
4. 提昇人力資源部部門效率。

五、錯誤的影響程度：（請勾選並說明理由）

1. 不影響其他人正常工作
2. 只影響部門內少數人

3. 影響整個部門
4. 影響其他幾個部門
5. 影響整個公司

六、監督：（是否需要督導部屬？如是，請說明上級主管職稱？管理組織名稱？）

1. 督導招募副理、薪資副理與訓練副理的績效考核，直屬於行政部處長，負責人力資源所有事務。
2. 雇用、指派及核准部門人事與薪資建議。
3. 制定部門目標、標準化流程與作業規則。

七、人際互動：（請依以下格式描述本職位）

接觸之內外部單位或人	接觸方式	接觸目的	頻繁度
各部門主管	會議	經營會議	每週一次
各單位位員工	電話或親洽	HR 相關事務	每天數次
企管顧問公司	電話或親洽	教育訓練	每月一次
人力仲介機構	電話或親洽	招募人才	偶爾
應徵者	親洽	招募面談	每月數次
政府機關或社區代表	電話或親洽	HR 相關事務	偶爾

八、職位資格／條件：

教育程度	大學畢業或以上。
科系建議	企管、勞工或人力資源管理等系所。
所需相關經驗	具人力資源相關經驗 10 年以上（含主管經驗 3 年以上）之經驗。
所需專業知識	人力資源管理、組織行為與發展、組織原理與發展、勞動法規 （勞動基準法、勞保法規、勞工安全衛生等相關法規）。
所需專業技術	良好的領導與管理能力、良好的溝通與協調能力。
所需訓練	主管人員訓練。
所需證照	內部講師證照。

九、能力需求	
專業能力	人力資源管理　專家級 勞動法令　高手級
個人特質	親和力　經常展現
職能要求	策略伙伴關係　經常展現

人資主管簽核	覆核	主管簽核	填寫人

另一種為封閉式問卷，封閉式問卷的特性是工作分析的問題與選項都預先設計好，受評人員只要針對問題選擇一個最貼近工作現況的選項；封閉式問卷最常被使用的為職位分析問卷(Position Analysis Questionnaire, PAQ)。

(一) 職位分析問卷法(PAQ)

職位分析問卷法(Position Analysis Questionnaire, PAQ)是一種結構嚴密的工作分析問卷，是於 1976 年由美國普渡大學 McCormick 提出的一種適用性很強的數量化工作分析方法。McCormick 認為 PAQ 問卷是以工作者導向的分析為主，並認為 PAQ 的問題描寫所有工作者的活動與行為。McCromick 並假設存在於所有工作中的工作項目是相當有限的，工作都可以用這些行為來描述；PQA 包括 194 個項目，其中 187 項被用來分析完成工作過程中員工活動的特徵（工作元素），另外，7 項涉及薪酬問題。雖然 PAQ 的格式已定，但仍可以用來分析許多不同類型的工作。所有的項目被劃分為 6 個類別，分別說明如下：

» 表 3.1 PAQ 問卷工作元素的分類

類別	內容	例子	工作元素數目
資訊來源	員工在工作中從何處得到資訊，如何得到	如何獲得文字和視覺資訊	35
心理活動	在工作中如何推理、決策、規劃，資訊如何處理	解決問題的推理難度	14
工作活動	工作需要哪些體能活動，需要哪些工具與儀器設備	使用鍵盤式儀器、裝配線	49
人際關係	工作中與哪些人有關人員有關係	指導他人惑與公眾、顧客接觸	36
工作環境	工作中物理環境與社會環境是什麼	是否在高溫或與內部其他人員衝突的環境下工作	19
其他特徵	與工作條件相關的其他的活動、條件或特徵是什麼	工作時間安排、薪酬方法、職務要求	41

在應用這種方法時，用 6 個計分標準內的每一細項，對需要分析的職務一一進行核查。核查每項因素時，都應對照這一因素細分的各項要求。按照 PAQ 給出的計分標準，確定職務在職務要素上的得分（如下表所示）。

» 表 3.2　職位分析問卷範例

使用程度：　NA：不曾使用　1：極少　2：少　3：中等　4：重要　5：不重要

1.資料投入

1.1 工作資料來源（請根據任職者使用的程度，來審核下列項目中各種來源的資料）

1.1.1 工作資料的可見來源

1. __4__書面資料（書籍、報告、文章、說明書等）
2. __2__計量性資料（與數量有關的資料，如圖表、報表、清單等）
3. __1__圖畫性資料（如圖形、設計圖、X 光片、地圖、描圖等）
4. __1__模型及相關器具（如模板、鋼板、模型等）
5. __2__可見陳列物（計量表、速度計、鐘錶、劃線工具等）
6. __5__測量器具（尺、天坪、溫度計、量杯等）
7. __4__機械器具（工具、機械、設備等）
8. __3__使用中的物料（未經過處理的零件、材料和物體等）
9. __4__尚未使用的物料（未經過處理的零件、材料和物體等）
10. __3__大自然特色（風景、田野、地質樣品、植物等）
11. __2__人為環境特色（建築物、水庫、公路等，經過觀察或檢查以成為工作資料的來源）

資料來源：Gary Dessler, Human Resource Management,Prentice-Hall International,Inc.2017,p.94.

最後，PAQ 再把分數歸納成下列 5 個基本構面。這 5 個基本構面是：

1. 具有決策、溝通能力。
2. 執行技術性工作能力。
3. 身體靈活性與體力活動。
4. 操作設備與器具的能力。
5. 處理資料的能力相關條件。

根據這 5 個向度，就可以得出工作的數量性剖面的分數，工作與工作之間相互比較，劃分工作的等級，也就是管理者就可以運用 PAQ 給出的結果對工作進行對比，以確定哪一種工作更富有挑戰性、哪一種工作的危險性比較高、哪一種工作的資訊處理量比較大，然後依此確定每一種工作的獎金或工資等級。

（二）工作導向型的職能工作分析法(FJA)

相對於 PAQ 是以工作者為中心，而功能性職務分析法(Funcitional Job Analysis, FJA) 正好相反，是一種以工作為中心的分析方法，它是美國培訓與職業服務中心(U.S Training and Employment Service)的研究成果，所以又被稱之為美國勞工部分析法(U.S. Department of Labor, USDOL)。它是以員工所需發揮的功能與應盡的職責為核心，列出加以收集與分析的資訊類別。

FJA 的核心，是由工作分析人員依照工作所涉及的三項活動與功能來評估工作，這三項分別為資料(data)、人員(people)、事物(thing)。透過了解工作執行者與資料、人員、事物有關工作行為，可以反映工作的特徵、工作的任務和人的職能。所謂的資料，即是與人、事相關的資訊、知識、概念，可以通過觀察、調查、想像、思考分析獲得。具體包括數字、符號、思想、概念、口語等；人員，指人或者有獨立意義的動作；事物，指人控制無生命物質的活動特徵，這些活動的性質可以以事物本身的特徵反映出來。

在 FJA 中，行為的難度越大，所需的能力就越高，也就說明工作者的職能等級越高。下表是工作者基本功能評分表，每項功能描述了一種廣泛的行為，概括了與資料、人員、事物發生關係時工作者所做的工作。

» 表 3.3　勞工部工作者基本功能評分表

資料		人員		事物	
號碼	描述	號碼	描述	號碼	描述
0	綜合	0	教導	0	裝配
1	協調	1	談判	1	精確操作
2	分析	2	指導	2	操作控制
3	編輯	3	監督	3	駕駛操作
4	計算	4	使高興	4	操縱
5	模仿	5	勸説	5	照看
6	比較	6	發出頭信號	6	送進－移出
		7	服務	7	駕駛
		8	接受指導幫助		

資料來源：Dessler, G. 2019. Human Resource Management. 16th ed. Prentice-Hall, Inc.

» 表 3.4 FJA 基本功能標度

資料功能標度	
1.比較	選擇、分類或排列數據、人和事，判斷他們已具備的功能、結構或特性與原定的標準是類似還是不同。
2.抄寫	按綱要和計畫召集會議或處理事務，使用各種工具抄　寫、編錄、郵寄資料。
3A.計畫	進行算數運算，寫報告，進行有關的籌劃工作。
3B.編輯	遵照某一方案或系統但又有一定決定權去收集、比較、劃分資料、人、事。
4.分析	按照準則、標準和特別原則，依據藝術、技術、技巧的要求，進行檢查、評估（關於人、事、數據），以決定有關影響（後果），並選擇替代方案。
5A.創新	在整體運行理論原則範圍內、保證有機聯繫的條件下，修改、選擇、調整現有的設計、程序或方法，以滿足特殊要求、特殊條件或特殊標準。
5B.協調	在適當的目標和要求下，在資料分析的基礎上，決定時間、場所和一個過程的操作順序、系統或組織，並且修改目標、政策（限制條件）或程序，包括建都決策和事件報告。
6.綜合	基於人事直覺、感覺和意見（考慮或者不考慮傳統、經驗和現有情況），從新的角度出發，改變原有部分，以產生解決問題的新方法來開發操作系統，或從美學角度提出解決問題的辦法或方案，脫離現有的理論模式。
人員功能標度	
1A.指令協調	注意管理者對工作的分配、指令或命令。除非需要指令明確化，一般不必與被管理者直接交談。
1B.服務	注意人的要求和需要，或注意人們表示出或暗示出的希望，有時需要直接做出反應。
2.信息轉變	通過講述；談論和示意，使人們得到信息，在完好的程序範圍內做出任務分配明細表。
3A.教導	在只有兩人或一小組情況下，以同行或家庭式的關係關心每個人，扶助和鼓勵個人；對日常生活給予關心，利用各種機構及參與團隊的有關指令、建議和私人幫助。
3B.勸導	用交談和示範方法誘導別人喜歡某種產品、服務或贊成某種觀點。
3C.轉向	通過逗趣，使個體或聽眾分心，以使精神放鬆，氣氛緩和。

表 3.4 FJA 基本功能標度（續）

人員功能標度	
4A.諮詢	作為技術信息來源提供服務和提供有關的信息或方法，定義、擴展或完善有關方法、能力或產品說明（告知個人或家庭諸如選擇學校和再就業等目標的詳細計畫，協助他們做出工作計畫並指導其完成計畫）。
4B.指導	通過解釋、示範和試驗的方法為他人講解或培訓。
4C.處理	對需要幫助（如有病）的個人或一小組人員進行特定治療或調節。由於特殊個體對規定的（化學的、物理的或行為的）反應可能在預想之外，所以要系統地觀察在整個工作框架內個人行為的處理結果。必要時，激勵、支持和命令個人，使他們對治療、調節程序採取接受或合作的態度。
5.管理	決定和解釋每組工人的工作程序；賦予他們相應的責任（規定性說明和詳細內容）；保證他們之間和諧的關係；評估工作績效（規定的和詳細的），並提高效率，在程序和技術水平上做出決策。
6.談判	與作為正式工作執行一方的代表進行協商、討論，以便充分利用資源、權力，減少義務，在上級給定的權限內或在使程序完整的主要工作中「放棄和接受」某些條件。
7.顧問	與有問題的人一起交談，勸導、協商或指導他們按照法律、科學、衛生和其他專業原則調節自身的生活。用對問題的分析和論斷及對他們公開的處理過程勸導他們。
事物功能標度	
1A.處理	當工作對象、材料、工具等在數量上只有一件或很少，工人又經常使用的時候，其精確度的要求是比較低的，這包括使用小輪車、手推車和類似工具。
1B.照管	從自動的或由工人控制、操作的機器設備處安插、仍掉、倒掉或移走材料，精確的要求大部分由工人控制。
1C.照管	開、關和照看由其他工人啟動的機器、設備時，機器精確的運作需要工人在幾個控制台按說明去調節並對機器信號做出反應，包括所有不帶有明顯結構變化的機器。在這裡幾乎不存在運轉週期短、非標準的工作，而且調節是預先指定的。
2A.操作	當有一定數量的加工對象、工具及控制點時，加工、挖運、安排或者放置物體或材料，對精確的要求由精到細。包括工作台前的等待和應用、可換部件的便攜；動力工具的使用及廚房和花園工作中普遍工具的使用。

>> 表 3.4 FJA 基本功能標度（續）

事物功能標度	
2B.操作－控制	開動、控制和調節用來設計構造和處理有關資料、人和事的機器設備。這樣的工人包括打字員和轉動木材等使用機器運轉的工人，或負責半自動機器的啟動、熄火的工人。控制機器包括在工作過程中準備和調整機器或材料。控制設備包括控制計量儀、表盤和閥門開關及其他諸如溫度、壓力、液體流動、泵抽速度和材料反作用這些方面的儀器，包括打字機、油印機和其他的準備和調節過程需要仔細證明和檢查的辦公機器（這一等級只用於機器和一個單位設備的操作）。
2C.運轉－控制	為了便於製造、加工與移動物體，必須對操作過程加以監視與引導。
3A.精確工作	按照標準工作程序加工、移動、引導和設置工作的對象與材料。
3B.裝配	（安裝機器設備）插入工具，選擇工裝、固定件和附件；修理機器或按工作設計和藍本説明恢復它們的功能，包括主要精度要求，可以涉及其他工人操作或工人自己負責操作的一台或數台機器。

資料來源：Dessler, G. 2019. Human Resource Management. 16th ed. Prentice-Hall, Inc.

以銀行櫃檯行員為例，工作分析者對此項工作評估的結果可能是「5」、「6」、「7」，表示這項工作的基本功能是複製資料、表達語言及符號與操作，另外，安養中心的看護員評估的結果可能是「1」、「6」、「5」，也可以從表中找到對應的功能組合，所以實務上，每個工作都可以用「資料」、「人員」、「事物」這三個角度加以分析，而每項的結果都可以得到一組數值，同樣數值的工作則可歸屬同一等級的工作，給付相同的薪資水準。

3.1.3 工作分析系統 e 化

不管是用觀察法、訪談法與問卷法所收集回來的工作分析資料，由於資訊眾多，純粹用文書處理軟體來處理可能會有一定的難度與不便利性，所以工作分析也是建議需要 e 化的部分，透過系統快速收集、處理與分析資料的功能，降低行政作業人員的工作負擔；然而工作分析 e 化系統反而相對少見，就廖文志與戴維舵(2002)在研究平均資本額30億以上的一百四十家臺灣企業的人力資源資訊系統化程度後，人事薪資乃是最常被 e 化的人力資源管理功能，將近96%的普及率；依序是訓練功能與人力資源規劃，各有71%的普及率；其次為績效管理，有58%普及率；最後則為工作分析，只有49%的普及率，可見企業對於工作分析系統化的運用仍有很大進步的空間。

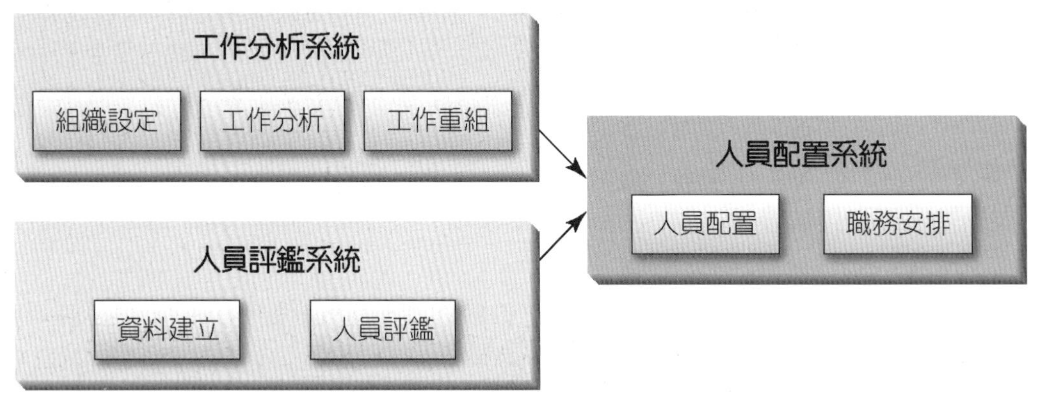

圖 3.2　工作分析系統的系統架構

工作分析之系統架構如下圖 3.3 所示，其中的工作分析系統主要是收集工作相關資訊；另外，較進步的系統還會包含人員評鑑系統與人員配置系統，其中人員評鑑系統以了解員工能力的水準，並可透過人員配置系統進行工作與員工的媒合，讓工作分析的結果可以後續運用在人力與能力的盤點，提高企業的人效。

圖 3.3　工作分析系統協助工作資料的收集（104 資訊科技提供）

工作分析系統主要功能如下：

1. **工作分析系統**：功能包含發送通知信、員工線上填寫工作資訊、工作重新設定與重組。
2. **人員評鑑系統**：功能包含發送通知、員工能力資格資料建立、人員能力評鑑。
3. **人員配置系統**：功能包含工作人員契合度計算、人員配置、職務安排、個人發展計畫。
4. **後台管理系統**：功能包含系統參數設定、系統網址設定、.SMTP 伺服器設定、.選項設定（語文選項、專業選項、符合度選項）、電子郵件參數設定（寄件者設定、盤點通知函設定、盤點催收函設定）、帳號管理（管理者帳號管理、員工帳號管理、員工帳號匯入）、職務職等管理、專案管理（新增專案、組織圖設定、盤點部門設定、工作說明書內容設定）。

3.2 ›› 工作設計

如果只透過工作分析將組織內員工的工作內容與工作方式如實的加以呈現，那麼工作分析的價值就非常的有限。其實工作分析的價值往往不在於資料的收集，而是在後續資料的使用上，而工作設計就是使工作分析活動更有附加價值的活動之一，因為工作分析提供了我們許多有用的資訊，接續我們可以從其中分析目前的工作內容是否合理，是否需要調整以為組織創造出更大的價值。以上是從組織的角度來看工作設計，另外從員工的角度來看，工作是不是可以給他正向且愉快的感覺（工作滿意度）會影響到員工對企業的組織承諾感及離職意願。員工是否喜歡工作內容，這樣的工作安排是否能激發員工最大的潛能，在講求人性化管理的時代，也可以透過工作設計的方式來提振工作滿意，進而強化員工對企業心理上的依附。

3.2.1 工作設計的原則

工作設計或稱為職務設計，該活動係將個人在組織中所需從事的工作內容、工作關係與工作相關議題從事設計與界定。工作設計最早由科學管理學派開始，設計工作最主要的考量為效率的最大化，這個概念最早源自 Taylor 所提出的「科學管理四原則」，即工作專業化、系統化、簡單化和標準化，但過度的簡單化與標準化的結果，雖然生產力增加了，工作本身卻變得很無聊，成為抹煞人性(dehumanized)的工具，造成許多工作者因工作乏味而離職，或者工作枯燥讓注意力降低而產生許多工安事件。

» 表 3.5　三種工作設計的原則

科學管理學派	行為學派	權變學派
【效率】	【人性】	【權變抉擇】
工作簡單化 工作專門化	工作豐富化 工作擴大化 工作特性模式	工作彈性 （創新、彈性）

1940 年代後期 Herzberg 等行為學派之學者積極從事工作再設計(work-redesign)、工作豐富化(job-enrichment)與工作擴大化(job-enlargement)的研究，他們認為工作再設計是針對工作內容的改變，增加工作重要性與挑戰性，可避免因工作單調重複而造成工作者的不滿意或離職，而工作豐富化增加垂直方向工作內容，讓員工掌握更大的控制權，使員工享有更多的自由度、獨立性及責任感，以完成一份任務，同時得到績效回饋；工作擴大化則增加橫向的工作內容，使員工對上下游同僚的工作更加的了解，使工作不再重複且單調，不論是工作豐富化與工作擴大化，皆是對工作增加人性的考量，使工作本身更有趣，同時也能協助員工成長。

Hackman & Oldham 主張工作特性係指有關工作的因素，包括技能多樣性(skill variety)、任務完整性(task identity)、任務重要性(task significance)、自主性(autonomy)、工作回饋性(feedback from the job itself)、他人回饋(feedback from agents)、合作性(dealing with others)等七項，茲將其論著，分述如下：

1. **技能多樣性**：係指擔任一項工作時工作者所需技能才幹之程度。
2. **任務完整性**：即整件工作由個人全力完成的程度，亦指整件事情從頭到尾徹底地做完，並知道工作結果之程度。
3. **任務重要性**：所擔任的工作對他人生活或工作之影響程度。
4. **自主性**：意指擔任一項工作時個體所擁有的自由程度及獨立性，並能自行決定處理的過程。
5. **工作回饋性**：工作本身之活動能傳達有關訊息提供給工作者，讓其了解工作結果好壞之程度。

6. **他人回饋性**：表示工作者從上司或同事獲知清晰的回饋訊息之程度。

7. **合作性**：即工作需要與他人密切合作的程度。

其中技能多樣性、任務完整性、任務重要性、自主性、工作回饋性五項為核心構面，他人回饋、合作性二項為輔助構面，其認為工作上的潛在激勵分數來自於員工對其所屬工作上各種「工作特性」的認知，Hackman & Oldham 並將前五種特性以「激勵潛能分數」(motivating potential score, MPS)代表，並另設計計算公式如下：

$$MPS = \frac{\text{技能多樣性} + \text{工作完整性} + \text{工作重要性}}{3} \times \text{工作自主性} \times \text{工作回饋性}$$

由上述公式可知，工作自主性或工作回饋性有一項為零，則激勵潛能分數將等於零，技能多樣性、任務完整性、任務重要性有一項為零，雖不致於使激勵潛能分數為零，但激勵潛能分數會因此降低。

新近工作設計模式則多強調彈性與創新且需依所屬企業本身的特質與環境作最佳的權宜之計（權變學派），所採取的方式包括非典型雇用（勞資非定期性雇用，如企業外包、運用兼職工與契約工等等）、工作時間的變動（包含彈性工作時間，員工可自行選擇上下班時間，但企業需有一段核心工作時間為全體員工皆在公司；壓縮工作週，將一週內某一天工作時間分擔於其他日來上班）、工作分享（將原本一人做的工作改為由二人來負責）以及電訊工作者(Telecommunicating worker，藉由網路協助，而非在定時、定點工作）等等。

綜合上面三種工作設計的原則與實務工作者的建議，工作設計者需考量的因素包含下列五項：

1. **製造程序、作業流程**：包含了解組織現有的作業流程與製造技術。
2. **工作特性、人因工程**：工作特性包含前述科學管理、行為學派、權變學派的工作設計；人因工程指的是配合工作者特性（Ex：體力、外型）從事工作設計。
3. **法令規定、技術、產業因素**：勞動法令如勞工安全衛生法等會有許多影響工作設計之規定；另外，企業所運用的技術（例行性高與例行性低），及產業因素（變動快速或穩定）亦是工作設計人員所要考量的因素。
4. **工作者特性**：若工作者屬於教育程度高者，則運用行為學派或權變學派的工作設計原則較為適合。
5. **組織其他特性**：組織文化價值觀、組織結構皆會影響工作設計的結果。

3.2.2 工作設計的做法

當組織有面臨兩種情況需要進行工作設計，一為組織有新設置的職位，二為工作本身對員工的激勵要素降低或工作滿意度消失，三則為員工的工作於流程上缺乏合理性，或者員工的工作尚未處與滿載的情況；一般來說，工作設計多採用工作輪調、工作擴大化與工作豐富化三種方法：

一、工作輪調

所謂工作輪調，就是將員工轉換到另一個相同職等、能力與技術要求接近的工作上去工作。如同前文所述，員工長期從事同一職位的工作，根據內部過程反抗理論，員工會覺得工作很枯燥，滿意度的降低與離職率的增加，所以最好在一段時間過後，可以進行工作輪調，讓員工可以運用不同的技能，這樣的方式對企業與員工都是雙贏的結果，對企業來說，員工成為多能工未來可以方便企業進行人員調度。對員工而言，員工可以獲得更高的工作滿足，有更高的工作動機。

然而工作輪調要注意幾個問題，首先是必須進行詳細的工作分析，以確認哪些工作的資格條件是相同的，可以進行輪調，其次是輪調必須有長遠的規劃，以免影響日常工作的進行，最後則是要尊重員工意願，若員工沒有意願，建議不要進行強制性的轉換。

二、工作擴大化

工作擴大化是把工作進行橫向擴展的手段，透過增加員工橫向的工作內容，使工作的本身增加多樣性。以汽車裝配人員為例，原先汽車裝配人員只負責前門的安裝，工作擴大化後，除了原先的工作外，他還要負責組裝輪胎，以及組裝的品質管理等工作。

分工雖然帶來效率，但過度的分工會使工作本身變的枯燥無趣，工作擴大化後，增加了員工工作的多樣性與挑戰性，會提高員工工作的積極性；許多專家認為工作擴大化後，增加了許多工作轉換的時間，所以會犧牲工作效率，但這些時間上的浪費會隨著工人的熟練度增加而得到改善，並由於他們工作興趣的提高，工人對工作更投入，進而會使工作效率大幅提升。

三、工作豐富化

工作擴大化會增加工作的多樣性，然而對工作的挑戰性增加有限，所以工作豐富化主要的目的是希望透過工作的縱向拓展，給員工更多規劃、組織與控制的權限，提高對工作的擁有感，讓工作更具挑戰性。

工作豐富化的方式有很多種，包含建構自主性的工作單位，這個單位是沒有主管的，所有工作的設計、流程、品質管理等都由這個單位同仁討論後決議；也有讓員工與（內部或外部）客戶直接進行服務，由於不再透過客戶服務代表，可直接獲得客戶回饋，並以此修改本身的產品與服務。

3.3 ›› 結論：工作分析於人力合理化的運用

綜合上述，工作分析對人力資源管理與組織主管的一般性管理皆有很大的用途；在人力資源管理上，工作分析的效用主要展現在三個方面：1.組織管理：組織結構設計、目標管理等等；2.工作設計：職務設計、職位分類、權責界定；3.人力資源管理：人力規劃、人員甄選、訓練發展、績效考核、薪資規劃等等。透過工作分析；工作分析對一般主管而言，主要可以協助主管進行工作的安排與人員合理化；在工作的安排與設計上，並可對部門工作產生加、減、乘、除等四種效益。

增（加）工作的附加價值	（減）少低效益的工作	創造整合性相（乘）效益	利用外部資源優化效益的工作（除）
* 採用較有競爭力的工作方式 * 強化工作者的培訓，改善工作的品質 * 改善整體的生產力，提高組織的績效	* 汰換不合理的工作 * 刪除不必要的工作 * 合併同性質的工作，降低資源的消耗	從大的角度出發來改善整體的工作系統，減少內部的消耗與阻力，創造相乘的經營效益	透過派遣、外包等方式讓其他單位分擔企業的任務與風險，提高企業的經營效益

於人員合理化上，可根據工作設計的工作說明書為基礎（因為工作說明書會詳載工作的基本要求與產出），來思考人員編制的問題，以達到節約用人，提高工作效率的要求；理論上來說，人員編制必須在企業生產規模的基礎上，從數量上規定使用人員的標準，以達到人力的合理配置。為了讓企業可以正常的進行生產的活動，在安排各類人員比率時，必須注意下列幾個配置：

1. 直接人員與間接人員的比率。
2. 在直接人員中，還需要注意生產工人與輔助生產工人的比率。
3. 管理人員與非管理人員的比率。
4. 服務員工（福委會、警衛…）與全體員工的比率。

在人力的計算上，在此介紹業界最常使用的四種方法：

一、生產力人力計算法

此方法最適合計算生產工人的人數，其公式為

$$\text{人數}=\frac{\text{計劃期生產任務總量}}{\text{工人勞動效率}\times\text{出勤率}}$$

舉例來說，假若某企業必須生產某汽車零件 5,000,000 件，每個員工每天的生產量是 20 件，年平均出勤率為 95%，則所需要的

$$\text{定員人數}=\frac{50,000,000}{20(\text{件})\times(365-2\times52-10)(\text{天})\times0.95}=1048\text{人}$$

二、設備人力計算法

此計算方式乃根據設備所需人數來計算人員數量

$$\text{人數}=\frac{\Sigma(n\cdot s)}{mK}$$

其中 n 為設備數、m 為設備人員標準，s 為班次，K 為出勤率；舉例來說，某織布廠有織布機 500 台，每台班次為 2 班，每個人可以看管 10 台機器，其人數可計算如下：

$$\text{人數}=\frac{500(\text{台})\times2(\text{班})}{10(\text{台})\times0.9}=111\text{人}$$

三、崗位人力計算法

有些工作如警衛、修護工則可以用崗位的設置數，來計算所需人力，公式為：

$$人數=\frac{\sum(n\cdot m\cdot s)\cdot E}{K}$$

其中 m 為崗位人數標準、n 為崗位數、s 為班次、E 為輪休係數，K 為出勤率。

四、比例計算法

此方法最為簡單，但也是業界使用最多者，就是按照企業員工總數或某一類員工總數的比率，來計算合理人數；例如運用教師與學生人數的比率來計算合理教師數、運用資訊人員與全公司人數的比率來配置資訊人員的數量等等。公式如下：

$$人數=T\cdot R$$

其中 T 為服務對象的人數、R 為標準比例。

現在有很多公司在進行人力精簡或人力盤點，建議的作法乃是先進行工作分析，之後在將工作以上述加減乘除重新設計，並按新工作所需的資格條件重新選用內部人才，如此才不會造成人力精簡後，人員不適任或者重要工作沒人執行的窘境，如此的人力精簡才是真正的瘦身，假若不如此進行，則等於是對組織進行截肢，會使組織喪失核心的競爭力。

最後，科學管理之父「泰勒」於 1911 年所出版的《科學管理原理》一書中，強調若要對組織進行科學的管理，就必須對組織的每一項工作進行研究，並從科學的選拔與培訓工人，方能提高組織的整體生產力。1911 年泰勒所講的原則，就是工作分析的起始，這個原則到今天依然有效，假若組織都可透過工作分析收集工作資訊、妥善設計工作及做好人力配置，讓工作與人原達到人事相宜、事得其人、人盡其才，一方面讓員工發揮所長，使員工可以獲得尊重，一方面使組織沒有無謂的工作，使企業獲得高績效，如此才是勞資雙贏的最佳境界。

參考資料

Dessler, G. 2019. Human Resource Management. 16th ed. Prentice-Hall, Inc.

Gatewood, R. D., & Field, H. S. 2018. Human resource selection (9th ed.). New York:Harcout, Inc.

Noe, R. A., Holleneck, J. R., Gerhart, B., & Wright, P. M. 2022. Human resource management: Gaining a competitive advantage. Boston: Irwin McGraw-Hill. Sidney, G. 1988.

Thomasine, R. 1981. Consensus. Personnel, 58: 4-12.

廖文志、戴維舵(2002)，「臺灣外資與本地企業的人力資源資訊系統(HRIS)應用之比較研究」，人力資源管理學報，2(2)：19~35。

鄭曉明、吳志明(2006)，工作分析實務手冊，北京：機械工業出版社。

蕭鳴政(2018)，工作分析與評價，北京：中國人民大學出版社。

— 問題與討論 —

1. 請試述工作分析對組織管理之益處。
2. 請列舉工作分析之方法，闡述說明及其優缺點。
3. 請闡述工作分析與人力資源管理兩者間之關聯性為何。
4. 請說明 Hackman & Oldham 主張工作特性有關工作的因素。
5. 請舉例說明工作設計之方法。

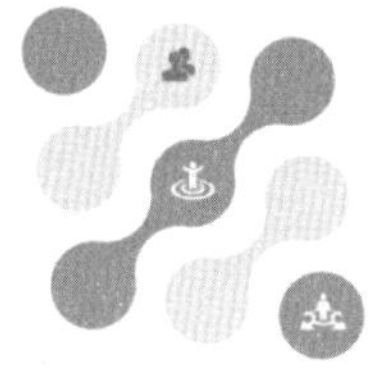

MEMO

04 Chapter 招募與遴選

學習目標

1. 何謂招募？
2. 招募的內涵。
3. 何謂遴選？
4. 遴選的內涵。

話說管理　人力需求趨勢

為了解 112 年 1 月底就業市場人力需求情形，勞動部於 111 年 10 月 3 日至 10 月 21 日就員工規模 30 人以上之事業單位辦理「111 年第 4 次人力需求調查」，回收有效樣本計 3,018 家，調查統計結果摘述如下（勞動部，2022）：

一、事業單位 112 年 1 月底較 111 年 10 月底人力需求預計淨增加 5.1 萬人

事業單位 112 年 1 月底較 111 年 10 月底之人力需求情形，其中，預計增加人力者為 24.5%、減少人力者為 3.5%、人力需求不變者為 63.8%及無法預估者為 8.2%；在僱用人數方面，預計增加僱用 6 萬人和減少僱用 0.8 萬人，計淨增加 5.1 萬人。由於全球景氣降溫、市場需求轉弱與出口動能趨疲，致外需相關產業人力需求減緩，惟隨國內邊境管制逐步放寬、防疫規範漸次鬆綁，以及春節與寒假消費旺季等因素，內需服務業仍持續增僱員工，綜計 112 年 1 月底人力需求略見降溫，惟仍處高檔。

二、依據行業別觀察，以製造業人力需求淨增加 1.8 萬人較多

112 年 1 月底比 111 年 10 月底工業部門人力需求預計淨增加僱用 2.2 萬人，服務業部門淨增加 2.9 萬人；依據行業別觀察，製造業淨增加 1.8 萬人較多（電子零組件製造業淨增加 0.3 萬人、金屬製品製造業和機械設備製造業均淨增加 0.2 萬人），住宿及餐飲業淨增加 0.7 萬人次之。

三、依據職類別觀察，以技藝、機械設備操作及組裝人員淨增加 1.6 萬人較多，技術員及助理專業人員淨增加 1.4 萬人次之

112 年 1 月底比 111 年 10 月底各職類人力需求以技藝、機械設備操作及組裝人員淨增加 1.6 萬人較多，技術員及助理專業人員淨增加 1.4 萬人次之，服務及銷售工作人員淨增加 1 萬人再次之。

四、整體而言，事業單位增加人力主要原因為「公司營運擴增或多角化經營」及「退離者之補充」，各行業依據特性略有不同

事業單位 112 年 1 月底比較 111 年 10 月底事業單位增加僱用人力主要原因，以「公司營運擴增或多角化經營」占 62.5%較多，「退離者之補充」占 20.0%次之。

依據行業別觀察，人力需求淨增加較多之製造業與住宿及餐飲業增加人力主要原因，均以「公司營運擴增或多角化經營」最多（分別占 58.7%及 49.7%），「退離者之補充」次之（分別占 21.7%及 25.3%）；另，藝術、娛樂及休閒服務業以「退離者之補充」最多，「即將進入本產業旺季（因春節與寒假消費旺季）」次之（分別占 55.4%及 35.7%）；其餘各行業均以「公司營運擴增或多角化經營」為增加人力之首要原因。

另外，萬寶華企業管理顧問股份有限公司(ManpowerGroup)發布全球就業展望調查指出，臺灣 2022 年第 3 季就業展望為+3%，此次「萬寶華全球就業展望調查(ManpowerGroup Employment Outlook Survey, MEOS)」對臺灣 620 位雇主進行 60 週年就業展望調查，以了解企業於 2022 年 7 月至 9 月間的聘僱狀況。調查結果顯示，有 34%的雇主預計增加人力，有 31%的雇主預計減少人力、另有 30%的雇主預計維持不變，將增加與減少的人力相抵後得出就業展望淨值為+3%，排除季節因素後亦為+3%，預計 11 個行業中有 5 個行業的工作機會會增加，1 個行業持平，5 個行業下降；其中，金融保險及不動產業+30%，資通訊業（含出版影音）+13%和其他服務業+4%的招聘計畫最強勁（萬寶華企業管理顧問股份有限公司，2022）。

同時，萬寶華企業管理顧問股份有限公司臺灣分公司人才派遣事業葉朝蒂總經理指出，本次調查期間為 2022 年 4 月 1 日至 2022 年 4 月 28 日，在中國封控衝擊、烏俄戰爭、全球通膨及國內防疫政策的轉變等因素影響下，企業對於未來景氣與就業展望皆較保守；第 3 季就業展望以金融保險及不動產業雇主信心最強，當前數位浪潮來襲，無論是銀行、證券或保險業皆陸續進行轉型，除提升效率與產能外，也讓客戶享有更便利且快速的服務，因此，資訊科技人才在就業市場需求迫切（萬寶華企業管理顧問股份有限公司，2022）。

此外，各種安靜浪潮影響著 2022 年的職場生態，例如：安靜離職或安靜解僱等伴隨而來的安靜招聘，對於人力資源工作者無論是在判斷員工的意向或是組織面對的挑戰都越來越複雜；經理人雜誌(2023)報導市調公司 Gartner 提醒雇主和人資單位應留意未來將面臨的九項未來工作趨勢，包括：

1. **安靜招聘成特定人才來源：**不少企業陷入內部人才短缺，團隊成員因動力不足轉為安靜離職狀態，同時也無足夠的招聘預算，因而衍生出新的策略「安靜招聘」，透過鼓勵或調整現有員工暫時轉換至新的崗位或聘請外包人員，採取任務導向的短期合作，更彈性地滿足企業在特定技能方面的需求。

2. **採取非傳統招聘方式**：以學歷或經歷評估應徵者的方法不再管用，而是應更聚焦於「技能本身」，例如：軟體開發等職位不一定需要學位才能證明能力，當擴大網羅人選的範圍會有助於加快招聘速度，提升勞動力思維多樣性。
3. **為第一線導入工作靈活性**：不少企業都已將混合辦公設為常規的工作方式，而這樣的靈活性也被製造業和醫療業等許多的第一線人員所期待。哈佛商業評論解釋，靈活不只是選擇辦公的場所，也包括如何決定班表、時間及合作對象等，賦予工作者更多自主權。
4. **管理者成「夾心餅乾」**：位居中間位置的管理階層會更深切感受到高階領導和實際帶領團隊的拉扯，前者必定展望更高的績效，後者則更需要協助或討論其目標與職涯發展等；因此，組織需安排新的領導力訓練或重新定義主管工作的優先事項，才有辦法處理日漸擴大的管理範圍。
5. **維護職場上的心理健康**：支持和傾聽員工的心理狀態將成為人資團隊重要的業務，從入職、發展到留才等過程皆應安排相應的福祉計畫；另外，重視團隊的「休息程度」也有所助益，像是在預期的高度工作期間主動給予假期，或把部屬是否合理休假設為主管的關鍵績效指標 KPI(Key Performance Indicator)之一。
6. **審慎處理員工私人資訊**：組織會握有更多員工的私人資訊，人資主管勢必得設計合理的處理機制，例如：控管蒐集的方式、嚴格防止外洩的保存及允許不願意參與的員工得以退出相關計畫。
7. **持續推動 DEI 發展**：推動多元、平等與包容(Diversity, Equity, and Inclusion, DEI)文化是當前企業的主流，人力資源部門需要正視此警訊，為了避免反對聲音集結成為抵抗的力量應主動分析組織內的人口分布，預先辨別潛在的問題及提早進行更深入的溝通，化解不滿的聲浪並樹立榜樣與發揮同儕影響力。
8. **人資工作加入 AI 技術的協助**：AI 技術逐漸完善，類似 ChatGPT 的 AI(Artificial Intelligence)人工智慧聊天機器人也可能成為人資工作者可善用的工具，適合代替蒐集資料或改寫文字等，另外，若要應用至招聘流程則得留意提供判讀的數據是否存在偏見，否則 AI 也只會依循規則導出歧視的結果。
9. **團隊內部建立良好且明確的互動模式**：企業面對更多 Z 世代工作者新加入團隊，既有員工也因為疫情關係社交能力逐漸下降，需有意識地指引團隊成員之間聯繫與了解彼此工作習慣。

上述可知，人力需求狀況會隨著產業發展趨勢及經濟景氣狀況隨時有所變化，有句話說：「男怕入錯行」，可見一般大眾在尋找工作時是相當謹慎的，畢竟每天花在工作上的時間至少占了一天的三分之一，工作穩定且有保障是上班族最大的期望，誰都不希望突然被裁員，或被宣告放無薪假；但從另一方面來看，企業組織也很怕找錯人，因為不適當的人才會增加公司無謂的費用、打擊公司士氣、生產力下降、影響組織收益、動搖顧客對組織的信心、影響組織的聲譽、使組織蒙受損失等，且主管需花更多的心力去處理不適任人所引發的問題。因此，招募遴選可說是人力資源運用的開始，組織若能找到適合的人加入，將有助於後續人力資源相關活動之推展。而企業組織要如何從事招募工作，怎麼做才能找到與組織適配的人才，本章將做詳細的介紹，主要內容將包括：

1. 何謂招募？
2. 招募的內涵？
3. 何謂遴選？
4. 遴選的內涵？

4.1 何謂招募

4.1.1 招募(recruitment)的定義

招募(recruitment)係為了填補人力資源之短缺，企業運用一些管道吸引眾多有資格的人員前來應徵空缺職位，亦是企業為了吸引具有工作能力及工作動機的適當人選，激發應徵者前來應徵的過程。

台灣積體電路製造股份有限公司為吸引人才，人才招募時強調「最好的工作，是能跟世界一流的人才共事」，台積電是世界頂尖的半導體公司，多年來在世界競爭中持續領先，源自於台積電有世界上最優秀的夥伴；好的工作，不只給你好的福利待遇，更讓你與最厲害的人成為同事（台灣積體電路製造股份有限公司，2023），其努力吸引更多人才加入台積電。

「適才適用，共創佳績」是企業與員工間之共同目標，若員工能夠發揮所長從事非常適合的工作，部門也會因為得到好人才的協助團隊合作一起向上，企業透過員工的好業績再回饋給員工，企業能夠享受此循環帶來的好處。招募是依據企業人力需求訂定職位職能所需人才標準，透過各種管道尋找適當人才的過程；此流程複雜但涉及一系列活動，從盤點企業人力需求開始挑出最適合應徵者，招募的過程包括：盤點企業人力需求、分析職能需求、透過通路公開職缺、吸引應徵者申請職缺、回收應徵者求職申請、遴選審核應徵者及挑出最適合的應徵者（104 人力銀行，2022）。

招募活動不僅是在延攬募集成員加入組織，就長遠的觀點來看，更希望能提升組織戰力、絡組織的新陳代謝及造產業競爭優勢，以達到組織的策略性目標。如果公司強調的是技術取勝，則招募策略的重點應該在如何吸引到優秀的科技人員；如果公司營運策略著重的是行銷，則如何覓得頂尖的銷售人員就是招募工作的主要任務。相關的策略性招募階段如圖 4.1 所示，組織在從事招募活動時，需在人力資源規劃、組織的責任、招募決策及招募管道上多做評估與考量。

1. **人力資源規劃**：人力規劃是有關人力資源品質的控制措施，審視組織整體工作內容的需求，以評估及預測需要的人力與技術，配合組織未來計畫分析和確認達成組織目標所必須的人力資源供需，提供調節人力的系統化過程；人力資源規劃之思考步驟包括：將企業的策略目標展開並建立組織與部門的目標鏈體系、蒐集分析和預測人力資源的供給與需求、訂定人力資源的政策與目標並取得高階主管的支持與承諾、擬定人力資源計畫的行動方案及控制與評估人力資源的規劃等（104 人力銀行，2022）。

2. **組織的責任**：近年人力資源部門角色持續轉變中，人力資源人員在企業的角色定位和責任已有明顯的變遷，人力資源人員的主要工作任務已從例行性的行政工作逐漸地成為企業的策略性夥伴（104 職場力，2022）。其中，人事管理是人力資源管理的第一線，以「選、育、用、留」等業務為主，也就是招募甄選、開拓與維繫招募管道、薪酬福利計算發放、加退保及離職訪談等，協助各單位制定人力需求計畫並進行人員招募，且針對四面八方而來的履歷會先做第一階段篩選，進而協助部門主管任用適當人選。另外，在一般的外商或較有規模的企業中，人力資源管理會走向第二層次，即設置負責企業內部員工的學習發展部門，像是建立新人訓練讓新進員工可在短時間內認識企業文化、制度與分工或盤點部門員工的績效及技能差距舉辦相對應的培訓課程，同時亦辦理交流活動促進團隊的共同成長及情緒健康管理。再者，更高規模之企業會建立「人資策略夥伴」，其目的是從企業的核心派駐到各部門的人力資源管理者，負責將事業單位遇到的各種人事問題回報給總部人資單位，討論策略與方法並找出最佳人力資源管理的調整方式（天下學習，2021）。

3. **策略性招募決策：**企業招募之決策能力對於組織長期的成敗有關鍵的影響，相比基層及中高階層職務，當企業招募遴選高階管理者時，必須加以考量職務的策略導向、候選人過去的績效表現及招募組織的本質，然而，策略包括：全面成本領導策略及差異化策略；其中以高階管理職位說明，若企業採用全面成本領導策略，高階管理職位就應該要讓組織獲得高於產業平均的報酬，此時管理階層需要以侵略性的管理執行方法來追求效率以及削減成本。另外，差異化策略的特性就是要讓組織變得獨一無二，此策略的達成方式有很多種，例如：許多團隊合作的機會、分權的部門管理與對環及設備運用等（104 職場力，2022）。

隨著時代不同，許多企業卻還用舊有的思維招募人才，例如：在人力銀行上大量收履歷，以面試找到自以為適合的人選，如今隨著疫情崛起的遠端趨勢，即將到來的元宇宙時代人才早已跨越地域，企業期待招募之對象更有在未知情況下提出解決方案的能力，而非如傳統般只是聽令行事；因此，未來的成功企業必須更專注在接觸、號召及留才，而這不只是高薪、公司規模和名聲就能促成，其中，較為有效的方法是以「雇主品牌」吸引人才主動上門。雇主品牌就是建立出一個優質的工作場域，以公司的核心價值觀驅動建構出員工及潛在利益關係人（候選人或客戶）中理想工作場所的形象，使企業在人才吸引、參與度與聲譽上取得更多優勢，用以槓桿在產業的影響力及競爭力；如果能妥善經營雇主品牌，對企業會有全方位的益處，包括：降低招募成本、提高員工參與、降低留才難度及創造競爭優勢等（經理人，2022）。

此外，市場上人力相關網站為使應徵者持續使用該人力網站更著墨於提供多元之網頁及應徵功能，例如：利用數據分析精準地提供符合需求的職務、設置簡單易懂的網站導引訊息、提供就業市場分析調查報告及職涯探索規劃等服務，讓應徵者對人力網站產生黏著度；由實務之角度觀察，提供完善的功能可以更符合應徵者需求，適時的美化呈現頁面確實能增強應徵者的選擇偏好（劉仲矩，2021）。

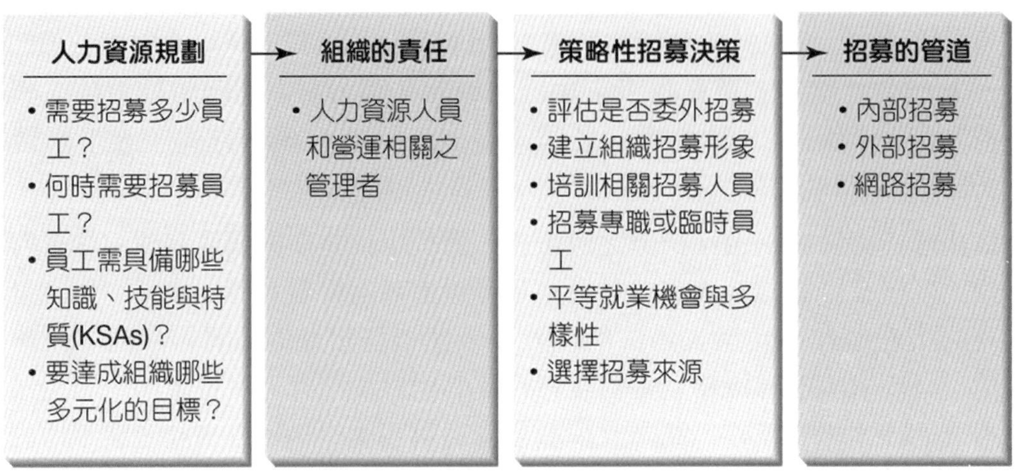

圖 4.1　策略性招募階段

資料來源：*Human Resource Management (12th ed.), by R. L. Mathis, & J. H. Jackson, 2008, Singapore: Thomson South-Western.*

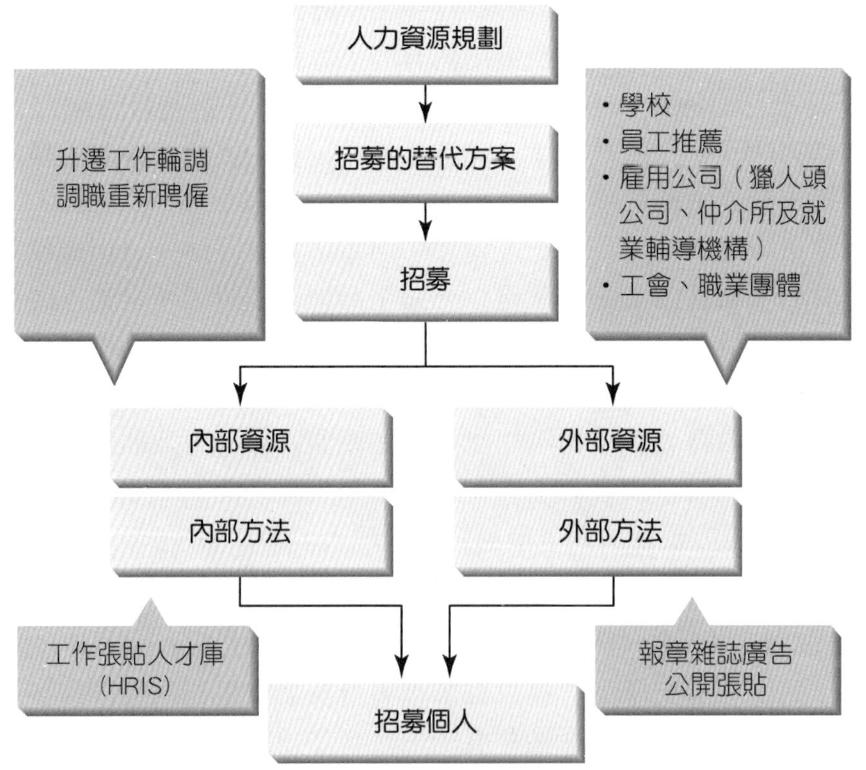

圖 4.2　人力資源規劃與招募管道

資料來源：鴻海科技集團(2021)。鴻海全球人才招募網。

4. **招募的管道**：近年常見的招募管道分為三種，包括：人力銀行、內部推薦及社群招募；其中，較為有效的方法是內部人才推薦，內部人才推薦會有兩個構面，第一是員工對企業的認同度，當員工對企業的認同度高相對願意推薦朋友之意願更高；第二是可以將招募的費用轉成企業的福利，例如：使用設計推薦獎金強化員工對企業的認同等方式。另外，現今很多企業招募基層、儲備人才時會參加校園博覽會、軍中招募或企業與學校共同建教合作，同時隨著科技進步，眾多企業逐漸使用網路平台、企業的社群招募或專業培訓機構，其中，專業培訓機構亦是很重要的人才庫管道，例如：企業派員工去上課並特意請員工將名片收回來（知識學院，2022）。當然，各企業的招募管道與方式略有差異，圖 4.2 為鴻海全球人才之人力資源規劃與招募管道。

4.2 招募的內涵

4.2.1 招募的來源

招募通常可以分為內部招募及外部招募；內部招募是由人力資源部門先在企業內部公告職缺資訊，讓有意願的員工毛遂自薦優先申請，內部招募優點是讓內部員工有職涯發展的機會、鼓勵員工挑戰自我提升士氣、提供向上升遷機會、培養員工跨部門職能或做為接班人計畫之用（104 人力銀行，2022）；亦包括讓內部員工有向上升遷發展的機會、公司能對候選人的能力做較好的評估、招募成本相對比較低、對績效表現優良者是好的激勵因素、熟悉組織文化、制度運作與工作內容、形成良好的接班人計畫等。

而外部招募是指若無內部員工申請或是無合適員工可擔任，才會對外招募；外部招募的來源是透過各類管道，包括：企業官網、網路人力銀行、各地就業中心輔導機構、廣告職缺、校園招募、就業博覽會、委託人力仲介獵人頭公司、工協會及透過員工推薦等方式進行招募，如果以工作穩定、信任與用人之急迫性一併考量，透過員工推薦是最有效果的方式（104 人力銀行，2022）。

反之，內部招募亦有缺點，包括：形成企業內部人員的版塊結構、形成組織內成員爭權的問題、尋求變革時易有人情包袱、打擊未晉升者之士氣、選擇人才的範圍有限、較難有新觀念及開創性作為、可能影響企業的活力和競爭能力等。此外，外部招募之缺點包括：人才獲取的成本高、挑選到不適合之員工、讓內部員工產生不安全感及打擊士氣、文化融合度需要適應、工作熟悉度與周邊工作關係的密切配合也需要時間等。

一般而言，與辦公室工作性質相似的崗位普遍採用的是內部招聘方法，而單位經理或主管等崗位的首選途徑亦是從內部提升，因為從內部招聘的員工比從外部招聘的員工更了解單位的情況，有利於新工作的開展，另外，對於生產服務類、專業技術類及銷售類的崗位，會先採用外部招聘的方法，其次是從單位內部進行選拔（每日頭條，2019）。

到底何時該採用內部招募？何時該採用外部招募？取決於組織招募人才時所處的環境及所希望達成的目標，當企業希望變革、從事創新、引進新觀念與新技術、組織現有人才不足以勝任時，以外部招募較佳；若希望現職員工受到激勵、提振士氣、培育人才且組織發展穩定時，則以內部招募為優先考量。

» 表 4.1　招募的來源

	優點	缺點
內部招募	· 內部員工有向上升遷發展的機會 · 公司能對候選人的能力做較好的評估 · 招募成本相對比較低 · 對績效表現優良者是好的激勵因素 · 熟悉組織文化、制度運作與工作內容 · 形成良好的接班人計畫	· 形成企業內部人員的版塊結構 · 形成組織內成員爭權的問題 · 尋求變革時易有人情包袱 · 打擊未晉升者之士氣 · 選擇人才的範圍有限 · 較難有新觀念及開創性作為 · 可能影響企業的活力和競爭能力
外部招募	· 較能帶入新觀點 · 新員工不屬於組織中的小團體 · 帶來競爭對手的相關資訊	· 人才獲取的成本高 · 挑選到不適合之員工 · 讓內部員工產生不安全感及打擊士氣 · 文化融合度需要適應 · 工作熟悉度與工作配合需要時間

4.2.2 招募的方法

招募的方法和管道很多，一般而言可分成三大類，即間接法、直接法以及透過第三者。間接法包括利用媒體刊登求才廣告、在求職網站或社群平台上傳達招募需求；直接法則包括毛遂自薦、內部成員介紹、線上招募、職缺公告、產業訓儲替代役、軍中求才、校園徵才、建教合作等；透過第三者則指經由各種公私立就業輔導或仲介機構來求得人才。

一、間接法

1. **廣告**(Advertisement)：依據領英公司(LinkedIn)2022 年人才趨勢報告顯示，有73%的應徵者選擇透過社群媒體找工作，而數位廣告正是針對特定目標群眾曝光的一種廣告（例如：Facebook），亦是能讓企業更廣泛接觸有意想求職或轉職卻還未行動的人才。此外，製作吸引人的徵才廣告必備三步驟，要寫出好的徵才廣告第一步是了解應徵者，透過訪談或資料蒐集等方式探討什麼是應徵者感興趣並能吸引他們前來應徵的條件；第二步是了解自身企業強項，除知道應徵者的需求外，亦需了解自身企業具有何種優勢能夠吸引應徵者，且與其他同產業的企業相比有何相異之處；最後結合應徵者的需求與企業能提供的優勢製作出吸引人的徵才廣告（蘋果薄荷行銷股份有限公司，2022）。
2. **求職網站**(Career Web Sites)：將招募訊息刊登在 104 人力銀行、1111 人力銀行、518 熊班、yes123 求職網與臺灣就業通等求職網站上，以吸引適合的人才來應徵。以 104 人力銀行網站為例，其將有招募需求的企業資料依據企業名稱、產業別、地區別及職務別等方式分類，讓應徵者可依據自身需求進行搜尋，進而獲得職缺內容及應徵方式等相關資訊；此網站更進一步將應徵者的身分別（學生、新鮮人、上班族及中高階），提供其所需的工作或應徵資訊，協助不同類群的應徵者能在最短的時間內獲得最充足的資訊。求職網站目前被大眾廣泛使用，最大的優點就是資料有系統且豐富、省時及快速並能夠提供許多就業準備的建議（天下學習快樂工作人，2020）。
3. **社群平台**(Social Platform)：領英公司(LinkedIn)自我定位為「打造專業人脈的社群」，特色為用戶多是白領或中高階經理人，且可搜尋的工作機會也不限於臺灣可延伸到國外，臺灣目前約有 250 萬用戶使用其通路尋找工作職務，其中，有兩類用戶經常使用領英公司(LinkedIn)：一種是當下有積極求職意願者（例如：社會新鮮人或想轉職的工作者）；另一種則是目前工作穩定但對新機會也不排斥，且時常關注就業市場趨勢的被動應徵者；目前被動應徵者會員約有 80%，主動應徵者僅有 20%。再者，領英公司(LinkedIn)與一般人力銀行的最大不同點為招募模式；人力銀行招募管道是「B to B to C」，由企業在人力銀行刊登職缺應徵者才能應徵；領英公司(LinkedIn)招募管道是「C to C」，企業可在社群內發布職缺訊息讓主動應徵者應徵，且人資或獵人頭公司也可以主動出擊挖掘屬意的被動應徵者（天下學習快樂工作人，2020）。

二、直接法

1. **毛遂自薦**(Walk-ins)：說到表現自己，許多人大概都會想到「毛遂自薦」。毛遂是戰國人，投入趙國平原君門下當食客，後來平原君奉命出使楚國，希望楚國出兵解圍，在出使的行列少了一人，在遍尋不著人選的情況下毛遂自薦，平原君與之對談後刮目相看便答應讓他出使，果然在會談時發揮作用完成歃血為盟的使命，自此得享大名成為勇於自我推薦的經典。然而，古往今來勇於自薦的人不少，為什麼千百年來就只有毛遂一人，那是因為所有人都誤解「毛遂自薦」的真正意義，自告奮勇背後還有一個更重要的原因就是謀定而後動（商業周刊，2016）。
2. **內部成員介紹**(Employee Referrals)：面對多元的人才招募管道，內部成員介紹整體經濟效益最高，且是人才留任率最高的人才招募方式。然而，企業同樣要支付招募費用，與其支付給其他公司招募服務費用，倒不如轉為提供給員工的獎勵，讓員工共同參與尋找好人才。另外，此種方式也能夠增加媒合之成功機率，因為推薦者對於公司內部職缺內容較理解，且對於被推薦者的工作經驗與背景有基本認知，故在推薦當下已經進行初步篩選（關鍵評論網，2022）。
3. **線上招募**(E-recruiting)：近年世界各國面臨嚴重特殊傳染性肺炎(COVID-19)疫情嚴峻考驗，過往企業面對人才需求需面對面進行招募工作也隨之迎來巨大變革。現今招募轉型促進各種數位招募方式興起，在遠距面試的人才搶奪戰中，企業透過線上招募工具搭配 AI 技術應用，透過精準選才以落實招募數位轉型。在領英公司(LinkedIn)「2021未來招聘趨勢」報告指出，有72%的亞太地區受訪者認為遠距面試將成為未來招募新常態；隨著遠距面試熱潮，招募工具日新月異，雖然大型企業導入之遠距面試系統或是透過視訊軟體進行線上招募還無法達到快速判斷人才特質功能，但無法否認兩者皆是未來趨勢。再者，近年來，國際零售業家具龍頭宜家家居(IKEA)多角化經營持續在臺拓點，展店期間需擁有大幅度的招募需求，故積極提早規劃數位化徵才招募策略，使用 AI 錄影面試幫助企業減少招募流程中重複性較高的面試流程，人資不再需要配合應徵者及用人主管雙方的時間，透過線上平台即可完成面試初選；宜家家居(IKEA)招募人才時，採取「雙主管、兩階段面試」，確認應徵者符合企業價值觀且能配合零售業排班等基本職務需求，再進行面試邀約（商業周刊，2022）。

4. **職缺公告**(Job Posting)：正確的徵才公告做法需將刊登求才資訊或廣告內容與客觀事實相符，且有明確的公司資訊、公司職務、工作內容及勞動條件等；刊登徵才公告常見的三大違規事項為：徵才公告上的工作地點與實際工作地點不同、徵才公告上的工資及獎金計算方式與實際給付不一致及徵才公告上的福利事項與實際不符（104 職場力，2022）。
5. **產業訓儲替代役**(Industry Reserve Substitute Service)：係指開放畢業於專科以上的退役男子申請至民間產業機構從事技術工作，即時銜接就業並同時提供產業技術人才，目標為培訓退役男子成為 22 大類產業的中階儲備幹部，產業包括：半導體、石化、生醫與保健、光電、金屬、通訊、資訊、電子、電機、機械、航太工業、材料技術、運輸工具、綠色能源、紡織、其他製造業、農林漁牧業、食品業、數位內容、資訊服務、技術服務及其他服務等（維基百科，2022）。另外，內政部 2008 年起推動研發替代役，提供碩士以上學歷役男於產業界服役機會；2015 年開始於「替代役實施條例」新增「產業訓儲替代役」制度，開放更多民間企業招募替代役；2016 年起開始辦理產業訓儲替代役，適用對象擴及副學士（專科）以上學歷役男（風傳媒，2017）。
6. **軍中求才**：業者直接到部隊裡將職缺訊息公布，進行徵才活動，業者看準的是軍人耐操、具高度韌性的特質；業者也會透過徵才博覽會活動協助官兵提前適應職場變化，讓退役軍人了解市場用人現況。
7. **校園徵才**(Campus Recruiting)：校園招募是透過大學校園吸引、採購和招募。校園招募是填補實習空缺、入門級管理職位、需要利基知識的角色，甚至是從碩士課程招募中級職位的好方法；就業的性質不斷變化，預計到 2030 年每個人現今可擁有的工作 85%已不存在，下一代將承擔新責任所需的技能和知識，使用校園招募是一種不錯的方法，可以確保企業有足夠的年輕思想員工來滿足對新技術的需求。儘管如此，校園徵才仍有優勢，包括：節省時間和精力、提高保留率、協助組織獲得新知識和技術、獲得快速學習者和多任務候選人及建構與校園的良好關係等。此外，在規劃校園招募流程時可以考慮下列六種策略以使招募計畫更有效益，包括：優先考慮重點校園、與大學的職涯中心服務聯繫起來、在大學的官方網站上發布職位、制定溝通策略、舉辦校園活動及保持一致，其中，因校園招募是時間和勞動密集型所以細節較繁瑣，但它是非常富有成效的管道，若每年辦理一次活動可能不足以樹立企業形象和雇主品牌，因此，與職業中心、教師、行政和俱樂部的關係保持一致，未來能夠讓學生想進入勞動力市場尋找新工作時能夠即時選擇企業，亦即與學生建立強大的品牌認知極為重要（何則文，2022）。

8. **建教合作、產學合作或實習**：是以在學學生為對象，透過產業界與學校的合作以上課、實習或專題等方式強化青年人才的技術與實務能力，使其更符合產業發展及青年就業之需求，且企業可從中發掘合適的人才，學生亦可提早對職場及就業環境有所認知加強自我職能，進而做出適當的職涯選擇；在不同的產業環境下及企業經營的不同階段對於人才的需求亦各有不同，產學合作培育所要達到的目標和合作重點也有所不同；另外，企業投入產學合作培育的好處很多，短期實習生可以增加組織的活力與創意，企業亦得以從中發掘適合的人才擇優留用縮短新人招募的時間和磨合期，並降低招募成本；中期能夠依據企業理念培育出符合需求之核心關鍵人才或儲備幹部，且可間接提升在職員工帶領實習生之領導與管理職能；長期企業可與學校建立良好的合作關係與穩定的人才來源，更可進一步深化合作及獲得學校技術研發等資源挹注（經濟部工業局，2018）。

依據104人力銀行於2022年提出的「人資 F.B.I.報告」統計，2021年企業最常使用的招募管道前5名分別為：刊登網路徵才廣告為80.9%、人脈介紹為42.3%、社群網絡為25.5%、企業自行招募為14.2%及校園經營為14.1%；其中，企業自行招募包括企業自己的官方網站及企業內有建履歷表人才庫，校園經營包括學生企業實習、校園徵才及建教合作。由此可知，企業透過「社群網絡」、「校園經營」與「企業自行招募」進行徵才的意願逐年增加，且校園經營傾向運用「學生企業實習」方式，另外，企業自行招募傾向使用「公司自己的官方網站」方式（104人力銀行，2022）。

再者，相較於具有完整制度的大企業，中小企業較無資源可以投入招募作業，甚至沒有專職人員負責招募，但亦有適合中小企業的招募方法；其中，善用社群口碑行銷建立雇主品牌是一種能提升成本效益的策略，可為中小企業主帶來許多好處，使用 LinkedIn 或 Facebook 等社群平台可吸引潛在候選人並拓展招募範圍，亦可使用 104 人力銀行的履歷診療室或 104 招募管理系統等招聘軟體與網站，可以幫助中小企業在更短的時間內找到更多應徵者。此外，美國最大點評網站 Yelp 的人資主管 Rachel Williams 於「Inc.雜誌」網站提出幾項招募員工的方式，對於資源相對不足的中小企業而言，想找到潛在的應徵者務必透過所有管道讓大家知道公司正在招募，例如：請朋友或員工轉發招募訊息及推薦可能適合的人選；若在某些場合中遇到適合的人選，可詢問對方是否有興趣了解或請合作夥伴協助推薦人選，此方法效果顯著，因為此時除了廣發招募訊息，同時也是在幫企業建立雇主品牌（商業周刊，2023）。

人管新知｜2023 年企業第 1 季徵才暨加薪調查

2023 年 2 月 4 日工商時報的網路新聞指出，全球經濟成長具不確定性及通膨壓力等因素，依據 1111 人力銀行針對徵才企業進行調查顯示，企業認為景氣下滑 33.2%，且企業認為與去年相比持平 40.1%以及企業認為景氣好轉 26.7%，整體而言，有 6 成 7 個受訪企業對 2023 年景氣抱持正向持平態度，但與 2022 年 7 成 9 相較明顯下滑 12%，且看壞景氣的企業比例也高於看好的企業，顯見經濟前景未明，企業偏向保守居多；再觀察 2023 年第 1 季徵才現況顯示，59.4%企業有徵才計畫，另 40.6%則表示暫時不招募新員工，細究其主要徵才原因為補足流失人力 59.1%、例行性徵才 16.9%及業務量增加 10.5%。

而第 1 季徵才表現以「資訊科技」及「餐飲住宿」求才若渴，急缺基層人力及中階技術人才，職務方面則是需求操作／維修／技術門市人員 23.2%、業務／貿易／客服／門市人員 19.1%及管理幕僚／人資／行政人員 14.7%。

1111 人力銀行陳尹柔公關總監表示，全球經濟放緩，半導體產業因為疫情影響導致缺貨利多，預期 2023 上半年將持續庫存調整，最快第 2 季末或第 3 季有望觸底反彈，且國內晶圓代工龍頭大廠近期大動作招募吸睛，資訊科技業搶先布局，為下半年先蹲後跳的後市做足人力配置。另外，觀察餐飲住宿業疫後營運明顯回溫，國人報復性出遊消費不手軟，飯店住宿及餐飲觀光因為疫情衝擊而縮減的基層人員尚未補足，業者不惜加薪搶人，目前 1111 人力銀行資料庫工作機會數達到 63.9 萬筆，較前一年成長 8%，廠商徵才目標明確。

此外，依據調查顯示，2023 年第 1 季有調薪計畫 4 成 5 個受訪企業相較於去年的 5 成 3 廠商加薪意願略為下降，又觀察加薪幅度望平均調薪 3.7%，又相較於去年的 4.6%下降將近 1%；整體而言，不論是廠商的調薪意願還是加薪幅度皆呈現「雙降」態勢。2023 年全球經濟表現大幅減速，國內也受到國際情勢等因素影響，從臺灣經濟研究院預測 2023 年國內經濟成長率下降至 2.58%，景氣未來充滿不確定性，因而放緩企業的加薪腳步。

另外，企業主動調薪的原因包括：工作績效表現 36.1%、企業有每年調薪制度 20.6%及留住人才 18.7%，除了調整薪資待遇外，優渥年終、績效獎金、紅包與員工旅遊都是能夠激勵士氣之具體福利，而且 5 成 5 沒有調薪計畫的企業主要是考量「產業景氣不明」38.1%、「業績不如預期」19.7%及「沒有固定調薪制度」17.2%。

然而，依據 104 人力銀行於 2022 年提出之「人資 F.B.I.報告」顯示，2021 年企業招募主管職人員選才工具使用率排名前 3 名為：「背景調查(reference check)」、「以職能為基礎的人才職能評鑑」及「性格測驗」；其中，傳統製造業更偏好「職能為基礎的人才職能評鑑」之選才工具；一般服務業更偏好「性格測驗」之選才工具。另外，2021 年企業招募一般員工選才工具使用率排名前 3 名為：「以職能為基礎的人才職能評鑑」、「職業適性測驗」及「性格測驗」；其中，50 人以上規模企業更偏好「性格測驗」，而不同產業別則格有不同偏好的選才工具。此外，2021 年企業招募主管職人員及一般員工選才工具使用率排名前 3 名皆為：「職業適性測驗」、「以職能為基礎的人才職能評鑑」及「性格測驗」(104 人力銀行，2022)。

三、透過第三者

1. **政府就業輔導機構**(Public Employment Agencies)：求職者可透過政府就業輔導機構求職或轉介，各地政府就業輔導機構，包括：勞動部勞動力發展署北基宜花金馬分署、勞動部勞動力發展署桃竹苗分署、勞動部勞動力發展署中彰投分署、勞動部勞動力發展署雲嘉南分署、勞動部勞動力發展署高屏澎東分署、青年職涯發展中心、臺中市銀髮人才服務據點、中彰投區銀髮人才資源中心、臺北市就業服務處、高雄市政府勞工局訓練就業中心及屏東縣銀髮人才服務據點等（台灣就業通，2023）。
2. **私人就業仲介機構**(Private Employment Agencies)：如人力派遣業者、外勞仲介公司等，將符合資格的求職人員推薦給雇主，並收取相關費用；透過私人就業仲介機構轉介亦是一種有效率之求才管道，但每一家私人就業仲介機構的素質良莠不齊，需小心謹慎進行了解與選擇。
3. **獵人頭公司**(Headhunter)：獵人頭公司的本質是服務客戶並非服務人選；獵人頭公司的價值在於他們能幫應徵者談高薪水，就立場上與人資不同，他們的績效是靠推薦人選賺錢。然而，企業會願意付出年薪的 20~30%不等之費用請獵人頭公司找人才，表示該職位很機密或是很難找到適合的人才，這種職缺大多都是公司要職不想驚動同產業，付出金錢加快招募速度是必要的（風傳媒，2021）。另外，企業雖有人資部門但還是願意花錢委託外部獵人頭公司尋找人才，主要有三個原因：出現緊急人力需求但內部人資不足以應付招募數量、職缺牽涉機密（例如：新事業或高層人事異動）不宜明目張膽行動及企業想從競爭對手挖角必須私下交涉談條件。此外，不少獵人頭公司與企業有長期合作，所以很清楚企業內部的現狀與文化，應徵者可以透過獵人頭公司取得更多企業情報，例如：前員工離職原因或部門主管風格等（天下學習快樂工作人，2022）。

4. **專業協會、學會、公會、工會**：企業發布徵才訊息給這些專業團體，藉以求得相關專業人才，如中小企業協會、半導體產業協會、護理學會、建築學會、會計師公會、電機技師公會、銀行工會、餐飲業職業工會等。

4.2.3 招募程序

整個招募活動的程序，首先是企業先在勞動市場對社會大眾傳播招募訊息，以吸引對職缺有興趣的應徵者，接著再透過應徵者資料的審視，進行初步篩選，資格符合者將被邀請來接受面談並進行相關測驗，符合標準者，發給錄取通知，若完成報到等相關手續，即成為公司正式員工。

通常應徵者須準備的資料，包括：履歷表、自傳、畢業證書、相關研習訓練證明、產業相關經驗證明、推薦函、語言檢定合格證書、身體健康檢查表、其他相關證照（駕駛執照、證券營業員執照、乙丙級技術士執照）等。在推薦函的部分，撰寫者常為應徵者過去的老師、主管，有些公司會親自致電求證，以了解應徵者過去的表現，因多數的推薦函都是隱惡揚善的，因此在招募過程中，較常作為應徵者錄取與否的參考資料，而非主要決定因素；圖 4.3 為鴻海全球人才之招募程序。

此外，面試前是否有充分地準備是錄取與否的關鍵，該如何準備面試亦是重要的一環，必做的六大面試前準備包括：1.職務工作內容與企業現況及未來發展、2.備各版本自我介紹建立良好的第一印象、3.熟讀自己的履歷與提供的相關資料、4.善用人脈與資源進行模擬面試、5.建立面試題庫與筆記並於面試前後做紀錄及 6.記得相信自己自我實現的預言（聯合新聞網，2022）。

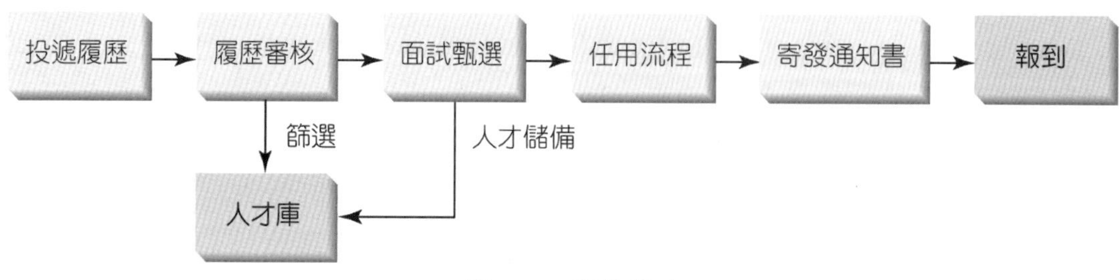

圖 4.3　招募程序

資料來源：鴻海科技集團(2021)。鴻海全球人才招募網。

4.2.4　招募成效的評估

好的招募策略與招募成效標可以讓企業變得更有競爭力，企業主與人資招募主管若能夠定期透過招募管理指標的監控持續改善招募計畫，將能夠為企業省下大量的營運管理成本，有關幫助人資部門與用人單位主管檢視招募成效的方法說明如下（104 職場力，2022）：

1. **評估招募成本**：每次招募的成本與填補組織空缺職位的總成本有關，例如：在招聘網站上宣傳空缺職位需要的費用、獵人頭公司或內部員工介紹轉介費、招聘團隊與用人主管付出的時間包括入職和面試、企業說明會與校園徵才博覽會的開銷費用及新進員工培訓和新設備採購成本等。
2. **評估招募來源品質**：從不同的網路招募平台或是招募來源評估哪一個來源為企業提供最佳的候選人？哪些來源的候選人品質較差？哪些來源比較能找到未來企業數位轉型所需要的關鍵人才？衡量這些來源的品質可以協助企業更了解自己的金錢付出之成效為何，同時亦可以預防企業將資源浪費在不適合自己的招募資源上，提升招募速度與品質。
3. **評估招募合格候選人數**：缺乏合格的候選人可能表示企業的面試來源管道不足、職缺描述不正確或缺乏吸引性等因素，亦有可能因目前這類型的人才在市場較缺乏，例如：104 人力銀行網站可以透過刊登數據，從市場情報的招募難度分析列表、職務曝光次數、職務頁瀏覽數及主動應徵履歷數等查看與同業的比較，再依據數據決定是否透過推薦人才功能進行主動邀約或視招募狀況重新進行企業與職缺描述的調整，來增加應徵者投遞履歷的意願，也可以依據數據來決定是否透過焦點職缺與精選工作來增加履歷表的投遞數量。
4. **評估招聘品質**：好的招募流程設計主要在協助人資夥伴或用人主管為該職位找到最合適的人選，履歷數、有效履歷數、面試人數、Offer 人數及報到人數皆包括眾多評估因素，例如：員工是否能夠在試用期內達到生產力，他們與組織團隊工作文化的契合度與用人主管對新員工的滿意度，此問題都是候選人在入職前很難預測的，未來如果能夠可以把管理分析洞察納入招募流程改善與精進的參考，更能在未來找到更適合自己企業的員工。

5. **評估招募時間**：也就是平均職缺開啟到應徵者報到之時間，如果企業用人主管知道組織招募所需的平均時間時，未來年底在編列部門預算與團隊增員時間表就能更精準的推估需要的資源與時間。另外，不少臺灣企業在招募關鍵職位或主管需花費的時間較長，可以搭配人才活化計畫將久任主管或員工列為當年度輪調促動的對象，能夠更有效的在組織增員時期快速的解決人才缺口問題。
6. **評估錄取報到率**：尋找、篩選與面試到合格的候選人且發錄取報到信(Offer Letter)給他，但是錄取候選人可能因為其他面試企業給予更好的條件、個人職涯發展的考量而婉拒這個錄取通知或報到當天未到等，若錄取報到率低於同業標準可能表示企業在薪酬福利或錄取報到的管理流程設計需要調整。
7. **評估首年離職率**：離職率越高代表企業付出越多的費用在招募上，最重要的是，高離職率表示員工可能不滿意目前的工作內容、不習慣企業組織文化或不喜歡自己的直屬主管；且人資與企業主必須重新檢視整個招聘與入職流程是否需要作出改變，或者用人單位主管的管理方法與風格是否需要調整，可從現任和離職員工獲得反饋，蒐集到的質化數據分析有助於降低企業未來招聘成本並提高員工滿意度和生產力。

4.3 ›› 何謂遴選

人管新知 | 企業最愛的新鮮人

2022 年 1 月 24 日遠見民意研究調查發布 2022 年企業最愛大學生調查，2022 年調查最大變化是強調「學以致用」的「務實型大學」備受企業肯定；然而，除了以「校別」進行「大學整體」「國立」「私立」「技職」等「校際排名」，還依據「學科別」分為：文法商類、理工類及民生類，共 3 大類 9 個分榜的「學科領域排名」，文法商類「社會人文」、「法政」及「商管」分榜皆由國立政治大學奪冠；理工類「工程」、「資訊」及「數理化」分榜冠軍各為國立成功大學、國立臺灣大學及國立清華大學；民生類「設計／建築」冠軍由國立臺北科技大學與國立臺灣大學並列，「醫衛／生技」由國立陽明交通大學奪冠，「觀光休閒」由國立高雄餐旅大學蟬聯榜首（遠見民意研究調查，2022）。

此外，依據 1111 人力銀行與 TUN 大學網合作「2022 企業最愛大學」問卷調查，企業最愛用的科系人才在公立技專校院的排行榜中，研發與產學合作能量豐沛的「臺灣科技大學」連續兩年蟬聯冠軍，培育的人才更具備紮實技術與優良研發改良能力，持續引領產業創新，成為企業主最愛人才。「2022 企業最愛大學」問卷調查也首度盤點未來 10 年職場潛力科系，歸納出 4 大潛力學群，包括：「長照」、「資工」、「藝術時尚」及「財經」4 大學群（數位時代，2022）。

另，依據快樂工作人(Cheers)針對 2000 大企業人資主管進行 2022 年「企業最愛大學生調查」中顯示，未來 10 年企業最看重的三大特質，包括：「抗壓性與穩定度」、「同理心和換位思考溝通力」及「問題解決和獨立思考的成長思維」，其中，有 7 成 6 的社會新鮮人首份工作年資不滿 2 年，這使得超過 8 成的企業表示，晉用新鮮人時，最看重新鮮人的抗壓性與穩定度（天下學習快樂工作人，2022）。

而且，依據 104 人力銀行調查顯示，企業對於挑選新鮮人軟實力與專業力的重視程度為 6:4，與挑選有無經驗的職人 5:5 相比，企業更重視新鮮人的軟實力，主因 68.8%的企業認為軟實力能讓新鮮人更快適應職場。當新鮮人已具備軟實力，66.3%的企業願意提高薪酬，平均提高 5.2%，新鮮人應具備之 5 大軟實力包括：溝通表達、抗壓、主動積極有活力、問題解決及團隊合作（104 人力銀行，2022)。

上述可知，正確地篩選適合的人員進入組織是極為重要的事，而不是等人進入組織後，才進行相關亡羊補牢的措施來彌補選錯人的窘境，遴選的做法對企業組織的經營扮演著關鍵性的影響角色。以下將說明遴選的意義與內涵。

4.3.1 遴選(selection)的定義

遴選是在招募流程收到應徵者申請書後，於應徵者當中找出最適合企業的人選，遴選的過程是招募當中最耗時耗力耗成本但非常重要的項目。遴選即透過甄試方法鑒別求真假優劣後，選拔出適合的人才，在遴選過程中，企業具有選擇性和自主性，針對應徵者所提學經歷、專業知識能力以及人格特質，接受企業選擇或是進一步進行口試筆試等邏輯或情境測驗，甚至是透過面談進行評估選出適合的人選；遴選的流程包括：依據職位職能初步履歷篩選、展開測驗程序、進行面談、最後審核及確定人選（賴志宗，2022）。

另外，遴選五大重點包括：蒐集細節、測量評估、確認合適度、總結評估及數位能力，其中，在招募前期人力資源部門不必仔細篩選所有應徵者的詳細資料，重點在於蒐集職缺部門需求與透過多種管道蒐集適合與有意願的人選履歷，而遴選階段必須蒐集每位應徵者的所有細節，也需要徹底調查、測試與評估以便選擇合適職位的人選；且遴選牽涉的活動廣泛複雜，從應徵者通過初試、複試到錄取通知要設計不同方法評量評估應徵者知識、技能與態度動機是否適合該職缺所需職能；此外，在遴選過程中企業會讓應徵者透過填寫表格、筆試、面試或體檢等各個階段，確認應徵者與所開職缺間的合適程度，過程多採取保密措施，但不論是遴選或招募都是為了找出適合企業的合適人才。再者，近年因嚴重特殊傳染性肺炎(COVID-19)疫情影響，遴選過程透過遠距線上面試以防止面對面接觸帶來之風險，然線上面試可以讓企業觀察到更細微的應徵者表現，透過數位科技與遠距團隊協同能力勢必成為新時代求職必備技能（賴志宗，2022）。

一般而言，企業組成的結構包括產品開發、銷售、行銷及財務管理，而人資扮演的是負責統合及規劃，不僅止於基本的人事管理職務，人資亦是為老闆擬訂企業人力政策、協助企業人才發展與提升企業形象的靈魂角色，運用選、育、用、留之技巧帶領企業往更好的方向成長。資深人資專家曹新南表示：「早期傳統企業都將人資定義在人事管理的行政工作，主要執掌員工薪資及保險領域，但隨著時代的演變，企業逐漸重視對於員工的培訓與發展，進而出現更專業的人資角色，但少數企業沒有實際的教育訓練制度及規劃，最後同樣淪為處理人事的行政庶務。」然而，人資所謂的選、育、用、留技巧大致上能分為六種職能，每種職能要替公司達成的目標不同，需針對各企業不同的情況調整目標方向，協助企業找到適合的人才；全職能人資(Full Function HR)需具備的六大職能包括：1.企業架構分析、2.招募優秀人才、3.企業教育訓練、4.員工績效管理、5.薪資福利規劃、6.員工關係建立（1111 人力銀行，2022）。

4.4 遴選的內涵

4.4.1 遴選的方法

一、推薦信及個人履歷

許多應徵者的履歷表寫得非常工整且條件也很適合，但因自我推薦信未表達清楚導致求職動機的描述不足，對於企業而言，看起來就像是一個沒有誠意的應徵者，尤其是年後轉職潮企業會大量收到履歷，「自我推薦信」著墨不夠的求職信很容易被埋沒（風傳媒，2018）。因此，天下雜誌(2022)指出履歷上不該出現的五個狀況包括：

（一）個人簡歷

面試官管通常都是快速瀏覽多份履歷，所以應徵者履歷的前半應讓面試官留下好的第一印象，需把最重要和令人印象深刻且能證明應徵者資格的資訊寫在最前面，也就是說，比起個人簡歷，最上方的空間應該直接放個人資歷或列出技能和證書。

（二）滿滿的關鍵字

有些應徵者誤會「申請人追蹤系統(Applicant Tracking Systems, ATS)」會自動拒絕沒有相關關鍵字的履歷，因此，有些人會寫滿符合工作描述的關鍵字，相反的是 ATS 是用來與其他公司的內部系統整合、整理申請文件和報告，篩選是由面試官負責，所以只要在真正有需求的情況下，寫上貼合資歷的工作描述關鍵字，便能撰寫引人注目的履歷表。

（三）過時的資歷

描述過去做過的每個職務但不需要包山包海，例如：在科技業，只要超過 3 年以前的資歷都是過時的。因此，需更聚焦在最近 1~2 個重要工作，講述如何將過去所學應用在現在職位上。

（四）圖像

面試官第一眼看到的是技能而不是穿搭及個人風格，故大頭照或是任何設計的圖像都可以省略以避免偏見，即使是基本的圖表或長條圖也可能對應徵者不利，面試官對於圖表技能的認知可能與現實有落差，以文字條列會更加淺顯易懂，但若是應徵與創意相關的職位不侷限於此。

（五）明顯是充場面的工作資歷

常見於職場新人但偶爾也會有職場老鳥犯下此錯誤，在履歷列出過多毫無關係的職務來證明自己一直都在工作。面試官會在背景檢查時檢證應徵者的資歷，若有多年工作經驗並不需要列出過去做過的每一份工作；再者，履歷應該要證明應徵者是這份工作的完美選項，所以一定要包括相關的資歷，可以透過數字和百分比的撰寫，讓其能夠在履歷上呈現成果提供脈絡與支撐。

二、面談(interview)

主試者藉由相互交談之方式，以在短時間內了解應徵者之學經歷、人品、工作態度、家庭背景、社交能力、表達能力、面對不同情境的處理方式等，以作為是否應錄取應徵者之參考。

（一）面談的種類

1. 結構式面談

是指所有同一職缺的應徵者都應適用同一套面談的結構與內容，每位應徵者接受一組標準化的問題，問題的回覆應具有預測過去行為事件的作用，可預估應徵者未來在工作上的績效表現，結構式面談法被認為較少主觀上的偏差，主要以「績效導向」的職能行為事件為基礎，是一種事先設定明確的面談順序步驟與提問問題的引導式面談法，其中，具有簡單易學、不漏提問、公正評估、交叉比較、營造形象及提升效度等優點（石博仁，2022）。

2. 非結構式面談

非結構式面試沒有固定的模式、框架和程序，面試官可以「隨意」向應徵者進行提問，而應徵者也無固定的答題標準，面試官提問問題的內容和順序都取決於自身的興趣和應徵者的回答；然而，此面試方法的優點在於雙方有充分的自由交談與發揮，但缺點在於面試結果很容易受面試官主觀因素的影響，因此重點考察的是臨場發揮能力。非結構式面談常出現在事業單位自行組織的面試中，過程較為隨意且機動性大（每日頭條，2020）。

3. 壓力面談

是在面試的過程中營造出一個具有高度壓力的情境，通常是透過面試官在言語上的挑釁或質疑讓應徵者感受到一定程度的敵意，從而測試應徵者在這種狀況下的反應；從人力資源管理的學理上看遴選，遴選的情境和真實工作的情境越接近越能透過遴選來預測應徵者的工作表現；若應徵者在面試的過程中感受到的是面試官所刻意營造的友善情境，等到他一加入企業卻發現工作中的真實狀況與面試時不同，就會提升該企業之離職率（518 職場熊報，2021）。

4. 情境式面談

情境面談是指面試官向應徵者描述某情境，並詢問應徵者會如何面對這樣的情境，原則上，除非面試者可以有技巧地運用情境的面談，否則不應該提出過多的情境問題；由於這些問題的提問方式很容易變成假設性問題，造成應徵者會以他認為的最佳方式處理，而與他們實際做法有很大的出入，進而造成以這樣的方式評估會失去準確性，有技巧的情境面談問方式是詢問應徵者過去工作經驗，搭配情境來做回答（凱茂資訊股份有限公司，2022）。

5. 會談式面談

通常企業會組成面試小組針對多個應徵者進行面試問題提問，透過共同提問觀察哪一位應徵者比較積極快速回答問題，主管並針對回答問題的口語表達能力與邏輯思考完整性立即進行評分，比較能夠判斷出應徵者的差異（1111 人力銀行，2021）。

6. 群體面談

群體面談最常使用於「社會新鮮人」，因為面試的職務門檻比較低應徵者通常相對較多，在有限的時間內團體面試可以讓企業快速篩選合適的人。另外，團體面試也會使用在高門檻職務的「初選」階段，有些職務僅管門檻高但應徵者還是很多，所以就會先以團體面試進行初步篩選後續邀約通過的人進行「複試」（104 職場力，2022）。另外，比起一對一面談，群體面談難度更高，因為不可控的因素較多也較不容易做事前準備，且面對海量的應徵者，越來越多大企業、外商公司或公家機關偏向採用群體面談來提升招聘效率；然而，應徵者能否在群體面談中展現個人亮點必須掌握 3 大祕訣：準備兩版不同長度且有特色的自我介紹、看「時機」選擇搶答或後答且要「言之有物」、想要與眾不同就要提出令人耳目一新的故事包裝（天下學習快樂工作人，2021）。

7. 一對一面談

一位主試者面對單一位應徵者所進行的面談，以了解應徵者之相關能力、工作態度、表達能力、面對不同情境的處理方式等，以確認其是否符合需求。

8. 多對多面談

多位主試者面對多位應徵者所進行的面談，透過多位主試者共同觀察以了解應徵者之相關能力、工作態度、表達能力、面對不同情境的處理方式等，以確認其是否符合需求。

（二）面談偏誤

面試官在處理數百份履歷時容易運用「直覺」和「經驗」進行篩選，即確認偏差係指選擇性地回憶與蒐集有利細節，而忽略不利或矛盾的資訊來支持自己已有的想法或假設（經理人，2020）。

1. 刻板印象

對應徵者先入為主的印象，從其所歸屬的群體來推論他的行為。例如：國立學校的畢業生能力一定比私立學校的畢業生好；女性工作者在事業上的表現可能不如男性等。

2. 月暈效應

美國心理學家 Thorndike 於 1920 年提出月暈效應，Thorndike 學者想了解軍隊指揮官在評估下屬能力時是否存在一個特徵，像是領導力、外貌或忠誠度會影響其他能力的評價，觀察結果發現當士兵體格越壯碩，往往會被評價高智商、具領導才能和具有良好性格；另外，學術期刊「自然(Nature)」亦指出，月暈效應屬於一種具吸引力的刻板印象，像是對方面帶笑容便會覺得他一定很好相處。因此，許多企業之人資部門開始避免月暈效應影響自己招募，其避免的方法包括：(1)增加面試流程與面試官人數可以提升不同應徵者參與的機會；(2)善用面試工具（例如：性格測驗）能保證每位候選者都是被同一套標準評估，及(3)找第三方專家協助，因其與應徵者無利害關係便能更客觀判斷（經理人，2021）。

3. 似我效應

在甄選過程中最常發生的迷思是面試官個人「似我」心理的作祟，在面談的過程中，有些面試者會有意無意的將應徵者個人特質與過去的履歷或表現與自己相比，用以評判應徵者的條件是否符合公司的期待，例如：許多公司在甄選新人時常發生「校友效應」，因為甄選的主管是某學校畢業的，若甄選過程中發現某位應聘者也是同校畢業的校友就會產生情有獨鍾的現象。「似我效應」不僅發生在「校友效應」，也有可能產生「同鄉效應」，也就是說負責面試的主管發現某個應徵者來自於個人出生的故鄉，面視主管就會產生「他鄉遇故知」的感覺，即開始產生親切感且可能提高應聘者的受試成績（經理人，2021）。

4. 對比效應

對比效應也稱感覺對比，如同將一種顏色放在較暗的背景上看起來明亮些，放在較亮的背景上看起來暗些；套用在應徵者對比上面，當一位非常不合適的應徵者結束面試後，緊接著另一位合適的應徵者進行面試，這會讓後來的這位應徵者大大加分；對比效應之解決方式為有效安排面試時間並充分做好筆記，在安排面試時，最好在面試結束後保留充分的時間來整理和審查自己寫下的筆記，在選才過程中如果有意識到對比效應的狀況發生，只要確保有完整紀錄每一位應徵者的評估結論與面談表現，相互比對每位應徵者的筆記並可大幅提高客觀性，也比較不會影響面試官的判斷（凱茂資訊股份有限公司，2022）。

5. 對所甄選的工作性質了解不足

部分主試者可能因為太過忙碌，或本身的專業根本不在於此，對出缺的工作內容、性質、應徵者所需具備的條件缺乏深入的了解，因對所甄選的工作性質了解不足將導致無法選出適合工作的應徵者。

另外，美國亞利桑利大學的研究團隊早期對職場女性權力進行的研究發現，職場女性對於同性較不禮貌（文耀倫，2018）。此外，有種女王蜂症候群(Queen Bee Syndrome)是指一位權力較高的女性欺壓其他權力較低女性的現象，而欺壓方法包括以含攻擊性、輕蔑或忽視的態度在言行上對待受壓一方；德國研究發現在女主管底下工作的女性員工，特別容易出現憂鬱、失眠、頭痛或胃灼痛等症狀，有些人甚至會不孕，此現象即是「女王蜂症候群」的恐懼，亦即女性主管特別會欺負女性下屬，且女性員工表示他們在女性主管下面工作的壓力大於男性主管。然而，也有調查結果對女性主管是正面的評價，例如：女性主管比男性主管更願意指導與培養人才（天下雜誌，2014）。

（三）有效的面談

有效的面談技巧需考量：面試目的(Objective)、面試前準備(Preparation)、面試問題(Questioning)、面試氛圍(Rapport)、面試結構化(Structure)及面試筆記(Taking Notes)，即為 OPQRST，說明如下（凱茂股份有限公司，2022），：

1. 面談目的(Objective)

面談的主要目的應該是要蒐集資料；再於面談結束後，評估所蒐集到的應徵者資料是否適合所開出的職缺條件，尤其針對應徵者分享其工作經驗或是社會新鮮人的社團經驗中，有沒有符合職缺條件的相關資料，並依據其評估該人選的職能。此外，在面談時行銷公司形象也是非常重要的目的，面談是雙向的過程，不僅是面試官面試應徵者更是應徵者在評估該企業，雙方都必須對職缺有一定的了解；面試官必須以專業的態度及一視同仁的角度對待每位應徵者，才能使其對公司留下好印象。

2. 面談前準備(Preparation)

應徵者要在短短的時間內將所有做過的豐功偉業都告訴面試官是非常困難的事情，所以面試官必須以「職能」為基礎事先請應徵者將結構化的表格及問卷填寫完成，面試官就可以在面談時依據其填寫的表格及問卷進行面談，此方法不僅可以使面談變得更流暢也可以獲得更多的應徵者資訊，幫助企業建立人才資料庫。

3. 面談問題(Questioning)

由於面談的主要目的是從應徵者獲得資訊，所以在面談過程中大約有70~80%的時間應該要讓應徵者描述自己是否適合公司的職缺；然而，面試官需要扮演的角色應該是引導及傾聽者，有技巧的問問題引導應徵者回答有效的資訊，並傾聽應徵者的回答。

4. 面談氛圍(Rapport)

與應徵者建立融洽關係是非常重要的，因為唯有應徵者舒緩緊張情緒才會容易且毫無保留地告訴面試官更多相關資訊，亦更有機會深入了解應徵者是否適合職缺內容，有許多的方式可以拉近與應徵者的關係，包括：找出共通點、傾聽、言語暗示、非言語暗示及做紀錄。

5. 面談結構化(Structure)

結構化面談可以幫助面試官更公平地評估每位應徵者的未來工作預測；首先，藉由同樣的文字列出主要的問題，不僅可以確認有無遺漏的重要事情，也可以避免在面談中，因為問法不同而產生對應徵者的不公平性；此外，更可以掌握面談時間讓應徵者不會覺得面談是漫無目的且毫無進展的。

6. 面談筆記(Taking Notes)

面試官應公開做筆記不要私底下記筆記，讓應徵者知道面試官正在紀錄他所回答的資訊，但是不可以讓應徵者知道紀錄的內容，這樣才不會影響應徵者願意誠實回答的意願。另外，筆記的內容不可以過於主觀，應該以客觀的角度記下內容，若需要添加主觀想法時，必須備註是面試官個人想法才不會失去公平性，當遇到有爭議或是檢討的時候，筆記是唯一可以證明面試官招募的評斷依據。

此外，依據 104 人力銀行「分析企業錄取的人選是否順利通過試用期」調查顯示，有 70%的雇用企業認為人選報到後的實際表現比面試時的預期還差，從此調查結果得知，招募面談存在很大的判斷風險，有七成的機會誤判人選的能力與特質。因此，企業紛紛採用測評工具與徵信調查避免誤判人選，除此之外，因為有經驗的求職者通常都是有備而來，第一次面談除了學歷與經歷外，人格特質、個性及價值觀通常不易研判，因此建議可以增加面談次數以觀察確認。另外，建議可善用 STAR 面談法，依據情境(Situation)、任務(Task)、行動(Action)及結果(Result)的結構式面談方法，來檢視及驗證求職者是否符合應徵的職務，同時也可以洞悉工作理念及做人處事的原則，運用多個情境個案可以增進面談的有效性；且可針對不同職位提供不同面試方法，對專業人才及主管職的應徵者設定主題做簡報是企業常用的方式，或對於錄取機會高的人選進一步安排相關的人員共同參與簡報會議，以在溝通研討時，藉由大家的共同觀察來確認人選是否符合需求（今周刊，2018）。

三、測驗(test)

組織會利用一些測驗來評估應徵者是否具備工作上所要求的相關職能。

（一）體能測驗

體能的好壞在部分工作職種上佔有重要的地位，例如：清潔工、搬家工人、消防隊員等，體能測驗主要在了解應徵者的肌肉力度、肌肉耐受度、心肺耐力、柔軟度、平衡感、協調性、靈敏度等，展現體能能負荷工作所需。

（二）能力測驗

是指對於某項知識的測驗，例如：對機械的知識測驗、語言能力測驗及專業科目測試等；由於能力測驗種類繁多，除了一些特定知識的能力測驗外，認知能力測驗也被廣泛應用，並且有許多知名企業採用高效度的能力測驗、即所謂的智力測驗，例如：台達電子工業股份有限公司、華通電腦股份有限公司、鴻海精密工業股份有限公司及智邦科技等（天下文化，2020）。

（三）人格評量

企圖了解應徵者的人格特質以便安排合適的工作，五大人格特質(Big Five personality traits)被認為是探討人格特質較為準確且可參考的框架（凱茂資訊股份有限公司，2022），包括：

1. **親和性**(Agreeableness)：有禮貌、願意合作、相信他人和溫柔有同情心；預測團隊合作行為。
2. **外向性**(Extraversion)：喜愛交際、有活力、有自信和熱情；能預測管理及銷售工作的績效。
3. **情緒不穩定性**(Neuroticism)：容易緊張、容易感到焦慮和情緒起伏較大；能預測對企業不利行為，包括侵占、毀損公物、工作偷懶及做事隨便等。
4. **盡責性**(Conscientiousness)：喜歡秩序、有條理、負責任和努力完成目標；能預測顧客服務。
5. **經驗開放性**(Openness to Experience)：好奇心、有想像力和喜歡嘗試新事物；能預測創新型的工作績效。

五大人格特質之每項特質皆獨立分開，例如：有些人可能親和性很高、但外向性很低，表示此類型的人很好相處但不一定喜歡主動親近別人；透過五大人格特質分析得知每個人個性會因為五項特質的高低出現不同的組合，產生千變萬化的人格特質；將五大人格特質套用在不同的文化中，其得到的結果是一致的，例如：美國人的親和性高低跟中國人的親和性高低之行為表現是大同小異，且每個人成年後之特質改變並不大（凱茂資訊股份有限公司，2022）。

（四）實作

實作式面試的好處除了可縮小新人對工作認知的落差，也有助於應徵者評估自己是否適合這份工作，可說是「雙向」的面試過程，而不只是企業單方面挑選人才。例如：鼎泰豐在徵才複試階段特別採取六小時在「店面實習」之方式，讓應徵者熟悉將來工作的氛圍，現場主管也會從旁觀察應徵者的應對進退、工作態度及人格特質。應徵者在面試時多少會偽裝，故很難在短短數十分鐘的面試中看出人格特質，實作式面試等於將面試過程拉長，企業可以透過現場工作情境，仔細觀察應徵者究竟是不是適合的人選。然而，直接到現場親身體驗也有助於應徵者掌握第一手的資訊，以評估是否要從事這份工作；且透過面試與店面實習，平均有 70%的應徵者願意成為鼎泰豐的一員（就業情報資訊股份有限公司，2016）。

（五）誠信測驗

面試官通常都會以洋蔥式的問題一層一層的了解應徵者真實的狀態；面試官可以透過精確設計過的問題，慢慢地剝入應徵者的心底且精準了解應徵者之經驗及人格特質，作為是否錄用的評量標準。其中，對於工作過的應徵者，多數面試官會於面試中提出「你為什麼離開原公司？」此問題，目的是想洞察應徵者的求職動機、價值取向、忠誠度、心態、品格和某方面的能力缺陷等情況。另外，企業看中員工之誠信問題，所以「請說明何謂誠信？」亦是面試官常問的問題之一，目的在於深入探討應徵者心理狀態的呈現，不論在面對各種挑戰或壓力是否能持續精進學習，以不逃避與以身作則的方式來自我省思及解決問題；然而，應徵者在回答此問題可以掌握兩個技巧：不會讓你失去工作上競爭力的缺點及承認曾被批評的缺點但重點在於表達自己能虛心受教和知過能改（遠見雜誌，2016）。

（六）筆跡測驗

許多國家在面試的最後一關較常使用「手寫文字的分析技術」，主要是希望可以透過應徵者的字跡確認應徵者有沒有任何隱藏情緒的問題，例如：美國字跡分析師會先看字體的傾斜度，右手寫字者若向「右」傾斜，表示善於表達情感，向「左」傾斜則表示喜歡抽離情感，而端正的字體表示中規中矩的保護情感，如果字是越寫越往右上角跑表示「樂觀和有活力」，如果字是越寫越往右下角跑則表示「熱忱不足」（104 職場力，2022）。

（七）藥物測驗

藥物測驗的目的在了解應徵者是否有藥物濫用的情況，並避免低生產力、低出勤率及相關工作事故的發生。當然，藥物測驗需顧及人權和組織和諧，需事前告知應徵者，測試結果也應讓應徵者知曉，若結果不符應徵者期待，應徵者可依各組織規定提出申訴，再者，必須尊重受測者隱私，測試過程需不受打擾，且對測試結果必須高度保密。

（八）評鑑中心

透過受測者在模擬練習中出現的行為來預測參加者在職務的適任性，操作核心為多工具多角度原則：需由三位以上的評鑑員以兩種以上的評鑑工具測評，活動內容包括靜態活動、動態活動、個別型任務或團隊型活動等；評鑑中心評鑑信效度是管理人才的評鑑工具中最精準的工具之一，對大規模的企業而言，評鑑中心適合作為甄選接班人之工具（張清惠，2022）。

整體而言，單一種甄選工具是無法完整衡量到候選人與工作有關的各項知識、技能、態度與特質，若能透過多項甄選工具的組合運用來甄選員工，將能較客觀且較全面的衡量應徵者是否就是企業組織所需要的人才。

4.4.2 遴選流程

徵才、選才、育才、用才及留才是企業人力資源管理的五大重要環節，尤其是徵才與選才乃是最關鍵的源頭所在，每家公司不僅要即時找到人才，也同步需要找到最適合的人才，透過履歷篩選、面談通知及面談流程來進行遴選；其中，在搶人才的時代中，人資團隊必須主動蒐集投入的履歷及篩選適合的履歷，同時透過引導與說服吸引更多應徵者前來面試；然而，人資要化身為公司行銷代表或發言人角色，運用完善且正面的話術讓每位應徵者都能夠感到備受重視，吸引其樂意前來面試的意願與承諾；一般而言，人資至少都需要花 20~25 分鐘進行面談，因此效益上而言應該思考如何更加優化，面談流程的有效進行也是重要的環節；另，面談流程包括：和應徵者打招呼、說明職位工作項目與面談程序、請應徵者自我介紹、審閱與提出相關履歷資料之 Q&A、詢問行為實例、確保資料完整、解釋機構營運狀況與願景及回答應徵者問題等（104 招募管理，2022）。

另外，企業遴選流程乃是從應徵者履歷登錄或寄送開始，接著人力資源部門會做初步的審查及篩選，通知符合資格者前來進行進一步的面談並參加相關測驗，不符合資格者則發出不錄取通知，告知應徵者若日後有適當職缺會再進行通知，此外，也會將其資料輸入公司人才庫進行建檔；應徵者若通過初次面談及相關測驗，公司則會進一步查證相關資料，包括學歷、證照、工作經歷的真偽及過去的工作表現，若通過公司的考驗，會再被邀請來進行錄用面談，從中預測應徵者未來在工作上及組織中的適合程度；若得到主試者認可，則企業將發出錄取通知，並請應徵者提出相關的身體健康檢查結果，若一切正常，無特殊疾病，則錄取者將依約定時間向公司報到，開始正式上班。各企業的遴選流程略有差異，圖 4.4 為鴻海全球人才之遴選流程。

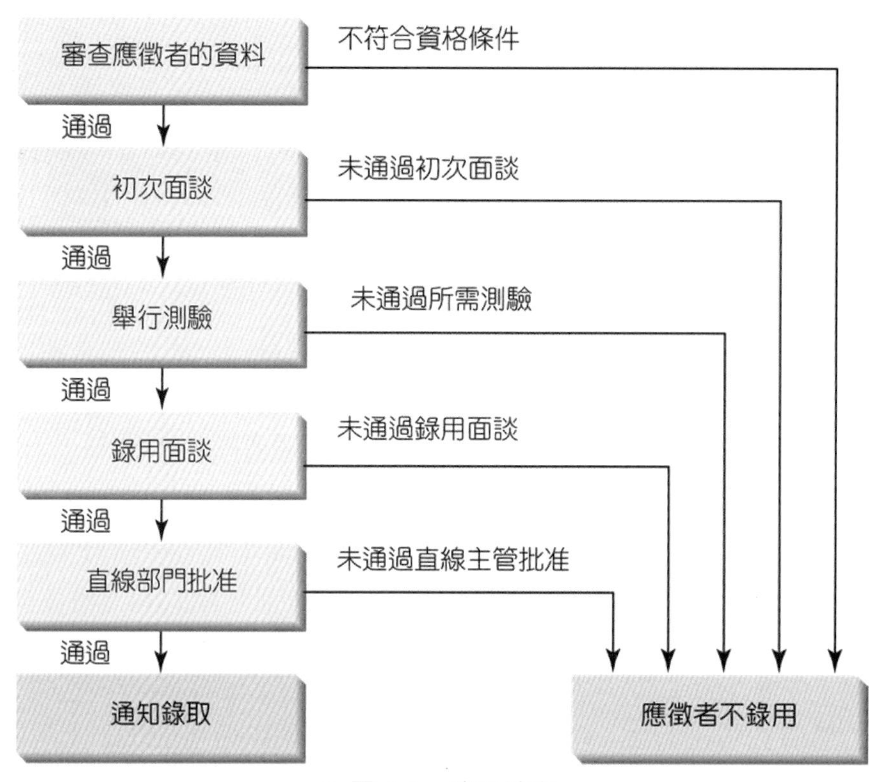

圖 4.4　遴選流程

資料來源：鴻海科技集團（2021）。鴻海全球人才招募網。

4.4.3　遴選與工作安置的關係

當企業僱用新員工時會希望應徵者成為該職位的最佳人選，企業可以使用多種方法評估應徵者的技術和能力，並使用現實的工作場景來讓應徵者了解未來的工作狀況，找到最適合這份工作的人不僅需要確定誰最適合實際工作，招募真正適合該組織的人員也同樣重要。組織適合度是指當員工的（個人和專業）價值觀及信念與他們所服務的企業價值觀和信念保持一致並相互補充時，表示此類群的員工適合組織之文化，從確定組織的價值觀、規範和願景開始精確定義適合的對象。然而，組織適合度之所以重要是因為能為企業帶來利益，組織適合度對企業的影響包括：減少工作產出、提高招聘品質、增加員工敬業度、提高生產力及提升員工推薦意願；因此，透過遴選出適合企業工作崗位的人才可以提高員工的工作效率及敬業度，並可能透過員工推薦招募新人使其生產力和參與度更高，且能降低離職率（HR 大廠人事，2022）。

再者，從個人與環境適配(person-environment fit, P-E fit)的觀點，此概念來自於行為互動理論的基礎，主張以個體與情境之間的互動關係，來解釋行為與態度的變動；若無法解決組織的適配問題，個人再強的專業技術與能力終將難以發揮如何養成自身對於環境與組織的適配能力，因此，身為專業經理人不可或缺的專業技能包括：設身處地觀察組織文化、易位思考拋開本位主義及將心比心營造融合關係。另外，每個企業都有其獨特的信念、文化與價值觀，或許在旁人眼中看來相當「嚴苛」，但是當事人卻將其視為「榮耀」，且無法改變既有思維只會造成溝通障礙，唯有站在對方立場來思考針對問題核心來討論，才能避免組織停滯與誤解，建立起良好的互動關係，自然就能夠對於所處的環境，產生出全面性的理解與認知，最後也能發揮專業的技能與管理效能（經濟日報，2023）。

另外，工業與組織心理學是對人類在工作場所中行為的研究，也是目前美國十五個專業心理學專業之一，工商心理學家發現透過提高績效、團隊效率、工作滿意度與創新、職業健康及福祉等，有助於公司組織的成功發展，工商心理學家透過研究員工行為、評估許多公司和進行領導力培訓來改善招聘、培訓與管理。工業／組織心理學的「組織」著重於公司組織結構和管理風格會如何影響個人行為；「工業」則著重於如何讓公司的員工都能找到其最佳的工作崗位，工商心理學的優先事項是蒐集證據，再確定哪種選擇方法最能預測績效，且可以隨時改善員工的發展與反饋等關係（遠見雜誌，2021）。

因此，美國心理學家 Frank L. Schmidt 與 John E. Hunter 認為預測性人才選拔方法有三項重點，第一為「認知能力」、「工作樣本測試」、「人格測驗」及「結構化面試」是最能夠預測工作績效的方法；第二為認知能力是最具代表性預測工作績效的方法；第三為選才方法的選用會深刻地影響企業商業成果。再者，從經濟角度來看，招聘中使用的選才方法的有效性會與一間企業的產值成正比；簡單來說，若使用適合之招聘方法其能替企業帶來的收益可能會隨著時間的推移而不斷地增加；反之，若使用不適合之選才方法而沒有建立結構，企業產值可能會越來越少（遠見雜誌，2021）。

4.4.4 全球化甄選

依據國家發展委員會統計，疫情前的 2019 年臺灣有約 74 萬人在海外工作，隨著疫情趨緩，也越來越多人會重新投入海外的工作；然而，要到海外工作其實並不容易，要成為國際人才除了要克服語言、文化或家庭等問題，還要具備多項特質。而且國際型人才通常具備跨文化的背景、某領域的專業知識或技術，並擁有國際化的視野，是各國企業都想爭取的人才，因此，成為炙手可熱的國際人才需有的特質說明如下（天下學習，2022）：

1. **語言力**：這是成為國際人才最基礎的硬實力，具備當地語言或英文的深厚能力，發音不用像母語但是要能溝通無礙，甚至能夠順暢表達自我的觀點，職場中除了聽與說還需要讀和寫能力，例如：工作上 Email 的往來或閱讀文獻資料等，因此，中級或高級以上的語言能力是必備重要的硬實力。
2. **專業能力**：要在別的國家立足甚至成為團隊的領導者，很大一部分就是「以技服人」，夠專業就不怕被打倒；因此，在自己的領域要能夠做到專精及專業，要儘量考取國際證照讓自己成為業界搶著要的專家。
3. **國際觀**：國際型人才很重要的硬實力之一是要能掌握整個世界產業的趨勢；以個人說明，自己會知道是否有專業知識或技能需要進修；以團隊或企業說明，當企業在規劃產品、企劃和目標等才不會與國際脫節而追求落後指標，許多跨國企業的面試也會詢問很多關於產業的趨勢問題，因此，國際視野和產業趨勢絕對不是加分題而是必考題。
4. **個人特質**：國際人才意味的就是要在別不同的國家工作或在多個國家往返工作，此工作型態不見得適合每一個人，但是除了具備硬實力還需擁有不恐懼失敗的自信、勇於冒險和挑戰的精神、同理心與包容心及不確定性的耐受度等個人特質。

4.4.5 相關法律規定

企業在招募遴選上，除了應考量到本身的需求外，相關的法律規定亦不能違背。《勞動基準法》第 25 條（性別歧視之禁止）規定，雇主對勞工不得因性別而有差別之待遇。工作相同、效率相同者，給付同等之工資；而《勞動基準法施行細則》第 25 條規定，本法第 44 條第 2 項所定危險性或有害性之工作，依職業安全衛生有關法令之規定；其第 44 條第 2 項為檢查機構認為事業單位有違反法令規定時，應依法處理；就業服務法第 3 條也提到，國民有選擇職業之自由。但為法律所禁止或限制者，不在此限；第 4 條則認為，國民具有工作能力者，接受就業服務一律平等；而第 5 條更清楚說明，為保障國民就業機會平等，雇主對求職人或所僱用員工，不得以種族、階級、語言、思想、宗教、黨派、籍貫、出生地、性別、性傾向、年齡、婚姻、容貌、五官、身心障礙、星座、血型或以往工會會員身分為由，予以歧視；其他法律有明文規定者，從其規定；其他法律有明文規定者，從其規定。雇主招募或僱用員工，不得有下列情事：

一、為不實之廣告或揭示。

二、違反求職人或員工之意思，留置其國民身分證、工作憑證或其他證明文件，或要求提供非屬就業所需之隱私資料。

三、扣留求職人或員工財物或收取保證金。

四、指派求職人或員工從事違背公共秩序或善良風俗之工作。

五、辦理聘僱外國人之申請許可、招募、引進或管理事項，提供不實資料或健康檢查檢體。

案例分享｜台灣積體電路公司徵才

2023 年 1 月 31 日今周刊的網路新聞指出，年後轉職旺季來臨，臺灣積體電路公司（以下簡稱台積電）日前宣布「春季校園徵才」即將開跑，內容涵蓋 3 大專區，共 18 項職缺，例如：研究與發展 R&D（包括：製程、整合、設備與製造）、設計暨技術平台 DTP、智能製造 IMC、企業規劃 CPO、人力資源 HR 及財務會計 FIN 等。

台積電表示，歡迎 2023 年碩士與博士應屆畢業生或可於 2023 年報到就職者，且主修電機、電子、光電、電信、物理、材料、化學、化工、機械、資工、資管、工工、環工、財會、管理、人資、勞工關係或心理等相關科系者尤佳。另外，熱門職缺像是模組副工程師 MAE 與技術員 DL，也歡迎主修電機、電子、材料、化學、化工、機械、資工、資管、工工等理工相關科系之 2023 年學士應屆畢業生或可於 2023 年報到就職者應徵。

依據台積電 2022 年公布的永續報告書指出，2021 年整體薪酬包括：本薪、津貼、現金獎金及酬勞，臺灣新進碩士畢業工程師平均整體薪酬高於 200 萬元，直接員工平均薪酬高於 100 萬元。從薪酬福利觀察，台積電去年臺灣廠區薪資平均數為 242.5 萬元，中位數落在 185.1 萬元，全球員工總薪酬中位數約為 206 萬元。

除了校園徵才計畫，台積電也在 104 人力銀行開出超過 300 項職缺，值得注意的是，部分職缺沒有理工背景的人也能投遞履歷，例如：健康中心管理師、幼教老師、櫃檯人員與人資助理等；不過健康中心管理師，必須得具備護理師執照及勞工健康服務護理專業完訓證明，兼具心理師、職能治療師或物理治療師相關執照尤佳。

詢問台禮賓人員月薪 3 萬 1,500 元，需具航空業、五星級飯店或知名企業之 1 年以上客服或接待相關工作經驗尤佳，且因業務需求會常接觸外賓，應徵者英語能力要達 TOEIC 680 分或全民英檢中級以上。

案例分享｜星宇航空徵才

2023 年 2 月 7 日 518 職場熊報的網路新聞指出，隨著國境解封、疫情後亦出現一波報復性的出國旅遊熱潮，為此，由前長榮航空董座張國煒創辦之星宇航空也在近日宣布，將擴大招募各領域人才，並釋出 91 項職缺，包括：培訓機務、資安網路、餐飲規劃、航機作業、財務稽核及空服組員等，除了無經驗也可報考空服員外，多數職缺的月薪更是從 37K 起跳。

近日星宇航空在臉書粉專公開發文表示：「走過疫情，星宇航空完成短程、中程與長程 3 種主力機型到齊，機隊規模持續壯大總數達 19 架次，招募充滿熱忱之航空人才及具國際航空公司經驗的客艙組員加入，與星宇航空堅持『安全第一』的信念，不斷飛行才讓星空更加閃爍。」

並且，從其公布的徵才資訊中，也可得知星宇航空這次除了要招募內勤人員以外，也包括三種不同類型的空服組員，分為「Purser 座艙長專班」，需有國際線雙走道機型單一艙等或全艙帶班 2 年以上經驗；「Experienced Cabin Crew」需具客艙組員經驗及國際線航空公司客艙組員任職 2 年以上；「Non-experienced Cabin Crew」無客艙組員相關經驗，將會在 2023 年第 2 季起陸續報到。

另外，「培訓機務」也是星宇航空這次的重點徵才項目之一，應徵條件需具備工科專業相關學經歷，無飛機維修相關經驗者也可，以及 TOEIC 600 分或同等英文能力認證、需持有小客車駕照（具大貨車駕駛執照者尤佳）與需主動或配合公司安排進行 CAA B1.1 檢定考試。

至於薪資福利，包括：票務管理專員月薪 37,000~40,000 元、貨運系統專案人員月薪 37,000 元以上及航機系統工程師待遇面議等，而員工福利措施則是包括：員工優待機票、全新訓練設施、免費午膳、員工健檢及各項員工補助金等。

事實上，自星宇航空開航 3 年以來，張國煒董事長終於在 2022 年獲得成功績效，不光是 2022 年 12 月營收達新臺幣 9.65 億元，單月營收年增近 897%，全年累積營收 33.62 億元，年增近 322%，等於 2022 整年營收相較 2021 年增加 3 倍之多，加上董事長獨具之個人領導魅力，也不難理解為何星宇航空會成為許多年輕人的求職首選。

日前也有一名網友在「Dcard」上熱心分享自己到星宇航空面試的流程，包括：基本的中英文自我介紹、基本履歷問答（詢問過往工作經驗或參加過的社團活動），以及提到下列面試考題。

1. 對這份職務的了解。
2. 對星宇航空的印象。
3. 用 3 句話形容航空產業。
4. 最近看過的一本書。
5. 為什麼來應徵。
6. 以公司現有的資源，機隊小、航點少，如何與其他同業競爭或開發客戶。
7. 在學校參加過的社團或是活動經驗，印象最深刻的一件事。
8. 能否接受輪調、夜班或去桃園機場支援實習。
9. 工作對你而言是什麼意義。

最後，對於有志加入航空業的朋友，星宇航空董事長張國煒也曾在媒體報導中指出，若來航空業面試千萬不要說是「因為想環遊世界」，否則會被我刷掉，並提到自己從小就對飛航抱持濃厚的興趣，儘管很多人覺得做航空業很帥，但「帥是要付出代價的」，因為實現夢想的背後是需要付出非常多的努力，除了航空業每天都會面臨不同的挑戰及面對各式各樣的客人，且每台飛機也會有不同的突發狀況，在飛機上執行任務時，更要隨時待命以應對這些突發的狀況；因此，張國煒董事長呼籲，若真的是對航空業有憧憬的求職朋友，除了儘早把英文能力準備好，也一定要用嚴謹的態度來面對工作。

參考資料

104 人力銀行(2021)。策略思考下的 HR 年度工作計畫。2023 年 3 月 1 日取自：https://vip.104.com.tw/preLogin/recruiterForum/post/32649。

104 人力銀行(2022)。2021、2022 年企業選才工具使用率與意願排名，人資 F.B.I. 報告。2023 年 2 月 16 日取自：https://vip.104.com.tw/preLogin/recruiterForum/post/83748。

104 人力銀行(2022)。2022 年 HR 人才招募與選才工具使用趨勢（人資 F.B.I.報告）。2023 年 3 月 3 日取自：https://blog.104.com.tw/104-fbi-2022-hr-methods-of-recruiting-trends/#01。

104 人力銀行(2022)。別再傻傻搞不清楚！一次搞懂招募和甄選一招募篇。2023 年 3 月 1 日取自：https://vip.104.com.tw/preLogin/recruiterForum/post/55732。

104 人力銀行(2022)。新鮮人具備軟實力，104 調查，66%企業願提高薪資 5%。2023 年 2 月 15 日取自：104 職場力 https://blog.104.com.tw/104data-freshman-soft-power/。

104 招募管理(2022)。好還要更好！如何優化你的招募流程（下）。2023 年 3 月 3 日取自：https://vip.104.com.tw/preLogin/recruiterForum/post/57772。

104 職場力(2022)。人資招募 7 大指標，你是否達標。2023 年 3 月 7 日取自：https://blog.104.com.tw/reach-the-7-recruiting-goals/#6。

104 職場力(2022)。不光是人事！解析 HR 6 大角色，讓職涯發展更多元、靈活。2023 年 3 月 2 日取自：https://reurl.cc/6NGY1y。

104 職場力(2022)。老闆小心！刊登徵才廣告、招募面試的常見「5 大錯誤行為」，新手雇主指南。2023 年 3 月 22 日取自：https://vip.104.com.tw/preLogin/recruiterForum/post/93567#01。

104 職場力(2022)。別選錯人就完蛋！關於高階管理職招募的思考。2023 年 3 月 2 日取自：https://blog.104.com.tw/the-recruitment-of-senior-management/。

104 職場力(2022)。法國企業招募好獵奇！錄取前，先鑑定筆跡。2023 年 3 月 8 日取自：https://blog.104.com.tw/graphology-recruitment-skills/。

104 職場力(2022)。團體面試如何脫穎而出？資深人資親揭錄取關鍵是這個。2023 年 3 月 7 日取自：https://blog.104.com.tw/how-to-win-in-a-group-interview/#01。

1111 人力銀行(2021)。哪一種面試最能找到好人才？HR 專家分享 6 大面試方法。2023 年 3 月 7 日取自：https://www.jobforum.tw/discussTopic.asp?id=252493&page=1。

1111 人力銀行(2022)。HR 的工作是什麼？人資必備的 6 大職能。2023 年 3 月 15 日取自：https://www.1111.com.tw/position/human-resources/。

518 職場熊報(2021)。想考驗應徵者有無抗壓力？人資專家曝妙招如何善用「壓力面試」。2023 年 3 月 7 日取自：https://www.518.com.tw/article/1114

518 職場熊報(2023)。月薪 3.7 萬起，星宇航空釋近百個職缺！想通過面試，張國煒點名千萬別回「這句話」。2023 年 2 月 13 日取自：https://www.518.com.tw/article/2027。

HR 大廠人事(2022)。評估組織適合度的 7 種方法。2023 年 3 月 10 日取自：https://www.dachangrenshi.com/article-110031.html。

Mathis, R. L., & Jackson, J. H. (2008). Human resource management (12th ed.). Singapore: Thomson South-Western.

工商時報(2023)。1111 人力銀行發布 2023 企業第 1 季徵才暨加薪調查。2023 年 2 月 16 日取自：https://ctee.com.tw/industrynews/socialwelfare/801658.html。

今周刊(2018)。7 成錄取者表現比面試差！企業如何降低「看錯人」風險。2023 年 3 月 29 日取自：https://www.businesstoday.com.tw/article/category/80408/post/201805280016/?utm_source=businesstoday&utm_medium=search&utm_campaign=article。

天下文化(2020)。面試前須知，一手掌握錄取資格！帶你從人資視角解析常用徵選工具。2023 年 3 月 29 日取自：https://bookzone.cwgv.com.tw/article/19104。

天下學習(2021)。人力資源管理是什麼？3 個關鍵字，搞懂人力資源管理。2023 年 3 月 28 日取自：https://www.cheers.com.tw/article/article.action?id=5098851&page=3。

天下學習(2022)。如何成為國際人才？12 項國際化人才特質與 3 個硬實力。2023 年 3 月 8 日取自：https://www.cwlearning.com.tw/posts/0d4245e9-076a-4527-a1d4-2fd0c58ddd16。

天下學習快樂工作人(2020)。不要只會上人力銀行！掌握 8 大要領用 LinkedIn 接軌新職涯。2023 年 3 月 28 日取自：https://www.cheers.com.tw/article/article.action?id=5096543&page=2。

天下學習快樂工作人(2021)。團體面試如何勝出？掌握 3 大脫穎而出關鍵。2023 年 3 月 29 日取自：https://www.cheers.com.tw/article/article.action?id=5099908&page=4。

天下學習快樂工作人(2022)。企業最愛新鮮人特質：抗壓性、穩定度、溝通力。2023 年 2 月 15 日取自：https://www.cheers.com.tw/article/article.action?id=5100600。

天下學習快樂工作人(2022)。當獵頭找上你，別急著給履歷表！獵頭 CEO：注意這 4 件事。2023 年 3 月 29 日取自：https://www.cheers.com.tw/article/article.action?id=5101020&page=2。

天下雜誌(2014)。害怕「女王蜂症候群」，調查顯示員工更愛男主管。2023 年 3 月 27 日取自：https://www.cw.com.tw/article/5061962。

天下雜誌(2022)。人資專家：履歷上不該出現的 5 樣東西。2023 年 3 月 23 日取自：https://www.cw.com.tw/article/5122084。

文耀倫(2018)。職場文化，女皇只得一個，蜂后症候群揭示女性互競心理。2023 年 3 月 8 日取自：https://reurl.cc/XLLWWe。

臺灣就業通(2023)。各地就業服務據點。2023 年 3 月 6 日取自：https://job.taiwanjobs.gov.tw/internet/index/service_location.aspx。

臺灣積體電路製造股份有限公司(2023)。人才招募。2023 年 3 月 21 日取自：https://www.tsmc.com/static/chinese/careers/index.htm。

石博仁(2022)。招募面談一次就上手！展現專業，找到好人才，這幾招學起來超實用。2023 年 3 月 7 日取自：https://vip.104.com.tw/preLogin/recruiterForum/post/71050。

全國法規資料庫(2018)。就業服務法。2023 年 2 月 15 日取自：https://law.moj.gov.tw/LawClass/LawAll.aspx?PCode=N0090001。

全國法規資料庫(2019)。勞動基準法施行細則。2023 年 2 月 17 日取自：https://law.moj.gov.tw/LawClass/LawAll.aspx?pcode=N0030002。

全國法規資料庫(2020)。勞動基準法第 25 條。2023 年 2 月 15 日取自：https://law.moj.gov.tw/LawClass/LawSingle.aspx?pcode=N0030001&flno=25。

何則文(2022)。什麼是校園招募？5 大原因告訴你，為什麼校園徵才是人才永續關鍵。2023 年 3 月 6 日取自：https://wenzeles.tw/article/606。

何則文(2022)。企業別只會參加徵才博覽會，校園招募你要知道的 6 大策略。2023 年 3 月 6 日取自：https://wenzeles.tw/article/610。

每日頭條(2019)。招聘難？說說內部招募與外部招募的主要方法及優缺點。2023 年 3 月 3 日取自：https://kknews.cc/career/pkvmb5e.html。

每日頭條(2020)。結構化面試與非結構化面試的區別。2023 年 3 月 28 日取自：https://kknews.cc/zh-tw/career/4449rox.html。

林依榕(2023)。年後轉職潮來了「沒讀理工也能進台積電」護國神山大開逾 300 職缺搶才、薪水職位曝光。2023 年 2 月 13 日取自：今周刊 https://www.businesstoday.com.tw/article/category/183015/post/202301300031/。

知識學院(2022)。招募管道這樣多，如何找到好人才。2023 年 3 月 3 日取自：https://www.digiknow.com.tw/knowledge/6385b104268dc。

風傳媒(2017)。「鍋貼役」再見，行政院核定：明年起停辦產業訓儲替代役。2023 年 3 月 28 日取自：https://www.storm.mg/article/338925。

風傳媒(2021)。別隨便把履歷交給獵人頭！外商人資曝這一行不為人知的 3 大秘密，轉職、跳槽必看。2023 年 3 月 23 日取自：https://www.storm.mg/lifestyle/3529242?mode=whole。

高永祺(2023)。什麼是雇主品牌？企業經營雇主品牌的 3 大原因。2023 年 2 月 23 日取自：https://reurl.cc/mlLE9l。

商業周刊(2016)。老闆養他 3 年，都以為毛遂只是個小咖「毛遂自薦」教我的 3 件事：沒被主管看見，不代表沒有才能。2023 年 3 月 21 日取自：https://www.businessweekly.com.tw/careers/blog/18195。

商業周刊(2021)。線上面試成主流，IKEA 透過 AI 錄影面試快速部署找到對的人。2023 年 3 月 28 日取自：https://www.businessweekly.com.tw/focus/indep/1001518。

商業周刊(2023)。給小公司的 5 個招募撇步，搶人才不再被大公司壓著打。2023 年 3 月 28 日取自：https://www.businessweekly.com.tw/management/blog/3011666。

張清惠(2022)。佳文分享，管理人才評鑑介紹及成功案例。2023 年 3 月 8 日取自：https://nabi.104.com.tw/posts/nabi_post_8683e3e3-9722-4d50-bbb9-9255bc3babd8。

凱茂資訊股份有限公司(2022)。大多數面試官都會犯的 6 個錯誤。2023 年 3 月 8 日取自：https://reurl.cc/n771nD。

凱茂資訊股份有限公司(2022)。五大人格特質，如何將人格特質用在招聘上。2023 年 3 月 8 日取自：https://reurl.cc/WDDkY5。

凱茂資訊股份有限公司(2022)。面試官值得收藏的面談技巧大解密。2023 年 3 月 23 日取自：https://reurl.cc/9VW6lj。

勞動部(2022)。111 年第 4 次人力需求調查結果概況。2023 年 2 月 13 日取自：https://www.mol.gov.tw/1607/1632/1633/55721/。

就業情報資訊股份有限公司(2016)。企業選才新手法：實作式面試。2023 年 3 月 21 日取自：https://www.okwork.taipei/ESO/content/tw/Article/161117075814/170317162506。

經理人(2020)。主管為什麼會有「偏見」？這本書有很好的解釋。2023 年 3 月 29 日取自：https://www.managertoday.com.tw/articles/view/62123。

經理人(2021)。想打造好印象，就要懂「月暈效應」！行銷產品、面試工作都能用的心理學。2023 年 3 月 23 日取自：https://www.managertoday.com.tw/articles/view/63292。

經理人(2022)。還用 20 年前的方式徵人？ PEER 法則：4 步打造雇主品牌，好人才就會自己來。2023 年 3 月 28 日取自：https://www.managertoday.com.tw/columns/view/64977。

經理人(2023)。2023 年面臨 9 大職場趨勢，如何影響雇主與人資的工作。2023 年 3 月 14 日取自：https://www.managertoday.com.tw/articles/view/66454。

經濟日報(2023)。組織融合與組織融合提升適配力。2023 年 3 月 27 日取自：https://money.udn.com/money/story/122331/7052497。

經濟部工業局(2018)。產學小教室。2023 年 3 月 6 日取自：https://www.italent.org.tw/Content/01L/41。

萬寶華企業管理顧問股份有限公司(2022)。ManpowerGroup 全球就業展望調查（2022 年第 3 季）。2023 年 2 月 15 日取自：https://www.manpowergrc.tw/index.php?route=newsblog/category&category_id=17。

維基百科(2022)。產業訓儲替代役。2023 年 3 月 6 日取自：
https://reurl.cc/9V1oEa。

遠見民意研究調查(2022)。2022 企業最愛大學生調查。2023 年 2 月 15 日取自：
https://gvsrc.cwgv.com.tw/articles/index/14869/1。

遠見雜誌(2016)。其實，面試官想完全看透你。2023 年 3 月 28 日取自：
https://www.gvm.com.tw/article/54068。

遠見雜誌(2021)。公司如何找到最適合的人？沃爾瑪、亞馬遜面試時都用「工商心理學家」找人才。2023 年 3 月 27 日取自：
https://www.gvm.com.tw/article/77475。

劉仲矩(2021)。人力網站美學資本與網路忠誠關聯：應徵者滿意為調節變項。商略學報，13(2)，135-158。

數位時代(2022)。企業最愛大學看這裡！台大奪冠、5 間科大私大擠進前 10 名，這 4 科系最有職場潛力。2023 年 2 月 15 日取自：
https://www.bnext.com.tw/article/67438/college-company-best-。

賴志宗(2022)。別再傻傻搞不清楚！一次搞懂招募和甄選一甄選篇。2023 年 3 月 7 日取自：https://blog.104.com.tw/understand-recruitment-and-selection-at-once-2/#1。

聯合新聞網(2022)。提升成功率！他列出面試前 6 點準備方向：回答要跟履歷一致。2023 年 3 月 23 日取自：https://udn.com/news/story/7269/6484187。

鴻海科技集團(2021)。招募流程。2023 年 3 月 13 日取自：
https://recruit.foxconn.com/isite-web/mbMain.selAbout.do?selId=27857414ac194e70a6aaf7663bbf3ff5。

關鍵評論網(2022)。找人才，哪一種管道最有效。2023 年 3 月 21 日取自：
https://www.thenewslens.com/article/147469。

蘋果薄荷行銷股份有限公司(2022)。企業 HR 必讀，寫出吸引人的徵才廣告關鍵 3 步驟。2023 年 3 月 3 日取自：https://www.applemint.tech/zh-hant/blog/attractive-job-advertisement/。

— 問題與討論 —

1. 招募與遴選有何不同？
2. 內部招募與外部招募各有何優缺點？
3. 招募的方法及管道包括哪些？
4. 遴選有哪些方法？
5. 常見的面談偏誤有哪些？
6. 何謂真實工作預告？

MEMO

05

Chapter

人力資源部門勞動法令實務

學習目標

1. 了解我國勞動法令的重要性。
2. 掌握勞動法令的要素。
3. 能熟悉勞動法令之發展過程。
4. 能實務有效運用相關勞動法令。

話說管理 企業對勞動法令之遵守必須謹慎為之

公司經營不易，「勞資關係」維繫更困難，其中隱藏許多眉角，稍有不慎就很可能重創企業多年經營的形象，更可能需要面對後續相關的法令罰則。

知名網路書店「博客來」被爆出疑以「假承攬、真僱傭」爭議，解僱一位年資 20 年的清潔服務人員，不僅沒有給付資遣費或退休金，也未幫她投保勞健保及三節禮金。經其委任律師在 Facebook 發文揭露，譴責「博客來真是讓人失望」。此事爆發後，在網路上諸多網紅、KOL 發聲抵制博客來後，持續發酵，博客來粉絲頁被憤怒的網友留言聲援，並驚動勞動主管機關，據稱博客來最後決定協助媒合該名李姓清潔人員成為清潔公司的僱傭，再派遣至博客來工作，並將總經理立即調離現職，對外發表聲明表示已與該名清潔人員達成和解，但拒絕透露和解協議內容。然而，「清潔服務承攬契約」實質上是哪種契約呢？

法院判決在認定是否為僱傭關係之勞工身分時，一般均以勞務提供人是否具備「從屬性」而定。「從屬性」又可以自「人格」、「經濟」、「組織」從屬性而定，如果服勞務者在人格上從屬於他方，必須服從他方之指揮監督，經濟上又不自負經營風險及盈虧，純粹以計時之勞力付出換取對價，工作結果成敗並不影響其報酬之取得，又被納入他方之組織中，無法獨立完成工作，必須與團隊組織中其他人員共同工作，即可判定應屬僱傭契約之受僱人（勞工），而非承攬契約之承攬人。

依照李姓清潔人員委任律師於臉書上公布的博客來《清潔服務承攬合約書》，第 2 條即約定服務範圍為甲方（博客來公司）的辦公室，第 3 條更具體約定「服務時間」，乙方（李姓清潔人員）應於甲方工作日抵達甲方辦公場所，配合甲方工作日上班時間執行工作。該條後段更具體載明，「若有其他需求內容，乙方仍應依甲方之指示為準，除有經甲方同意之重大事由外，乙方不得拒絕。」甚至如果乙方未能出勤執行清潔工作時，還會被依缺勤日數扣款。第 5 條亦約定乙方應遵甲方之作業指導及管理。

依照上述合約內容，乙方必須服從甲方之指揮監督，工作處所及工作時間均須依照甲方指示，報酬計算方式乃是依照乙方服務時間決定，乙方尚須配合甲方工作日之上班時間提供勞務，以滿足甲方員工工作期間環境清潔之需求，博客來公司與李姓清潔人員間之契約關係，固然名為「清潔服務承攬合約」，但實際上就是僱傭、勞動契約性質，博客來公司自然應該對李姓清潔人員負雇主責任，包括為其提撥勞退準備金、投保勞健保、職業災害及就業保險等。

可以想像博客來公司為了節省僱傭成本，所以用「假承攬真僱傭」的手法規避。但現在政府勞動法令環境日趨完善，對雇主責任有諸多要求，加上網路時代資訊發達，勞工很容易就能夠查找相關資訊，因此過往類似假承攬真僱傭的也許還能蒙混過關，但現在恐怕反而會踢到鐵板，甚至如本案般引起眾怒，引發公關危機，對企業商譽的損害，可不是節省區區僱傭勞工成本能夠相提並論的。若博客來與李姓清潔人員和解條件中，如網路新聞報導是協助媒合至清潔公司受僱，再派遣至博客來服務，這樣做不僅不能完全解決問題，還可能埋下未來勞資爭議的地雷。

依據我國《派遣勞工保護法》、也就是 2019 年 6 月施行的《勞動基準法》第 17 條之 1 規定，要派單位不得於派遣事業單位與該派遣勞工簽訂勞動契約前，有面試該派遣勞工或其他指定特定派遣勞工之行為，俗稱為「禁止派遣轉掛」條款。博客來可以協助媒合李姓清潔人員至清潔公司受僱，但若進一步指定她到博客來公司服務，就會構成前述法律禁止之「派遣轉掛」行為，主管機關得依《勞基法》第 78 條第 2 項對博客來公司裁處 9~45 萬元罰鍰，李姓清潔人員也可以在被轉掛後 90 日內，以書面（存證信函或律師函）向要派單位即博客來公司提出訂定勞動契約之意思表示，也就是由博客來公司直接僱傭，結束派遣勞工的身分，這樣對李姓清潔人員更有保障，博客來公司也必須負起直接雇主應負的一切法律責任。

由本案可知，縱使是知名大企業，也有專門的人資、法務甚至外部法律顧問，但對勞動法的認知如果偏差，稍有不慎就容易引起內部員工反彈，甚至讓爭議延燒至外部，最終釀成不可收拾之公關危機。此次博客來假承攬真僱傭引發眾怒的勞資爭議轉變成公關危機的災難，希望企業經營者及人資同仁能從這些事件中學到教訓，儘速建立勞動法令遵循制度，將內稽內控中的「薪工循環」全面升級為「勞動法遵循環」，營造勞資雙贏的職場環境，避免此類事件一再重演。

（本文原著為〈解僱打掃阿姨爆發勞資爭議，「博客來」到底踩到什麼紅線？〉轉載編修自天下雜誌出版 https://www.cw.com.tw/article/5124196，原作者為陳業鑫，發布時間：2022/12/26）

由以上可知，隨著勞動法令的複雜化與嚴格化，企業對於勞動法令不可不慎，而且往往牽一髮動全局，甚至對簿公堂或是街頭抗爭，人資部門主管在處理勞資關係時必須對勞動法令非常嫻熟，本章節即對我國勞工法令為進一步的介紹與分析。

5.1 勞動契約之訂定

5.1.1 勞動契約基本概念

勞動契約係由勞動者與雇主以相對立之意思合致而成立之契約。契約之一方是勞動者，一般稱之為勞工、勞方或受僱人；契約之另一方是雇主，亦稱之為僱方、僱用人、業主或資方。勞動者訂立契約之目的在獲得報酬，雇主訂立契約之目的則在使勞動者提供其勞動力，雙方意思表示一致，契約始告成立。

就勞務之給付而言，勞動者給付之勞務，需是其職業上之勞動力。一般所謂職業上之勞動力，係指勞動者以提供勞務為職業，為謀生之工具。只要為職業上之勞動力，則不論係精神的或體力的勞動，不論是廠內、廠外的勞動，亦不論是農業的、工業的、商業的、服務業之勞動，均屬之。但因必須是職業上之勞動，故純以家人身分幫忙工作，或義務從事社會公益活動，因非職業上勞動力之提供，自無成立勞動契約之可言。

勞動者需是在從屬的關係提供其勞務。即勞工在身分上對其雇主係立於從屬之地位，因而如無一定之雇主，而是以一般社會大眾為服務對象提供勞務，自無勞動契約關係存在。例如開業律師受當事人委託辦案，開業醫師為病患看病等，即均非勞動契約關係。但如年輕律師受僱於大型法律事務所，或醫師受雇於醫院，領取薪資，則因有一定之雇主，即屬勞動契約。相關法律如《勞基法》第 2 條第 6 款：「約定勞僱關係之契約」;《民法》第 482 條：僱傭為「當事人約定，一方於一定期限或不定之期限內為他方服勞務，他方給付報酬之契約」以及《勞動契約法》(25.12.25 公布尚未施行) 第 1 條：「稱勞動契約者，謂當事人之一方，對於他方在從屬關係提供其職業上之勞動力，而他方給付報酬之契約」，另外勞動契約法修正草案將勞動契約規定為「當事人約定，一方基於從屬關係，為他方提供其職業上之勞務，而他方給付報酬之契約」。勞動契約在概念上有廣義、狹義之區分。

（一）廣義之勞動契約

凡指契約當事人之一方對他方負勞務給付義務之契約，均屬勞動契約。所以民法上之僱傭契約、承攬契約、居間契約、出版契約、委任契約、運送契約，甚至合夥契約等涉及勞務給付成分者，皆屬廣義勞動契約之範疇。

（二）狹義之勞動契約

指《勞動基準法》上之勞動契約，係謂當事人之一方對於他方在從屬關係提供其職業上之勞動力，而他方給付報酬之契約。

勞動基準法是政府以公權力規範勞動條件最低基準的勞工保護法律，其保護對象是勞工。所謂勞動條件，就是雇主為使勞工給付勞務所提供的條件，這些都是勞動契約中應該約定的內容。勞資雙方在法律上的權利義務關係，就是以勞動契約為核心，而勞動契約乃是約定勞工為雇主從事工作，獲致工資之契約，其性質是民法僱傭契約的一種特殊類型。

5.1.2 勞動契約的種類

依據《勞基法》第 9 條之規定，勞動契約可分為定期與不定期兩種，不定期為原則，定期為例外。只有工作屬於臨時性、短期性、季節性或特定性時，勞資雙方才能約定為定期契約；除此之外，均屬不定期契約。勞動契約的成立，不以書面為必要，只需勞資雙方口頭承諾即可。

至於何謂臨時性、短期性、季節性或特定性的工作，依據勞動基準法施行細則第六條之規定，說明如下表：

» 表 5.1 定期勞動契約之類型與條件

類別	臨時性工作	短期性工作	季節性工作	特定性工作
條件	無法預期之非繼續性工作，其工作期間在 6 個月以內者	可預期於 6 個月內完成之非繼續性工作	受季節性原料、材料來源或市場銷售影響之非繼續性工作，其工作期間在 9 個月以內者	係指可在特定期間完成之非繼續性工作。其工作期間超過 1 年者，應報請主管機關核備

5.1.3 勞動契約的內容

勞動契約成立生效後，其中最主要之內容，依據《勞動基準法施行細則》第 7 條之規定，包括勞工勞務之提供與雇主報酬之支付。關於勞務之提供，則包括工作之地點、工作方式、工作時間之長短、時段之排定、時間之延長、休息、休假、請假等事項；而報酬之支付，則包括工資之項目與分類、支付之時間與方式、加班、休假、例假與請假時之工資等事項，以及發生職災時之工資補償。勞動契約因故消滅，則產生退休金、資遣費、開除、職業災害補償等法律問題。

從勞動契約的成立、生效到終止，勞動基準法皆有相關之規定。勞動基準法是國家權力介入勞資契約關係的表現，其立法目的乃是為了保障處於經濟弱勢的勞工，為避免勞工在自由訂約的形式下遭受實質的損失，特訂立勞動條件最低基準，課以雇主遵守之義務，雇主如違反該法規定，政府將予以處罰。勞動基準法是強行法，勞資雙方約定之勞動條件，若有違反最低勞動基準之規定，則依《民法》第 71 條規定屬於無效。

5.1.4 勞動契約中「競業禁止」規範

所謂「競業禁止」，根據勞動部指出，是指「事業單位為保護其商業機密、營業利益或維持其競爭的優勢，要求特定人與其約定在在職期間或離職後之一定期間、區域內，不得經營、受僱或經營與其相同或類似之業務工作」。競業禁止的限制涵蓋範圍很廣，也頗為複雜，且限制的對象包括企業經營管理人、董事、監察人、執行業務之股東、企業經理人及一般的勞工。一般而言，要求勞工簽訂競業禁止條款的主要目的包括：1.避免其他競爭事業單位惡意挖角或勞工惡意跳槽。2.避免優勢技術或營業祕密外洩。3.避免勞工利用其在職期間所獲知之技術或營業祕密自行營業，削弱原雇主之競爭力。

受僱者受競業禁止約定的限制可區分為在職期間及離職後二種樣態，所謂在職期間的競業禁止，係指勞工在雇主之競爭對手處兼差，或利用下班時間經營與雇主競爭之事業，因可能危害到雇主事業之競爭力，故雇主常透過勞動契約或工作規則，限制勞工在職期間之兼職或競業行為，勞工如有違反約定或規定之情事，可能受到一定程度之處分，其情節嚴重者甚至構成懲戒解僱事由；至於離職後的競業禁止，勞工對雇主負有守密及不為競業之義務，於勞動契約終了後即告終止，雇主如欲再保護其營業上之利益或競爭上之優勢時，須於勞動契約另為特別約定，依據《勞動基準法》第 9-1 條規定，雇主與勞工位離職後競業禁止之約定，應符合以下要件：1.雇主有應受保護之正當營業利益；2.勞工擔任之職位或職務，能接觸或使用雇主之營業秘密；3.競業禁止之期間、區域、職業活動之範圍及就業對象，未逾合理範疇；4.雇主對勞工因不從事競業行為所受損失有合理補償（不包括勞工於工作期間所受領之給付）。若違反上述各款規定之一者，其約定無效。常見的方式為限制勞工離職後之就業自由，明訂離職後一定期間內不得從事與雇主相同或類似之工作，違者應賠償一定數額之違約金之約定，這種約定稱為「離職後的競業禁止」。

目前實務上，勞資雙方約定競業禁止條款情形確有日趨增加之勢，且不論員工職級高低或職務內容是否接觸到重要的營業機密，均有可能成為競業禁止條款之約束對象。整體而言，競業禁止條款之內容相當多樣，關於競業禁止之期間長短、違約之賠償責任，雖有一定程度之限制，惟尚無一定規律可循。我國關於離職後競業禁止約定之問題，雖欠缺明確之法律規範，惟法院似已有一定程度之共識，然若欲就若干特定事項再進一步明確其內容或限制，例如限制最長之禁止期限，或課以雇主必須支付代償措施之義務等，如前所述，競業禁止約定之內容，因產業性質、勞工所從事之工作內容、本身經驗及技術等之不同而有極大的差異，實難擬訂一個放四海皆準的通用樣例。儘管如此，一份明確與合理之競業禁止約定，應以書面定之，並載明下列主要之內容，較不易引起爭議：1.競業禁止之明確期限（包括起訖時間及期限）；2.競業禁止之區域範圍（如行政區域或一定之地域）；3.競業禁止之行業或職業之範圍（如特定產業或職業）；4.違反競業禁止約定時之處理方式（如賠償訓練費用或違約金）；5.例外情形之保障（如勞工因不可抗力之原因而違反）勞資雙方應開誠佈公、事先溝通協調，與其事後再來處理爭議，不如事先預為防範，訂定明確的契約內容，以維企業經營及工作倫理，並藉以維持勞動市場秩序。

另外離職後競業禁止之約定，必須以「書面」為之，並應詳細記載契約內容，若雇主對勞工因不從事競業行為所受損失有合理補償等內容，得參考法條：約定離職後競業禁止條款之合理補償應依據《勞動基準法施行細則》第 7-3 條規定，雇主提供勞工遵守離職後竟業禁止之合理補償，應就下列事項綜合考量：1.每月補償金額不低於勞工離職時一個月平均工資 50%；2.補償金額足以維持勞工離職後競業禁止期間之生活所需；3.補償金額與勞工遵守競業禁止之期間、區域、職業活動範圍及就業對象之範疇所受損失相當；4.其他與判斷補償基準合理性有關之事項。前項合理補償，應約定離職後一次預為給付或按月給付。以維持勞工離職後競業禁止期間之生活。

5.1.5　勞動契約的終止

定期勞動契約依據勞動契約所定期間成就時，即生終止之效力，但若定期契約屆滿後，若有下列情形之一者，依據《勞動基準法》第 9 條第 2 項之規定，則轉換成不定期契約，第一，勞工繼續工作而雇主不即表示反對意思者；第二，雖經另訂新約，惟其前後勞動契約之工作期間超過 90 日，前後契約間斷期間未超過 30 日者。

1. 定期契約期滿 → 勞工繼續工作而雇主不即表示反對 → 不定期契約

2. (A)定期契約期滿 → (B)間斷期間 → (C)新定期契約
   A＋C＞90日 且 B＜30日　C → 不定期契約

圖 5.1　定期契約轉變為不定期契約

至於不定期之勞動契約終止時，除非係基於勞工申請退休、遭強制退休或是勞工自願離職，倘終止原因非可歸責於勞方，雇主將衍生「預告期間」及「資遣費」給付之義務。所謂「非可歸責於勞方」的內涵，依據《勞動基準法》第 11 條之規定，包括一、歇業或轉讓時；二、虧損或業務緊縮時；三；不可抗力暫停工作在 1 個月以上時；四、業務性質變更，有減少勞工之必要，又無適當工作可供安置時，以及五、勞工對於所擔任之工作卻不能勝任時等五種條件。

所謂「預告期間」即雇主於終止勞動契約前，須依《勞基法》第 16 條規定給予預告期間，該預告期間為：一、繼續工作 3 個月以上一年未滿者，於 10 日前預告；二、繼續工作 1 年以上 3 年未滿者，於 20 日前預告；三、繼續工作 3 年以上者，於 30 日前預告。雇主若未依法給予預告期間，應折算發給預告期間之工資。有關資遣費之計算，依同法第 17 條規定「在同一雇主之事業單位繼續工作，每滿 1 年發給相當於 1 個月平均工資之資遣費。依前款計算之剩餘月數，或工作未滿 1 年者，以比例計給之。未滿 1 個月者以 1 個月計。」，但若勞工選擇或適用勞工退休金條例者，依該條例第 12 條之規定，勞工適用本條例之退休金制度者，適用本條例後之工作年資，其資遣費由雇主按其工作年資，每滿 1 年發給二分之一個月之平均工資，未滿 1 年者，以比例計給；最高以發給 6 個月平均工資為限，不適用《勞動基準法》第 17 條之規定，至於所謂「平均工資」係以事發前 6 個月工資的平均額計之，詳細內容於下段說明。

5.2 ›› 工　資

5.2.1　工資的意義

依《勞動基準法》第 2 條第 3 款規定所謂「工資」，係勞工因工作而獲得之報酬；包括工資、薪金及按計時、計日、計月、計件以現金或實物等方式給付之獎金、津貼及其他任何名義之經常性給與均屬之。因此，工資定義重點應在該款前段所敘「勞工因工作而獲得之報酬」，即工資是指雇主以金錢形式支付勞工作為其所做或將要做的工作的所有報酬、收入、超時工作薪酬、小費及服務費，不論其名稱或計算方法，「工資、薪金」、「按計時…獎金、津貼」或「其他任何名義之經常性給與」均屬之，但非謂「工資、薪金」、「按計時…獎金、津貼」必須符合「經常性給與」要件始屬工資，而應視其是否為勞工因工作而獲得之報酬而定。

此外，所謂「經常性給與」之定義，根據《勞動基準法施行細則》第 10 條之規定，不包含下列各名目之給與 1.紅利；2.獎金：指年終獎金、競賽獎金、研究發明獎金、特殊功績獎金、久任獎金、節約燃料物料獎金及其他非經常性獎金；3.春節、端午節、中秋節給與之節金；4.醫療補助費、勞工及其子女教育補助費；5.勞工直接受自顧客之服務費；6.婚喪喜慶由雇主致送之賀禮、慰問金或奠儀等；7.職業災害補償費；8.勞工保險及雇主以勞工為被保險人加入商業保險支付之保險費；9.差旅費、差旅津貼及交際費；10.工作服、作業用品及其代金，以及 11.其他經中央主管機關會同中央目的事業主管機關指定者。

5.2.2　平均工資的定義與算法

根據《勞基法》第 2 條第 4 款有三種算法：1.事由發生之當日前工作滿 6 個月者：依照《勞基法》規定「計算事由發生之當日前 6 個月內所得工資總額除以該期間之總日數所得之金額。」，假設某甲 1 個月工資 3 萬元，事由發生之當日前 6 個月分別為 6、7、8、9、10、11 月，問某甲 1 個月的平均工資計算方式是 18 萬除以 183 天，等於 983.60 為日平均工資，再乘 30 等於 29508 則是某甲 1 個月之平均工資。2.事由發生之當日前工作未滿 6 個月者：依《勞基法》定義「謂工作期間所得工資總額除以工作期間之總日數所得之金額。」，依前述之方法工作未滿 6 個月將其總工資除以總日數後乘以 30 就是月平均工資。3.工資按工作日、時數或論件計算者：依《勞基法》定義「工資按工作日數、時數或論件計算者，其依上述方式計算之平均工資，如少於該期內工資總額除以實際工作日數所得金額 60%者，以 60%計。」例如某甲一週上班一次，一次 1 萬元，假設不幸某甲發生職災，其一個月的平均工資為何？依照上述之方法總工資為 26 萬（6 週共 26 次），總日數為 183 天，兩者相除後再乘以 30 得 42,622 元。

5.2.3 延長工時及假日工作之工資計算

關於延長工時之工資計算，及一般所謂之「加班費」，依《勞基法》第 24 條規定「延長工作時間在 2 小時以內按平日每小時工資額加給三分之一以上、再延長 2 小時內者按平日每小時工資額加給三分之二以上。」假日工作工資計算，依同法第 39 條規定，係按平日工資之標準加倍發給；例如：日工資為 1,500 元，假日工資則為 1,500×2＝3,000 元。

5.2.4 工作時間、休息、休假

所謂「工作時間」的定義，一般而言乃指勞動者置於雇主指揮命令下之時間。就權利面觀之，工作時間應為計算報酬之時間，即使勞工無提供勞務的時間內，若雙方當事人約定該時段為報酬給付者，則該時段應屬工作時間。《勞基法》第 30 條第 1 項：勞工正常工作時間，每日不得超過 8 小時，每週不得超過 40 小時。工作時間之起訖計算由勞資雙方自行約定，而此 8 小時之範圍應包含待命時間、應雇主要求出席會議或訓練之時間，但不包含休息時間。但依《職業安全衛生法》第 19 條第 1 項：「在高溫場所工作之勞工，雇主不得使其每日工作時間超過 6 小時；異常氣壓作業、高架作業、精密作業、重體力勞動或其他對於勞工具有特殊危害之作業，亦應規定減少勞工工作時間，並在工作時間中予以適當之休息。」，在休息可分為「工作時間之休息」與「上下班間之休息」，前者指勞工繼續工作 4 小時，至少應有 30 分鐘之休息，但實行輪班制或其工作有連續性或緊急性者，雇主得在工作時間內，另行調配；後者係其休息時間（《勞基法》第 35 條）。勞資雙方亦得依實際狀況，視勞動者之體能及事業單位行業特性依上述下限規定原則另行訂定休息時間。至於實施晝夜三班制之輪班工作者於更換班次時應給予適當之休息。

而休假部分，根據《勞動基準法》第 38 條規定，有所謂「特別休假」之制度，其制定之目的，在使勞動者於工作一定年限後享有若干帶薪休假日，並利用此一休假日自我進修或擴展生活視野，期使勞動者能有一定程度之自我成長。特別休假的內容，依該條之規定，指勞工在同一雇主或事業單位，繼續工作滿一定期間者，每年應依下列規定給予特別休假：

» 表 5.2 特別休假日數計算

年資	特別休假日數
6 個月以上 1 年未滿者	3 日
1 年以上 2 年未滿者	7 日
2 年以上 3 年未滿者	10 日
3 年以上 5 年未滿者	每年 14 日
5 年以上 10 年未滿者	每年 15 日
10 年以上者，每 1 年加給 1 日，加至 30 日為止。	

關於勞工因婚、喪、疾病或其他正當事由得請假之規定，依據《勞基法》附屬法規「勞工請假規則」對於勞動者於勞動關係存續中可請假者有：婚假、喪假、普通傷病假、事假及公假等。請假期間內遇有例假、紀念日、勞動節日或其他由中央主管機關指定之放假日，除延長請假期間在 1 個月以上者外，不計入請假期間內。只要有勞工請假規則所定之事由存在即可請假，不論年度到職時間長短。

另外關於變形工時、延長工時制度調整，依《勞動基準法》規定，有關事業單位實施變形工時、延長工時，應經工會同意，如事業單位無工會者，經勞資會議同意後始得實施。另按 107 年 1 月 10 日勞動基準法部分條文修正後（修正條文自 107 年 3 月 1 日施行），有關延長工時時數限制、因工作特性或特殊原因經中央目的事業主管機關同意及勞動部指定之行業實施輪班換班間距調整（施行日期由行政院定之）及例假調整等，應經工會同意，如事業單位無工會者，經勞資會議同意後始得實施。如違反相關規定可處新臺幣 2 萬元以上 100 萬以下罰鍰。附錄《勞動基準法》第 30 條、第 30-1 條、第 32 條、第 34 條、第 36 條、第 49 條，有關變形工時、延長工時、工作採輪班制、例假調整之規定詳述如下：

（一）有關變形工時部分

1. 依據《勞動基準法》第 30 條規定：「勞工正常工作時間，每日不得超過 8 小時，每週不得超過 40 小時。前項正常工作時間，雇主經工會同意，如事業單位無工會者，經勞資會議同意後，得將其 2 週內 2 日之正常工作時數，分配於其他工作日。其分配於其他工作日之時數，每日不得超過 2 小時。但每週工作總時數不得超過 48 小時。第 1 項正常工作時間，雇主經工會同意，如事業單位無工會者，經勞資會議同意後，得將 8 週內之正常工作時數加以分配…。」

2. 依據《勞動基準法》第 30-1 條規定：「中央主管機關指定之行業，雇主經工會同意，如事業單位無工會者，經勞資會議同意後，其工作時間得依下列原則變更：一、4 週內正常工作時數分配於其他工作日之時數，每日不得超過 2 小時，不受前條第 2 項至第 4 項規定之限制…。」

（二）有關延長工時部分

依據《勞動基準法》第 32 條規定：「雇主有使勞工在正常工作時間以外工作之必要者，雇主經工會同意，如事業單位無工會者，經勞資會議同意後，得將工作時間延長之。前項雇主延長勞工之工作時間連同正常工作時間，1 日不得超過 12 小時。延長之工作時間，1 個月不得超過 46 小時。但雇主經工會同意，如事業單位無工會者，經勞資會議同意後，延長之工作時間，1 個月不得超過 54 小時，每 3 個月不得超過 138 小時。雇主僱用勞工人數在 30 人以上，依前項但書規定延長勞工之工作時間者，應報當地主管機關備查。」

（三）有關工作採輪班換班間距調整部分

依據《勞動基準法》第 34 條規定：「勞工工作採輪班制者，其工作班次，每週更換一次。但經勞工同意者不在此限。依前項更換班次時，至少應有連續 11 小時之休息時間。但因工作特性或特殊原因，經中央目的事業主管機關商請中央主管機關公告者，得變更休息時間不少於連續 8 小時。雇主依前項但書規定變更休息時間者，應經工會同意，如事業單位無工會者，經勞資會議同意後，始得為之。雇主僱用勞工人數在 30 人以上者，應報當地主管機關備查。」

（四）有關例假調整部分

依據《勞動基準法》第 36 條規定「勞工每七日中應有 2 日之休息，其中一日為例假，一日為休息日。雇主有下列情形之一，不受前項規定之限制：一、依第 30 條第 2 項規定變更正常工作時間者，勞工每 7 日中至少應有 1 日之例假，每 2 週內之例假及休息日至少應有 4 日。二、依第 30 條第 3 項規定變更正常工作時間者，勞工每 7 日中至少應有 1 日之例假，每 8 週內之例假及休息日至少應有 16 日。…經中央目的事業主管機關同意，且經中央主管機關指定之行業，雇主得將第 1 項、第 2 項第 1 款及第 2 款所定之例假，於每 7 日之週期內調整之。前項所定例假之調整，應經工會同意，如事業單位無工會者，經勞資會議同意後，始得為之。雇主僱用勞工人數在 30 人以上者，應報當地主管機關備查。

另外為配合 107 年 3 月 1 日新《勞基法》上路，勞動部公告《勞基法施行細則》修正內容及多項措施，在放寬七休一部分確認鬆綁 12 行業，包括配合年節、假日等需求的食品及飲料製造業、石油煉製業；海上、高山、隧道或偏遠地區等交通耗時的水電燃氣業、石油煉製業；在國外、船艦、航空器執行職務的製造業、水電燃氣業、藥類、化妝品零售業、旅行業；為因應天候、施工工序或作業期程的預拌混凝土製造業、鋼鐵基本工業；為因應天候、海象或船舶貨運作業的冷凍食品製造業、製冰業；為辦理非經常性的活動或會議的製造業、設計業。輪班間隔自 11 小時縮短為 8 小時，適用對象包括台鐵、台電、中油、台糖等特定人員；廢止「總統辦公室、副總統辦公室及總統府秘書長辦公室工友」適用責任制；指定「攝影業中婚紗攝影業及結婚攝影業」及「大眾捷運系統運輸業」為 8 週彈性工時之行業，自即日生效。

前述「輪班間距」及「七休一」例外規定的適用對象，並非一經公告即可實施；個別事業單位仍須經工會或勞資會議同意才可實施，至於例外情形而尚未經勞動部公告者，由各目的事業主管機關再與勞雇雙方持續溝通，評估是否確有適用的必要，以落實部會合作把關之機制。

有關勞資會議部分將在 5.9 詳述。

5.3 ›› 退　休

關於勞工之退休規定，分成「勞動基準法上之退休制度」（一般稱「舊制」）以及「勞工退休金條例制度」（一般稱「新制」），由於目前是採新、舊並存制，所以人資部門都必須加以了解。

5.3.1　勞動基準法上退休制度（以下稱「舊制」）之條件

關於勞動基準法第六章之退休，係針對事業單位所屬勞工因為在同一家事業單位待滿一定年限，為了表示對資深勞工付出體力及心力，因此要求雇主必須支付一筆退休金供年老之勞工將來退休之用，以安享老年生活，同時也可以解決了政府部分過重的社會福利之支出、負擔。其次，為了確保勞工將來能夠真正領到勞工退休金，在法律制度的層面特設勞工退休準備金制度，以積少成多的方式，即類似儲蓄的概念（零存整付），將提撥金額以按公司勞工人數薪資總額 2~15%不等提存至中央信託局，同時也可以避免雇主一次要給付動輒數十、數百萬之退休金，而面臨倒閉之風險存在。「舊制」的退休種類分為「自請退休」與「強制退休」，根據《勞基法》第 53 條之對定，勞工有下列情形之一者，得自請退休：1.工作 15 年以上年滿 55 歲者；2.工作 25 年以上者；3.工作 10 年以上年滿 60 歲者。

至於強制退休，依據《勞基法》第 54 條，勞工非有下列情形之一者，雇主不得強制其退休：1.年滿 65 歲者；2.身心障礙不堪勝任工作者。

一般而言，凡合於《勞基法》第 53 條自請退休要件之勞工，因其自請退休之權利已形成，故有權隨時自請退休。勞工依法申請退休時，事業單位應依法照准，不得拒絕，且應依規定給付退休金。至於凡合於《勞基法》第 54 條強制退休要件之勞工，雇主應依法予以強制退休，不得以資遣方式辦理。

5.3.2 「舊制」之退休金給與標準

勞工工作年資符合《勞動基準法》第 53 條、第 54 條退休條件，其舊制年資之退休金應依同法第 55 條及第 84 條之 2 規定發給。勞工退休金給與標準如下：按《勞基法》第 55 條之規定，勞工之工作年資，每滿 1 年給與 2 個基數。但超過 15 年之工作年資，每滿 1 年給與 1 個基數，最高總數以 45 個基數為限。未滿半年者以半年計，滿半年者以 1 年計。但因《勞基法》第 54 條第 1 項第 2 款規定，強制退休者，其身心障礙係因執行職務所致者，依前款規定加給 20%。而前述退休金基數之標準，依《勞基法》第 55 條第 2 項規定，係指核准退休時 1 個月平均工資而言。

關於退休金計算方式，適用勞基法前之工作年資，其退休金給與標準，依其當時應適用之法令規定計算；當時無法令可資適用者，依各該事業單位自訂之規定或勞僱雙方之協商計算之。適用勞基法後之工作年資，其退休金給與標準依勞基法之規定計算之。

最後，退休金之給付方式是以一次給付為原則，分期給付為例外，也就是雇主應給付之勞工退休金，應自勞工退休之日起 30 日內給付之。而雇主如依法提撥之退休準備金不敷支付或事業之經營或財務確有困難無法一次發給退休金時，得報經主管機關核定後，分期給付。

所謂「工作年資」，依《勞基法》第 57 條、第 84 條之 2 規定，自受僱日起算，並以服務同一事業單位年資為限，適用《勞基法》前後之工作年資合併計算，但適用前後之資遣費及退休金給與標準，基於法律不溯及既往原則，採「分段計算」方式，適用前依當時適用的法令，無法令可適用者，依各該事業單位自訂退休規定或由勞僱協商決定，至於適用後之工作年資則分別依適用《勞基法》、勞工退休金條例計算資遣費、退休金。

5.3.3 勞工退休金條例退休制度（以下稱「新制」）之立法背景與特色

由於我國勞工更換工作頻繁，平均 6 年換一次工作，而「舊制」沿襲日本「終身僱用」觀念，與社會發展不切實際。另外臺灣中小企業占全體企業達 98%以上（2022 年中小企業白皮書資料顯示），其平均存活約 13 年，故勞工常因事業單位關廠、歇業致無法累積工作年資。而勞基法罰則輕，僅有近二成之企業依法提撥，多數企業雇主並未提撥，而提撥之企業多數僅按最低比率 2%提撥，致退休準備金提撥比率偏低，基金成長緩慢。再加上企業無法確知退休員工人數及退休前半年薪資，致無法精算提撥比率，精確估算經營成本。有鑑於此，93 年 6 月 11 日立法院三讀通過勞工退休金條例，並自 94 年 7 月 1 日起實施，該條例有如下之特色：

1. **新制年資不怕斷**：工作年資不因轉換工作或事業單位關廠、歇業而受影響，退休金可攜帶式，勞工確領退休金。
2. **年金給付確保退休生活**：個人退休金專戶制、年金保險制之退休金皆採年金給付方式，確保老年退休生活。
3. **新舊制併存**：依舊制，領得到退休金的勞工，可以選擇繼續適用舊制，退休金完全沒減少；選擇適用新制者，舊制之工作年資先予保留，符合退休要件時依《勞動基準法》計給退休金。
4. **賦與勞工選擇權**：新制施行時，原適用《勞動基準法》勞工得就新舊勞工退休制度擇一適用。
5. **擴大適用對象**：雇主、委任經理人或不適用《勞動基準法》之本國籍勞工，得自願參加新制。
6. **雇主經營成本明確**：僱用勞工成本易估計，減少為規避退休金而藉故資遣、解僱員工之勞資爭議，有利競爭力提升。

◎ 新舊勞工退休金制度的內容比較如下

» 表 5.3　新舊勞工退休金制度的內容比較

新舊制度／內容比較	舊勞工退休制度	新勞工退休制度
1. 法律依據	《勞動基準法》	《勞工退休金條例》
2. 制度特色	採行確定給付制；由雇主於平時提存勞工退休準備金，並以事業單位勞工退休金準備金監督委員會之名義，專戶存儲。	採行確定提撥制；由雇主於平時為勞工提存退休金或保險費，以個人退休金專戶制為主，以年金保險制為輔。
3. 年資估算	工作年資之估算以同一事業單位為限；因離職或事業單位關廠歇業而就新職者，工作年資須重新估算。	工作年資之估算不以同一事業單位為限；勞工之年資不因轉換工作，或因事業單位關廠歇業而受到影響。 工作年資採計實際提繳退休金之年資，年資中斷者，其前後提繳年資可併計，雇主為勞工提繳之退休金，可以累積帶著走，不因其轉換工作或事業單位關廠、歇業而受影響。
4. 退休要件	1. 勞工工作 15 年以上年滿 55 歲者，或工作 25 年以上，得自請退休。 2. 符合《勞基法》第 54 條強制退休要件時，亦得請領退休金。	1. 適用舊制年資之退休金：勞工須符合《勞基法》第 53 條（自請退休）或第 54 條（強制退休）規定之退休要件時，得向雇主請領退休金。 2. 適用新制年資之退休金：選擇適用勞工個人退休金專戶制之勞工，於年滿 60 歲，且適用新制年資 15 年以上，得自請退休，向勞保局請領月退休金；適用新制年資未滿 15 年者，則應請領一次退休金。
5. 給付方式	一次領取退休金	領月退休金；或一次領取退休金。

>> 表 5.3　新舊勞工退休金制度的內容比較（續）

新舊制度 內容比較	舊勞工退休制度	新勞工退休制度
6. 退休金估算	1. 按工作年資，每滿 1 年給予兩個基數。 2. 超過 15 年之工作年資，每滿 1 年給予 1 個基數，最高總數以 45 個基數為限。 3. 未滿半年者以半年計；滿半年者以 1 年計。	（一）個人退休金專戶制 1. 月退休金：勞工個人之退休金專戶本金及累積收益，依據年金生命表，以平均餘命及利率等基礎計算所得之金額，作為定期發給之退休金。 2. 一次退休金：一次領取勞工個人退休金專戶之本金及累積收益。 （二）年金保險制 依保險契約之約定領取退休金額。
7. 雇主負擔	退休提撥率採彈性費率；以勞工每月工資總額之 2~15%作為提撥基金。	退休提撥率採固定費率；雇主每月負擔之勞工退休金提繳率，不得低於勞工每月工資的 6%。
8. 勞工負擔	勞工不必提撥，沒有自付部分退休金的負擔。	勞工在工資 6%的範圍內可以自願提撥，並享有稅賦優惠。
9. 制度優點	1. 可以促進勞工對公司的向心力。 2. 單一制度較易理解。 3. 提撥率不確定，企業經營有較大的不確定性。	1. 年資採計不受同一事業單位之限制，每位勞工都可領到退休金。 2. 提撥率固定，避免企業經營的不確定性。 3. 可促成公平就業的機會。
10. 制度缺點	1. 勞工不易取得符合領取退休金的要件。 2. 雇主含有不確定的成本負擔。 3. 易造成中高年齡勞工就業的障礙。	1. 受雇於 200 人以上之事業單位勞工，必須就個人退休金專戶制與年金保險制，擇優適用。 2. 員工流動率偏高。 3. 企業營運成本相對較高。

資料來源：行政院勞動部

◎ 新舊勞工退休金制度的差異比較

經由表 5.3 的說明可知，新舊勞工退休金制度的內容確實不同，然而，二者之間的主要差異為何，則仍有待進一步的說明，為便於比較，茲就領退休金、資遣費用、提撥方式、退休給付、年資限制、選擇條件等六個部分說明如下所述（參閱表 5.4）。

» 表 5.4　新舊勞工退休金制度的差異比較

項目	舊制	新制
法源	《勞動基準法》	《勞工退休金條例》
制度	確定給付制	確定提撥制
提撥	雇主依每月薪資總額 2~15%提撥勞工退休金準備金	雇主：≧勞工每月工資 6% 勞工：自提≦每月工資 6%
適用對象	適用勞基法勞工	適用勞基法之本國勞工
收支保管單位	中央信託局	勞工保險局
退休金計算	退休前 6 個月平均工資	每月工資（依提繳工資分級表而定）
年資計算方式	工作年資須在同一事業單位	退休金之提繳年資毋須在同一事業單位
請領條件	工作年資滿 25 年，或工作滿 15 年，年齡達 55 歲得自請退休	年滿 60 歲，無論退休與否皆可請領；未滿 60 歲死亡，由遺屬一次領取
給與標準	(1~15 年)×2 基數＋(16 年~)×1 基數≦45 基數【基數：月平均工資】	(6%×提繳工資×12 個月×年資)＋投資累積收益
給與方式	領取一次退休金	年資滿 15 年領月退休金 年資未滿 15 年領取一次退休金
資遣費	每滿 1 年給與 1 個基數	每滿 1 年給與 0.5 個基數，最多給與 6 個基數
退休金所有權	雇主	勞工

資料來源：行政院勞工委員會勞工保險局

5.3.4 新舊勞工退休金的估計比較

以《勞動基準法》與《勞工退休條例》為藍本，分析新舊勞工退休制度退休金的優劣，並假設：

舊制退休金=基數×退休年之月薪

新制退休金=工作年每年退休金提撥額及其利息總和

在相同年資及沒有在工作年中離職，且沒有企業倒閉的假設下，新舊勞工制度的比較決定於退休金的提撥率、利率水準，以及工資調整率，當每年薪制提撥率確定，新舊制度退休金相等的臨界值與均衡利率均呈現逐漸遞減，顯示退休金提撥率越高、工作年限越長，以及工資調整率越低，則新制對於勞工越有利。對於勞工而言，若以每月提撥率6%為準，年工資調整率3%為例，工作年限25年，均衡年利率為9.271%，則凡低於這個利率水準者，則新制劣於舊制；若相同的年工資調整率3%，工作年限提高至30年，均衡年利率為7.782%；若年工資調整率為0，工作年限25年，均衡年利率為6.474%；若工作年限30年，均衡年利率為4.462%，工作年限40為例，工資調整率為0，均衡利率降為2.157%，則只要利率高過這個水準，新制優於舊制。

5.3.5 新勞工退休制度問題

不論是從政府的觀點，或是勞工階層的立場，甚至是社會學者或專家的判斷，新勞工退休制度的產生有其必要性，然而，若站在企業經營者的立場，就可能會有不同的看法，因為新勞工制度的產生固然保障了勞工的工作權利，也保障了勞工退休後的生活，對於安定社會有積極的貢獻，直接或間接對於國家的經濟發展亦有正面的貢獻；但凡事均有一體兩面，在相同的情況下，也會對勞工的權益、企業的經營、社會的安定、國家的發展等產生重大的影響，其影響較大之因素包括企業營運成本增加，平均工資下降，失業率增加，員工流動率提高，降低員工對企業的向心力，勞工選擇困難，茲分別說明如下述：

一、企業營運成本增加

根據《勞工退休金條例》第 14 條的規定，雇主每月負擔之勞工退休金提繳率，不得低於勞工每月工資 6%，由於國內的企業是以中小型企業為主，其經營壽命平均約僅 13 年，大部分的勞工可能無法享有領取退休金的權利，對於《勞基法》所規定的退休提撥率採彈性費率，以勞工每月工資總額之 2~15%作為提撥基金，可能形同具文，而在新的勞工退休制度下，企業主必須每月按時撥繳，勞動成本增加，若勞動生產力無法相對提升，則企業營運成本增加，可能抑低生產力，對大部分中小企業的永續經營殊為不利。

二、平均工資下降

受國內經濟不甚景氣的影響，臺灣的經濟平均成長率約為 3.8%（民國 86~92 年），但實質薪資成長率僅有 1%，薪資水準的成長率不但落後於經濟景氣上揚的速度，而且低於物價上漲的幅度，民國 93 年的實質薪資首度出現負成長，在此情況下，為了因應企業營運成本的提升，企業主可能調降新進人員的薪資，而平均工資若下降，可能引起社會各階層的爭議。

三、失業率增加

在新勞工退休金制度下，由於企業主的營運成本增加，發展性相對較弱的產業可能提早結束營業，而部分財務較不健全的中小企業，亦可能因無法達到永續經營的目的而提前歇業，若政府無適當的救助對策或因應措施，讓企業經營者得於解決財務問題困境，則勞動市場的失業率將會增加。

四、勞工流動率增加

在舊勞工退休金制度中，由於勞工工作 15 年以上年滿 55 歲者，或工作 25 年以上，才得自請退休，其時間很長，勞工為了能在退休時取得退休金，必須堅守工作崗位，故員工的流動率較低；但在新勞工退休制度下，退休金會隨著勞工的更換工作而轉移，勞工不必擔心領不到退休金的問題，於是「選擇良木而棲」的情形會相對增加，將造成勞工流動率普遍增加的現象。

五、降低勞工對企業的向心力

在新勞工退休制度下，勞工會視本身的需求調整其工作的地點與時間，而當企業無法適時滿足員工的需求時，勞工可能無視於企業的需要而自行求去，而當勞工對企業失去向心力時，企業的生產力也會受到影響，對於企業的永續經營較為不利。

六、勞工選擇困難

在新勞工退休制度下，凡是受僱於二百人以上之事業單位勞工，必須就個人退休金專戶制與年金保險制，擇優適用。但何者為佳，勞工應如何選擇才能滿足其效用為最大，政府並未提供可行的選擇方法，增加了勞工的困擾。

5.4 職業災害的意義

《勞動基準法》對「職業災害」未設有定義之規定，但依本法第 1 條第 1 項規定：「…本法未規定者，適用其他法律規定。」而其他法律對「職業災害」有定義規定者，則為《職業安全衛生法》。該法第 2 條第 5 款規定：「職業災害：指因勞動場所之建築物、機械、設備、原料、材料、化學品、氣體、蒸氣、粉塵等或作業活動及其他職業上原因引起之工作者疾病、傷害、失能或死亡。」

職業災害俗稱「因公傷害」或簡稱「公傷病」，即勞工基於勞動契約因執行職務而致的傷亡，包括工作場所的環境所引起的，以及作業活動與其他和工作有關的活動所引起的傷害。

依據本法的規定，當勞工發生職業災害時，雇主必須依法給予補償，但「職業災害」的意義與範圍卻很難確定，何種事故才能算是職業災害，認定上極為困難。現行法令中與職業災害定義有關之法條有下列三者：

1. 《職業安全衛生法》第 2 條第 5 項：「本法所稱職業災害，謂勞動場所之建築物、設備、原料、化學物品、氣體、蒸氣、粉塵等或作業活動及其他職業上原因引起之工作者疾病、傷害、失能或死亡。」
2. 《勞工保險條例》第 34 條規定：「被保險人因執行職業而致傷害或職業病不能工作，以致未能取得原有薪資，正在治療中者，自不能工作之第四日起，發給職業災害補償費或職業病補償費。」
3. 《勞工職業災害保險職業傷病審查準則》第 3 條：「被保險人因執行職務而致傷害者，為職業傷害。被保險人執行職務而受動物或植物傷害者，為職業傷害。」《勞工職業災害保險職業傷病審查準則》第 4 條至第 22 條則以列舉方式規定各種「視為職業傷害」之情形。

勞工因遭遇職業災害而致死亡、失能、傷害或疾病時，雇主應依《勞動基準法》第 59 條規定：「勞工因遭遇職業災害而致死亡、失能、傷害或疾病時，雇主應依規定予以補償。但如同一事故，依勞工保險條例或其他法令規定，已由雇主支付費用補償者，雇主得予以抵充之。」

5.4.1 職業災害勞工保護法的特色

職業災害勞工保護法有以下幾個特點：

1. **保障遭受職業災害勞工之生活**：包括提供津貼補助、器具補助、看護補 助、以及死亡時之遺屬救助。
2. **涵蓋未參加勞工保險之勞工**：受害勞工如未參加勞保，且雇主又未按《勞動基準法》規定予以補償時，得申請職業災害失能、死亡補助；本法並對該雇主加強處罰，罰鍰做為本法專款使用。
3. **保障承攬關係之勞工**：針對國內工程層層轉包之情形普遍，本法特別規定，勞工可向最上包求償，以保障其權益。
4. **提供受害勞工職業訓練**：對職業災害勞工工作能力受損者，輔導其參加職業訓練，以重返職場。
5. **強化職業病防治體系**：包括培訓職業病醫師，強化職業疾病鑑定，將可有效解決職業疾病之爭議，保障罹病勞工之權益。
6. **強化勞工安全衛生意識**：除辦理各項勞工安全衛生教育訓練及宣導外，並配合國際工殤日，訂定每年 4 月 28 日為工殤日，以紀念罹災勞工，提醒國人尊重生命之價值。

5.4.2 補償的種類與標準

依《勞動基準法》第 59 條第 1~4 款之規定，補償的種類與標準如下：

一、醫療補償

第 1 款規定：「勞工受傷或罹患職業病時，雇主應補償其必需之醫療費用。職業病之種類及其醫療範圍，依勞工保險條例有關之規定。」依照本款之規定勞工如發生職業災害而致傷病時，其必需之醫療費用，應全部由雇主補償。但依據《勞工保險條例》第 40 條之規定，參加保險之勞工罹患傷病時，應向保險人自設或特約醫療院、所申請診療；又根據其第 41 條之規定此項醫療費用，由被保險人自行負擔 10%。但以不超過中央主管機關規定之最高負擔金額為限。

二、工資補償

第 2 款規定：「勞工醫療中不能工作時，雇主應按其原領工資數額予以補償。但醫療期間屆滿 2 年仍未能痊癒，經指定之醫院診斷，審定為喪失原有工作能力，且不合第 3 款之失能給付標準者，雇主得一次給付 40 個月之平均工資後，免除此項工資補償責任」。本條規定勞工因職業災害在醫療中不能工作時，雇主應給予工資補償。

三、失能補償

第 3 款規定：「勞工經治療終止後，經指定之醫院診斷，審定其身體遺存障害者，雇主應按其平均工資及其失能程度，一次給予失能補償。失能補償標準，依《勞工保險條例》有關之規定。」本款之規定有三個要點：

1. 給與應按平均工資計算，非如勞保條例之按平均月投保薪資計算；如依勞保規定給付，經抵充後，其差額自亦應由雇主補給。
2. 但失能程度及補償標準（失能等級及給付標準一給予多少日）則應依《勞保條例》之規定。
3. 應一次給付，無分期給付之規定。

本法尚規定，勞工因職業災害治癒後，若遺存障害，致無法繼續擔任原來工作時，如合於本法第 54 條規定者，自可辦理強制退休。

四、死亡補償

第 4 款規定：「勞工遭遇職業傷害或罹患職業病而死亡時，雇主除給予 5 個月平均工資之喪葬費外，並應一次給與其遺屬四十個月平均工資之死亡補償。其遺屬受領死亡補償之順位如下：一、配偶及子女；二、父母；三、祖父母；四、孫子女；五、兄弟、姐妹。

本法給付依平均工資計算，而勞保則依平均月投保薪資計算，如前者高於後者，抵充後之差額仍由雇主補足。對於違反第 59 條之規定者，本法處 2 千元以上 2 萬元以下罰鍰。

5.4.3 補（賠）償的抵充問題

一、補償之抵充

根據第 59 條但書：「如同一事故，依勞工保險條例或其他法令規定，已由雇主支付費用補償者，雇主得予以抵充之。」其中，「其他法令規定」如「臺灣省省營事業機構工人撫恤救助辦法」，原就以給付職災補償為宗旨，其發給之勞工撫恤金及殮葬補助費等自可抵充。

二、賠償之抵充

本法第 60 條規定：「雇主依前條規定給付之補償金額，得抵充就同一事故所生損害之賠償金額。」本條之「損失賠償」與前條之「災害補償」不同。災害補償是無過失責任，損害賠償則是由於雇主之故意或過失而引起的賠償責任。此外，災害補償的金額有法律上的限制，但損害賠償的金額並無限制，其金額可能很大。此二者性質質雖然不同，但用以填補勞工之損失，以及生活保障的功能卻相同，故法律允以「補償」抵充「賠償」。但賠償金額有可能大於補償金額，甚至有可能大得很多，因此雇主應遵守法令之規定，注重安全衛生管理，或是事前以公司名義為員工投保意外險，以避免抵充不了尚須負擔巨額的賠償費用。

5.5 性別工作平等法

《性別工作平等法》，前身是於 2002 年 1 月 16 日制定公布的《兩性工作平等法》，於 2008 年 1 月 16 日修正公布更名。總則中說明此法的目的為：「為保障性別工作權之平等，貫徹憲法消除性別歧視、促進性別地位實質平等之精神，爰制定本法。」《性別工作平等法》主要目的在保障兩性工作權之平等，貫徹憲法消除性別歧視、促進兩性地位實質平等之精神。適用對象包含公務人員、教育人員及軍職人員、外籍勞工等。就一般雇主而言，性別工作平等法包括性別歧視之禁止以及性騷擾之防治二大重點。

一、性別歧視之禁止

《性別工作平等法》明文規定：雇主對求職者或受僱者之招募、甄試、進用、分發、配置、考績或陞遷不得因性別而有差別待遇。希望能防止某些工作機會僅開放給單一性別，減少「職場隔離」之嚴重情形。同時，雇主為受雇者舉辦或提供教育、訓練或其他勞動條件及各項福利措施，均不得因性別而有差別待遇。針對性別歧視中「同工不同酬」的問題，也有明確的規定：雇主對受僱者薪資之給付，不得因性別而有差別待遇。更重要的是在本法第 11 條對於所謂「單身條款」與「禁孕條款」的明文禁止，即使勞動契約中有如此約定亦屬無效。雇主如違反上述規定而致使受僱者或求職者有所損害時，必須負賠償責任；並將依本法第 38-1 條被處以新臺幣 30 萬元以上 150 萬元以下之罰鍰。如經各縣市政府就業歧視評議委員會審議構成就業歧視，依《就業服務法》第 65 條，處新臺幣 30 萬元以上 150 萬元以下罰鍰。

二、性騷擾之防治

本法首先對「敵意工作環境性騷擾」及「交換式性騷擾」作明確的定義，所謂「敵意工作環境性騷擾」，係指受僱者於執行職務時，任何人以性要求、具有性意味或性別歧視之言詞或行為，對其造成敵意性、脅迫性或冒犯性之工作環境，致侵犯或干擾其人格尊嚴、人身自由或影響其工作表現。至於「交換式性騷擾」則是雇主對受僱者或求職者為明示或暗示之性要求、具有性意味或性別歧視之言詞或行為，作為勞務契約成立、存續、變更或分發、配置、報酬、考績、陞遷、降調、獎懲等之交換條件。再進一步明文要求雇主應防治性騷擾行為之發生。事業單位應訂定性騷擾防制措施、申訴及懲戒辦法公開揭示於工作場所，以達到「事先預防，事後處理」之責任。依據《性別工作平等法》第 13 條第 1、2 項：雇主應防治性騷擾行為之發生，在知悉性騷擾情況時應採取立即有效的糾正及補救措施，否則雇主除將被課以行政罰鍰之外，若因此致使受僱者或求職者受有損害者，雇主亦應負連帶賠償責任。雇主應防治性騷擾行為之發生。其雇用受雇者 30 人以上者，應訂定性騷擾防治措施、申訴及懲戒辦法，並在工作場所公開揭示。而雇主於知悉前條性騷擾之情形時，應採取立即有效之糾正及補救措施，下表為事業單位符合《性別工作平等法》規定自我檢視表。

»表 5.5　事業單位符合《性別工作平等法》規定自我檢視表

檢視項目	符合規定	尚待改善
本公司之招募、甄試、進用是否因性別而有差別待遇		
本公司之分發、配置是否因性別而有差別待遇		
本公司之考績是否因性別而有差別待遇		
本公司之陞遷是否因性別而有差別待遇		
本公司舉辦或提供教育、訓練或其他類似活動，是否因性別而有差別待遇		
本公司提供各項福利措施，是否因性別而有差別待遇		
本公司薪資之給付，是否因性別而有差別待遇		
本公司之退休、資遣、離職及解僱，是否因性別而有差別待遇		

>> 表 5.5　事業單位符合《性別工作平等法》規定自我檢視表（續）

檢視項目	符合規定	尚待改善
本公司之工作規則、勞動契約或團體協約等中是否有規定，因結婚、懷孕、分娩或育兒情形時，員工應自行離職或留職停薪或予以解雇		
本公司是否訂有性騷擾防治措施、申訴及懲戒辦法（雇用受僱者 30 人以上之雇主請填列）		
本公司內部是否有申訴協調處理制度		
本公司針對主管階層規劃有兩性工作平等法說明、實施防治性騷擾之教育訓練活動		
本公司針對員工規劃有兩性工作平等法說明及實施防治性騷擾之教育訓練活動		
本公司請假規則已納入生理假、產假以及陪產假之規定		
本公司已具備育嬰留職停薪（包括復職）、育兒工時調整、家庭照顧假之規定以及請假處理程序（雇用受僱者 30 人以上之雇主請填列）		
本公司有設置托兒設施或提供適當之托兒措施（雇用受僱者 250 人以上之雇主請填列）		
本公司員工於育嬰留職停薪期間，仍隨時與員工聯繫，告知與其職務相關之教育訓練訊息		

5.5.1　性騷擾事件發生時公司處理程序

事業單位對於性騷擾事件之處理，必須依法律規定、公司政策進行，其重點及步驟如下：1.接受個案，進行調查。2.對於被性騷擾者立即給予保護與心理諮商。3.如確定為性騷擾案件，則須立即進行法律與行政補救。4.依據相關規定，公布處理情形，以昭公信：並可以之為提醒單位人員對性騷擾案件之教育範例。5.對性騷擾被害人與加害人作追蹤輔導，以避免再次或繼續的性騷擾。

當有人提出性騷擾的申訴，最高原則是保密，保密不但可以防止因事件爆發對當事人所產生的重大壓力，而暗中進行調查更可以避免打草驚蛇，在第一時間獲得證據、找到證人。處理調查的第一步，不妨訊問被害人是否被性騷擾，如果受害人肯定回答被騷擾，應該立即指示被控騷擾者立即停止騷擾，然後進一步進行調查，在調查進行中，被害人應予以保護，除了上述警告侵犯者不可性騷擾之外，另須防止被害人遭到報復，同時命令主管不可以對被害人報復。

一、調查方法

跟申訴人面談騷擾之詳情，最好有申訴人書面敘述申訴的內容，如表 5.6 性騷擾事件申訴書，載明性騷擾的詳情、證據。如果受害人不願意有書面陳述，應將面談以錄音留存。在面談結束前，應詢問申訴人是否需要雇主、調查委員或小組提供任何的協助，申訴人希望如何處理此事件。並說明處理的流程與下次可能聯絡的時間、內容。此外，亦應與被指控騷擾者進行面談，使他有提出反證的機會，但是必須強調面談的主題是被申訴人遭到指控的行為，而不是申訴人個人或當事人之間的關係。和證人或其他受雇人訪談時，問題應該盡量避免將牽涉的特定當事人的資料洩漏，例如應該問使否有看到什麼人做什麼事，而不要問是否看到某人做某事。並應告知受訪談者應對訪談內容保密。

二、調查結果之決定

如果有騷擾情事，雇主應該做適當補救措施的決定，決定則視事件嚴重性情況而定，重則解僱騷擾人，輕則予以警告，對受害人方面則改善情況或是予以賠償等等。至於不能決定究竟有無性騷擾情事時，仍不妨採行一些預防性措施，例如再次提醒有關人員，公司政策絕對禁止性騷擾，也不准有報復行為，盡可能調離當事人至不同單位。往後密切注意有關當事人有無騷擾情況發生。

5.5.2 被性騷擾之申訴單位

依照「是否知道加害人和加害人所屬機關、部隊、學校、機構和僱用人」來決定向誰申訴：

1. 如果知道加害人所屬機關、部隊、學校你可以選擇於事件發生後一年內，向申訴時加害人所屬機關、部隊、學校、機構、僱用人或直轄市、縣（市）主管機關提出申訴。如果加害人為該機關首長、部隊主管（官）、學校校長、機構之最高負責人、僱用人時，應向該機關、部隊、學校、機構或僱用人所在地之直轄市、縣（市）主管機關提出。若你選擇向直轄市、縣（市）主管機關申訴，該機關應於 7 日內將所接獲之性騷擾申訴書及相關資料，移送加害人所屬機關、部隊、學校、機構和僱用人處理。

★ **注意：在申訴時，直接找到最後應受理申訴案件之單位，可以避免案件轉來轉去，節省許多時間。**

2. 如果不知道加害人是誰，或不確定加害人所屬機關、部隊、學校此時，你可以選擇向直轄市、縣（市）主管機關或事件發生地警察機關提出申訴。若你選擇向直轄市、縣（市）主管機關申訴，主管機關應於 7 日內將所接獲之性騷擾申訴書及相關資料，移送事件發生地的警察機關處理。若向警察機關申訴者，警察機關應於申訴或移送到達之日起 7 日內，查明加害人的身份。若查明加害人身分，則警察會將申訴移送至加害人所屬機關、部隊、學校、機構和僱用人處理。如果未能查明加害人身分，則由警察機關就性騷擾之申訴逕行調查。

5.5.3 申訴書需要記載哪些內容

依照性騷擾防治準則，性騷擾之申訴得以書面或言詞提出，申訴書亦應記載申訴人、法定代理人、代理人之基本資料與申訴之事實內容及相關證據。對此，你只要按照申訴表格所列項目據實填寫，申訴書就大功告成了！須特別注意的是，申訴書中的應記載事項若未確實填寫，應於 14 日內予以補正，若未於 14 日內補正者，調查單位得不予受理。

5.5.4 調查單位處理性騷擾申訴，應該注意事項

許多人擔心一旦提出申訴，會遭受來自他人異樣的眼光與調查單位的二度傷害，針對這些疑慮，性騷擾防治法訂有性騷擾申訴事件調查原則，科以加害人所屬機關、部隊、學校、機構和僱用人於調查性騷擾事件時依據調查原則加以調查的義務。由於性騷擾事件的特殊性，因此調查小組於進行調查時，須確實做到以下事項：1.性騷擾事件之調查，應以不公開之方式為之，並保護當事人之隱私及人格法益。2.性騷擾事件之調查應秉持客觀、公正、專業原則，給予當事人充分陳述意見及答辯之機會。3.被害人之陳述明確，已無詢問必要者，應避免重複詢問。4.性騷擾事件之調查，得通知當事人及關係人到場說明，並得邀請相關學識經驗者協助。5.性騷擾事件之當事人或證人有權力不對等之情形時，應避免其對質。6.調查人員因調查之必要，得於不違反保密義務範圍內另作成書面資料，交由當事人閱覽或告以要旨。7.處理性騷擾事件之所有人員，對於當事人之姓名或其他足以辨識身份之資料，除有調查必要或基於公共安全之考量者外，應予保密。8.性騷擾事件調查過程中，得視當事人之身心狀況，主動轉介或

提供心理輔導及法律協助。9.對於在性騷擾事件申訴、調查、偵察或審理程序中，為申訴、告訴、告發、提起訴訟、作證、提供協助或其他參與行為之人，不得為不當之差別待遇（違反者，由直轄市、縣（市）主管機關處新臺幣 1 萬元以上 10 萬元以下之罰鍰。經通知限期仍不改正者，得按次連續處罰，並負損害賠償責任）。10.性騷擾事件經調查屬實，應為懲處、追蹤、考核與監督。

›› 表 5.6　性騷擾事件申訴書（紀錄）

（有法定代理人、委任代理人者，請另填背面法定代理人、委任代理人資料表）

被害人資料	姓名		性別	□男□女	出生年月日	年　月　日 （　歲）		
	身分證統一編號（或護照號碼）		聯絡電話		服務或就學單位		職稱	
	住（居）所	縣市　村里　路　段巷　弄　號　樓						
	教育程度	□學齡前□國小□國中□高中（職）□專科□大學□研究所以上 □不識字□自修□不詳						
	職　業	□學生□服務業□專門職業□農林漁牧□工礦業□商業□公教軍警 □家庭管理□退休□無工作□其他□不詳						
申訴事實內容	加害人姓名	□不詳	加害人服務或就學單位	□　職稱：　聯絡電話： □無 □不詳				
	事件發生時間	年　月　日　□上午 □下午　時　分						
	事件發生地點							
	事件發生過程							
相關證據	附件 1： 附件 2： （無者免填）							

<table>
<tr><td>被害人（法定代理人或委任代理人）簽名或蓋章：
申訴日期：　　年　　月　　日</td></tr>
<tr><td>以上紀錄經當場向申訴人朗讀或交付閱覽，申訴人認為無誤。
紀錄人簽名或蓋章：</td></tr>
</table>

-------------處理情形摘要（以下申訴人免填，由接獲申訴單位自填）-------------

<table>
<tr><td rowspan="2">初次接獲單位</td><td>單位名稱</td><td></td><td>接案人員</td><td></td><td>職稱</td><td></td></tr>
<tr><td>聯絡電話</td><td></td><td>接獲申訴時間</td><td colspan="3">年　　月　　日　□上午 □下午　　時　　分</td></tr>
<tr><td>處理或移送流程摘要</td><td colspan="6">1. 本單位即為加害人所屬機關、部隊、學校、機構或僱用人，如有資料不齊者，請申訴人於 14 日內補正資料，否則不予受理。
2. 本單位為警察機關，已就性騷擾申訴事件詳予記錄。處理情形如下：
□2-1 因已知悉加害人有所屬機關、部隊、學校、機構、僱用人，將即移請其所屬機關、部隊、學校、機構或雇用人續為調查，並副知該管直轄市、縣（市）主管機關及申訴人。
□2-2 因加害人不明，將即行調查。
□2-3 因不知加害人有無所屬機關、部隊、學校、機構或僱用人，將即行調查。
3. 本單位為直轄市、縣（市）主管機關：
□3-1. 知加害人有所屬機關、部隊、學校、機構或僱用人者：直轄市、縣（市）主管機關於 7 日內將上開資料移請加害人所屬機關、部隊、學校、機構或僱用人處理，跨轄者並副知該地直轄市、縣（市）主管機關。
□3-2. 加害人不明或不知有無所屬機關、部隊、學校、機構或僱用人者：直轄市、縣（市）主管機關於 7 日內將上開資料移請事件發生地警察機關處理。
4. 本單位非以上單位，將於 7 日內將本申訴書及相關資料移送本地直轄市、縣（市）主管機關處理、</td></tr>
</table>

備註：

1. 本申訴書填寫完畢後，「初次接獲單位」應影印 1 份予申訴人留存。
2. 提出申訴書者，將標題之「紀錄」2 字及「紀錄人簽名或蓋章」欄刪除。
3. 機關、部隊、學校、機構或僱用人，應於申訴或移送到達之日起 7 日內開始調查，並應於 2 個月內調查完成；必要時，得延長 1 個月，並應通知當事人。
4. 本申訴書（紀錄）所載當事人相關資料，除有調查之必要或基於公共安全之考量者外，應予保密。

5.6 ›› 勞工保險

5.6.1 勞工保險的對象

年滿 15 歲以上，65 歲以下之下列勞工，應以其雇主或所屬團體或所屬機構為投保單位，全部參加勞工保險為被保險人：1.受僱於僱用勞工五人以上之公、民營工廠、礦場、鹽場、農場、牧場、林場、茶場之產業勞工及交通、公用事業之員工。2.受僱於僱用五人以上公司、行號之員工。3.受雇於雇用五人以上之新聞、文化、公益及合作事業之員工。4.依法不得參加公務人員保險或私立學校教職員保險之政府機關及公、私立學校之員工。5.受僱從事漁業生產之勞動者。6.在政府登記有案之職業訓練機構接受訓練者。7.無一定雇主或自營作業而參加職業工會者。8.無一定雇主或自營作業而參加漁會之甲類會員。

前項規定，於經主管機關認定其工作性質及環境無礙身心健康之未滿 15 歲勞工亦適用之。而以上所稱勞工，包括在職外國籍員工。

5.6.2 加保、退保及保險效力

勞工保險是採團體保險方式，其投保手續，由勞工所屬的單位負責辦理，應於員工到職或離職、入會或退會、到訓或結訓之當日，申請加保或退保。保險效力的開始，自通知勞工保險局的當日零時起算；至於退保之保險效力到通知退保的當日 24 時止。

5.6.3 勞工保險費率與分攤比例

保險費率分為「普通事故保險費率」與「職業災害保險費率」，依《勞工保險條例》規定，勞工保險（普通事故）保險費率自112年1月1日起，由現行11.5%調整為12%，經扣除內含之就業保險費率1%，112年起將以11%計收勞工保險保險費。

在分擔比例部分，有雇主的各類保險人，其普通事故保險費由被保險人負擔20%，投保單位負擔70%，其餘10%，在省，由中央政府全額補助，在直轄市，由中央政府補助5%，直轄市政府補助5%；職業災害保險費全部由投保單位負擔。而無一定雇主或自營作業而參加職業工會的職業工人：其普通事故保險費及職業災害保險費，由被保險人負擔60%，其餘40%，在省，由中央政府補助；在直轄市，由直轄市政府補助。此外，無一定雇主或自營作業而參加漁會之甲類會員：普通事故保險費及職業災害保險費，由被保險人負擔20%，其餘80%，在省，由中央政府補助；在直轄市，由直轄市政府補助。而參加海員總工會或船長公會為會員之外僱船員：其普通事故保險費及職業災害保險費，由被保險人負擔80%，其餘20%，在省，由中央政府補助；在直轄市，由直轄市政府補助。至於被裁減資遣而自願繼續參加勞工保險之被保險人：普通事故保險費由本人負擔80%，其餘20%，在省，由中央政府補助；在直轄市，由直轄市政府。

5.6.4 勞工保險的投保薪資

投保薪資是計收保險費與支付保險給付的標準，投保薪資高，繳納的保險費多，所得到的現金給付也多，反之，保險費繳納少，所得現金給付也少。投保薪資係由投保單位按保，以《勞動基準法》第 2 條第 3 款規定之工資為準（即勞工因工作而獲得之報酬：包括工資、薪金及按計時、計日、計月、計件以現金或 實物等方式給付之獎金、津貼及其他任何名義之經常性給與均屬之），其每月收入不固定者，以最近 3 個收入之平均為準，再依「勞工保險投保薪資分級表」規定等級的金額申報。

5.6.5 勞工保險的給付內容

現行勞工保險各項給付於全民健康保險實施後，除勞保普通事故醫療給付劃歸中央健康保險局辦理外，其他各項普通事故給付包括生育、傷病、失能、老年及死亡給付。

一、生育給付

《勞工保險條例》第 31 條規定，被保險人參加保險滿 280 日後分娩者或參加保險滿 181 日後早產者，以及參加保險滿 84 日後流產者，得請領生育給付。

二、傷病給付

《勞工保險條例》第 33 條規定，被保險人遭遇普通傷害或普通疾病住院診療，不能工作，以致未能取得原有薪資，正在治療中者，自不能工作之第 4 日起，發給普通傷害補助費或普通疾病補助費。

三、失能給付

《勞工保險條例》第 53 條規定，被保險人遭遇普通傷害或罹患普通疾病，經治療後，症狀固定，再行治療仍不能期待其治療效果，經保險人自設或特約醫院診斷為永久失能，並符合失能給付標準規定者，得按其平均月投保薪資，依規定之給付標準，請領失能補助費。

四、老年給付

《勞工保險條例》第 58 條規定，被保險人合於下列規定之一者，得請領老年給付：1.參加保險之年資合計滿 1 年，年滿 60 歲或女性被保險人年滿 55 歲退職者。2.參加保險之年資合計滿 15 年，年滿 55 歲退職者。3.在同一投保單位參加保險之年資合計滿 25 年退職者。4.參加保險之年資合計滿 25 年，年滿 50 歲退職者。5.擔任經中央主管機關核定具有危險、堅強體力等特殊性質之工作合計滿 5 年，年滿 55 歲退職者。

五、死亡給付

《勞工保險條例》第 62 條規定，被保險人之父母、配偶或子女死亡者，得領喪葬津貼。同條例第 63 條規定，被保險人死亡，遺有配偶、子女、父母、祖父母或受其扶養之孫子女及兄弟、姊妹者，得請領喪葬津貼及遺屬津貼。

5.6.6 勞保老年給付與勞工退休金制度的比較

勞保老年給付是根據《勞工保險條例》（以下簡稱勞保條例）所提供的一項給付，勞工工作參加勞保，由政府、雇主及勞工共同繳納保險費，在不同單位加保的勞保年資可合併計算，當被保險人符合老年給付條件時，勞保局依其申請時之保險年資及投保薪資核算其老年給付金額，並採一次給付方式發給（98 年 1 月 1 日施行勞保年金制度，勞工可選擇一次給付或年金給付），只要是符合請領資格的人皆可領取，不會因為勞工換工作而有所影響。

勞工退休金制度係指勞工退休時，雇主依法給與勞工之退休金，其又分為勞退舊制與勞退新制。勞退舊制係依據「勞基法」，由雇主依每月申報之薪資總額提撥 2~5%之金額到勞工退休準備金專戶當中，做為勞工退休準備金。此帳戶專款專用，所有權屬於雇主，並由臺灣銀行（信託部）辦理基金收支、保管及運用。勞工必須符合退休條件時，始得向雇主請領退休金，由退休準備金專戶中支付。勞退新制係依《勞工退休金條例》，雇主每個月幫選擇適用勞退新制之勞工提繳不得低於每月工資 6%的退休金，儲存於勞保局設立之退休金個人專戶，其所有權為勞工本人，故個人專戶退休金累積可帶著走，等到勞工 60 歲即可個人向勞保局提出請領（如勞工 60 歲以前死亡，則由遺屬或遺囑指定請領人請領）。

綜上，勞工退休金制度與勞保條例之老年給付係二種不同的制度，勞退條例之實施並不會影響勞保被保險人原有勞保老年給付權益，且因勞工退休金一定領得到，可為勞工退休生活多一層保障。

由於國內多屬中小企業型態，加上勞工經常換工作，所以許多勞工在退休後經常會領不到退休金。《勞工退休金條例》於 94 年 7 月 1 日開始實施後，勞工若選擇新制，則勞工會有一個屬於個人的帳戶，雇主每個月幫勞工所提撥的退休金將存至這個專屬的帳戶當中，由勞保局統一管理，由此可知，勞工保險條例之老年給付與勞工退休金制度兩者截然不同，兩者比較表如下。

» 表 5.7　勞工退休金與勞保老年給付的比較

項目	勞工退休金		勞保老年給付
	舊制	新制	
法源依據	《勞動基準法》	《勞工退休金條例》	《勞工保險條例》
適用對象	適用勞基法之勞工	適用勞基法之本國籍勞工	符合勞工保險條例規定者
收支保管單位	中央信託局 新制：勞工保險局	勞工保險局	勞工保險局
請領條件及方式	於服務單位退休並符合請領退休金條件時，由雇主給付退休金	年滿 60 歲時向勞保局請領個人帳戶累積金額	符合勞工保險條例請領老年給付條件時向勞保局請領
給付方式	退休金一次付清	月退或一次給付	一次給付（未來將朝年金化方式規劃）
給付標準	前 15 年每 1 年給 2 個基數，第 16 年起每一年給 1 個基數，最高總數以 45 個基數為限 （按退休前 6 個月平均工資計算）	個人帳戶累積金額及收益	前 15 年每 1 年給 1 個月，第 16 年起每 1 年給 2 個月，最高以 45 個月為限，加計 60 歲以後年資，最高總數以 50 個月為限（按退休前 3 年平均月投保薪資計算）

5.6.7 國民年金與勞工保險年金的比較

» 表 5.8　國民年金與勞工保險年金的比較（2022 年薪資級距，最新規定請依政府公告）

項目	國民年金	勞工保險年金
保險費率	6.5~12%；第 3 年起每 2 年調高 0.5%。	6.5~11%；第 3 年起每 2 年調高 0.5%。
投保薪資（金額）	固定投保金額： 17,280 元。	依其工作所得投保： 1. 受雇勞工：第 1 級 17,280 元，第 22 級 43,900 元。 2. 職業工人：最低 18,300 元（現行第 3 級），投保工資上限 43,900 元。
保險費負擔比例	被保險人 60%。 政府 40%。	1. 受雇勞工：雇主－70%、勞工－20%、政府－10% 2. 職業工人：勞工－60%、政府－40%
給付項目	1. 身心障礙年金。 2. 老年年金。 3. 遺屬年金。 4. 喪葬給付。	1. 普通事故：生育、傷病、失能（年金及一次金）、老年（年金及一次金）及死亡（年金及一次金）給付。 2. 職業災害：傷病、失能（年金及一次金）、死亡（年金及一次金）及職業災害醫療給付。
給付條件	1. 身心障礙年金：重度以上身心障礙，經評估為無工作能力者。 2. 老年年金：年滿 65 歲。 3. 遺屬年金： (1) 加保期間死亡。 (2) 領取身心障礙或老年年金期間死亡。 4. 被保險人死亡。	1. 失能年金：經評估為終身無工作能力者。 2. 老年年金：年滿 60 歲，年資滿 15 年。 3. 遺屬年金： (1) 加保期間死亡。 (2) 領取失能或老年年金期間死亡。 (3) 年資滿 15 年，並符合現行老年給付條件，在未領取老年給付前死亡。
給付標準	每投保 1 年為 1.3%，身心障礙年金基本保障 4000 元；其餘年金基本保障 3000 元。喪葬給付 5 個月。	1. 每投保 1 年為 1.3%，失能年金基本保障 4000 元；其餘年金基本保障 3000 元。 2. 失能年金另外加發配偶或子女眷屬補助 25%，最多加發 50%。
展延年金	無。 一律 65 歲開始領年金。	展延年金：符合請領勞保年金之年齡時，每延後 1 年，增給 4%，最多增給 20%。
選擇權	無。	1. 年金施行前有保險年資者，被保險人或其遺屬得於請領失能給付、老年給付或遺屬給付時，選擇請領現制一次金給付或年金給付。 2. 年金施行前有保險年資，於領取失能或老年年金期間死亡者，遺屬得選擇失能或老年一次金扣除已領年金總額之差額。

（依據 97.02.15 行政院通過之勞保修法版本內容比較）

案例分享｜別讓權益睡著了！請領國保老年年金給付有 5 年期限

國民年金在 97 年 10 月 1 日上路，到今年 9 月底即將滿 5 年。由於國保老年年金給付有 5 年請求權時效規定，所以請符合請領資格的民眾，儘快向勞委會勞保局提出給付申請，別讓自己的權益睡著了！國保老年年金給付有 5 年請求權時效規定，從符合請領資格當日起，如果超過 5 年才提出申請，就只能補發 5 年內的年金，其他超過 5 年的部分不予給付。由於國民年金上路即將屆滿 5 年，部分國保開辦初期就符合請領老年年金給付資格的民眾，只要不超過 5 年請求權的規定，都會追溯從年滿 65 歲的那個月起一併補發，但是如果超過 5 年請求權才提出申請，就可能發生超過 5 年請求權部分的年金無法領取的情形。

經勞保局清查，在 97 年 10 月至 98 年 3 月間已經年滿 65 歲，符合國保老年年金給付請領資格但遲未提出申請的民眾，約有 2,000 餘人。為維護民眾權益，勞保局已經在今年 4 月底主動針對這些人寄發通知函及給付申請書，提醒民眾儘速提出給付申請。未來勞保局也將定期於每年的 4 月及 10 月，針對國保老年年金給付請領資格即將屆滿 5 年請求權的民眾，主動發函提醒給付申請事宜

5.7 大量解僱勞工保護法

5.7.1 意義與對象

為保障勞工工作權及調和雇主經營權，避免因事業單位大量解僱勞工，致勞工權益受損害或有受損害之虞，並維護社會安定有所謂「大量解僱勞工保護法」。之訂定，所謂「大量解僱勞工」係指本法所稱大量解僱勞工，指事業單位有《勞動基準法》第 11 條所定各款情形之一、或因併購、改組而解僱勞工，且有下列情形之一：

一、同一事業單位之同一廠場僱用勞工人數未滿 30 人者，於 60 日內解僱勞工逾 10 人。

二、同一事業單位之同一廠場僱用勞工人數在 30 人以上未滿 200 人者，於 60 日內解僱勞工逾所僱用勞工人數三分之一或單日逾 20 人。

三、同一事業單位之同一廠場僱用勞工人數在 200 人以上未滿 500 人者，於 60 日內解僱勞工逾所僱用勞工人數四分之一或單日逾 50 人。

四、同一事業單位之同一廠場僱用勞工人數在 500 人以上者，於 60 日內解僱勞工逾所僱用勞工人數五分之一或單日逾 80 人。

五、同一事業單位於 60 日內解僱勞工逾 200 人或單日逾 100 人。

而前項各款僱用及解僱勞工人數之計算，不包含《就業服務法》第 46 條所定之定期契約勞工。

5.7.2 大量解僱勞工報備

事業單位大量解僱勞工時，應於符合第 2 條規定情形之日起 60 日前，將解僱計畫書（如表 5.7）通知主管機關及相關單位或人員，並公告揭示。但因天災、事變或突發事件，不受 60 日之限制。

依前項規定通知相關單位或人員之順序如下：

一、事業單位內涉及大量解僱部門勞工所屬之工會。

二、事業單位勞資會議之勞方代表。

三、事業單位內涉及大量解僱部門之勞工。但不包含《就業服務法》第 46 條所定之定期契約勞工。

事業單位依第 1 項規定提出之解僱計畫書內容，應記載下列事項：

一、解僱理由。

二、解僱部門。

三、解僱日期。

四、解僱人數。

五、解僱對象之選定標準。

六、資遣費計算方式及輔導轉業方案等。

表 5.11　事業單位大量解僱計畫書

填寫日期：

<table>
<tr><td>事業單位／廠場名稱</td><td colspan="2"></td><td colspan="2">公司登記證號＿＿＿＿＿＿＿＿
工廠登記證號＿＿＿＿＿＿＿＿
營利事業登記證號＿＿＿＿＿＿＿</td></tr>
<tr><td rowspan="2">地址</td><td rowspan="2" colspan="2"></td><td>電話</td><td></td></tr>
<tr><td>傳真</td><td></td></tr>
<tr><td>負責人</td><td colspan="4"></td></tr>
<tr><td>聯絡人</td><td colspan="4"></td></tr>
<tr><td>符合大量解僱勞工之情形</td><td colspan="4">□ 同一事業單位之同一廠場僱用勞工人數未滿 30 人者，於 60 日內解僱勞工逾 10 人。
□ 同一事業單位之同一廠場僱用勞工人數在 30 人以上未滿 200 人者，於 60 日內解僱勞工逾所僱用勞工人數三分之一或單日逾 20 人。
□ 同一事業單位之同一廠場僱用勞工人數在 200 人以上未滿 500 人者，於 60 日內解僱勞工逾所僱用勞工人數四分之一或單日逾 50 人。
□ 同一事業單位之同一廠場僱用勞工人數在 500 人以上者，於 60 日內解僱勞工逾所僱用勞工人數五分之一或單日逾 80 人。
□ 同一事業單位於 60 日內解僱勞工逾 200 人或單日逾 100 人。</td></tr>
<tr><td colspan="5">說明：前項各款僱用勞工人數之計算，不包括《就業服務法》第 46 條所定之定期契約工勞工。</td></tr>
<tr><td>解僱理由：（除改組與併購兩項事由外皆可複選）</td><td colspan="4">□ 歇業或轉讓（建議檢具附件：1、2、3、6、7）
□ 虧損（建議檢具附件：1、2、3、4、7）
□ 業務緊縮（建議檢具附件：1、2、7）
□ 因不可抗力停工一個月以上（建議檢具附件：1、7）
□ 業務性質變更，有減少勞工之必要，又無適當工作可安置（建議檢具附件：4、6、7）
□ 勞工對於所擔任之工作確不能勝任（建議檢具附件：7）
□ 併購（建議檢具附件：1、2、5、6、7）
□ 改組（建議檢具附件：1、2、5、6、7）</td></tr>
</table>

» 表 5.11　事業單位大量解僱計畫書（續）

<table>
<tr><td rowspan="2">解僱理由說明及相關附件（除勾選外並應簡述實際情形。）</td><td>理由說明：</td></tr>
<tr><td>附件：
□1. 最近一期自結財務報表（含資產負債表、損益表、現金流量表、股東權益變動表）
□2. 最近一期會計師查核簽證報告書或覆核報告書（資本額新臺幣三千萬以上之事業單位）
□3. 最近一期公司財產清冊
□4. 近三年每月事業單位營收收入變化表（401 申報表）及訂單、銷售單統計表
□5. 合併改組後之擬制財務報表
□6. 事業單位決議業務緊縮、業務性質變更、歇業、轉讓、併購或改組之證明文件
□7. 提報董事會、股東會或負責人，有關解僱事由之內部評估分析報告或議決（包括所有附件資料及勞工確不能勝任工作之證明）
□其它___________________________________</td></tr>
<tr><td>解僱計畫書通知及公告揭示</td><td>於___年___月___日公告揭示，方式：□書面　□數位
佐證資料：________________
於___年___月___日通知：
□事業單位內涉及大量解僱部門勞工所屬之工會
□事業單位勞資會議之勞方代表
□事業單位內涉及大量解僱部門之勞工</td></tr>
<tr><td colspan="2">說明：依《大量解僱勞工保護法》第 4 條規定，事業單位於符合大量解僱規定情事之日起 60 日前，應將解僱計畫書通知主管機關及相關單位或人員，並公開揭示之。違反者，依同法第 17 條之規定處新臺幣 10 萬元以上 50 萬以下之罰鍰，並限期提出，屆期未提出者，得按日連續處罰至提出為止。</td></tr>
<tr><td>解僱部門（單位）與解僱人數</td><td>事業單位／廠場名稱______________________________
大量解僱勞工之部門、營業據點或分店___________________
僱用員工總數（男、女）___________________________
預計總解僱人數（男、女）_________________________</td></tr>
<tr><td colspan="2">說明：
1. 「同一廠場」係指經濟活動之構成主體，以備有獨自之經營簿冊或可單獨辦理登記之事業單位者；所稱「備有獨自之經營簿冊」指經稅捐機關驗證之會計簿冊，而所稱「可單獨辦理登記之事業單位冊」指涵蓋所有可單獨辦理之各種事業登記證明，且不問是否已辦理登記。
2. 不同廠場應分別填寫解僱計畫書。
3. 僱用員工總數係指解僱之範圍，如為事業單位，為事業單位員工總數。如為廠場，為廠場員工總數。該員工總數係以依法應通報本計畫書時之人數為準。
4. 預計總解僱人數是指不論為單日一次解僱人數達大量解僱標準之人數或預計於 60 日內解僱勞工達《大量解僱勞工保護法》第 2 條之標準。
5. 如大量解僱涉及不同分店或營業據點，請用附件詳列各分店之地址及解僱員工數。</td></tr>
</table>

» 表 5.11　事業單位大量解僱計畫書（續）

解僱日期及人數	1、___年___月___日___人 2、___年___月___日___人 3、___年___月___日___人
說明：單日一次解僱人數達大量解僱標準者，得填寫一項；於 60 日內分批解僱人數達大量解僱標準者，應按實際解僱時間及人數填寫。	
解僱對象之選定標準	
說明：如部門、考績等；依《大量解僱勞工保護法》第 13 條規定，不得以種族、語言、宗教、黨派、籍貫、性別、容貌、身心障礙、年齡及擔任工會職務為解僱標準，違反者，解僱不生效力。	
資遣費計算方式	平均工資計算方式：工資內涵包括____________________ 資遣費計算公式：年資＊______（基數）＊平均工資 ☐其他優於勞動法令之資遣方案 ______________________________ ______________________________ 請檢具被資遣員工之薪資及年資清冊與相關資遣或優退之內部規範及預定給付資遣費之日期。
說明：工資內涵應列明所有因工作所獲得報酬之薪資或獎金名稱。	
輔導轉業方案	☐轉介至關係企業就職 ☐轉介至鄰近企業就業 ☐轉介至其他相關企業就業 ☐其他　（得另用附件敘明）____________________ ☐無
輔導轉業方案實際內容	轉業輔導人數____________________________ 轉介之企業名稱____________________________
勞資自主協商	預定於___年___月___日開始進行資遣方案之協商
說明：依《大量解僱勞工保護法》第 5 條第 1 項規定，事業單位依前條規定提出解僱計畫書之日起 10 日內，勞雇雙方應即本於勞資自治精神進行協商。違反者，依同法第 18 條第 1 款之規定處新臺幣 10 萬元以上 50 萬以下之罰鍰。	
備註	大量解僱計畫書應一式三份，一份送事業單位或所屬廠場所在地勞工行政主管機關；一份送工會或勞資會議勞方代表或被解僱部門之勞工；一份公開揭示。

5.7.3 不得大量解僱勞工之事由

事業單位大量解僱勞工時，不得以種族、語言、階級、思想、宗教、黨派、籍貫、性別、容貌、身心障礙、年齡及擔任工會職務為由解僱勞工。違反前項規定或《勞動基準法》第 11 條規定者，其勞動契約之終止不生效力。主管機關發現事業單位違反第一項規定時，應即限期令事業單位回復被解僱勞工之職務，逾期仍不回復者，主管機關應協助被解僱勞工進行訴訟。

5.7.4 大量解僱勞工之協商

事業單位依規定提出解僱計畫書之日起 10 日內，勞僱雙方應即本於勞資自治精神進行協商。協商委員會置委員 5~11 人，由主管機關指派之代表一人及勞僱雙方同數代表組成之，並由主管機關所指派之代表為主席。資方代表由雇主指派之；勞方代表，有工會組織者，由工會推派；無工會組織而有勞資會議者，由勞資會議之勞方代表推選之；無工會組織且無勞資會議者，由事業單位通知第 4 條第 2 項第 3 款規定之全體勞工推選之。勞僱雙方無法依前項前述規定於 10 日期限內推派或推選協商代表者，主管機關得依職權於期限屆滿之次日起 5 日內代為指定之。勞僱雙方拒絕協商或無法達成協議時，主管機關應於 10 日內召集勞雇雙方組成協商委員會，就解僱計畫書內容進行協商，並適時提出替代方案。

主管機關於協商委員會成立後，應指派就業服務人員協助勞資雙方，提供就業服務與職業訓練之相關諮詢。而雇主不得拒絕前項就業服務人員進駐，並應排定時間供勞工接受就業服務人員個別協助。事業單位違反第 5 條第 2 項規定拒絕進行協商或違反第 6 條第 1 項規定拒絕指派協商代表或未通知全體勞工推選勞方代表者，或第 8 條第 2 項拒絕就業服務人員進駐或第 10 條在預告期間將員工任意調職或解雇者，處新臺幣 10 萬元以上 50 萬元以下罰鍰。

5.8 ›› 就業保險法

5.8.1 意義與給付種類

主要目的提供非自願性失業事故的勞工們失業給付外，對於積極提早就業者給予再就業獎助，另對於接受職業訓練期間之失業勞工，並發給職業訓練生活津貼及失業被保險人健保費補助等保障，以安定其失業期間之基本生活，並協助其儘速再就業。政府於 88 年 1 月 1 日於勞工保險開辦失業給付業務，以保障失業者於一定期間基本經濟生活，復為建構完整的就業安全體系，將失業保險與就業服務及職業訓練三者緊密結合，乃將失業保險與勞工保險體系分離，單獨制訂「就業保險法」，該法案已於 91 年 5 月 15 日總統公布，奉行政院核定自 92 年 1 月 1 日起施行。有關保險給付種類分為：

1. 失業給付。
2. 提早就業獎助津貼。
3. 職業訓練生活津貼。
4. 育嬰留職停薪津貼。
5. 補助全民健康保險費。

5.8.2 請領失業給付的規範

表 5.12 請領失業給付規範表

一、失業給付	
（一）請領資格	被保險人同時具備下列條件，得請領失業給付： 1. 非自願離職。 2. 至離職退保當日前 3 年內，保險年資合計滿 1 年以上者。 3. 具有工作能力及繼續工作意願。 4. 向公立就業服務機構辦理求職登記，14 日內仍無法推介就業或安排職業訓練。
（二）給付標準	失業給付每月按申請人離職辦理本保險退保之當月起前6個月平均月投保薪資60%發給，自申請人向公立就業服務機構辦理求職登記之第15日起算。 （有扶養眷屬加6個月平均薪資10%，最多到20%）
（三）給付期限	失業給付最長發給 6 個月。但申請人離職辦理本保險退保時已年滿 45 歲或領有社政主管機關核發之身心障礙證明者，最長發給 9 個月。
二、提早就業獎助津貼	
（一）請領資格	被保險人同時符合下列情形者，得申請提早就業獎助津貼： 1. 符合失業給付請領條件者。 2. 於失業給付請領期限屆滿前受雇工作，並依規定參加就業保險滿 3 個月以上者。

>> 表 5.12　請領失業給付規範表（續）

（二）給付標準及期限	按被保險人尚未請領之失業給付金額之 50%，一次發給提早就業獎助津貼。
三、職業訓練生活津貼	
（一）請領資格	被保險人同時符合下列情形者，得申請職業訓練生活津貼： 1. 非自願離職。 2. 向公立就業服務機構辦理求職登記。 3. 經安排參加全日制職業訓練者。
（二）給付標準	職業訓練生活津貼自受訓之日起算，於申請人受訓期間，每月按其離職辦理本保險退保之當月起前 6 個月平均月投保薪資 60%發給職業訓練生活津貼。
（三）給付期限	職業訓練生活津貼最長發給 6 個月為限。 （有扶養眷屬加 6 個月平均薪資 10%，最多到 20%）
四、育嬰留職停薪津貼	
（一）請領資格	1. 保險年資合計滿 1 年以上。 2. 子女滿 3 歲前。 3. 依《性別工作平等法》之規定，辦理育嬰留職停薪。
（二）給付標準	按被保險人育嬰留職停薪之當月起前 6 個月平均月投保薪資 60%計算，按月發給。
（三）給付期限	每一子女最長合計發給 6 個月同時撫育子女 2 人以上之情形，以發給 1 人為限。父母同為被保險人者，應分別請領育嬰留職停薪津貼，不得同時為之。
五、補助全民健康保險費	
（一）補助對象	1. 失業之被保險人。 2. 被保險人離職退保當時，隨同被保險人參加全民健康保險之眷屬，且受補助期間為《全民健康保險法》第 9 條規定之眷屬或第 6 類規定之被保險人身分，但不包括被保險人離職退保後辦理追溯加保之眷屬。
（二）補助標準	符合補助資格者，受補助期間按月全額補助參加全民健康保險自付部分之保險費。
（三）補助期限	以被保險人每次領取失業給付或職業訓練生活津貼期間末日之當月份，為全民健康保險補助月份，最長各為 6 個月，但被保險人離職退保時年滿 45 歲或身心障礙者，失業給付最長發給 9 個月，全民健康保險保險費亦可最長補助 9 個月。

如需請領保險給付相關文件，請上勞工保險局網站（http://www.bli.gov.tw/sub.aspx?a=6TpCUoiKZ6o%3d）查詢。

辦理失業認定相關規定及各地公立就服機構資訊，請上職業訓練局網站（http://www.evta.gov.tw/content/list.asp?mfunc_id=45）查詢。

5.8.3 請領失業給付的條件

關於失業保險給付的條件分為積極條件與消極條件，茲分述如下：

一、積極條件

依據《就業保險法》第 11 條規定：被保險人因投保單位關廠、遷廠、休業、解散或破產宣告離職；或因《勞動基準法》第 11 條、第 13 條但書、第 14 條及第 20 條規定各款情事之一而離職；或因定期契約屆滿離職，逾 1 個月未能就業，且離職前 1 年內，契約期間合計滿 6 個月以上，其於非自願離職辦理退保當日前 3 年內，保險年資合計滿 1 年以上，具有工作能力及繼續工作意願者，向公立就業服務機構辦理求職登記，自求職登記之日起 14 日內仍無法接受推介就業或安排職業訓練者，始得領取失業給付。

二、消極條件

依該法第 15 條、第 17 條規定，申請人無正當理由不接受公立就業服務機構推介之工作或安排職業訓練，或失業期間另有工作，其每月工作收入超過基本工資者，不得請領失業給付。勞工如符合請領失業給付規定，得於離職退保之日起 2 年內提出。

5.8.4 申請失業給付程序

失業保險申請人應檢附公司發給之離職證明（該證明須載明足供認定非自願離職之事由）、國民身分證、存摺封面影本及學經歷證件，就近向公立就業服務機構辦理失業認定，自求職登記之日起 14 天內無法推介工作或安排職業訓練後送勞保局審核給付資格。

5.8.5 最新修正內容

民國 98 年 3 月 31 日立法院三讀通過就業保險法修正案，本次修法係就業保險 92 年開辦以來最大幅度的調整，擴大加保對象、增加給付項目及延長給付期間等對勞工就業安全保障均有莫大助益。

本次修法重點包括：

1. 考量勞動年齡往後遞延之趨勢，並保障勞工加保權益，將加保年齡上限由 60 歲提高至 65 歲。

2. 本國人之外籍配偶、大陸及港澳地區配偶依法在臺工作者亦可能面臨失業之風險，為提供其就業安全保障，將其納入就業保險適用對象。
3. 增列發給育嬰留職停薪津貼：發放育嬰留職停薪津貼的主要用意，是希望勞工育嬰期間可保有工作，穩定就業，又可以領取津貼，保障其基本生活。未來只要參加就保年資累計滿 1 年的勞工，子女在 3 歲以下，依《性別工作平等法》的規定，辦理育嬰留職停薪者，不論父或母都可申請津貼。給付標準則按被保險人平均月投保薪資 60%計算，每一子女父母各得請領最長 6 個月，合計最長可領 12 個月。勞委會強調這樣的設計，對於落實性別平權，父母負有共同育兒責任，及降低就業市場對女性之就業歧視，可說是邁開一大步。
4. 延長中高齡及身心障礙失業者失業給付期間至 9 個月：現行失業給付發放標準為勞工平均月投保薪資的 60%，最長可領 6 個月，考量中高齡及身心障礙失業者，其平均失業週期較長，再就業比一般勞工困難，故為加強保障其失業期間之基本生活，延長該等失業給付請領期間最長可領 9 個月。
5. 失業勞工依扶養眷屬人數加給給付或津貼，最高可為平均月投保薪資 80%：考量失業勞工面臨工作收入來源中斷，將連帶影響其家庭生計，增列有扶養無工作收入的配偶、未成年子女或身心障礙子女，每一人可加發平均月投保薪資 10%，最多加計 20%，故給付或津貼標準最高可領到平均月投保薪資的 80%。
6. 增列得辦理僱用安定、創業協助等促進就業措施，協助企業與勞工一起度過經營困難期，發揮穩定就業的功能。

5.9 勞資會議功能的強化

勞資會議制度的設計，是藉由勞資雙方同數代表，舉行定期會議，利用提出報告與提案討論的方式，獲致多數代表的同意後，做成決議，創造出勞資互利雙贏的遠景。勞資會議代表人數可視事業單位人數多寡及需求決定，其勞方及資方代表各為 2~15 人。但事業單位人數在 100 人以上者，各不得少於 5 人。事業單位人數在 3 人以下者，勞僱雙方為勞資會議當然委員。而依據《勞動基準法》第 83 條及勞資會議實施辦法之規定，適用勞動基準法之事業單位應舉辦勞資會議：其事業單位（分支機構）人數在 30 人以上者，亦應分別舉辦之。

至於勞資代表如何產生？勞資會議之資方代表，由雇主或雇主就事業單位熟悉業務、勞工情形者指派之，勞資會議之勞方代表，事業單位有工會者，由工會辦理選舉；事業單位無工會者，由事業單位辦理選舉。（前項選舉日期應於選舉前 10 日公告之，年滿 15 歲始有選舉權）而勞方代表資格及選出名額性別等相關規定如下：1.勞方代表需年滿 15 歲。2.事業單位單一性別勞工人數逾勞工人數二分之一以上者，其當選勞方代表名額不得少於勞方應選出代表總額三分之一。3.勞資會議勞方代表之候補代表名額不得超過應選出代表總額。4.勞資議勞方代表出缺時，由候補代表遞補之，不受性別之限制。

勞資會議代表每一屆任期與起算，勞資代表於任期中如有變動該如何辦理？一、勞資會議代表之任期為 4 年，勞方代表連選得連任，資方代表連派得連任。二、勞資會議代表之任期，自上屆代表任期屆滿之翌日起算。但首屆代表或未於上屆代表任期屆滿前選出之次屆代表，自選出之翌日起算。三、資方代表得因職務變動或出缺隨時改派之。勞方代表出缺或因故無法行使職權時，由勞方候補代表依序遞補之。候補代表不足遞補時，得補選之。勞資會議代表名冊報請主管機關備查規定為何？勞資會議代表選出或派定後，事業單位應於 15 日內報請當地勞工主管機關備查；遞補、補選或改派時，亦同。

勞資會議之開會內容可於會議中報告勞工動態、生產計畫及業務概況並討論關於勞動條件、勞工福利籌劃，工作規則修訂等…事項，另可就工作環境、生產問題及工作場所之安全等…事項，提出有利生產效率之建議作為事業單位之參考。

總之，勞資會議之召開乃是本著全體員工上下同舟共濟、榮辱一體之精神，建立勞資雙方正式的溝通管道，可強化員工參與感，協調勞資關係，促進勞資合作、活化企業組織，提高工作效率。

5.10 勞動事件法之制定與影響

勞資爭議事件除影響勞工個人權益外，更影響其家庭生計，且勞工在訴訟程序中通常居於弱勢，相關證據偏在於資方，不利勞工舉證；又勞資事務具有專業性及特殊性，有賴當事人自主合意解決及勞資雙方代表參與程序，並宜由雙方當事人自主性、合意性解決。基於上述特性，為期迅速、妥適、專業、有效、平等地處理勞動事件，制定《勞動事件法》，經總統於 107 年 12 月 5 日公布，自 109 年 1 月 1 日施行。

根據司法院指出，《勞動事件法》性質為民事訴訟法的特別法，因應勞資爭議之特性，在既有的民事訴訟程序架構下，適度調整勞動事件爭訟程序規定，一方面使勞僱雙方當事人於程序上實質平等，另一方面也使法院更加重視勞動事件之處理，以達成勞資爭議的實質公平審理，有效的權利救濟之目標。該法全文共 53 條，根據司法院指出共有以「專業的審理」、「強化當事人自主及迅速解決爭議」、「減少勞工訴訟障礙，便利勞工尋求法院救濟」、「促進審判程序與實效」及「即時有效的權利保全」五大方向的制度調整，來因應處理勞動事件之程序上需求。

5.10.1 專業的審理

擴大勞動事件範圍，各級法院並應設立勞動專業法庭，遴選具勞動法相關學識、經驗之法官處理勞動事件，以提高紛爭解決效能。

5.10.2 強化當事人自主及迅速解決爭議

一、建立勞動調解程序

由 1 位法官與 2 位分別熟悉勞資事務的勞動調解委員共同組成勞動調解委員會，進行調解。勞動調解委員會先經由快速的程序（包括聽取雙方陳述，整理爭點，必要時並可調查證據），對於事實與兩造法律關係予以初步解明，並使當事人了解紛爭之所在，及可能的法律效果，再於此基礎上促成兩造自主合意解決，或由勞動調解委員會作成解決爭議之適當決定，以供兩造考量作為解決之方案。

二、勞動調解前置原則

除部分法定例外情形外，原則上勞動事件起訴前，需先經法院行勞動調解程序，如當事人未先聲請調解逕為起訴，仍視為調解之聲請。

三、勞動調解程序與後續訴訟之緊密銜接

勞動調解不成立時，除調解聲請人於法定期間內向法院為反對續行訴訟程序之意思外，法院即應由參與勞動調解委員會的同一法官續行訴訟程序，並視為自調解聲請時已經起訴，且原則上以勞動調解程序進行中已獲得事證資料之基礎進行。

5.10.3 減少勞工訴訟障礙，便利勞工尋求法院救濟

一、便利勞工的管轄原則

為使勞工易於起訴及應訴，勞動事件之管轄法院除依民事訴訟法規定外，本法明定可由勞工的勞務提供地法院管轄；如勞工為被告，亦得聲請移送至其他有管轄權之法院。如勞工與雇主間第一審管轄法院之合意有顯失公平的情形，勞工可以逕向其他有管轄權之法院起訴，如為被告，亦得聲請移送至其他有管轄權之法院。又只要勞務提供地或被告之住所、居所、事務所、營業所所在地在我國境內，勞工就可以向我國法院提起勞動事件之訴，縱使勞雇間原先有相反於此的審判管轄約定，勞工也不受拘束。

二、調整程序費用負擔

為降低因程序費用負擔造成勞工尋求法院救濟之門檻，本法明定因定期給付涉訟之勞動事件，其訴訟標的價額最多以 5 年之收入總額計算。勞工或工會提起確認僱傭關係或請求給付工資、退休金、資遣費之訴或上訴時，暫免徵收裁判費 2/3；其強制執行標的金額超過新臺幣（下同）20 萬元部分，暫免徵收執行費。工會提起團體訴訟，其請求金額超過 100 萬元之部分暫免徵收裁判費；依本法規定提起不作為訴訟，免徵裁判費。

三、強化訴訟救助

為避免勞工因支出訴訟費用致生活陷於困窘，本法明定勞工符合社會救助法規定之低收入戶、中低收入戶，或符合《特殊境遇家庭扶助條例》第 4 條第 1 項之特殊境遇家庭，聲請訴訟救助時，即視為無資力支出訴訟費用救助，法院得准予訴訟救助。又勞工或其遺屬因職業災害提起勞動訴訟，而聲請訴訟救助的話，除所提起之訴有顯無勝訴之望的情形外，法院應以裁定准予訴訟救助。

四、勞工進行訴訟的第三人協助

勞工欲於訴訟期日偕同由工會、財團法人指派之人為輔佐人，本法明定不需先經法院或審判長的事前許可，而改為事後再審查。外籍勞工委任外籍勞工仲介單位之非律師人員為訴訟代理人時，如有害於委任人之權益時，法院得撤銷其許可。

5.10.4 促進審判程序與實效

一、為期使法院處理程序迅速進行，明定法院與當事人都負有程序促進義務，並應限期終結程序。

二、適度調整辯論主義，法院為維護當事人間實質公平，應闡明當事人提出必要的事實，並得依職權調查必要的證據；法院審理勞動事件時，亦得審酌就處理同一事件而由主管機關指派調解人、組成委員會或法院勞動調解委員會所調查的事實、證據資料、處分或解決事件的適當方案。此外亦合理調整證據法則，明定雇主之文書提出義務，加重當事人、第三人違反證物提出命令的效果，以強化取得所需之證據；並以事實推定之方式，促進對於勞資雙方關於工資、工作時間爭執之事實認定；另為避免雇主濫用優勢之經濟地位，與勞工以定型化契約之方式，訂立對勞工不利而顯失公平之證據契約，明定於此情形勞工不受其拘束。

三、為強化判決對勞工權益保護之實效性，本法擴大法院依職權宣告假執行的範圍，明定就勞工之給付請求，法院為雇主敗訴之判決時，應依職權宣告假執行。又法院就勞工請求之勞動事件，判命雇主為一定行為或不行為時，得依勞工之請求，同時命雇主如在判決確定後一定期限內未履行時，給付法院所酌定之補償金。

四、強化紛爭統一解決：為利於大規模勞資紛爭事件的統一解決，本法規定工會受勞工選定而起訴時，得對共通爭點提起中間確認之訴，法院並應先予裁判，以建立分階段審理模式，並使其他有共同利益而未選定工會起訴之勞工，亦得併案請求，以擴大紛爭之統一處理。另工會於章程所定目的範圍內，亦得對侵害其多數會員利益之雇主，提起不作為之訴。對於因離職而喪失原屬工會之會員身分，或在職期間依工會法沒有可以參加之工會的勞工，本法亦明定得選定原屬工會或工會聯合組織為之起訴，並同樣適用本法關於由工會為會員勞工進行訴訟、保全程序等相關規定。

5.10.5 即時有效的權利保全

一、關於勞工聲請保全處分，本法藉由強化與不當勞動行為裁決程序之銜接、擔保金之上限與減免及明定法院之闡明義務，以減輕勞工聲請保全處分的釋明義務與提供擔保的責任，並保障其及時行使保全權利。

二、斟酌勞動關係特性，就勞工因確認僱傭關係存在與否的爭執或調動違法的爭執中，聲請定暫時狀態處分之情形，本法將民事訴訟法所定爭執法律關係及必要性等要件予以具體化，使勞工較易於聲請及釋明，由法院依個案具體狀況裁量是否為繼續僱用及給付薪資，或依原工作或兩造所同意工作內容繼續僱用的定暫時狀態處分。

人管新知｜不景氣的經營管理之道

看著滑落的數字，有些主管開始心裡發慌。該如何安度不景氣？財星雜誌訪問了多位企管顧問和企業高階主管，他們的建議包括：

1. 面對新的現實，重新設定優先順序。以前，美國知名的有機食品連鎖超市全食市場(Whole Foods Market)在訂計畫時，會自動把經濟成長納入。現在它的心態完全不同，它斤斤計較每一筆開支和投資，因為如果這些地方做得不夠好，已無法透過成長補回來。
2. 持續投資核心事業。記得：不景氣一定會有結束的一天，當那天到來時，公司的競爭力是增加了，還是減少了？成功的企業不會停止對關鍵能力投入更多的資源。
3. 大量溝通，平衡現實與樂觀。在充滿不確定的氛圍中，許多高階主管喜歡保持低調，什麼都不說。然而，這跟他們需要做的剛好相反。遇到不景氣，大家都很緊張，員工想知道自己會不會被裁員、供應商想知道貨款收不收得到、顧客想知道產品的品質會不會下降，默不作聲只會讓他們更擔心。現在公司需要比平常做更多的溝通。
4. 顧客有了新的問題，公司應給予他們新的解決辦法。一家販售合成樹脂的公司，在景氣好時，推出能夠快速成形的樹脂，讓客戶的注模機器能夠達到最大的生產力；後來景氣往下走，客戶不再需要大量生產，這家公司轉而推出較慢成形，但是價格較便宜的樹脂，結果生產成本降低，客戶很開心。公司要了解顧客目前的需求，靈活反應以幫助他們度過難關。
5. 不要急著降低售價。麥肯錫公司的研究顯示，典型的標準普爾1,500大企業，如果產品降價5%，銷售量需要提高19%才能補回損失。不降價可能造成購買的人數減少，但是比起降價以求，利潤卻不見得比較少。現在正是需要仔細研究業界訂價效應的時候。

6. 專注於資金。仔細研究公司是如何獲得，又是如何運用資金的。

7. 重新評估員工。景氣好的時候，許多員工的績效看起來都很好，現在則是區分好員工跟壞員工的時機，當公司需要裁員時，才能做出正確的選擇。如果公司需要減少薪資獎金的支出，可能會採取全面刪減，以顯示大家都在同一條船上。但是這樣做有缺點，表現好的員工沒有得到應得的獎勵。一流的公司會破除萬難，給予好員工獎勵。

8. 重新檢視薪資結構，到底鼓勵員工做什麼。美國金融業的慘敗，原因之一是，薪資獎金鼓勵員工冒險。如果他們的高風險做法成功，能夠獲得大筆獎勵；如果不成功，卻沒什麼損失，等於鼓勵他們投機。公司是否獎勵員工看長期？不景氣只是經濟循環的一部分。

【本文摘錄自 EMBA 雜誌 271 期，2009 年 3 月發行，對全文有興趣請閱讀該雜誌】

參考資料

NOWnews，2012 年 10 月 25 日 。

王素彎(2022)。兼顧產業發展與餐飲外送員的勞動權益。經濟前瞻，(201)，48-52 。 https://www.airitilibrary.com/Publication/alDetailedMesh?DocID=10190376-202205-202205250013-202205250013-48-52

王金蓉，論勞資關係轉變對我國勞基法上雇主責任之衝擊－以資遣費制度為核心，政大勞工所，2003 年 1 月。

台北市女性權益促進會理事長，吳宜臻律師。

自由時報，記者洪瑞琴整理，2013 年 4 月 20 日。

行政院勞委會，簽訂競業禁止參考手冊，2004 年 7 月。

李彥璋、林歆宜、徐惠芳、林士傑(2022)。論夜間工作者之母性健康保護，日班與夜班女性勞工健檢資料分析研究。中華職業醫學雜誌，29(3)，193-203。 https://www.airitilibrary.com/Publication/alDetailedMesh?DocID=10233660-202207-202207280005-202207280005-193-203

呂榮海律師(2002)，勞動法法源及其適用關係之研究，蔚理公司。

李建良(2000)，「競業禁止與職業自由」，臺灣本土法學雜誌，第 15 期。

吳昱農(2022)。勞基法第 12 條雇主契約終止權除斥期間之起算與展延－評最高法院 99 年度台上字第 2054 號判決。法律扶助與社會，(8)，51-91。 https://doi.org/10.7003/LASR.202203_(8).0002

林更盛(2002)，「離職後競業禁止約款一評台北地方法院八十九年勞訴字第七六號判決」月旦法學雜誌，第 81 期。

林發立(2004)，「競業禁止近期實務見解再釐清」萬國法律。

勞動者雜誌，第 146 期。

勞動三法修正草案審查會、朝野協商通過條文及現行條文對照表，行政院勞工委員會出版，2004 年 6 月 4 日。

教育論壇：教師工會團體協約面臨的問題，作者：臺灣立報。

國際勞工公約及建議書(2002)，行政院勞工委員會編印。

陳玲琍(2004)，部分工時勞動法制之研究，國立政治大學勞工研究所碩士論文。

陳金泉，「離職後競業禁止約定爭議案例解析」律師雜誌，第 269 期。

陳繼盛著(1994)，「勞工法論文集『論西德之勞動關係法』」陳林法學文教基金會。

焦興鎧(2003)，「重要英美法系國家對受僱者競業禁止規範之研究」萬國法律，第 131 期。

焦興鎧(2002)，規範外籍勞工國際勞動基準之發展趨勢－兼論對我國之影響，月旦法學雜誌 N0.90。

黃程貫(2003)，我國勞動法發展趨勢之觀察與展望，月旦法學雜誌 No.100。

黃越欽(2000)，勞動法新論，黃越欽發行。

楊通軒(2000)，資訊社會下勞動法之新課題－兼論業務性質變更，全國律師。

楊舜麟(2022)。不可忽視的勞工職業災害保險及保護法。會計研究月刊，(434)，104-107。https://doi.org/10.6650/ARM.202201_(434).0016

臺北市性騷擾防治宣導手冊。

諄筆群(2022)。專案教師亂象頻傳，大學恐淪為「學店」。點教育，4(1)，36-38。https://www.airitilibrary.com/Publication/alDetailedMesh?DocID=P20200409001-202206-202207060023-202207060023-36-38

謝明瑞(2003)，國民年金制度之研究，臺北華泰文化事業公司。

潘世偉(1999)，建構有效的勞資爭議處理機制－從我國勞動關係政策談起，勞資關係月刊 18 卷 6 期。

蕭新煌、林國明(2010)，臺灣的社會福利運動，臺北巨流圖書。

網路部分：

全國法規資料庫：

http://law.moj.gov.tw/LawClass/LawSearchNo.aspx?PC=N0030001&DF=&SNo=38

勞工保險局全球資訊網：http://www.bli.gov.tw//default.aspx

勞動部：https://www.mol.gov.tw/topic/3078/3302/25656/

財團法人國政研究基金會：http://old.npf.org.tw/PUBLICATION/FM/094/FM-R-094-003.htm

鑫宇顧問網：http://www.gui.com.tw/human/gui-human.html

http://www.bli.gov.tw/sub.aspx?a=uyDH38mCe%2fM%3d

http://www.bli.gov.tw/sub.aspx?a=tHxFCdFgZ7Y%3d

http://www2.evta.gov.tw/evta_wcf/chi0001_page01.asp，2005 年 2 月 13 日

http://www.dgbas.gov.tw/dgbas03/bs3/report/N901123.htm，
2004 年 1 月 12 日

http://www.ilo.org/ilolex/english/subjlst.htm，2004 年 10 月 15 日

http://www.cyberlawyer.com.tw/alan4-1801.html，2005 年 8 月 23 日

司法院勞動事件制度簡介，https://www.judicial.gov.tw/tw/cp-1476-57333-e1292-1.html

勞動部《競業禁止參考手冊》，
https://www.mol.gov.tw/media/kfhiqyt5/%E7%B0%BD%E8%A8%82%E7%AB%B6%E6%A5%AD%E7%A6%81%E6%AD%A2%E5%8F%83%E8%80%83%E6%89%8B%E5%86%8A.pdf?mediaDL=true

問題與討論

1. 勞動契約在概念上有廣義、狹義之區分為何？
2. 勞動契約的種類有哪些？
3. 受僱者受競業禁止約定的限制可區分為哪兩種樣態？
4. 何謂工資的意義？
5. 勞工保險的給付內容為何？
6. 就業保險給付種類分為？

MEMO

Chapter 06

人員任用與遷調

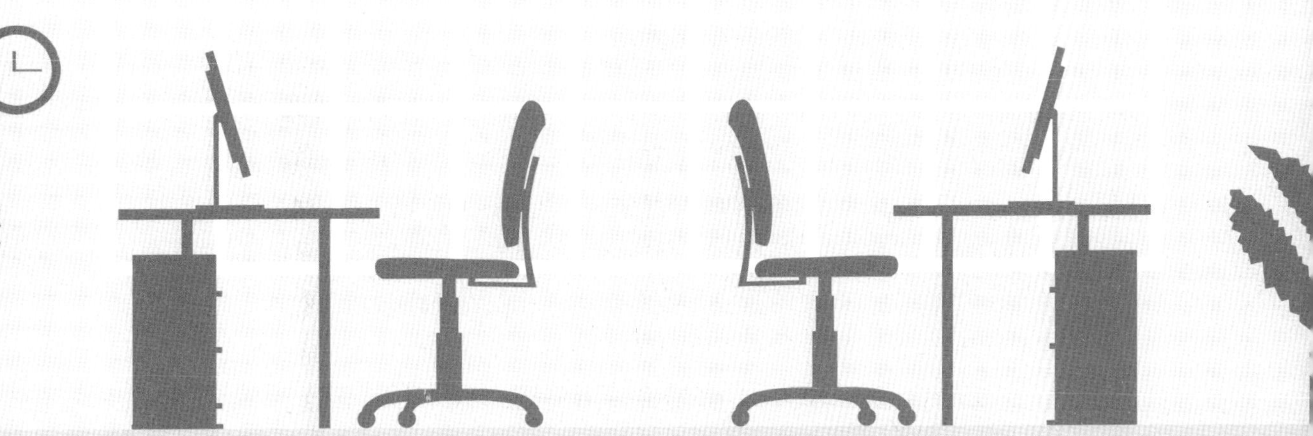

學習目標

1. 了解人力資源任用與遷調的意義與目的。
2. 學習人力資源任用與遷調之程序。
3. 明白策略性人力資源任用。
4. 明白策略性人力資源遷調。

話說管理　安靜離職、安靜解雇與安靜招聘

2019 年下半年的 COVID-19 肆虐全球，也影響了全球經濟，許多企業在疫情期間紛紛關廠、歇業，導致許多人力資源賦閒在家，對於尋求出路的人力資源而言，疫情的介入也孕育出另一波的企業運營型態，如線上開業、採購、教學等；而在勞動者心態方面也產生了微妙的轉變，萌生「安靜離職(Quiet Quitting)」的想法。

由於新冠疫情，勞動者開始注意到自己在工作之外的生活，而同時也因為隔離、調整工時、分流上班、遠距工作等，使勞動者有更多的時間反思自己在工作與生活之間的平衡。疫情的肆虐也使得勞動者對於跳槽的想法更趨保守，特別是年輕人，不僅揚棄騎驢找馬的做法，而直接在職場上做個躺平族。這種躺平的做法並非真正離職，而是在工作崗位上保守地完成工作，只完成工作的最低要求，不再積極追求表現與晉升，轉而追求自身的身心安頓與工作外的生活。(2023/02/05 來源：104 職場力)。既然勞動者有安靜離職，資方也祭出「安靜解雇(Quiet Firing)」加以反制，也就是透過各種方式，包括賦予較難工作、刻意忽視勞動者、不給升遷或加薪機會、隨意調動等，讓勞動者無法忍受對待而自動離職(2022/10/04 來源：經理人)。

然而在疫情接近尾聲的 2022、2023 年，許多企業嗅到景氣復甦的訊號，為求穩健起見，開始以「安靜招聘」(Quiet hiring)的方式，採用短期約聘人力來臨時填補正職空缺，或者鼓勵由其他職位的現職人員以工作輪調(job rotation)、工作擴大化(job enlargement)或者工作豐富化(job enrichment)等方式暫時協助正式職缺的運行(2023/01/05 來源：天下 Web only)，這樣的情形可能使得勞動者除了原有的本職之外，逐漸將技能的發展擴展到其他領域，形成多能工、萬能工的情形。這種情形一則以喜，一則以憂，喜的是人力資源可能因此而獲得更多元的發展，憂的是這種臨時補缺的狀態一旦變為常態，必須有相應的配套發展措施加以輔助，讓人力資源的運用獲得相應的 CP 值，否則可能讓勞動義務過分擴大，產生相對剝削感，久之可能導致人力資源的離退。因此，用人主管對於這樣的措施最好能有個適當的配套措施，包括在心態上這位現職人員在意願上是首肯的、要讓勞動者覺得這種人員安置的方式有企業整體營運上的必要、這種跨領域的學習對於日後職涯發展將有助益、這樣輪調的經歷對於未來的升遷或加薪能起一定的作用等(2023/01/05 來源：天下 Web only)。

影響人員任用與遷調的原因很多，而任用與遷調對於人力資源以及企業營運的影響也相當深遠。疫情的衝擊更直接影響人力資源的任用與遷調乃至其後的各種管理措施。諸如安靜離職、安靜解雇、安靜招聘等都是因為疫情而萌生的現象，而這些現象可能是一時的，卻也都影響深遠。企業在後疫情時代該如何面對、運用與發展人力資源成為新時代最重要的議題之一。

人才的任用分為「外選任用」以及「內選任用」，外選任用的部分本書已於第四章「招募及甄選」深入介紹，因此本章將只概略介紹，而將焦點放在內選任用部分。內選任用主要是針對人員的遷調處理，包括人員的升調、平調與降調等議題，與組織內人力資源配置息息相關。本章先介紹人才的內外部來源，再者介紹人才任用與遷調程序，並從策略性人力資源管理的角度來討論任用與遷調。

6.1 ›› 策略性人力資源管理

策略性人力資源管理是指對於人力資源的處理融入企業經營策略的考量。所謂企業經營策略，是指企業衡量其內部及外部環境之後所做成的長期性或短期性的發展規劃。根據該發展規劃，人力資源部門乃預測人力供需情形，整合內部人力資源，並對於人力的過多與不足加以調整。

衡量企業內部與外部環境主要在於評估企業體本身的能耐，並配合企業當下以及未來的環境，以發展企業經營策略。從某方面而言，企業探索本身的優勢與劣勢，檢視企業內資源，從而發展出自己獨特的競爭力，以此作為企業內各項策略的規劃及發展的基礎。從另一個角度來看，企業探索未來可能的趨勢，從該趨勢中歸納出應該具備的核心能力，以此作為企業內部各項策略規劃的指標。上述兩種方式，前者為由下而上的凝聚核心能力，而後者則為由上而下的規劃核心能力，兩者俱為企業規劃策略時的重要的考量。

此兩種策略發展思維必須相互配合。由上而下的規劃模式所展現的是企業對於未來前景的摸索與預測，據此企業得以擬定競爭對策，以因應當下或者未來局勢的變動。由下而上的規劃模式所展現的是企業自我資源與能力的檢視，依循該資源與能力，找出獨特的定位。此兩大思維所展現的，一是市場趨勢的探索；一是內部資源的整合。順應市場趨勢整合內部資源，統攝內部資源創造市場趨勢。

在因應市場趨勢方面，策略性人力資源管理可從行銷及市場面切入，其目的在整合組織內的人力資源，以增加企業因應未來趨勢的籌碼。例如有所謂「內部行銷」，就是指企業在以行銷及市場趨勢為前導的策略規劃下，籌謀其人力資源管理，此時所有的內部資源必須加以整合以因應外部顧客的需求。在這觀點下，企業員工被視為企業的內部顧客，為了要滿足外部顧客的需求，必須先滿足內部顧客（員工），當員工的需求被照顧到了，他們乃能安心工作並樂於貢獻，而發揮資源整合的功能，提供符合外部顧客所需的產品或服務(Hwang & Chi, 2005)。

在整合內部資源方面，策略性人力資源管理有從核心能力觀點切入。此觀點的人力資源管理是以能力本位(compatency based)為基礎，也就是對於企業的核心能力加以發展並確認，這種能力是強調「職能(compatency)」導向，也就是運用於實際職務上的能力，依據該「職能」所發展的核心能力來指導員工的執行，依據員工的執行，來評量個人的績效。企業核心能力並隨時與企業願景相互調整，以時時探索市場動態，掌握時代所需的發展契機。以中華電信為例，如圖 6.1，該企業的發展重心是由企業的核心職能與公司願景交織而成，並建立所謂的核心價值，以此核心價值為基礎，分為四個面向：創新、品質、進取、專業，來發展整個企業的人力資源（呂德明，2006）。

策略性人力資源管理的概念主要在強調人力資源確為企業發展的實質後盾，透過其與組織策略的整合，及在變動環境中不斷的調整，終能為企業經營提供理想的人力貢獻。策略性人力資源管理既是由上而下的傳遞市場機會，也是由下而上的展現企業內部的人力資源特色，在此兩大方向的相互調整下，企業逐漸能凝聚出其核心價值，並且讓員工覺得實現企業的理想就是實現自己的夢想。

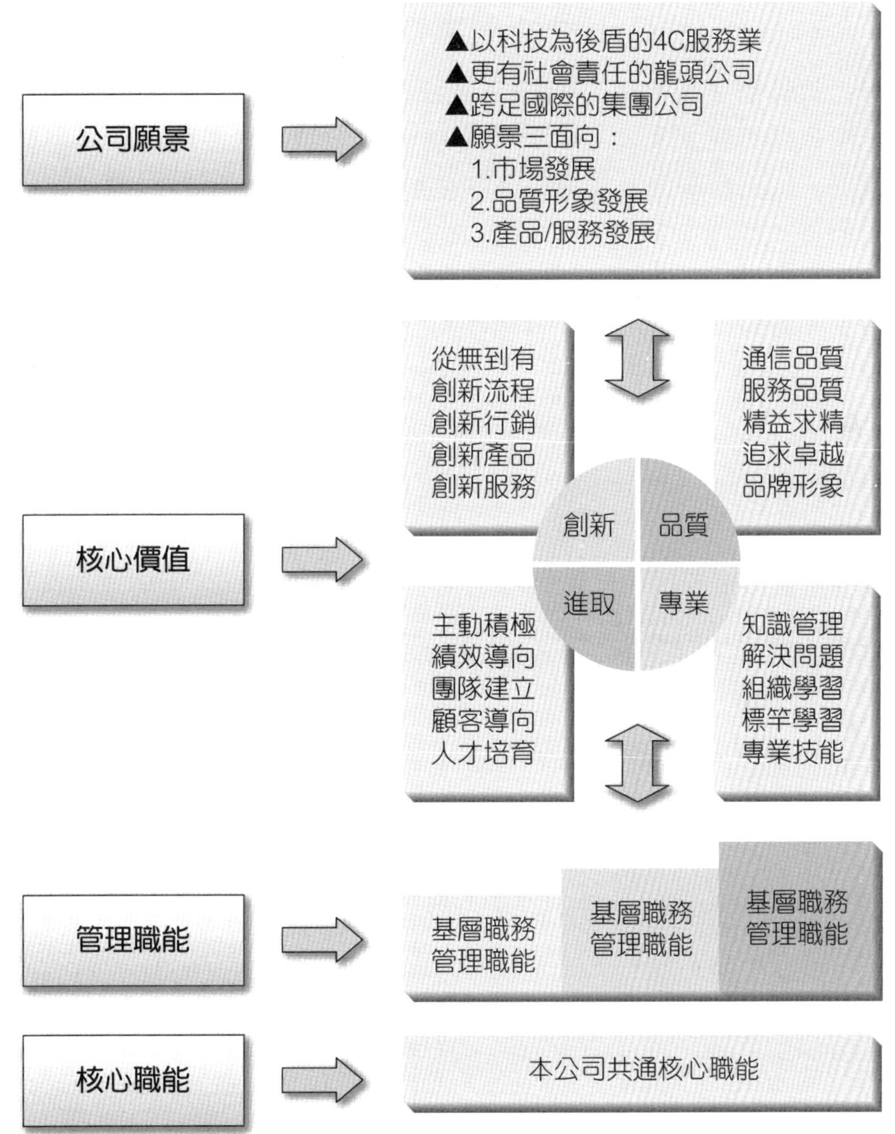

圖 6.1　企業願景、核心能力、核心價值關係圖—以中華電信為例

資料來源：呂德明，(2006)。以職能為基礎的中華電信各職層主管儲備訓練。國立中正大學勞資關係學系人力資源發展研討工作坊。95 年 6 月 2 日。

6.1.1 策略性人力任用及遷調計畫

人力必須經過任用程序方能被企業所運用，所謂「任用」是一個正式的人事程序，用以區分正式與非正式的人力資源。人力一經任用程序，組織即賦予特定的職位，該人員即成為該職位上正式的工作者。因此，「任用」可說是組織對於員工的正式認同，認同該人員在特定職位上的合法地位。任用可以是外選任用（人員來自於組織之外），也可以是內選任用（人員來自於組織本身），然而「遷調」則專指企業內部的人力移動。「遷調」是企業內人力配置的軌跡，人員從一個職位遷調到另一個職位，這種職位與職位之間的移動軌跡就是調遷。如果說「任用」是正式確認企業內可用的人力資源，「調遷」則是對於這些人力資源的調整與運用。

在策略性人力資源管理的概念下，任用與調遷策略必須服膺人力資源策略規劃的方向。在擬定任用與遷調策略之前，企業必須進行以下的思考：

1. 企業的價值與策略為何？
2. 本企業的高價值員工標準為何？
3. 目前企業中哪類員工價值最高？哪類最低？
4. 本企業的訓練體系與遷調體系如何發展出高價值員工？
5. 對於高價值員工的配套處理為何？
6. 對於低價值員工的配套處理為何？

在任用與遷調策略擬定之後，人力資源部門乃針對各個職位的工作與責任重新檢視，以訂定人力任用與遷調計劃。檢視重點如下：

1. 所任職位的主要工作與責任。
2. 該職位所需工作者的學經歷與背景。
3. 該職位所需工作者的人格特質。
4. 該職位目前的主管作風及其未來領導風格。
5. 該職位與其他職位的互動複雜性。
6. 任用策略對於企業文化與企業發展的影響。

6.1.2 人力任用及遷調計畫的定位

人力的任用與遷調必須延續企業的經營策略，屬於年度人力配置計畫與人力增補計畫的子計畫之一。企業經營策略來自於經營團隊對於企業內外部環境的評估，以及其對核心能力的掌握。人力資源規劃則是承接企業經營策略的理念，並透過人力盤點與知識盤點，掌握組織的人力、技能與智慧資本現況，據以發展人力配置與增補計畫。人力配置計畫主要在對組織內的人力資源進行調整與配置，期使適才適所，達到人力資源的最佳運用與安排；人力增補計畫乃是對於不足人力與不足技能加以補充與培植，以避免企業在發展過程中出現人力或技能斷層的問題。人力任用與遷調計畫則是為落實以上兩大計畫（人力配置計畫、人力增補計畫）所實施的一項子計畫，其目的在於尋求人力、甄選人力、儲備人力、以及調整人力。圖 6.2 為人力任用及遷調計畫在策略性人力資源管理中之定位。

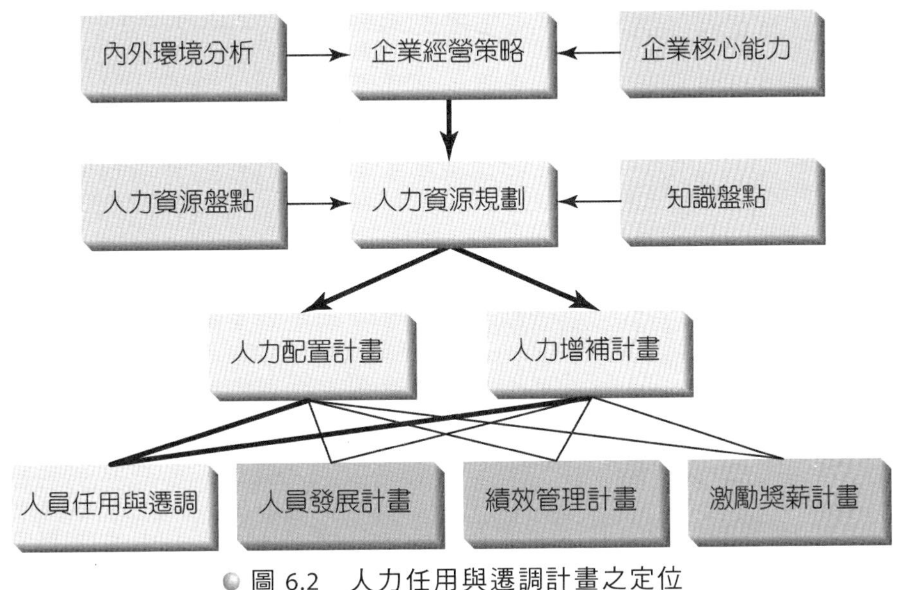

圖 6.2 人力任用與遷調計畫之定位

在人力任用與遷調計畫的規劃過程中，規劃者必須考慮現階段企業內人力資源的「職能」，包括由上而下以及由下而上兩種規劃思維。由上而下的規劃是考慮企業經營需要什麼樣的職能，因此應該培訓或任用什麼樣職能的員工，在此思維下，人力配置與人力增補計畫乃相應配合；而由下而上的思維則是思考目前各部門乃至於各職位已經具備哪些職能的人力資源，為了達成經營目標，企業還必須再任用或遷調哪些職能的人力。因此，在能力本位的人力資源發展規劃中，「職能」概念乃貫穿人員任用、遷調、訓練，以至於組織的發展。

6.2 人才任用的來源

人力資源的來源可分為內在來源與外在來源。所謂內在來源是指職缺由企業內部員工來遞補，而外在來源則是工作空缺透過向外界徵募來遴選。此兩種來源各有特色，相互為用，為企業人力任用的基礎。

6.2.1 內在來源—內選任用

人力資源的內在來源包括升遷、調職、工作輪調、重新雇用以及資遣召回等五項，亦即所進用的員工並非來自企業外部，而是從內部員工中加以發掘、篩選。這種方式的優點是：

1. 由於內部員工對於企業的管理模式與作業流程相當熟悉，因此能省去新進人員銜接訓練與文化適應的困擾。
2. 由於組織對於應徵者的個人特質深入了解，因此較能掌控該員工的適應情形。
3. 向企業內部招募員工能夠鼓舞士氣，激勵員工在職涯階梯上的逐級升遷。

儘管人力資源的內在招募方式具有多種優點，這種方式對於企業的創造力卻容易形成阻礙。此外，過度鼓舞個人表現也可能造成內部競爭，因而帶來負面的攻訐風氣。

誠如上述，在內部員工中選取人才，經常具有鼓舞士氣的策略意涵，例如升遷對於員工而言是一種獎勵，對於企業而言則同時達到人員遞補與獎勵優秀員工的目的。有的內部人才招募計畫是與人力資源發展計畫密切相連，例如調職與工作輪調，藉由將員工由原先部門調到另一部門，使員工學習不同部門的技能，也更了解組織的整體運作。相較於職務調動，工作輪調則是一種暫時性的做法，雖然與調職一樣具有人力遞補的功能，然其更大的意義在於使員工了解不同的工作內涵，以作為組織內系統性人力資源發展的基礎。無論是工作輪調或者是職務調動都必須承擔員工的學習成本，讓員工能夠順利地掌握新的工作內容。

為了省去學習成本，重新雇用與退休召回可能是不錯的選擇，也就是重新雇用以前具有經驗的員工。許多因不可抗力而去職的員工，也許仍有意願再回到組織中繼續服務，藉由重新雇用與退休召回的方式，可以讓企業在最節省學習成本的情形下，獲得熟練的人力資源。

6.2.2 外在來源—外選任用

當人力補充來自於組織之外時，既有的組織可能因此產生改變。外在來源的人力容易為組織帶來不一樣的視野，也因此可能形成與既有組織價值衝突的情形。然而，如果組織成員具有共同的求新理念，不同的思維在適當的情況下，並不會為企業造成過度的衝突或分裂，反而能夠在共同目標的引導下，融會各方的優點。

一般而言，策略性人力資源管理的人力補充，兼採由內而外以及由外而內兩種方式，亦即在企業經營策略的需求下，對組織內部的人力資源重新檢視，了解現存人力最新的運作現況、專業程度、能力成長等各項目，以思索是否有從外部補充人力的必要。人力補充必須與企業的成長策略一併考量，也就是企業日後的目標如何、發展如何、競爭如何，企業因而進一步規劃人力的配置及補充或發展新的人力。當組織內部無法提供合適的候選人時，乃考慮外在來源的人力補充。外在人力來源的優點是：其一，各類人才眾多，企業的選擇性廣，找到合適人選的機率也高；其二，外來人力容易為組織帶來新的觀念，因而對於組織的創造力有所幫助；其三，通常透過內在晉升的方式培養人才必須經過漫長的過程，而從外界直接招募則能獲得現成的適合人力，省去冗長且高成本的訓練過程。這種方式也有其缺點：其一，外來人力通常被視為所謂的「空降部隊」，直接切斷了內部員工的晉升希望，且其工作習慣通常也不同於既存的組織文化，因此容易招來批評，甚至影響士氣；其二，外來的觀點固然具有「他山之石」的效果，然而這種觀點上的差異可能與既存的組織價值相去甚遠，導致欲以外來人力提升創造力的效果遙不可及，而該外來者的調適歷程也備感艱辛。其三，由於人力引自於企業之外，勞雇雙方對於彼此之間並不熟悉，企業並不容易挑選到真正合適的人才。

外在來源的人力策略固然對於組織能力的養成與補足具有他山之石的效果，然而企業在決定內外部來源的人力策略時，個人能力的適格與否，以及其能否強化組織或補充組織，並不是唯一的考慮。有時企業基於組織內的權力平衡，傾向於聘用外部人力，例如公司極需一位專業經理人，並非因為組織內部無法提供，而是為了擺脫既有的思考及運作包袱，故向外募求；某機關捨棄內部適格的經理人選不用，反而招募了外來人選，因為有了這位外來經理人，剛好能讓整個企業的權力角力達到平衡。外在來源的人力策略必須將組織內的權力平衡與不同文化的調適風險一併考慮。審慎的進行人力的任用程序，將能有助於減低這類調適風險。

6.2.3 外在來源—人力派遣

隨著經濟發展與經貿全球化，國內企業為因應景氣變化，人力資源產生彈性運用之需求，而此種企業的人力需求，透過人力資源公司的就業媒合，派遣短期人力給予企業更彈性的人力調整，特別是非長期專案性質的工作，可藉由專業短期人力，解決企業的人力需求與降低長期雇用人力的壓力與成本，使企業在人力調度與運用上更為靈活。

人力派遣(temporary worker service)是當前社會轉型及法政制度改變下的一種企業型態，由派遣公司發派人力到要派公司服務，但薪資卻由派遣公司負責。換言之，勞動者乃受雇於派遣機構，但服務地點則在要派公司。例如，企業或公家單位的清潔工作人員、大樓的保全人員等多屬於這類工作型態。

由於要派企業與派遣勞工之間並無勞動契約，因此勞動者不能享有要派公司的薪資與福利制度，其健勞保及薪資福利由派遣機構負責，這種情形為要派企業省去了健勞保與退休金的考量。如若派遣人力無法跟上企業需求時，待派遣機構與派遣勞工的勞動契約終止，企業可選擇不再繼續這種指派關係；而當派遣人力表現甚佳，企業也可能將之「挖角」為正式員工。勞動者與派遣機構之間屬於勞雇關係，可簽訂定期或不定期契約。定期與不定期契約具有不同的法律意涵，牽涉到勞動者的勞動條件，例如退休金等，其適用《勞基法》第 9 條與施行細則第 6 條的規定。人力（勞動）派遣概可區分為兩類：(Bronstein, 1991; 鄭津津, 2002)。

一、經常雇用型

經常雇用型是指派遣勞工經常性地受雇於派遣機構，因此派遣勞工與派遣機構維持長時的雇用關係且訂有勞動契約，此類派遣勞工享有法令保障與福利，即使在未受派遣任務的時間內，其與派遣公司仍維持雇用關係，因此無論其派遣期間屆滿與否，或勞動者正處於派遣等待期間內，勞動契約皆不因而終止，日本多屬於此型態。

二、登錄雇用型

登錄雇用型是指派遣勞工與派遣機構簽定定期勞動契約，其預先在派遣機構登記，待要派企業需要派遣人力時，由派遣機構與派遣勞工訂定勞動契約，受派至要派企業提供勞務；一旦派遣期間屆滿，該勞動契約亦隨之終止，登錄型勞工又回復到登錄狀態，目前臺灣多偏向此型態。

6.2.4 外在來源—外包

外包(outsourcing)是指企業將非核心價值的任務執行或短期專案計畫的管理責任，全權委託外部人力來執行與處理。人員任用與遷調的外包決策與人力資源規劃息息相關，管理者必須考慮特定任務是否值得外包、是否可以外包，主要目的是希望企業能將資源有效的運用在核心業務上，而將經濟效益較低的任務以外包方式處理，以期降低營業成本、管控費用、精簡人事。外包勞資關係的處理，在本書勞資關係章中將有較詳細的說明。

6.3 ›› 人力任用程序

任用是對於所選任的人才加以職位的安置、責任的釐清與權力的賦予，使之成為企業組織的一員。由於所選定的人力對於企業體系的熟悉度並不相同，其所面臨之問題重點亦異，故將任用程序區分為外選任用與內選任用兩種（林欽榮，2000）。

6.3.1 外選任用

所謂外選任用指的是針對外在來源人力所進行的任用程序。在招募程序的後端，企業已然對於新進員工進行通知與任用、人員報到，以及員工建檔等程序。然而，為使報到人力早日投入企業運作，自人員報到之日起，即必須規劃一連串人力資源管理程序，以輔導新進員工儘快進入狀況。這些程序包括職前訓練、試用，與正式派職。

一、職前訓練(orientation)

職前訓練的目的在使新進人員在最短時間內對於組織體系、工作環境，以及所將擔任的工作能有初步的了解。此初步了解階段所將達成的任務，端視組織與工作之特性，及企業對於該職前訓練的政策而定。有些企業將職前訓練密集化，也就是密集式的一連 3 日、5 日或 1 週，進行部門介紹與工作介紹，除了引領新進人員拜訪各單位同仁之外，也密集進行其到職之後所需的各種任務訓練；有些企業傾向於將職前訓練融入在職訓練之中，一開始只是簡短的進行企業體系與工作任務的介紹，而在往後的工作執行過程利用做中學(learning by doing)的方式進行訓練。本書第七章將對職前訓練做更深入的介紹。

二、試　用

新進人員之試用是給予企業與勞工調整其配合方式的機會。在試用期（可為 3 個月、6 個月，甚至長達 1 年）中，勞資雙方互相評估實際工作的狀況，以作為正式派職與到任的決定依據。自民國 86 年開始，《勞基法》將「試用期」的規定刪除，一般企業可與工作者自行約定試用期，試用期內的勞動條件不能低於《勞基法》的規範，或者透過簽訂「定期契約」的方式，進行彼此的磨合與調適（簡建忠，2006）。

從資方的角度而言，管理者觀察新進人員在這段時間的各種表現，以了解其能力是否勝任其所將賦予的工作；觀察新進人員與同事相處的情形，以察知其能否適應組織文化；觀察新進人員的優缺點，以評估其在組織中可堪貢獻的能力。從勞方的角度來說，新進人員也評估所將擔任的工作能否勝任愉快、所將面臨的工作環境是否能提供其職涯的維持與發展、以及所投入的企業是否具有預期的前瞻等。

試用期滿，或說先前所簽訂的定期契約期滿之後，由用人單位填具試用成績表，經由人力資源考核流程，由企業發布試用結果。如若試用合格，則正式發布派職命令，予以正式任用，簽訂勞動契約；如若試用情況不佳，則延長試用期限，或待先前「定期契約」屆滿之後，結束勞資關係（林欽榮，2000）。

三、正式派職

當新進人員通過試用考核程序之後，即獲得正式的派職通知，成為企業的正式員工。正式員工享有職務上的保障，以及各種相關法令中所賦予正式工作者的一切權利與義務。在人力資源管理方面，這個階段也開始為新到任的人力進行體系內的管理與培訓安排。

6.3.2　內選任用

當職缺的補充來自於內在來源時，任用的考量必須考慮該個人的職位遷調安排。組織採用內選任用固然是為了最佳的人力資源配置考量，然而，由於職務遷調牽涉到員工的職涯規劃以及各員工對於各個職位的認同與評價，稍有差錯可能影響士氣，故應謹慎為之。茲將內選任用分為平調、升調與降調三種，分別討論如下：

一、平　調

平調指職位中的平行調動，是在職等職級表中的同等級流動，員工並不因此而增加或減少職務與薪水的等級。一般而言，採用平行調動有基於業務需要者，因適才適所，又節省招募成本，故將員工平行調動；有基於管理考量者，為防止營私舞弊，避免單一職位被長期占據而萌生弊端；有基於訓練發展者，為使成員擴大工作層面，並接觸各種人際與任務的互動，以培養多元技能。平行調動的目的不一而足，惟必須了解員工的工作現況、興趣、潛能及未來的發展，並配合組織的環境與目標，才能適當的掌握平調策略。

二、升　調

升調是指職位中的升遷調動，也就是在職等職級表中調動之後的職位比原先的職位更高，其象徵負擔的責任更重、薪資水平也更高。從績效評估的觀點，升遷是獎勵優秀績效的象徵，而逐級升遷也具有管理與激勵的意涵；從人力配置的角度來看，職務遷調強調人力資源的適才適所，其目的在找尋適合人力，所以並不必然依循制度逐級升遷，而可能直接拔擢任用。升調策略因牽涉人員的職涯規劃，其經常引發同事間的競爭，對於員工士氣與組織文化也有莫大的影響。由於升調策略所涵蓋的問題甚為複雜，企業必須評估哪些職位適合辦理甄選，哪些職位並不適合以甄選的方式進行，而甄選的過程也必須符合公平與公開原則。

三、降　調

降調是指職位中的降職調動，也就是調動之後的職位比原先的職位更低，其象徵所負擔的責任減輕、薪資較低。就績效評估觀點，降調具有懲罰性的意味；從人力配置的角度而言，則是對於不適當的人力加以調整。降職牽涉到員工的薪資福利與工作表現，實施起來必須十分慎重。從某個角度來看，降職有否認員工表現的意味，對於士氣殺傷力極大。此外，降職也削減了員工原本的報酬，對於其生計與家庭有直接的影響。由於懲罰性降職對於個別員工的負面意味太濃，有時甚至影響整個組織的士氣，多數管理者乃避免採用，而直接以資遣或其他解僱措施來代替（林欽榮，2000）。

6.4 人才遷調程序

6.4.1 檢視企業發展策略

策略性人才遷調必須符合企業策略的方向。例如當企業預計未來將往東南亞設廠時，此時人才的遷調策略乃是為前進東南亞做準備，其所遷調的對象是能被調派往東南亞工作的員工，而遷調之後的訓練與發展則是充實這些員工在東南亞的工作技能。

6.4.2 檢視企業人力資源規劃

遷調策略必須符合企業本身的人力資源規劃。遷調是對於人力配置現況所進行的調整，以期適才適所。因此，在進行人才遷調程序時必須先檢視目前的人力資源規劃及配置，方能在現有的規劃基礎下對人力資源進行發展與管理。

6.4.3 人力遷調作業

當考慮企業發展策略以及人力資源規劃之後，人力遷調作業乃能開始進行。人力遷調作業可分為六大層次：職缺預測、職缺通報、人力選取與協調、人事遷調的公布、訓練與發展、考核與控制，茲分別說明如下：

一、職缺預測

在考慮企業發展策略及人力資源規劃之後，企業了解本身的發展方向及人力資源現況，因此能對未來發展所可能呈現的優勢與劣勢加以掌握。為了保持優勢並彌補劣勢，企業規劃出應有的職務，並對現行職務體系進行預估與調整。由於職務的調整，某些職缺將會出現，因而啟動了人力遷調作業。

二、職缺通報

當職缺出現之後，人力資源部門開始籌謀人力的引進作業，並依據人力資源發展規劃決定招募或遷調程序。招募程序是指人力的從外引進，而遷調程序則是人力的由內調配。當人力的引進決定採用遷調程序時，人力資源部門乃對組織內各部門發出職缺通報，以吸引有興趣於該職缺的同仁前來應徵。人力資源部門並依據已建置的人力資源檔案，查找適當的內部人選，連同自動前來應徵的同仁名單一起進行人力選取與協調程序。

三、人力選取與協調

人力選取一般而言是由「人力評議委員會」處理。人力資源部門進行第一次的資格篩選後，將候選人資料送交「人力評議委員會」進行人才選取。該委員會依據相關程序，例如晉升程序、調派程序或降調程序等，進行審理，以選拔出適合的人力。當合適的人選出線之後，人力資源部門並召開「人力規劃委員會」協調部門間與任務間的人事調動事宜，以準備發布遷調決策。

四、人事遷調的公布

人事遷調案的公布代表了遷調決策的完成，當事人自人事案生效之日起遷調至另一個職位。雖然遷調決策已經完成，卻不代表遷調策略的結束，當事人從一個職位調派到另一個職位，必須開始承受組織所賦予的任務，因此有學習新任務及接受訓練與發展指導的義務。

五、訓練與發展

當人員遷調到新的單位時，基於其對於新職務的陌生以及組織對於該人員配置的期許，企業必須提供適度的訓練與發展機會，以使新上任者能夠執行符合組織期待的任務。這種訓練與發展因為任務的不同而有不同的態樣，有的是與上級主管開會，從會議中傳達組織的意圖；有的則接受一系列的養成課程，學習必要的技能與觀念。在策略性人力資源管理的概念下，每一次的人事遷調都反省了既有的人力規劃狀況以及企業發展目標，因此企業對於每一個職位所能發揮的功能也都因為環境的變遷而有不同的期許。這些期許融合於企業所安排的訓練與發展機會之中。

六、考核與控制

為了確保人力資源的最佳配置，遷調之後必須加以考核與控管，以確保該人力在該位置上的順利運作。考核與控制的結果必須加以回報，以做為日後人力遷調作業、人力資源規劃與企業發展策略修正的參考。

6.5 人才任用與遷調策略

任何策略必須考慮目的與手段之間的關聯，任用與遷調策略也不例外。任用與遷調目的在使企業人才適才適所，除了必須知道哪些是人才、人才在哪裡之外，還必須讓人才願意投身該職缺為公司服務。換言之，這是一種溝通策略，為人力的供給與需求兩端建立起溝通的橋梁。以下就策略觀點，分別介紹晉升策略、調派策略與降職策略。

6.5.1 晉升策略(Promotion)

晉升是員工職銜的改變，因而影響其在組織中的地位與薪級。員工晉升之後意味著承擔更多的責任與獲得更多的資源。企業的晉升規劃，或說升遷安排，分為權位晉升與薪級晉升兩種。所謂權位晉升也就是一般所稱的升遷，成員在組織內服務一段期間之後，因其表現優良，組織予以拔擢到更高一層的職位，因而賦予更高的責任、掌握更大的權利，並享有更好的待遇。所謂薪級晉升也就是企業在每年的績效評估之後，對於優秀員工給予薪資方面的晉級，職位因此有所不同，但工作內容與責任賦予並不一定有所差異。

一、晉升制度

(一) 晉升規劃

晉升規劃是企業整體制度的一部分，其承接策略性人力資源規劃，並落實於組織內的工作分析(job analysis)之中。例如工作分析之後所產生的工作說明書(job discription)與工作規範(job specification)就明確指出各職位的要求條件，例如技能、責任與學經歷等，許多工作說明書中並指出各職位在公司組織中的位置。除了工作說明書之外，員工也能藉由企業組織圖發現各職位的縱向歸屬與橫向聯繫關係。一旦縱向與橫向的聯屬關係明確後，員工的晉升路徑乃大抵完成，晉升規劃也將有初步的雛型。

(二) 權位晉升

權位晉升主要是以主管職務的晉升立場來看人力資源運用的逐級爬升，這種爬遷順序常見於企業的職位流程圖中。例如一般企業中有從作業員而領班而主任而副理而經理等，逐次往上晉升。主管職務因為企業內部的人力資源狀況以及延用習慣的差異，經常會有不同的名稱，例如有的企業有副理而沒有襄理，有的採用課長的名稱代替主任等，不一而足。往上晉升的過程中，因所負擔的責任越來越重，所管轄的範圍越來越大，故額外的補貼也逐漸增多，一般所稱的領導加給或主管加給，就是這類。

（三）薪級晉升

薪級晉升是指員工的薪資階級提升了，職位也隨之改變，但工作內容不見得會有所差異。以我國公務人員為例，其區分為十四職等，每個職等又包含若干職級（詳見《公務人員俸給法》第 4 條），每年考績乙等以上就可以晉升一個職級，職級碰頂之後必須依靠升等的方式才有辦法繼續晉級，例如五職等的辦事員因考績乙等以上，年年晉級，當其職級晉升到五等五級時就無法繼續升級，必須仰賴升等，也就是利用內部升等考試或者報考國家高等考試，將自己晉升到第六職等，然後才可以繼續晉級。公務人員制度中的薪水標準是根據職級，當職級不再晉升時，薪水理應跟著停滯，然而考慮鼓舞士氣，避免因晉升困難而打擊工作投入，公務體系中設計有「年功俸」制度。根據《公務人員考績法》第 7 條，「已達所敘職等本俸最高俸級或已敘年功俸級者，晉年功俸一級，並給與 1 個月俸給總額之一次獎金」。換言之，即使職級無法再晉升，薪俸仍可能再提高。各職等的年功俸等級不一，以五職等為例，其年功俸為十級。

晉升策略關係到員工的薪給待遇以及其在組織中的權位，不僅與員工個人息息相關，也直接影響到其互動對象及可用資源。當特定員工被拔擢為主管之後，原本與同事之間的平等關係變成上下隸屬關係，因而改變了相互之間的互動模式，而由於地位不同所帶來的權力差異，往往使得互動情形更加複雜。因此，設計不良的晉升策略不僅影響到人員的士氣，對於組織發展也有所損傷。企業應協助員工規劃個人的升遷策略，並隨時留心組織成員對於晉升制度的看法。晉升策略必須具發展性且堪達成，以增強員工的認同與投入工作的意願。

二、晉升基礎

（一）正式基礎

所謂晉升基礎指的是員工晉升的依據，又有正式基礎與非正式基礎之分。晉升制度的目的是希望組織成員能夠發展出對於組織有用的專業，因此晉升的正式基礎與員工的技能提升及績效的達成有關。在此兩大前提之下，員工晉級的資格逐漸形成，而能獲得升遷的機會。

對於權位晉升而言，晉升的基礎在於工作中的領導統馭表現，該表現牽涉到個人的年資、考績、考試、教育訓練、學經歷，以及與同事間的互動關係等。組織通常以「人力評議委員會」評等人員的晉升。

對於薪級晉升而言，晉升的基礎在於年度的績效評估，當員工的績效達到規定的晉級標準時，往往能獲得薪級晉升的資格。

（二）非正式基礎

晉升的非正式基礎是指前述正式基礎之外的晉升影響因素，舉凡個人的儀表、家庭、社會地位、以及人際網絡等都包括在內。戴國良(2004)曾提出八項非正式晉升的基礎：有力人士的推舉、同鄉同學與校友關係、省籍關係、企業內非正式力量、儀表、企業主信任度、家庭關係、派系關係等。例如某企業偏向錄用某學校某科系的畢業生；在某有力人士的大力舉薦下，企業晉升了某位候選人等。

非正式基礎與正式基礎相互角力，正式基礎因為有客觀的衡量標準，較容易讓組織成員信服，然而非正式基礎因其挾帶著龐大的資源壓力，確實也對正式基礎下的晉升決策造成影響（戴國良，2004）。

三、升遷管理

升遷對於員工而言不僅是職位與薪酬的提升，更是一種來自於組織的肯定，因此具有激勵效果。對於組織發展而言，升遷策略是對內部人力進行配置與調整，以使人力資源能在各個合適的職位上發揮最大的功能（謝安田，1999），是組織發展的重要機制。這種機制的推動源於整個組織的社會化，由於組織文化對於升遷機制的肯定，而員工的逐級升遷也讓組織成員產生成就感，因此帶來人力資源向上流動的正面意涵。這種成就感提供組織成員致力以赴的期待，因而讓員工自發性地朝升遷目標努力。換言之，升遷制度可說是一種自發性的激勵設計，一旦設計完善，將可使員工自動自發地在這體系中往上攀爬，而人力資源配置與發展也在這樣的運作下達成。由於升遷具有上述激勵與組織發展的意涵，若能得到正面的效果，則對於組織士氣的提升與組織功能的增進將有幫助，然而若處理失當也將帶來嚴重的後果。

晉升方案考量因素很多，以薪級晉升而言，一般人總認為薪級晉升與年資有關，也就是在企業中工作越久，應當能一年一年的逐級升遷。這樣的晉升邏輯類似於「沒有功勞，也有苦勞」，強調的是「忠誠」。在這樣的運作下，人員的經驗雖然可能到達熟練的地步，卻沒有進一步發展的動機，晉升制度也就只能停留在所謂「保健因子」，而無法具有激勵效果。以公務人員體系來看，一個五職等的公務人員如果沒有經過升等考試，其官等一直升不上去，然而卻因為體系上給予十級的年功俸，可以讓這些公務人員在官等沒有晉升的情況下，其薪俸仍不斷調高，這種情形主要也就是想維持士氣，避免因為公家機關僵固的晉升體系，而打擊員工持續發展的動機。儘管如此，這樣的設計仍然要考慮其薪俸晉升的比例，例如某些「碰頂」的五職等委任官，其薪俸可能比初任九職等的薦任官還要高，出現「低等高俸」的奇怪現象（2013/5/31 資料來源：聯合報）。此外，一個良好的薪級晉升設計不僅應該與年資有關，更重要的是要與績效相連，所以在制度設計上要讓員工感到不僅必須繼續忠誠，而且必須呈現良好的績效，並持續發展有用的經驗與能力。

另一方面，權位晉升賦予員工更高的權力。權力的賦予除了代表企業對於員工能力的肯定之外，也表示該員工將能直接支配其他同仁的職場生活。很多組織內明爭暗鬥的來源就是為了爭取更高的權位，以掌握更多的資源。這類競爭，就良性而言，是組織創新與活力的來源，許多業務人員的分組業績競賽，使得公司營運蒸蒸日上，即為一例；然而，就隱憂的部分來說，這類競爭常常引發企業內的謠言，而相互競賽的結果也容易引起人身攻擊，瓦解組織士氣。良性的權位晉升制度有賴於良好的企業文化。

6.5.2 調派策略

企業因為業務發展的考量，可能有擴廠、遷廠等計畫，為了促成人力資源的最佳配置，必須將合適的人力往合適的職位安置，因此產生了人員調派的情形。有些人被調至國外，有些人被派往遠地，有些人求之不得，有些人則敬而遠之。

調派策略必須兼顧企業目標與人力資源規劃，例如當組織試圖往跨國企業發展時，固然需要合適的人力資源加以支持，這個人選如果來自企業內部，還必須考慮其調職時原先的工作有無合適的人接手，而企業因此必須額外支出的訓練成本又有多少；如果來自組織外部，則必須考慮該新進人員是否能夠適應本企業的組織文化，而新人的穩定性與工作態度又能否被企業所接受。因此職務的調動必須有一套標準作業流程，除了幫助員工儘速進入狀況之外，也對於離去部門的人力資源配置做好規劃。

調派策略的另一項考慮是人員訓練，職務上的調動有時具有儲備主管的意涵，有時也有訓練員工的用意，這兩種都是希望藉由變換勞動者的工作內容來讓員工有多元學習的機會。此外，職位的輪替與調動也具有活化組織的功能，一個過於穩定的職位與工作不僅讓工作者的職場生活過於單調，也容易讓人產生升遷無望的感覺而打擊士氣。調派策略也有組織溝通的意涵，人員從一個組織被調派到另一個組織，具有組織文化聯繫與整合的功用，例如一個從行政單位調往業務單位的人員往往更能體諒行政單位的運作模式，而成為兩個單位的溝通橋梁。

此外，調派策略同時必須考慮法律層面與管理層面的問題，許多企業老闆採取「假調職，真逼退」的做法，為了規避龐大的退休金開支或資遣費，故意將員工調往難以接受的職務或者工作地點，以逼使其難以承受而自動離職（2007/10/08 來源：自由時報）。這種做法並不是站在人力最佳配置的考慮，而是一種出於成本考量，技巧性地在最小成本的前提下，解散人力。這樣的做法一方面可能使企業吃上官司，一方面更可能打擊團隊士氣，對於勞資關係也將造成極大的損傷。有些企業確實出於人力需求，但卻由資方逕行調整職務，忽略了徵詢勞動者意願的重要性，漠視勞動契約的存在。這種情形可能導致勞動者請求資遣，使企業失去重要的人力資源，勞動者並可能提出公司違反勞動契約之訴。（2018/02/01 來源：蘋果日報 「法律問蘋果」專欄）

以美國布朗大學的職員調派為例，部門主管有權力指派員工從一個職位水平遷調到另一個職位，部門主管必須在指派命令發出之前，先發一份備忘單給人力資源部門，其中陳述職位調動的合理性，並與人力資源部門討論該員工在舊職位的績效展現與新職位的表現可能。當發現該員工應該可以勝任新工作時，部門主管則發送人員異動單給該員工。為了使人力資源有效利用，部門主管應考慮員工的興趣與意願，並儘可能安排能夠發揮其技術與能力的職務。(Brown University, 2013)

6.5.3 降職策略

降職策略是對特定人力在其職位階梯的往下調整，這種方式一般含有懲罰意味。客觀而言，職位階梯既然可以往上攀升，自然也應該允許向下調整，以真正找出適才適所的位置。然而因為這種方式公然地表達了個人表現不理想的訊息，在重視人情、面子的華人社會裡，讓當事人甚為難堪，也因此這種制度常常是備而不用。降職策略的使用常常發生在員工違反規定情節重大者，例如某公務人員因為涉嫌不當的桃色事件而遭降職（2007/04/06 來源：中央通訊社）、某公務人員因為上班時間從事其個人銷售行為而遭降職處分（2005/11/13 來源：中廣新聞網）等。

臺灣的公務人員制度而言，《公務人員升遷法》第 12 條、《公務人員俸給法》第 20、《公務人員考績法施行細則》第 10 條、《警察人員陞遷辦法》第 7 條等都明示降職的規定。然而因為此規定對於當事人的職場生活及家庭生活影響甚大，這種規定常常是在懲罰時使用，而非基於人力資源的配置考量。員工降職之後，可能並不服氣，因而常有申訴的情形發生，而使組織內必須撥出特定的人力來處理法律問題。曾經有公立學校職員因不服校方的免職裁定，而提起行政訴訟，歷經兩三年方休。站在管理者立場，其必須代表校方不斷的奔走法院，影響正常工作；站在當事人立場，其對於校方的處理心生不平，透過組織內人際網絡的傳遞，也影響到其他工作者的士氣。上述情形致使主管不願意輕易使用降職手段，一方面避免讓自己陷於左支右絀的情形，一方面也希望維持較佳的團隊士氣。

6.6 ›› 任用與遷調二三事

6.6.1 依據員工的興趣與發展為基礎

許多心理測驗指出辨識人格特質的重要性，如若員工職涯過程中的任用與遷調，能與個人的特質、興趣或發展相配合，則能使員工安於工作，並樂於貢獻，其原因如下：

1. 興趣經常可以引導人們投入其精神與體力，許多非正規班出身的軟體工程師其表現不見得比正規電子科系畢業的程式設計師差，有時甚至表現得更好，而這種情形往往是興趣使然。
2. 興趣的影響很容易在自我實現階段中表現出來。根據馬斯洛的五大需求理論，最高的需求層次是自我實現，這階段的工作者不再為生理的或心理的需求而奮鬥，轉而追逐自己的興趣。因此可以看到許多工作者在其升遷到人人稱羨的層級之後毅然離去，歸究其原因乃是要追求人生真正的夢想。
3. 興趣決定態度，態度決定一切。當員工能夠在自己興趣的領域中發揮時，所表現出來的是一種投入與敬業；當員工願意投入工作並展現敬業的態度時，其組織文化甚至客戶關係都將跟著受影響。

6.6.2 與企業訓練體系息息相關

企業訓練體系是人員任用的基礎之一，許多企業在任用人員時往往先考慮其學經歷背景及其所受之訓練。在以內部人力為任用來源的情形下，企業體系的晉升規定往往要求候選人提出適格的受訓證明，例如一位初階會計人員要晉升資深會計，可能被要求必須受過 3 天的 ERP 會計處理進階課程；而某公司的資深業務要晉升為業務經理時也被要求必須接受主管儲備訓練課程，並了解有關管理與團體動力的知識。

從人力資源發展的角度來看，這類訓練與發展的安排，是因為企業對於所派任的職位具有某方面的期待，除了讓即將上任的儲備人員儘速符合規定的能力與技能之外，也讓該人員了解企業對於該職位的企圖。

任用與遷調策略本身就具有企業訓練的功能。訓練體系固然能夠為儲備人員介紹並準備就任後的基本技能，真正的學習還是在就任之後的實戰經驗，因此有些企業乃利用任用與遷調策略來發展特定的人力資源。例如某公司為了培養接班人，任命特定候選人承擔各種不同的職務，以使之學習該企業的真實狀況。

6.6.3 助長職涯階梯，並幫助人力資源發展

任用與遷調策略除了必須符合企業價值及員工興趣之外，最重要的是要能激發員工持續學習的進展。依據職涯階梯逐級的升遷與任用，將使員工不斷的面臨挑戰，也因而不斷的激勵其學習。當員工經歷挑戰、學習、成就、熟練之後，又給予其新的任用，進階到新的職涯階段，又再度面臨挑戰、學習、成就、熟練等過程，如此不斷往上爬升，人力資源因此逐漸豐富，而企業目標也因而達成。

這樣的發展設計除了使員工不斷的發揮潛能之外，更重要的是這種持續學習的設計能讓員工感到自己一再的被組織所需求，而組織也不斷的提出適合員工發展的挑戰，不至於使之有「懷才不遇」的遺憾。員工「懷才不遇」的感覺很容易使之開始尋找其他更合適的公司，而對於組織文化與工作士氣也都會有所影響。

主管對於派任人力的用心經營與敏銳觀察相當重要，一旦發現員工的發展有停頓的情形時，應彈性的調整其工作內容，或依其興趣而設計，或安排新的學習機會，以延續其發展。

6.7 ›› 結論

藉由人力資源的挹注、互動與發展，企業的各項經營目標方能順利達成。人才的挹注為一切運作的開始，透過招募、任用與遷調，人才逐漸能在組織中發展。然而，在策略性人力資源管理的前提下，人力的任用與遷調必須詳加規劃，以與經營策略及人力資源規劃相呼應。為了讓任用與遷調策略發揮實質功能，企業必須真正確認策略與目標，了解現階段組織中的人力資源配置與運用，以落實任用與遷調策略的執行與控制。

人力任用與遷調主要在改善組織內的人力配置，以符合企業願景與目標。任用與遷調牽涉到人員在組織中的實質工作內容、薪水待遇、地位角色等，對於當事人的影響甚大。一個好的任用與遷調規劃，有助於企業達到人力資源的最佳配置，也對組織士氣的提升有所幫助。任用與遷調的規劃失當將對組織士氣產生莫大的損傷。

任用與遷調具有人力資源發展的意涵，其與訓練同為企業增強員工能力及組織能力的重要核心，也都是企業內為了彌補期望能力與實際能力落差的選擇。從人力資源發展的角度來看，任用與遷調讓員工在任務中學習，而下一章所介紹的員工訓練則是有系統的為員工的能力進行改變、增進或發展。

參考資料

Bronstein, A. S. (1991). Temporary work in Western Europe: Threat or complement to permanent employment. International Labour Review, 130, 291-295

Brown University (2013). Human Resource: Transfer and Promotion. http://www.brown.edu/about/administration/human-resources/policies/transfer-and-promotion

Hwang, I., & Chi, D. (2005). Relationships among internal marketing, employee job satisfaction and international hotel performance: An empirical study. International Journal of Management, 22(2), 285-293.

Milkovich, G. T., & Boudreau, J. B., (1997). Human Resource Management. IL: Irwin.

呂德明。(2006)。以職能為基礎的中華電信各職層主管儲備訓練。國立中正大學勞資關係學系人力資源發展研討工作坊。95 年 6 月 2 日。

林欽榮(2000)。人力資源管理。臺北：揚智。

詹中原(2002)。當代中國大陸政府與政策。臺北：神州。

鄭津津(2002)。我國勞動派遣法草案與美國勞動派遣法制之比較。勞動派遣法制研討會論文集。頁 21-45。臺北：行政院勞工委員會。

戴國良(2004)。人力資源管理—企業實務導向與本土個案實例。臺北：鼎茂。

謝安田(1999)。人力資源管理。臺北：著者發行。

簡建忠(2006)。人力資源管理。臺北：前程。

天下 Web only(2023/01/05)，忘掉「安靜離職」2023 年新趨勢是「安靜招聘」。https://www.cw.com.tw/article/5124324

經理人(2022/10/04)，當老闆、員工對彼此不滿，為什麼安靜離職、安靜解雇不是好方法？https://www.managertoday.com.tw/articles/view/65810?

104 職場力(2023/02/05)，「安靜離職」是什麼？團隊出現這種心態時該如何應對？職場熱議 https://blog.104.com.tw/what-is-quiet-quitting/

— 問題與討論 —

1. 何謂策略性人力資源管理？其所涵蓋的兩種策略發展思維為何？
2. 人才任用的內在來源與外在來源各有何優點？
3. 試述人力遷調作業的六大程序。
4. 何謂人力的調派策略？人力調派必須考慮哪些因素？

MEMO

員工訓練 07 Chapter

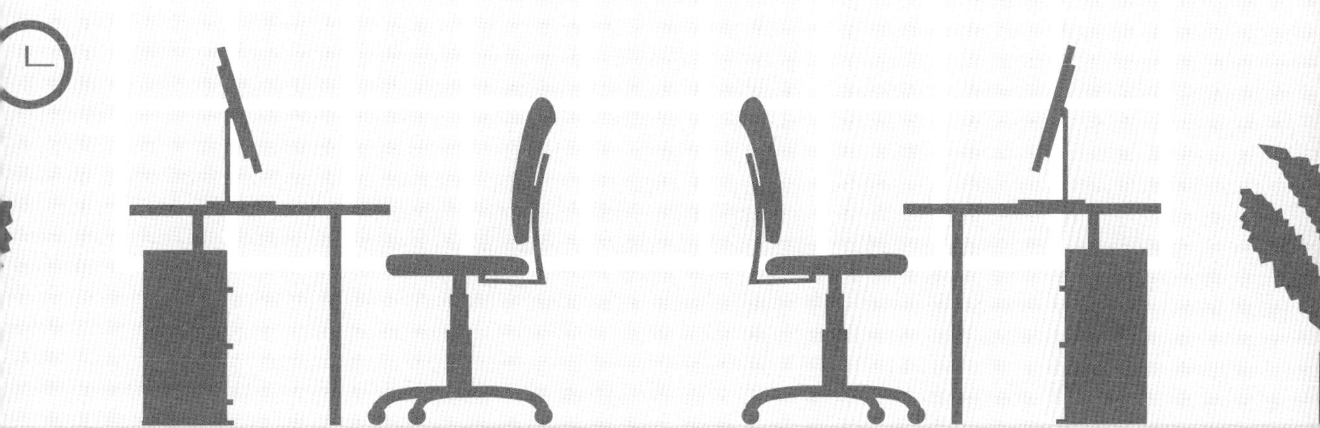

學習目標

1. 了解員工訓練的意義與目的。
2. 了解訓練的功能。
3. 訓練的規劃與執行。
4. 訓練常見的問題。

話說管理　個人學習雲：掌握數位學習，發展無限潛能

員工訓練是人力資源發展(Human Resource Development)的核心，是企業將人力轉化為人才的過程，也是人力之所以能夠成為企業資源的關鍵。員工訓練所牽涉的層面很廣，並非單純的課程授與。透過訓練，員工可強化技能，符合企業對於專業的要求，也能從過程中感受到企業的經營企圖及其對於員工的期待，而企業也能因為訓練的實施，了解個別員工的潛能，從而掌握組織人力資源的發展與管理。

自 2019 年末至 2023 年初，全球受到 COVID-19 肆虐，許多企業的培訓方式改為線上培訓，推動了數位人力資源發展的時代提早到來。數位人力資源發展的概念是將人力資源發展工作數位化，這也牽涉到人力資源發展工作是否必須面對面實施，以及是否可以在遠距離下進行人力資源發展。這樣的想法並非新穎，最早源於實體與非實體授課的概念，包括過去的函授教學（約 1782 年開始）、英國 1969 年開始的 Open University、廣播、電視教學，以及網際網路時代開啟的線上授課方式(Moore & Greg, 2005)。隨著時間的推移，數位學習概念也進化成為數位媒材、線上磨課師、線上微課程、微學習、學習策展等形式，成為學習者在實體上課之外另一種選擇。然而，當 2019 年末疫情肆虐之際，許多學校提出停課不停學的變通方式，各類組織也紛紛利用網際網路進行線上學習，迫使線上課程成為疫情時代不得不然的唯一選擇。學習者與教學者沒有選擇地必須面對線上課程情境，進而使線上學習與線上授課（包括：數位教案編寫、數位教材製作、數位工具應用、數位教學方法等）成為共同的必修技巧。因此，數位學習時代才真正來臨。

儘管人人趨之若鶩，數位學習的成功仍然必須搭配許多配套措施，例如許多企業已經發展出個人學習雲(Personal Learning Cloud, PLC)，將許多優質的學習素材放置雲端，並有一套制度開放讓員工自由選修，整合同步與非同步的教材與教學方式，讓員工在學習方面達到自由、彈性、方便。員工在進行 PLC 學習的同時也可以搭配學習社群進行課前、課間、課後的預覽、討論與延續；學習之後也設置有評量系統，並結合區塊鏈，使得所學習到的能力獲得品質的認證。PLC 的實施並與組織體系內的升遷作連動，使學習、能力、職位、薪資四者得以連動調整，以鼓舞員工從事 PLC 學習(Moldoveanu & Narayandas, 2019)。

儘管 PLC 已經整合了大多數的數位學習資源，這類數位學習是否能夠成功地促成人力資源發展仍有賴於三個條件：其一，是否有動機。如何誘發員工的內在動機，使其真的珍惜學習機會，而樂於學習；其二，是否結合目的。所學是否能夠用於職場，是否能夠達成組織之所以辦理培訓的真正目的；其三，是否有適當的人進行適當的引導。科技始終來自於人性，找到適當的導師(通常是學習者的主管)針對員工的 PLC 學習進行引導與關懷，則有機會觸發學習者的內在動機，也有機會適時地將學習與目的加以結合，更可能隨時依據趨勢、情境、學習者、教學者的各種變化而調整教與學的建議(Moldoveanu & Narayandas, 2019)。

一般對於「訓練」的概念，似乎著重於單方面地改變員工，也就是企業透過培訓，單方面地將個人從「不能」或「不熟」改變成「能夠」或者「精熟」。然而一個優質的培訓卻必須把握多元原則。惟有在趨勢、目標、資源、指導者、學習者等各方面都顧慮到，才可能有效而全面的發展員工的潛能，將人力轉化成為公司所需要的人力資源。本章將介紹員工訓練的意義與功能，並且詳細說明員工訓練的規劃與實施，最後從常見的訓練問題中反省員工訓練的趨勢與意涵。

7.1 ›› 訓練的意義與目的

訓練一詞在一般人的眼中經常是一系列與工作相關的正式活動或課程，是組織以人力資源管理為目的，針對全體或特定員工所實施關於知識、技巧或態度增進的一種有計畫、有組織的課程或活動。由於時代的變遷，企業對於人力資源素質的要求隨之變化，同時也影響了企業訓練的內容，二次世界大戰之後，人們強調的是工作技能方面的訓練。大約從 1970 年代開始，業界所談論的多是管理理念及領導技能的學習。1980 年代起，組織發展與企業運作技術逐漸獲得重視，也因而引導了訓練課程的重心與實施的方式。1990 之後的焦點則是與資訊、知識以及與智慧相關的各種活動(Tight, 1996:20)。

訓練的目的在使人力資源的潛能得以發揮，發揮潛能的目的在使員工獲得特定的知識與技能，以增進員工的工作能力，從而對組織的績效或發展產生實惠的效果。在此定義下，兩個重點必須特別被強調：其一，為使員工獲得特定的知識與技能，訓練者的教學方式以及受訓者的學習技巧成為關鍵；其二，為使員工潛力得以持續開發，組織內必須要有特定機制來輔助潛能的發揮與員工繼續教育的功能。上述兩項點出訓練與教育的實施對於人力資源素質的提升具有一定的影響力，兩者相輔相成，然而教育與訓練在組織運作的背景之下究竟有何不同呢？

對一般人而言，訓練經常與職業有所牽連，並且常與教育一詞混淆(Campanellietal et al., 1994)。從企業經營的角度來看，教育訓練的意義在於提升組織內的人力資源素質，以使受訓員工能夠現學現用，或者現在學以後用（簡建忠，1995）。許多學者特別釐清「教育」與「訓練」兩概念。Tight(1996)認為教育著眼於培養較寬闊的一般性理解能力，而訓練則以小範圍的技能發展為重心。在國內學者方面，例如，張添洲(1999)認為訓練主要在提升目前的工作能力與適應目前的工作調整，教育則著重在發展潛能與培養實力。

在組織背景下所實施的訓練，有別於「學校教育」，特別著重於人力資本的投資與回收。企業訓練在組織運作過程中實施，對象是企業從業人員，這些人也都是成人學習者，其根本假設如下：

1. 基於組織內目前的需求或未來發展的策略，企業人力素質有提升之必要。
2. 透過訓練的方式，人員素質的提升將可以配合組織現在或未來所需。

這兩個假設源自於一般雇主對於訓練成果的期待。大體而言，個人技能的從無到有係經由學習。為了使雇用進來的人力能滿足組織現行運作以及未來發展所需，員工必須具備特定的專業知識與技能以遂行組織所賦予的任務，因此企業願意提供課程與訓練，以便琢磨員工的知識與技能，使之貼近組織的需求與發展，成為企業可用的人力資源。

7.2 訓練的功能

由於訓練是組織內人才提升的方式之一，訓練結果也直接或間接地對於組織與受訓者造成影響，故就其功能面而言，約有以下各點：

一、員工素質的增進

訓練是利用一連串有系統的課程設計，以期對於受訓者能力的提升造成正面的影響。一個有效的訓練除了能夠提升員工的專業能力之外，也能使員工對於其個人的學習能力有所回顧與反省，進而能提升其學習其他類似訓練的能力。

二、組織生產力的提升

有效的訓練課程往往能對員工的技能產生正面的回饋，因此對於組織生產力的提升有所幫助。面臨競爭與變革是現代企業組織的常態現象，為提升組織生產力，企業的各種革新舉措在所難免，或改良內部作業流程，或借助科技工具轉型發展，員工因此必須配合訓練，學習新技能，以因應變革。例如：企業全面推展 ERP，員工必須全力配合訓練計畫，才能達到轉型目標。此外，生產力的提升亦源自於優質的員工信念與價值觀，適當的訓練課程有助於傳達企業的政策與目標，強化員工認同、增進工作意願，使企業順利達成經營使命。

三、個人生涯的發展並留住優秀員工

訓練的執行主要是借助學習理論，學習的結果與過程都將對於個人的特定行為或觀念產生影響，這些影響可能直、間接地改善受訓者的技能或專長，也可能啟發個人的智能與靈感。無論是智能或技能的改善對於該個人都具有生涯發展的意涵。組織提供有效的訓練發展計畫一方面顧及員工的生涯發展，一方面也藉此將優秀的員工留在組織之中。

四、人才的發掘

訓練也是一種發現人才的過程，透過指導與學習，訓練師輔導受訓者熟悉或了解特定的技能，也從中發掘受訓者的學習潛能，藉由教學的互動以及對於人力潛能的掌握，訓練師因此可以決定用哪些方法與哪些教材以協助了解。對於企業而言，訓練的實施也同樣具有發現人才的妙用，當受訓者透過學習過程而回到工作崗位之後，藉由對於受訓者的觀察，可以檢討該訓練的實施，也更有機會發現特定人力資源的潛力與其發展的瓶頸。

五、發展個人競爭力以增進組織競爭力

在晚近的管理理論中，許多學者強調核心能力(core competency)的重要性，也就是找出人員的核心專長，藉以規劃出企業的最佳優勢，以此來發展人力資源(Prahalad & Hamel, 1990)。從訓練與人力資源發展的角度來看，邊緣的人力資源潛力與非主流知識往往能夠點出主流知識的盲點所在，也是企業創新的來源。透過訓練與人力資源發展的實施，企業不僅發展了核心能力，更能發掘潛在人力資源與智慧資本，而能擴大或延續核心能力的發展，增進組織競爭力。

7.3 員工訓練的種類

員工訓練為人力資源管理四大階段：選、訓、用、留其中之一，而事實上訓練可跨足於其他三階段，例如在招募、晉用、留任等過程中，都具有人力資源發展、教育與訓練的意涵。不同階段的員工訓練，將主導不同的訓練思維。在此介紹職前訓練、職場中培訓、職場外訓練、遠距教學等概念。

首先在員工新進組織之時，為了使新人儘速熟悉組織環境與工作任務，企業可能舉辦職前訓練(orientation)。這種訓練主要是使新進同仁迅速了解組織環境、工作任務、責任、權利與義務，以協助其儘快進入狀況。負責職前訓練的單位因不同的人力資源規劃而有不同的安排，有些企業以人力資源部門為主，由人力資源部門帶領新進員工拜訪各單位，並安排一連串的職前訓練活動；有些企業則以用人單位為主，由用人單位實施新進人員的職前訓練，而人力資源部門只是輔助；有些企業利用多媒體訓練教材實施職前訓練；有些組織則延聘內外部講師，甚至派外受訓，各種情況不一而足，端賴企業的實際需求與成本狀況而定。

職前訓練的實施方式很多，深淺不一，端看組織的需求，有些組織只希望新人對該企業的基本運作與任務有基礎的概念，於是採用密集的概念介紹，所用的方法有講授、參觀、觀看視聽教材等方式。例如，人資人員將整套新進人員必須知道的運作規矩，編製成教案或錄製成多媒體教材，讓新進人員藉由觀賞視聽教材進行學習。這種方式既呈現工作情境的實況，也避免對現場造成干擾，缺點是新進者無法實際與現場工作人員直接接觸，缺乏建立人際網絡的機會。有些機構則是除了簡略講授必要作業流程之外，還帶領新進人員拜訪各部門，以建立最初步的人際關係。

有些組織對於人力資源有專業上的需求，要求新進者必須經歷一段時間的訓練與養成，此時則有較長的職前訓練過程。例如公務人員的基礎訓練與實務訓練、律師與司法官的實習訓練等。

職場中培訓(on-the-job training, OJT)是指當員工進到職場之後，在職場環境中對於組織成員所實施的技能教導或觀念養成，這類訓練主要發生在工作場所中，以實際的工作案例作為教案，因此具有現學現用的實用價值。這類訓練主要以師徒制(mentoring)或工作中教導等方式進行。所謂師徒制是以資深員工或上司帶領資淺的員工，資淺者利用協助資深者處理事務的機會，從旁觀察與學習資深者處理事務的方法。例如許多餐飲業廚工的養成經常是透過主廚帶領基層廚師的方式，讓資淺員工做中學(learning by doing)。又如中鋼透過一對一資深者帶資淺者的方式，不僅完成技術傳承，也透過合作學習，讓企業、資深者、資淺者三方受益，對於企業而言，企業文化與職場倫理得以建構；對於資深者而言，其價值與技術獲得肯定；對於資淺者而研，則能實際體驗工作程序與問題解決的方法（張彥文，2019)。所謂工作中教導是指組織聘請內部講師（經常是資深工作者或有經驗的上司）在工作場域利用講解或實際操作的方式教導工作者，由於所介紹的案例、所使用的教材、以及所操作的設備都與員工實際操持的經驗契合，因此員工能立即融入情境，達到所見即所學的效果。

除了利用職場資源進行訓練活動之外，企業也利用職場外訓練(off-the-job training)派員赴特定的學習場所學習。這種訓練多數是因為組織內沒有適當人選可以教導特定技能、訓練過程可能對於組織運作干擾甚大，或者該學習過程較適合在職場外實施等。例如為了解學習型組織的管理技巧，企業主管被指派參加某研討會，進行一日研習；為了進軍東南亞市場，學習當地的會計帳務技術，因此會計人員被派往特定補習班上課；又或者為了因應 AI 趨勢下的管理技巧，某企業儲備幹部被派往該企業所屬的企業大學接受密集訓練等。

數位學習(e-learning)是近幾年來的培訓趨勢，特別自 2020 年 COVID-19 疫情之後，許多企業培訓已採用數位方式進行。以數位、遠距的方式上課並不是一個新概念，例如中華電信企業大學早在 2007 年前後即經常使用北、中、南、東四區連線的方式，培養儲備主管，由講師在北區的電信訓練所進行實際的課程講授，並且連線其他三區，同步上課。換言之，其他三區可以透過多媒體工具「參與」臺北地區的上課，其他三區能夠在上課過程中立即提問，而由臺北正在授課的老師或參與同學回答，達成共同參與以及互動教學的目的。然而，這種上課方式仍然較適合講授式的教學，畢竟參與者仍然感覺到他們是屬於遠端的一群，較難活生生地營造面對面上課的氣氛。

數位學習對於不方便遠道而來聽課的學員固然是一種便利的作法，透過對於數位教材的研發與整理，也使得數位學習不再只是一種教學法，而逐漸發展為具有系統性及結構性的數位教學產業。傳統上，這類數位教學多由企管顧問公司經營，以遠距培訓為主要的營運模式，其利用線上教學平台發展了線上教學、課程顧問、專題報導、企業家開講、企業診斷等多元的服務。一般企業購買線上課程之後，具有帳號與密碼的員工就能依照自己的時間許可，在教學平台上選課、聽課、接受測驗、進行學習互動等。近年來，雲端與平台的概念大興其道，許多數位教學機構致力於以數位平台來媒合教與學，課程由教學者提供，只要一個人擁有專業、樂於授課，就有機會成為講師。這類平台採用分成制度，讓教學者與平台共享收益。學習者則可以單獨購買某一門課程，也可以透過月費制度成為會員，享有無限制觀看線上課程的權利。課程設計彈性，教學者可以針對學習者的不同需求，設計不同主題、不同難度、不同時長的課程。此外，這類數位媒合平台也提供實踐工作坊，讓學員在網路學習之餘，也有機會與教學者面對面互動學習。

雲端與平台概念也促使個人化學習上升到一個新的里程，企業中發展人力資源的焦點逐漸從教學方轉移到學習方，因此有個人學習雲(Personal Learning Cloud, PLC)的概念。基於雲端技術與學習科技的發展，PLC 提供了一個個人化的學習環境，讓使用者可以自由地選擇學習內容、時間和地點，並透過雲端技術和智慧型設備進行學習。著名的 PLC，如 Coursera 提供來自全球頂尖大學和機構的免費網上課程，又如由哈佛大學和麻省理工學院共同創建的非營利性網上學習平台 edX 則提供免費的網上課程和線下證書課程。這些 PLC 同時也透過社群討論甚至實踐社群讓成員得以將所學實踐或進一步討論(Moldoveanu & Narayandas, 2019)。

數位學習的好處除了教學的時間與空間能夠由受訓者自己決定之外，教材的研發及多媒體聲光效果的輔助，也能夠將課程精緻化。然而，有些問題仍然是這個領域亟待解決的難題：在學習面，數位學習難有面對面的課堂氣氛、不易有同儕間共同上課的感覺、也較難達成面對面上課時教師與學員間時而嚴謹，時而輕鬆的教學效果；在培訓面，如何讓員工願意自發性的學習、所學習的目的與過程是否符合企業培養人力資源的期待，以及學習的前中後是否有主管或專人輔導以隨時結合企業實務與需求等，則是企業在運用數位學習時必須先做好的準備。

7.4 訓練的規劃與執行

訓練的主要目的在於解決組織中人力素質不足的問題。有些組織甚至強調以招募新人來取代訓練成本。在組織發展的前提下，「引進新血，改革組織」固然要緊，但組織的發展原本就是植基於既有的知識基礎，如果引進新血的影響大過既有知識基礎所能負荷的，可能就必須花費相當的代價在適應與復原的過程。基於這個理由，許多組織偏好針對現有員工進行訓練，來提升其智能與技能；然而學習是一種危險，如果因為規劃不良而引進了不適當的觀念，不僅浪費時間與金錢，並可能危害組織，故訓練的規劃與執行必須經過審慎的評估。

訓練方案如何規劃，基本上是與企業人力資源發展的觀點有關。以職能觀點的人力資源發展為例，當一個企業重視所謂的「職能(competency)」時，其對於訓練的規劃就不會只是員工技術能力的培養，並且會考慮在企業政策之下，整個組織團隊應該具備怎麼樣的動能，而在該團隊中的個人又該掌握哪些能夠增進組織高績效的知識、技術、能力，及其他關鍵特質(KSAO, Knowledge, Skills, Abilities and Other Characteristics)(Mirable, 1997)。由此可知，企業的人力資源發展觀點是訓練規劃的靈魂，而訓練規劃則是整個訓練方案執行是否成功的關鍵。

7.4.1 確定訓練需求

審慎評估訓練計劃的第一步就是確定訓練需求。訓練需求的規劃與人力資源發展策略息息相關。在規劃人力資源發展策略時，必須真正的去反省目前組織內的人力資源現況，首先檢視人才培育的願景與組織發展願景的差距有多大？這些人力現階段的工作表現與企業的關鍵績效指標(KPI, Key Performance Indicators)之間的落差如何？該人力資源能不能開發？該落差如何彌補？該如何誘導？又該如何施予教育訓練？企業衡酌本身的優勢與劣勢，以及未來趨勢的機會與威脅之後，組織能夠做哪些發展與規劃呢？這些思考包括四個層次的分析：組織分析、工作分析、人員分析與績效分析。

一、組織分析：哪個部門須訓練？

人力資源發展策略除了與個人有關之外，個人所在的組織、以及組織與組織之間的連結與發展也占有極重要的地位。在擬定未來人力資源策略時，必須考慮特定組織或其相關組織在未來數年內的人力需求。人力需求的評估則必須考慮「組織維持」(organizational maintenance)、「組織效能」(organizational effectiveness)以及「組織文化」(organizational culture)三方面。

組織維持是指在組織基本運作的前提下，進行人員的訓練與組織的變革。訓練需求必須考慮組織維持，由於組織變革在當前的競爭環境中已經是一種經常的現象，如何在組織穩定運作的前提下引進所需的技能、進行人員訓練、或執行組織變革，乃是當務之急。人力資源發展策略與組織變革意味著企業成長的危機與轉機，因此需要透過管理與發展技術來提升人力素質，將這些變革轉化成正面的力量。

組織效能與人力補充有關，從經營的角度而言，組織效能指的是組織達成經營目的的程度；從人力發展的角度來說，組織效能則是指組織達成個人發展目標的程度。訓練需求規劃必須與組織效能一併考量，除了了解特定組織需要哪些人力的挹注、哪些技術的引進、以及哪些管理方式的修正之外，管理者也必須考慮組織效能是否能夠延續訓練之後的個人潛能發展，以更充實其組織效能。

組織文化則與組織成員的相互交流息息相關。為確定訓練需求，企業必須了解各組織的不同文化，以決定訓練的內容與方式。組織文化是由成員互動而形成，其彰顯於外者，包括組織共享的規範、信念與價值。顯性的組織文化展現於組織中特定的典禮與儀式；隱性的組織文化則包括故事、口號、傳說與特定手勢或動作的流傳。例如銷售部門的組織文化與會計單位的組織文化截然不同，在訓練需求規劃的階段就應該詳加區分，以遴聘適當的講師，並規劃出合適的課程內容。

二、工作分析：訓練的內容與標準為何？

為確認訓練的標準內容，必須先分析員工所從事工作的過去、現在與將來。工作分析的基礎來自於工作規範與工作說明書，工作規範中明定該工作足堪勝任的人員資格、學經歷背景等，及對於該工作之未來展望。工作說明書則記載該工作目前的操作情形，並描述該工作的一般流程運作等。經由任務分析，可以使企業調度現今人力，及預估未來人力，而決定有關訓練的 5W1H (What, Why, Who, When, Where and How)。

工作分析是企業對於人才「選、訓、用、留」的依據。藉由工作分析可得到特定工作的具體執行內容，及承擔該工作時所需要人員的條件與能力。透過工作分析，企業可以明確了解特定任務的人力條件，也能清楚訂出所將實施訓練的專業技能。工作分析並可提供訓練評估及課程考核的依據。

三、人員分析：哪些人接受訓練？

確定組織分析與工作分析之後，對於哪些人必須接受訓練始能有初步的規劃。選擇受訓對象時，除必須考慮受訓員工的潛能及學經歷背景之外，在該受訓者接受訓練時間內，組織工作的臨時調整，以及受訓課目與受訓環境能否被受訓者所接受等，也都是重要的考慮因素。換言之，受訓者必須是組織中較為適合接受訓練的員工，該員接受訓練之後所能回饋給組織的也必須比其他人更多。人員確定之後，企業便能依據員工的行為及態度，制定員工訓練發展計畫，並依照訓練計畫研擬訓練方案。

四、績效分析：哪部分要特別加強？

績效分析是指在營運過程中，發現實績與報償之間的差異時，分析差異原因，究竟是「肯不肯」還是「能不能」的問題，並評估其成本與效益，以決定是否進行訓練。如果分析結果是員工不肯而非不能，此時則藉由激勵方式，往往能有斧正的效果；若結果是不能而非不肯，則尚須分析是「環境不能」還是「能力不能」，而「環境不能」中還包括導因於設備不足、器械不良等的「硬體不能」，與歸因於組織結構、公司制度等的「軟體不能」。當排除「環境不能」後的「能力不能」方是考慮訓練與否的決策，茲將上述分析圖示如圖 7.1。

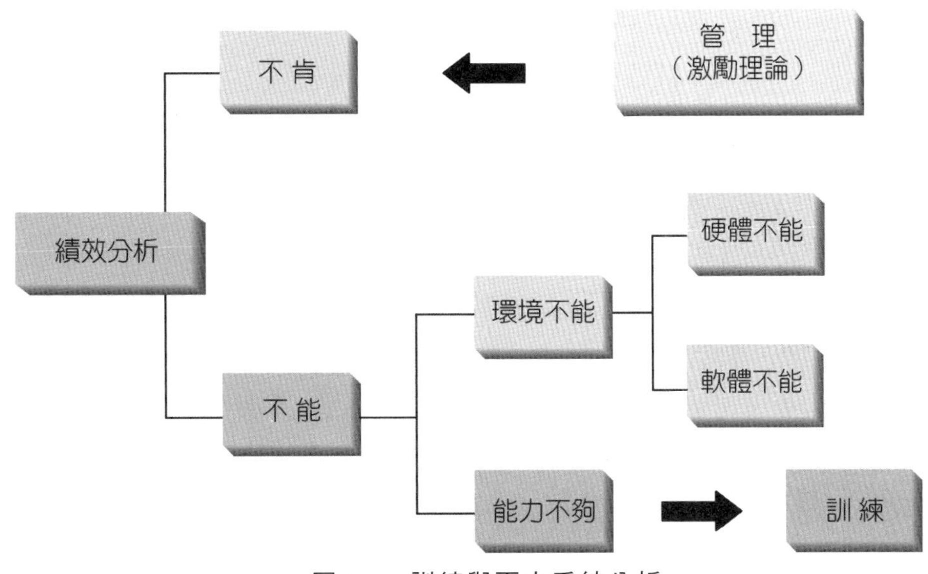

圖 7.1　訓練與否之系統分析

為了加強人力素質，企業採用教育或訓練的方式，以進行長期或短期的人力資源發展。績效分析必須確立出實際與預期的差距究竟是否可歸咎於人力素質因素。如果落差確是能由教育或訓練來改善，則教育或訓練的實施方有意義。

訓練需求的確立並非一味地由上而下地訂出組織目標，以期待將員工塑造成怎麼樣的人才，而是必須考慮目前組織現有人力的質量，這些人的優勢在哪裡？這些優勢是不是在妥善的位置上被加以發揮呢？基於組織、工作、人力與績效四者的分析，企業方能掌握教育訓練規劃的方針，因而決定教育或者訓練規劃的提出。

7.4.2 教育訓練方案的規劃-ADDIE 模型

通常一個教育訓練方案歷經五個重要步驟，包括分析(Analysis)、設計(Design)、開發(Development)、實施(Implementation)和評估(Evaluation)，簡稱 ADDIE 模型。此模型最早由美國陸軍於 1975 年開發，用於設計與發展培訓課程，後來其他組織與機構相繼採用，逐漸成為培訓方案設計的基本模型，包括以下五個步驟(Watson, 1981)：

1. **分析**：在培訓方案規劃之初，應進行情境資料的蒐集與分析，針對學習者、學習目標、學習內容、學習環境、教學方法等加以蒐集資料並分析，以便確定培訓的需求和目標。
2. **設計**：經過上述分析之後，則根據分析結果設計培訓課程的架構與內容，包括學習目標、教學策略、評估方法等。
3. **開發**：基於上述所設計的架構與內容，進行教學資源和教材的開發，包括流程、教案、簡報、影音配件、評估工具等。
4. **實施**：當完成教學方案的設計與發展之後，則進行實際的培訓，此時必須考慮訓練師在培訓現場的需求，包括現場教學設施之確認、課堂教學氣氛引導、教學法之靈活調整、自主學習策略之引導等。
5. **評估**：實施教學方案之後則應針對整個培訓方案的施行進行評估，包括訓練方案之滿意度、學生的學習效果、教師的教學品質等。

ADDIE 模型可以幫助設計並發展教育訓練方案，使培訓流程更具系統性與條理性，同時也透過評估，確保培訓品質。此模型適於各種不同的培訓領域，包括企業培訓、學校教育、職業技能培訓等。

儘管 ADDIE 模型結構清晰、步驟明確，易於掌握和實施。然而，該模型過於線性與過於理想常成為批評的焦點，例如在評估階段可能忽略了形成性評鑑的重要性，而現實中培訓的每個階段可能更多是循環與疊代，常需要滾動式的修正。此外，以終為始以及設計思考的概念有助於培訓方案的創新、注重體驗與學習成果的設計可以讓培訓方案更貼近實際狀況、確定評估指標、評估方法以及訓練遷移等以助於訓練成效的達成等，則是 HRD 人員在應用 ADDIE 模型時的進一步考量。

7.4.3 教育訓練方案的執行：體系與內涵

教育訓練的執行必須考慮多重面向，而這些考量隨著執行情境的差異而不斷調整。這些面向包括場地考量、受訓者考量和授課方式考量，而這些因素的選擇取決於訓練目標、訓練性質和受訓者特質等因素。在場地方面，訓練師在培訓之初最好先能先確認培訓場地與設施，了解其特殊性與限制性，以便構思培訓的內容與方式。例如場地的座位是屬於演講廳形式還是工作坊討論形式，了解該場地的網路連線狀況、影音效果，甚至電腦中可應用的軟體等，以決定授課的形式、活動的設計與互動的可能等。在受訓者方面，訓練師在授課前以及授課過程中要持續關注受訓者的特質與反應，在授課前可以先了解受訓者的背景，如教育程度、所屬部門、學習需求等，而授課過程中也可以透過互動了解受訓者的理解程度，以及對特定議題的敏銳度等。在授課方式方面，訓練師固然可以依據主題選擇自己最習慣的授課方式，然而一個經驗豐富的訓練師則能依據環境狀況，適時地調整自己的授課風格與方式，以發揮最佳的教學效果。例如面臨高齡學員時，有些訓練師會修改自己的授課講義，放大字體，以方便學習者閱讀，也可能轉換語言，以台語的方式授課等。

最後，訓練方案的執行是整體的，訓練績效評估的考量也不可少，由於訓練計畫源於企業文化、策略和目標，因此評估可以分為兩個層次。首先，要評估訓練方案本身，以確保訓練方案的有效性和訓練方法的實施情況。其次，還需要評估訓練方案對整體訓練發展計畫的效果，以確保訓練計畫符合發展計畫並且符合企業目標（何永福、楊國安，1993）。由此可知，訓練的執行必須有系統性的考量，茲將訓練體系的內涵總結歸納如表 7.1。

企業經常處於效率與效果的兩難。尤其在景氣低迷、成本精簡之時，企業往往針對訓練成本及研究發展費用進行限制。由於此兩項支出無法顯而易見的增進組織效能，因此比其他的營運活動更易遭受預算扼殺的命運。然而此兩者卻對組織的未來營運大有影響(Colin, 1995)。一個強調效率的組織著重於內部的效率與控制；而一個重視效果的企業則必須考慮外部環境的不斷變遷，以規劃人力資源發展。在效率與效果的實踐當中，經營者從需求面直接思考企業本身的定位，從而規劃企業的教育與訓練活動，由下而上的反應需求，並從上到下擬定並執行訓練政策。

» 表 7.1 訓練體系的內涵

訓練體系的內涵						
分析項目	訓練需求分析			訓練計畫的擬定與實施		訓練成果評鑑
實施步驟	訓練需求資訊來源	需求分析	需求認定	計畫擬定	計畫實施	評鑑過程
分析點（分析問題時的考慮因素）	*員工 *單位主管 *人力規劃單位 *訓練發展單位 *企業經營者	*組織分析 *任務分析 *人員分析 *績效分析	*訓練需求 *教育需求 *管理需求	who/whom why what how when where	*目標 *教材 *教學法 *實施地點	*形成性評鑑 課程是否反應需求 訓練時間是否適當 學員的成績與反應 *終結性評鑑 行為的變化是否與訓練目標相符 組織績效是否增加

資料來源：何永福、楊國安(1993)。人力資源策略管理。台北：三民。

7.4.4 教育訓練方案的評估與訓練遷移

評估教育訓練方案的方法很多，最常見的方法是 Kirkpatric 訓練評估模型，包括反應、學習、行為、結果等四個評估層次(Kirkpatrick,1994)：

1. **反應層次**：主要是評估學員對於培訓課程的滿意度和反應，包括學員的態度、觀感以及反應等回饋。實務上，一般培訓課程結束之後的課程滿意度問卷即是屬於這個層次的調查。

2. **學習層次**：評估學員在培訓課程中所學習到的知識、技能與能力，判定該學習成果的品質與程度。實務上，常在訓練課程結束之後帶入小考、測驗或讓受訓成員實做，其用以了解學員在培訓過程中學到什麼、學了多少。

3. **行為層次**：評估學員在培訓課程後將所學應用於工作實務中的程度與質量。此層次主要在了解學員從培訓課程中學到知識或技能之後的應用，牽涉到學員回到職場後的行為改變。實務上，這類評估發生在受訓學員回到職場之後，因此並不容易執行，不僅調查受訓成員應用所學的情形，必要時也訪談其主管或同事，以便了解受訓者在工作中的行為改變。

4. **成果層次**：此層次主要在評估培訓課程對組織業績和目標實現的程度。培訓方案並非為了培訓而培訓，企業之所以投入訓練往往是為了解決某些問題或者滿足某些需求，如生產力、營收、成本、品質等方面的增進，因此，此層的衡量即是評估該培訓方案對上述問題或需求的解決程度。成果層次的評估涉及組織的運作成果，且影響變數甚多，是四大層次中最難評估的項目。

Kirkpatric 訓練評估模型中最難評估的部分當屬第三與第四層次，主要是因為培訓之後評估學員的移地實踐並不容易，然而，一個培訓是否成功關乎所學是否能夠被實際應用，因此如何衡量學員在完成一個培訓課程之後將所學得的知識、技能與態度運用到工作中乃成為評估培訓方案的關鍵。而學員將訓練所學應用於實際場域即是所謂的訓練遷移(training transfer)。為了使訓練遷移達到效果，應注意以下幾點：

1. **訓練前**：培訓規劃時，派訓單位與培訓單位需協力做好情境分析，以終為始，確認企業生產力增進與培訓方案的關連，並預先規劃學員培訓後的實踐場域，以便學員在學習之後能直接在職場中進行應用與發揮。此外也要了解學員的工作環境、工作需求和學習動機，確定培訓目標和內容，為學員提供適當的支持與學習資源。
2. **訓練中**：在學員的學習過程中，派訓單位與培訓單位需提供適當的輔導與支持，例如設計多元化的學習活動、提供回饋和諮詢、為學員提供學習社群和學習夥伴等，除了幫助學員更好地理解和應用所學內容之外，也更能引導學習以貼近企業需求。
3. **訓練後**：在培訓結束後，派訓與培訓單位需提供課後支持，例如社群討論、實踐社群等，透過實際的實做討論、諮詢與對話，提供持續學習的機會和資源，以協助學員持續精進所學，並更好地將所學運用於工作中。

持續改善與文化支持：訓練遷移的改善關乎訓練方案品質的持續提升，而訓練的最終成果乃實現於派訓單位，因此，派訓單位與培訓單位在訓練前中後的協力合作實屬必要。此外，派訓單位的組織文化和價值觀對訓練遷移也具有重要影響，在每次的評估之後，應進行反思與檢討，滾動式調整培訓方案，以此建立以實踐為主軸的學習文化，鼓勵學習與實踐，並提供機會與資源以促進訓練遷移效果。

7.4.5 員工參訓動機的引發

依據郭秋勳(1990)的研究，員工參與訓練之行為乃決定於其個人之參與意願，而其參與意願又與工作滿意度及外在期望息息相關（郭秋勳，1990），所謂外在期望是指重要的第三者影響、工作環境中因新科技引入所帶來的衝擊等，而其又與價值及內在期望存在交互作用的影響，如圖 7.2。

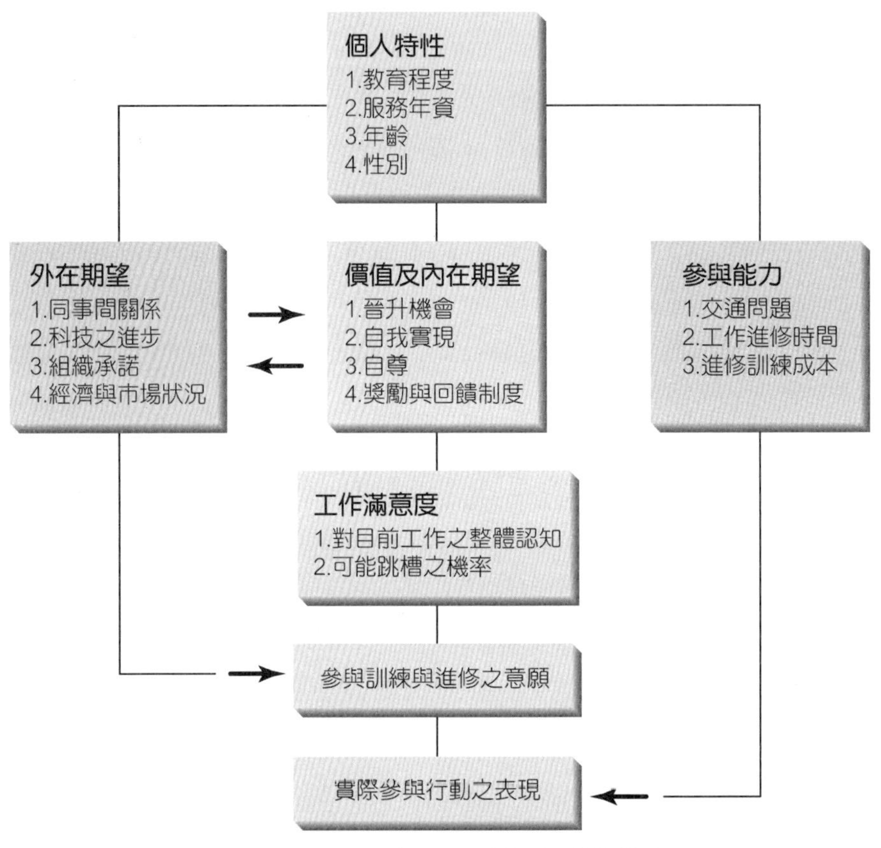

圖 7.2　員工參與在職進修訓練模式

資料來源：郭秋勳(1990)。史、駱二氏（Steers & Rhodes）員工參與在職進修訓練模式之研究。教育心理與研究，13，149。

由上圖我們可以發現參與受訓的動機直間接的受個人內外在價值及期望的影響，而影響價值及期望的又與個人的教育程度、服務年資、年齡與性別息息相關。外在期望包括與同事之間的關係、科技進步的影響、組織承諾與經濟市場狀況的因素，此四者直接影響員工參與進修的意願與動機，並與個人的價值觀及內在期望作交互式的影響。個人內在期望則包括晉升機會、自我實現、自尊與獎勵及回饋制度，這部分則直接影響員工對於工作的滿意程度，也間接影響了其參與進修的意願。至於實際受訓時的行動表現則視個別參與者的交通因素、工作相對於受訓的時間、以及進修成本而定。當了解引發參與者的受訓動機之後，接下來則是訓練方法的選擇（高文彬，1997）。

7.4.6 訓練方法

訓練方法五花八門，訓練師應考慮訓練目的、訓練內容、訓練師專長、受訓者特質，以及資源與成本等因素。以下介紹較為常用的訓練方法，並討論各方法之使用時機及其優缺點（簡建忠，1995）。

一、講解法

⊙ 由講師講解觀念或技巧，受訓者則聽取演說。

⊙ 應用時機：新知或觀念的初始灌輸、受訓者人數過多、授課時間有限、觀念總結。

⊙ 優點：方便、快速。

⊙ 缺點或限制：受訓者無法主動參與、缺乏雙向交流、不易隨受訓者的即時需求而調整。

二、示範演練法

⊙ 由講師示範技能的操作，而受訓者則見習之後自行當場操作學習。

⊙ 應用時機：新設備或工具的操作學習。

⊙ 優點：訓練者與學習者產生互動交流、學習者可以現學現賣，立即從操作中熟悉技法。

⊙ 缺點或限制：不像講解法隨時隨地可以進行，這種方式必須在訓練場地設備齊全的條件下實施，如果場地設備不足或學習人員過多則學習成效將不如預期。這種方式的訓練成本也較高。

三、器材輔助教學法

⊙ 講師利用科技器材，如影片、幻燈片、視訊設備、網路設備等幫助學習者進行學習。

⊙ 應用時機：新知、觀念或設備操作學習。

⊙ 優點：可吸引受訓者的注意力、可安排有系統的觀念介紹、能夠技巧性的安排播映順序以提高學習動機、成本不高、可重複使用。

⊙ 缺點：仍屬單向溝通，受訓者無法主動參與，也不易隨受訓者的即時需求而調整課程。

四、虛擬軟體教學

⊙ 組織或訓練單位利用虛擬程式，對受訓者提供虛擬實境的訓練環境，虛擬程式中安排各種情境，使受訓者在特定情境下練習各種操演或應變。

⊙ 應用時機：新知、觀念或設備操作學習。

⊙ 優點：節省購買實際器材的成本、避免實際操作的危險、避免干擾組織內的實際作業程序、可學習不同狀況的反應與處理。

⊙ 缺點：虛擬實境與真正的臨場狀況仍有差別。

五、討論法

⊙ 由講師安排各種討論主題，實施分組討論。

⊙ 應用時機：複雜概念的學習、收集特定問題的改進建議、對於特定主題與觀念的廣泛意見交流、訓練受訓者的推理與邏輯過程。

⊙ 優點：有參與交流的機會、成本低廉。

⊙ 缺點：不易掌控討論過程的情緒問題、主持人必須有高超的主持經驗與應變能力。

六、敏感性訓練

⊙ 主要在改變受訓者的自我知覺，幫助受訓者個人的學習行為。由訓練師將團體帶離工作場合，藉由各種互動機會，使受訓者觀察其他受訓學員的行為與態度，藉由對他人的觀察與了解以反省自己的行為與態度。

⊙ 應用時機：發展受訓者的人群關係、改變受訓者的自我知覺

⊙ 優點：讓個人學習者產生自我反省。

⊙ 缺點：可能使受訓者感受揭露隱私的壓力、有侵犯隱私權的風險。

七、個案研討

⊙ 講師在課程中講授實際或假設的案例，並引發討論。

⊙ 應用時機：複雜問題的分析與解答、培養解決問題的能力、發現特定問題的解決原則、培養全面性的能力。

⊙ 優點：有參與交流的機會、成本低廉、可了解不同觀點。

⊙ 缺點：受訓學員必須能與團隊融合，並能尊重他人意見與敘說自我主張。

八、角色扮演法

⊙ 由講師引導學員扮演各種實案角色，藉由想像與扮演體會實際的互動情境。

⊙ 應用時機：當受訓背景為受訓者所熟悉的情境個案時，而學習主題與互動或決策有關。人際關係技巧方面的訓練也能夠以角色扮演法來進行。

⊙ 優點：有助於體會當事人的心理感受、發現自己的錯誤。

⊙ 缺點：模擬情境不易與事實相符。

九、競賽遊戲法

- ⊙ 利用競賽的方式，由訓練師提供特定主題，並營造實際的組織情境，使受訓者分組競爭，競賽完成之後進行講評與討論。
- ⊙ 應用時機：企業或訓練場地必須有足夠的設備來進行競賽。
- ⊙ 優點：情境與實際相符、參與者有主動參與及相互溝通的機會。
- ⊙ 缺點：成本較高、無法涵蓋所有狀況。

員工訓練的方法甚多，訓練者必須依照員工的特性、工作的性質與組織的需求加以擬定訓練課程。在規劃訓練課程時，訓練師考慮所欲達成的訓練目的以及現有的教具與教材，安排各種學習階段並穿插訓練方法，故上述所介紹的訓練方法必須依據各種應用時機而機動性的搭配使用。

7.4.7 企業的培訓準備與學員的學習管理

企業中對於員工訓練必須做好準備，包括以下項目：(Ballard, 2017)

一、建立員工對於訓練的正確觀念

企業應將培訓觀念融入於一般員工的工作內容，並納入工作說明裡，讓組織成員都認同其工作技能的養成與維護是他們工作的一部分，每位員工都負有維持並發展自身工作技能的責任，公司並應妥善安排，在工作場域中提供員工磨練其工作技能的機會，讓技能獲得維護與精進。公司也應將員工技能的持續精進列入定期考核的項目之中。

二、建立主管對於訓練的正確觀念

將訓練員工融入主管的常規工作中，並納入工作說明裡，讓主管都認同培訓員工是管理階層必要的職責。此外，也應對於主管加以培訓，讓他們知道該如何與員工一起工作、共同成長，該如何設定與發展培訓員工的目標，監督培訓進度，以及評估培訓效果。此外，企業也應將培訓員工列入考核主管績效的項目中，以便從制度面建立主管的責任感。

三、在工作中撥出培訓時間

多數員工對於參與培訓最大的困難是沒有時間。公司若能在工作中撥出特定的培訓時間，讓訓練真正成為工作的一部分，則員工將不必因為受訓而忽略應有的工作任務，也不必花額外的時間或利用工作之餘去受訓或從事職涯發展活動。換言之，訓練與職涯發展活動應盡可能嵌入員工的工作職責中，並與員工的工作流程以及工作量相互搭配，讓員工與主管都認同培訓的重要性，如此也有助於主管掌握員工的職能發展、工作量，以及工作進度。

四、從需求面整合員工訓練、職涯發展與組織發展

在企業進行員工訓練與職涯發展時，必須能夠針對工作所需要的技能進行培訓與發展，而這些培訓與發展活動不僅有助於員工的內部晉升，並能與其未來的職涯發展相結合。企業並能與員工一起找出個人短期與長期發展所需要的知識、技術與能力，讓員工的培訓與發展能隨時與組織運作以及組織目標保持連動。

五、提供實際演練機會

為了使在訓練中所學習到的知識與技能得以持續發展，企業必須提供實際演練的機會讓員工能夠把所學用在工作上。如果訓練所學無法實際應用在工作上，或者所學到的技能無法獲得機會練習並與實務工作相互印證，則意味著所投入的訓練成本可能白白浪費。

六、獎勵並認可員工在訓練與發展上的努力

建立一個讓員工願意自願投入且持續學習的學習型組織，透過增強原理，強化員工與主管的正向行為：在員工方面，企業應公開鼓勵熱衷學習與受訓的員工，並公開表揚獲得技術認證或證書的成員；在主管方面，企業可在公開場合推崇致力於發展成員潛力並推動組織發展的經理人。如此，則一方面能強化受獎者的正面行為，另一方面也讓所有成員了解企業所認同的價值觀以及所期待營造的組織文化。

七、消除歧見，尊重多元差異

主管對於訓練的看法往往與員工不同，因此必須確保組織中各階層人員都能獲得量身訂做的培訓或發展機會。企業針對人力資源進行規劃、發展、執行、評鑑時應考慮勞動力的多元差異，並確保所有成員都能獲得必要資源以成功執行任務。

此外，為了使員工能夠在訓練過程充分學習，以順利達成訓練效果，適切地管理學習過程往往是利害關係人（包括企業、部門主管、訓練師、受訓者等）的重點工作。重要的原則如下：

(一)學習必須鼓勵

為使學習有效的被激發與持續，訓練師必須於學習的不同階段適時地施予鼓勵。例如利用學習者的內部動機(如興趣、關係、願景等)或外部動機(如獎勵、加薪、升遷等)來引發受訓者首次的學習行為。訓練師也提供學習過程的適時回饋，以持續學習者的研習興趣。具體的回饋使學員清楚確認學習的現況，快速的回饋使學員即時滿足求知慾望。適當鼓勵並配合獎懲的運用有助於獎優懲劣，避免敵對氣氛，並引導學員正確的學習。

(二)學習必須持續

學習必須持續進行，特別在職場外訓練(off-the-job training)時，尤為重要。職場外訓練由於受訓地點與工作地點並不相同，因此必須特別留意所獲得的知識能否被順利遷移，也就是受訓者在訓練過程中所獲得的知識或技能，能否被實際應用在工作場域，並發揮效果，此即所謂的訓練遷移(Transfer of Training)。由於職場外訓練往往被安排在特定時間、特定地點實施，也被特定的專業師資所指導，為了使得訓練效果宏大，同時也可能搭配各類設施的輔助、各種教材的指引，甚至多樣訓練方式的交互啟迪。在設備齊全的培訓教室中，各種影響因素被盡量控制，學習者的注意力也被適度引導，以期訓練效果能夠符合訓練目標。然而職場內的真實狀況往往與專業教室所營造的情境相去甚遠，當受訓者回到職場之後，若無適當的情境來發酵所學，也無相關的任務來將所獲得的知識加以應用，則很容易便將所學到的知識與技能拋諸腦後。有鑒於此，企業應建構適當的工作環境以協助受訓員工發揮所學，銜接培訓成果，促成訓練遷移。而受訓員工也應主動將訓練過程所獲得的成果應用於相關的任務執行，透過持續練習，將所學推展到新的層次(高文彬，2006)。

(三)學習必須融入生活

當訓練屬於工作中訓練，也就是訓練課程被設計成與組織作息相結合時，專業知識的發展性必須受到重視。這類訓練，例如內部講師、師徒制、企業導師，或者工作輪調等，必須考慮到其所傳授的知識與技能能否不斷的注入新的觀念。正如上一段所提到，組織的日常運作及其過程中所提供的各類網絡及互動對於員工的專業能力具有維護甚至磨礪的效果，而這種「做中學(learning by doing)」的方式也是將學習融入工作與生活的一種管道。在工作中融入培訓，即職場中培訓(OJT)，則是將這種效果發揮出來，讓訓練中所培育的技能現學現賣，直接應用。然而由於這種訓練方式是在組織內進行，訓練者往往是企業內現有的資深員工，而教材也經常是企業本身的標準化教材，這類訓練的優點是工作即培訓，受訓者可以直接融入情境，具有實務演練立竿見影的效果，但因為訓練師與培訓教材都是以過往經驗為基礎，受訓者所獲得的知識便很難超越前人的經驗，導致專業的開創性稍嫌薄弱。為克服此弱點，在課程設計方面，企業可以針對特定對象，利用獨特的組織文化加以規範或引導，例如形塑一個行動學習或者讀書會的組織文化，以增廣企業的學習視野，降低上述以過往經驗為基礎所造成學習體系封閉的負面效果（高文彬，2006）。

7.5 訓練的常見問題

訓練不是萬靈丹。Osborne (1996:15)認為許多執行與預期之間的落差並不一定是因為訓練不足，而是來自於動機不夠、不適當的資源與工具，或者不適任的人員等。如果落差的產生確實來自於人員的訓練需求，則企業在規劃訓練方案時必須考慮訓練實施的目的與手段，衡量該訓練方式是否能夠達成訓練目標，而該目標的達成又是否是解決這些落差最經濟而有效的方式（高文彬 1997）。時下許多企業一味的實施訓練，忽略了訓練的危險與其後所伴隨而來的問題，茲將常見的訓練問題討論如次：

一、趕流行

訓練的目的何在呢？訓練如同企業政策，是具有目的性的。有的企業認為現在時下流行某種訓練，就不假思索地也將員工送往訓練。趕流行的結果使得員工不知為何而學，猶如戰士不知為何而戰，其學習動機低落，學習效果也就大打折扣了。

二、不需訓練而訓練

一般而言，訓練的目的在於縮短預期績效與實際績效的落差，這種情形主要是認為員工績效的低落是員工技能不足所造成的，然而這樣的假設頗值得商榷。有些績效落差並非導因於訓練不足，而是管理不當或者環境不佳等因素，若因此貿然將員工送往訓練，不僅造成金錢與時間的浪費，對於實際問題也只是緣木求魚，並不能解決。

三、訓練與實務脫節

訓練的種類很多，而訓練方式也因訓練的類別而各有差異。依據Kolb(1984)的學習循環(learning cycle)理論，學習是透過具體經驗(concrete experience, CE)、抽象概念化(abstract conceptualization, AC)、反省觀察(reflective observation, RO)、主動實習(active experimentation, AE)等四個階段循環而成。一個好的訓練設計應提供受訓者完成學習循環四大階段的機會。當訓練缺乏實習機會或者具體經驗的印證解說時，就不容易與學習者既有的知識體系產生共鳴，因而無法達到預期的學習效果。

四、訓練成效難以預估

訓練成效的估計一直是企業界在評估訓練策略時的難題，這是因為學習本身是一種複雜的行為，不易衡量，更何況訓練策略的實施仍應服膺「比例原則」，必須考慮到訓練目的是否符合公司的期待，而公司的期待又能否配合企業的中長程發展。當企業明確訂出期待與目標之後，訓練成效的呈現又無法從員工專業的進展單獨評估，因為專業的發揮往往與管理的實施與環境的配合息息相關。換言之，一個訓練成效的評估與是否進行訓練的決定同等困難，我們很難確切指出員工的進步或者落差確實是來自於該「訓練」。

五、訓練並非萬靈丹

許多企業認為訓練是解決人力素質低落的重要方法，但值得一提的，訓練不能也不會是唯一的方式。從某個角度而言，訓練甚至可以說是「不可被期待」的。以管理的立場來看，如果企業不能察覺成效低落的真正原因，一味地將績效與預期的落差歸咎於訓練不夠，則即使再好的訓練課程，或多次的派往受訓，都將無濟於事。在學習方面也是如此，如果訓練師不能體察個別受訓者的接受程度，一味地照表操課，對於教與學雙方都是浪費時間。訓練並非萬靈丹，而是提醒運用人力資源的主事者要更花心思在人力資源上。

六、訓練無用論

既然訓練可能是「不可被期待」的，是否就意味著「訓練無用」呢？訓練效果不容易被衡量，所投入的時間與金錢也有回收的風險，企業可能就將目標放在「空降部隊」上。「空降部隊」的好處是企業透過招募，可以立即獲得專業的人力資源，而不用承擔訓練的成本與風險，然而這些外來的人力仍有與組織環境相互調適的成本與風險。訓練的好處則是能在組織與員工互動的既有基礎下發展員工專業。這兩種方式對於組織內專業技能的養成與員工士氣都可能產生深層的影響。

七、訓練成果難以維持

訓練過程也許可以像做實驗一般，在實驗室中被理想的控管著，也順利的在該段時空裡獲得該有的結果。但是，出了實驗室之後呢？訓練課程如何控管到學習程序的後段呢？換言之，當個人回到工作崗位上之後，如何而能讓訓練結果繼續發芽滋長呢？Jeffries, Evans 與 Reynolds (1996:63)認為許多因素導致訓練結果無法順利地被應用於實際的工作中，包括不一樣的環境、不一樣的互動成員、不一樣的壓力，與不一樣的運作常規等。訓練過程，在各種侷限之下，只是一段時空的習慣養成，而學習卻是不斷累積經驗與知識的歷程。如何以一段時間或空間的學習或經歷，而改變長久的智慧累積或習慣養成呢？訓練成果在獨特的組織文化操持下並不容易被維持。

八、資方對於訓練與發展的消極態度

企業與員工乃共存共榮相輔相成之關係，從員工的角度來看，企業的獲利或虧損直接對於員工的薪酬造成影響，企業獲利導致員工薪給豐厚，故員工願意為企業付出，自不待言。然而，從企業的角度來看，員工的薪酬為企業的成本，員工的福利亦是企業的負擔，員工獲利時，企業並不絕對受益，反而增加了開支與成本，故企業往往對於員工的獎酬或者福利採取保留的態度，也就是以「調整式」或者「條件式」的型態給予。此種心態用之於員工的教育或訓練上，則是對於可明顯增加企業運作效能的訓練，採取認可的做法；而對於員工個人的興趣與發展的訓練，則採取「恩給」的態度，有時也被當作吸引員工留任的籌碼。在這樣的心態之下，企業內所辦理的生涯規劃或者非關於工作技能方面的教育訓練，在整體功能的增進上其實非常有限。

九、訓練外包

外包是專業分工的展現，為了節省成本，並實現專業分工，許多公司將員工訓練以外包的方式委託顧問公司處理。在訓練外包的情形之下，企業只需要付給顧問公司酬勞，教育訓練的工作就交由顧問公司處理，這種方式固然可以經由顧問公司的專業而對於人力資源發展的提升產生躍升效果，然而必須注意該顧問公司是否願意真正為公司量身訂做訓練課程，因為人力訓練猶如經營管理，雖有共通的處理原則，但大部分的個案都是不同的，唯有重視人力資源獨特性的訓練外包策略，才能對人力資源發展產生實質的貢獻。

7.6 ›› 結　論

在傳統概念下，訓練的目的在使員工從訓練過程獲得知識或技能。為什麼訓練會被獨立出來討論呢？這是因為訓練是機構內成員獲取知識的一種正式方式。在傳統的勞資關係裡，雇主有責任提供生產過程必要的材料與工具，這其中包括如何操作，如何運作等技能，也就是訓練。然而，當代的訓練規劃理念卻遠遠超出技能操作等專業技能的學習。

訓練並非無的放矢，必須經過審慎的評估，考慮組織、任務、人員與績效，並且經由精心的籌畫，謹慎選擇訓練方法並引導學習方式，以帶領受訓者進入一個被妥善規劃的學習環境中。在妥當的設計下，受訓者的學習目標與學習過程方能被有效地引導與控管。

（本章主要改編自高文彬(1997)。從企業再生工程談圖書館的人力資源發展，大學圖書館，1(2)，69-94。及高文彬(2006)。企業訓練的新途徑－實務社群的應用。成人及終身教育，12，47-51。對員工訓練有興趣之讀者請多加參考。）

參考資料

Ballard, D. W. (2017). Doing Enough to Train Employees for the Future. Harvard Business Review, https://hbr.org/2017/11/managers-arent-doing-enough-to-train-employees-for-the-future.

Campanelli, P., Cannell, J., McAulay, L., Renouf, A., & Thomas, R. (1994). Training: An Exploration of the World and the Concept with an Analysis of the Implications for Survey Design. Sheffield: Employment Department.

Colin, C. A. (1995). Managing Change in Organizations. London: Prentice Hall.

Jeffries, D., Evans, B. & Reynolds, P. (1996). Training for Total Quality Management. London: Kogan Page

Kirkpatrick, D. L. (1994). Evaluating training programs: the four levels. San Francisco: Berrett-Koehler.

Kolb, D. A. (1984). Experiential learning theory and the learning style inventory: A reply to Freedman and Stumpf. Academy of Management Review, 6, 289-296.

Miriable, R. (1997). Everything you wanted to know about competency modeling. Training and Development. 51(8), 73-77.

Moldoveanu, M., & Narayandas, D.(2019) 高階主管教育，有更平易近人的方式一到雲端培養領導力（洪慧芳譯）。哈佛商業評論 全球繁體中文版，154，52-61。

Moore, M. G., & Greg, K. (2005). Distance Education: A Systems View Second. Belmont, CA: Wadsworth

Osborne, D. (1996). Staff Training and Assessment. New York: Cassell.

Prahalad, C. K., & Hamel, G. (1990). The Core Competence of the Corporation. Harvard Business Review, 68(3), pp.79-91.

Tight, M. (1996). Key Concepts in Adult Education and Training. New York: Routledge.

Watson, R. (1981). Instructional System Development. Paper presented to the International Congress for Individualized Instruction. EDRS publication ED 209 239.

何永福、楊國安(1993)，人力資源策略管理，臺北：三民。

高文彬(1997)，從企業再生工程談圖書館的人力資源發展，大學圖書館，1(2)，69-94。

高文彬(2006)，企業訓練的新途徑－實務社群的應用，成人及終身教育，12，47-51。

張添洲(1999)，人力資源－組織、管理、發展，臺北：五南書局。

郭秋勳(1990)，史、駱二氏(Steers & Rhodes)員工參與在職進修訓練模式之研究，教育心理與研究，13，149。

簡建忠(1995)，人力資源發展，臺北：五南書局。

張彥文(2019)，迎戰退休潮：中鋼、中油打造不老企業有一套，哈佛商業評論中文版，151，32-35。

— 問題與討論 —

1. 訓練的目的為何？教育與訓練有何不同？
2. 如何確定訓練需求？
3. 訓練方法有哪些？試舉三種訓練方法，並說明其應用時機與優缺點。
4. 培訓員工時，企業應掌握哪些學習管理原則？內容為何？

組織發展

08

Chapter

學習目標

1. 了解組織發展的意義與目的。
2. 探索組織結構的種類。
3. 部門工作職責的規劃。
4. 組織發展與變革的趨勢。

話說管理　組織發展與人才發展相輔相成

2020 年開始，全球壟罩著 COVID-19 疫情的肆虐，這波疫情的衝擊長達三年，直到 2022 年底全球經濟才逐漸恢復正常運作。這段期間，鎖國、封城、停工、歇業等時有所聞，而許多企業也採取遠距上班、分流辦公、線上學習等。這類做法原本是一種應變處理，而疫情之後卻逐漸發現這類應變已經與人類生活密不可分，成為一種新常態(Galstyan & Galstyan, 2021)。這種新常態也影響了企業內的組織結構以及人力資源處理方式。

首先，雲端經濟逐漸蓬勃，過去由實體到線上必須花費時間與成本讓消費者逐漸習慣，然而受到疫情的影響，這類緩衝時間直接消除，人們沒有選擇地必須採用線上方式進行活動，因此線上消費、雲端經濟開始如火如荼，而消費者也沒有選擇地必須學習去適應網路購物、外送平台、線上學習等，使得這類線上技術成為人們的必修課程（2022/12/13 來源：科技橘報）。相應的，HRD 專業領域中的數位學習也逐漸成為企業培育人才的重要技術，企業內開始聚焦於數位化的營運方式並重視 IT 與數位行銷部門的發展，就連政府單位也成立數位發展部，以便促進資訊安全，推動數位產業發展（2023/03/01 來源：經濟日報）。

工作形態上，除了正職人員之外，外包工、自由工作者、跨領域人才、志願服務、機器人等成為新趨勢。在企業人才招募方面，數位人才的招募成為重點，在組織調結構整方面，在家辦公、異地辦公、分流分艙、多元彈性的工作模式等成為趨勢，而視訊會議、社交媒體廣泛應用於企業與生活中也成為工作與生活平衡的另一項挑戰。有鑑於此，後疫情時代的組織需要具備的特點包括：數位化勞動力、體驗為主的人資服務、數據分析力與洞察力、工作與生活的平衡、對社會責任和環保意識的強調。

數位化勞動力：後疫情時代的組織一方面盤點人才的數位能力，即專業人才需要哪些數位能力；而另一方面也盤點數位人才的專業能力，即數位人才需要那些專業能力，藉此重新定義組織內的職位、職能，乃至特定人力資源所能發揮的效果。而數位化勞動力的盤點也將最新的機器人勞動力(Robot worker)，如 Chatgpt 等，考慮在內（2023/03/02　來源：KPMG）。

體驗為主的人資服務：數位時代中，人文精神越來越可貴，因此人力資源服務將更重視體驗，包括員工體驗與顧客體驗，也就是將企業員工視為內部顧客，透過員工的優質體驗達成滿意與忠誠，然後忠誠的員工將能提供優質服務，從而引發外部顧客的滿意與忠誠。換言之是以員工體驗來帶動顧客體驗（2023/03/02　來源：KPMG）。

工作與生活的平衡：越來越多的企業提供遠端工作的選擇，以便員工能夠在家工作(work from home, WFH)。在工作時間方面，採用彈性工時，靈活工作時間，以便員工能夠根據自己的生活方式安排工作與生活的平衡(Work-Life Balance, WLB)；在學習發展方面，提供自主學習與自主管理的空間，讓員工得以自主安排工作，也提供線上學習的機會，以使員工能夠自由地在適當的時間和地點進行學習；在薪資福利方面，提供更佳的薪酬和福利計畫，包括醫療保險、休假和節日補貼等；在健康安全方面，則建立健康管理體系，包括員工健康照護資源、心理健康教育等，以強化員工身心健康及面對壓力的應變能力。

數據分析力與洞察力：數位時代的來臨更強化了企業對於數據力依賴，許多企業紛紛提供數據分析的培訓，以提高成員的數據分析能力；設立數據分析中心，以便員工能快速利用數據；推廣數據分析工具，包括表格、報表、圖表等，以方便員工進行分析；強化數據安全，以確保運用數位工具時無安全與洩密之虞；提供技術支持，確保員工能在決策過程中不斷實踐與學習，強化數據的分析力與掌握力（2023/03/02　來源：KPMG）。

企業責任與環保意識：SDGs 已經成為全球關注的議題，企業開始必須注意碳排放控制和減少環境影響的措施，如建立能源效益清潔生產模式、引入環保管理體系，如 ISO 14001 等，以確保環保管理的有效性。許多企業從內外部提倡 SDGs 概念，不僅在內部鼓勵員工參與 USR 或環保活動，如節約能源、回收再利用等，也投入公益活動和贊助，推廣並提高全民環境保護意識，其目的在將環境保護與社會責任融入組織文化和運營模式之中（溫紹群、莊于葶、葛玉璇，2020）。

由此可知，外在環境的變動，包括趨勢、疫情等，都帶給企業猝不及防的衝擊，而相應的組織變革乃為必要。為了使變革與發展順利展開，企業組織必須在制度、領導、文化等各層面相互支持，而組織變革的歷程也體現了後疫情時代的組織特色，包括對工作、生活與學習的觀點轉換、科技趨勢、數位時代和社會責任等的重視，使企業在提高組織效率和競爭力之餘，也同時保持組織的社會責任感。本章將從組織發展的角度，探討人力資源的規劃與管理，首先介紹企業組織的基本結構、部門工作職責等，其次探討人力與能力的檢視與盤點，最後則是融合組織與人力的概念，探討當前組織發展的新興議題，如核心能力、組織學習、組織變革等。

8.1 企業組織結構

傑克．威爾許(Jack Welch)在《奇異傳奇》一書中，曾經說過：「如果你沒有想盡辦法，讓每個人都有價值，就沒有成功機會」。組織匯聚了人力資源，在日新月異的數位時代裡，無論是哪一種組織，都必須使組織型態能夠與公司的任務屬性相互搭配，以確實提升企業的運作效率與附加價值。

企業是人群的集合，透過對人群的組織與管理，企業發揮團隊戰力，以達成企業目標。從企業目標的角度來看，組織是一群人懷抱著共同的目標，其分享目標追逐過程的意見與成果，也採取共同的行動(Barnard, 1935)；從理性行動的角度來看，組織是個人以理性的行動支持共有的目標，其所形成的共同運作乃是一連串理性互動的組合(Simon, 1947)。組織結構的主要目的之一在於釐清關係以及歸屬權責，個人在組織之中，究竟歸屬於什麼部門？又究竟應該對誰負責？從組織結構圖就可以一目了然，如圖 8.1。

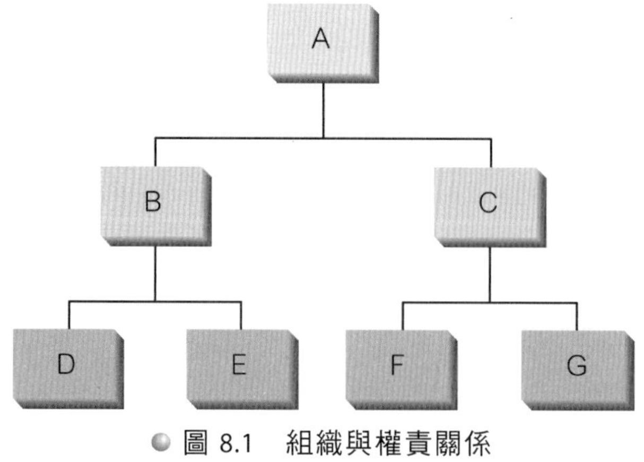

圖 8.1　組織與權責關係

圖 8.1 顯示組織結構下的各種權力歸屬情形，有直屬關係者，例如 A-B, A-C, B-D, B-E, C-F, C-G 等；有平行關係，例如 D-E, B-C 等；有獨立關係，如 E-F 等。這些歸屬情形除了有助於形成報告體系之外，也明確區分了職掌與權責。

企業中的組織結構是一種具有責任層次的關係體系，其展現企業中權力資源、人力資源以及資訊資源的處理邏輯，並可能因為時間與空間的不同，而發展出多種型態。茲就各型態組織結構分別介紹如下。

8.1.1 直線式組織

直線式組織(line organization)主要的特色在於強調企業命令由上而下的垂直傳達，例如當公司要求員工實施某項制度時，由總經理向各區經理發布，並由各區經理傳達到所屬的課長、領班，透過層層階級，最後傳達給每位基層員工。此種組織指揮體系單一，常見於規模較小的企業，或草創之初的組織。如圖 8.2。

直線式組織的特色是每位員工只有一位上司，因此命令的傳達呈直線的方向進行，權責清楚明確，秩序與規律也容易遵守與掌握。然而，橫向聯繫的不便，則是這種組織型態的缺點。

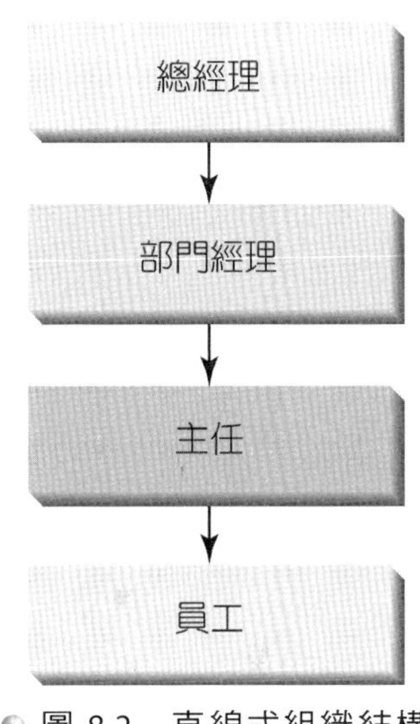

圖 8.2 直線式組織結構

8.1.2 職能式組織

職能式組織(functional organization)強調專業分工的邏輯，將具有類似專長或工作流程相近的專業人員劃歸同一組織(Daft, 2004)，勞動者依其專業性質，例如生產、行銷、人事、研究發展、財務等專長，歸屬部門，各部門間並不互為歸屬，而是平行的連結，各自發揮其功能。因此，業務部負責行銷業務的推行，財務部則掌理出納、會計等事宜，部門各自獨立，各司其職。透過各專業部門間的支援合作，企業因此得以運作與發展。而當有跨部門事宜時，如合作或衝突等，則有賴部門主管間的互相協商，如圖 8.3。

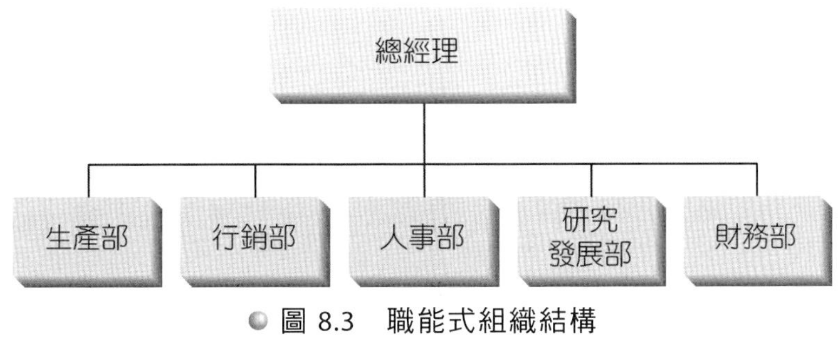

圖 8.3 職能式組織結構

職能式組織強調專業分工，係藉由各專業領域的精熟與分工來因應市場的變化，並減輕高層經理人的管理負荷。這種方式的缺點是專業領域的各自發展容易形成本位主義，導致個專業部門間的相互溝通比直線組織更難駕馭，特別在面對消費者整合性需求時，將難以快速回應。此外，對於以單一專長為發展重點的企業而言（例如側重行銷或競爭導向的企業），這種組織結構可能因為特別重視某一部門，引起其他部門的反彈，而面臨溝通與協調的挑戰。

8.1.3 事業部別組織

事業部別組織係依據組織的產品類別或策略性事業分類將員工加以歸屬，例如企業中有牙膏、牙粉、漱口水等三項產品，乃將部門區分為三個子事業部，各部門自行運作其生產、行銷、人力資源、財務、研究發展等企業功能，如圖 8.4。

事業部別的組織結構因各個企業功能被整合在同一部門之中，使得每個產品群的跨功能協調達到較佳的效果，因此，這種組織結構較適於環境不確定，且需要整合企業功能的情況。然而，這種組織結構也較不符合規模經濟，各產品線之間的協調與聯繫也較為薄弱。美國嬌生公司(Johnson & Johnson)旗下 180 個營運單位皆具自主權，即是屬於這類型組織結構(Daft, 2004)。

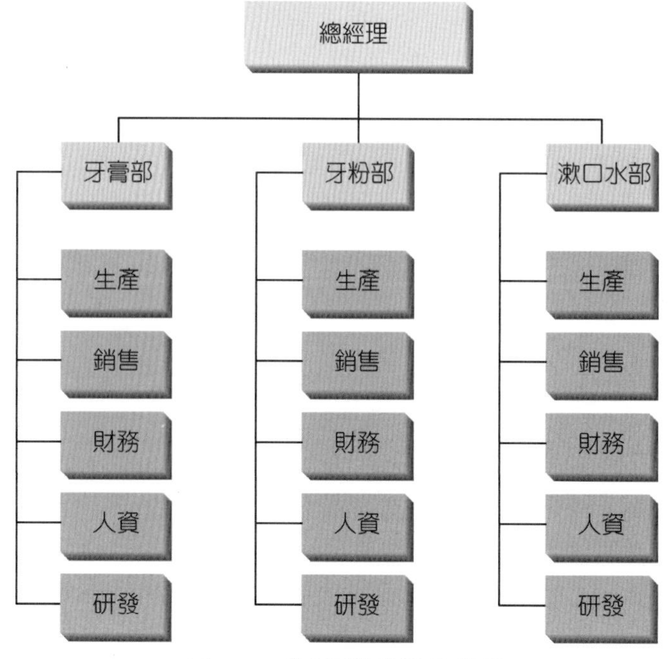

圖 8.4 事業部別組織結構

8.1.4 直線—幕僚式組織

所謂「直線－幕僚組織」是直線組織中加入幕僚機能的一種組織型態。幕僚工作一般屬於參謀作業，具服務性、建議性、回饋性、控制性等特質，為直線職能的輔助職能，如人事、會計、總務、資訊等。如圖 8.5，垂直的上下直線職能之外，尚有旁支的幕僚職能。A、B、C、D 個產品事業部直接隸屬於總經理，受其指揮，而總經理秘書屬於幕僚職系，雖位居高位，卻非各事業部的直屬主管，不能向各事業部下達命令。

此種組織主要的設計理念在於將直線營運與幕僚運作分開，讓各事業單位致力於主要的營運機能，如行銷、生產等，而將後勤部分統籌管理，一方面讓幕僚活動（如人事、財務、資訊、總務等）發揮規模經濟的策略效果，另一方面也將繁瑣的支援機能委由專業的幕僚來處理。然而，此種組織系統配置應特別注意直線與幕僚權責的釐清，以避免職責重複及權力衝突的情形。

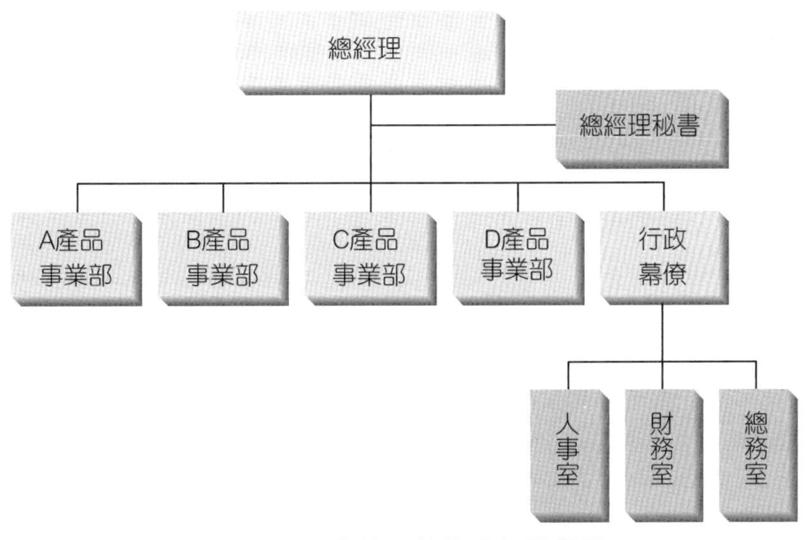

圖 8.5 直線—幕僚式組織結構

8.1.5 矩陣式組織

「矩陣式組織」(matrix organization)主要在加強溝通與資訊交換速度，在既定型態的組織架構下，另外搭配專案型的組織架構，例如在職能式組織的架構下，該企業又有整合各部門的任務編組，如專案計畫、品管圈等。其基本架構如圖 8.6。

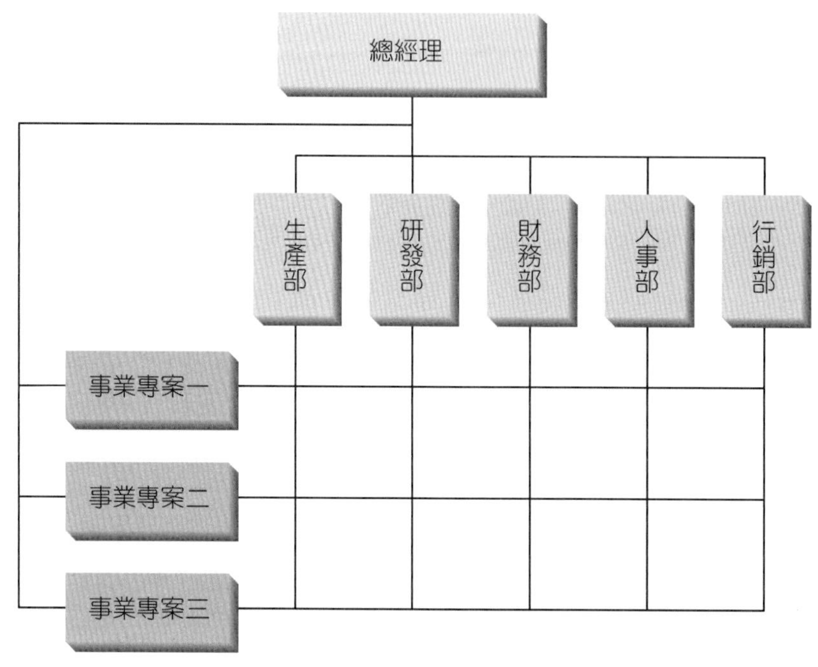

圖 8.6 矩陣式組織結構

這種雙重組織型態並存的情形，結合「功能別」與「事業部別」兩種部門運作方式，其類似行列的交叉排列，故以矩陣式組織稱之。矩陣式組織兼具縱向與橫向的連結，能增進部門間的溝通與交流。這類組織的缺點是雙重職權的參與經驗令人不容易駕馭、溝通時間花費甚久，也容易產生衝突、除非管理者了解各部門運作情形，並善於整合零碎意見，否則不容易彰顯矩陣式組織的功能。

8.1.6 水平式組織

水平式結構(horizontal structure)是將員工依照重要流程的類別加以歸屬，這類組織結構具有顧客導向(customer orientation)的意涵。為創造顧客價值，企業將組織分成各種流程，當顧客需求發生時，該流程立即運作，將所有程序在一個部門內完成，如圖 8.7。

水平結構以企業流程為核心，同一流程的團隊彼此密切聯繫，故能以充分的溝通與協調，為顧客提供迅速的服務。例如保險公司中有理賠專員組成團隊，一旦理賠事件發生，立即進入理賠審理流程，大幅改善了功能別或事業別組織架構下冗長的處理程序(Daft, 2004)。這類組織的優點在於其強調消費者導向的服務概念，能夠快速的回應消費者需求，此外這類組織也有助於團隊合作

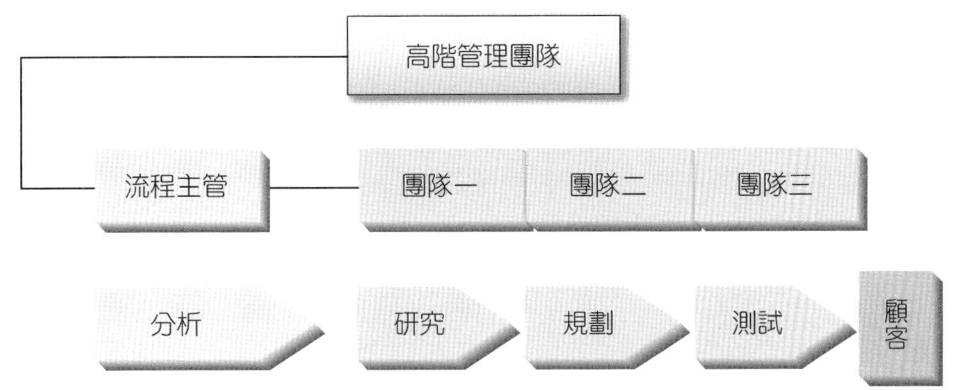

圖 8.7　水平式組織結構—產品發展流程

資料來源：Daft, R. (2004). Organization Theory and Design. Ohio: South-Western College Publishing

的促進。這類組織所遭遇最大的困難在於核心流程的決定不易，一旦核心流程辨認錯誤則可能錯估或延宕客戶需求，另外員工在此類組織之中也不容易發展深入的專門技術。

無論是直線式組織、職能式組織或者是矩陣式組織，都是企業用以整合人力資源，以達成企業目標的方法。企業因不同的環境需求，選用不同的人力資源，也因而採取不同的組織方式，例如當企業需要各部門集思廣益時，可能發起品管圈活動，則暫時性的矩陣式組織也許是較佳的選擇；當企業需要強而有力的研發團隊時，就不能一味地強調其直線式的傳統，發展職能式的研發部門乃勢在必行。換言之，企業的組織結構常常搭配著人力資源政策而發展，而人力資源政策則與企業現況及其中長程發展計畫息息相關。

8.2 組織架構與部門工作職責

當大致的人力資源政策與組織型態決定之後，隨之而來的是組織架構與部門工作執掌兩大主題。組織架構的規劃主要在襯托組織型態的特點，而部門工作執掌的設計目的則在使人力資源與任務之間的互動能發揮應有的效果。其流程如圖 8.8。

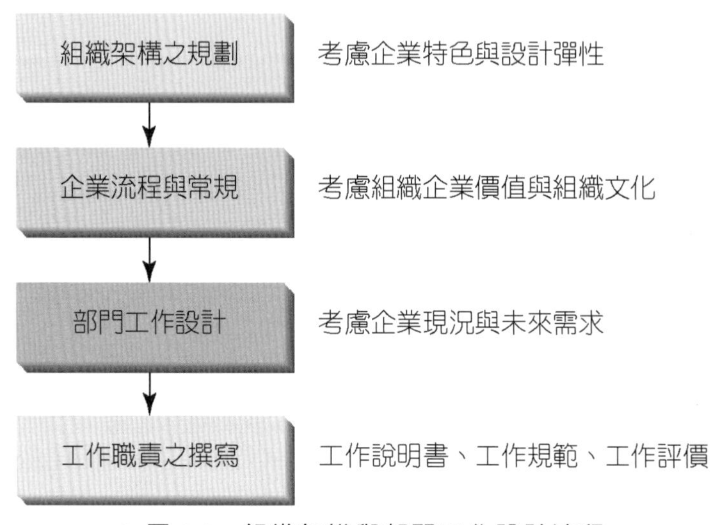

圖 8.8　組織架構與部門工作設計流程

8.2.1　組織架構之規劃

所謂組織架構指的是組織型態的內容設計，此設計主要目的固然在於襯托該型態組織的特色，卻也透過彈性的規劃，以避免特定組織型態所可能產生的缺點。例如直線式組織的優點是訊息傳遞簡單明確，在其組織架構的設計時也就必須把這特點展露出來，換言之，太過複雜的直線式設計應盡量避免，因其可能對訊息傳遞造成扭曲或障礙。另外直線式組織的橫向聯繫較為薄弱，在組織設計的時候可以盡量使組織扁平化，以加速橫向溝通的效率。

8.2.2　企業流程與常規

組織架構的設計非常重要，因其決定了企業的運作習慣。一旦組織架構底定之後，企業流程隨之確立，其後所有的運作模式都將依循這些流程，持續地運行下去，因而形成企業的常規與習慣。習以為常的企業運作模式對於企業知識的建立具有載舟覆舟的效果。一旦架構與流程變成企業習慣，企業的日常運作變成常規，因此儲存了企業知識，組織中於是有多套的管理規則與應變措施，其對外的競爭力也由此發芽滋長。然而，由於企業過度熟悉這些模式，許多應變與判斷逐漸不再以個案處理，而是通案的一體適用，使得決策者習慣地採用慣有的應對方式，而陷企業於危險之中。這種習慣也使創意的發生成為遙不可及，可能因此而失去了絕佳的發展機會。

8.2.3 部門工作設計

當組織架構完成之後，為各部門設計工作職責成為當務之急。部門工作的設計必須考慮企業的現況與需求，在企業現況的考量中，企業必須思考的是「有什麼？」，也就是企業現有的人力資源能夠提供企業什麼優勢？而目前企業所面臨的環境及競爭又存在著什麼機會？在企業需求的考量中，企業所思考的是「需要什麼？」，也就是為因應未來發展還需要什麼樣的人力資源？而目前企業所面臨的競爭與環境又潛伏著哪些攸關人力方面的威脅？

8.2.4 部門工作職責之撰寫

組織架構固然具有烘托組織特色的重責大任，部門工作職責的擬定則是落實組織架構的基礎。人力資源在組織之中藉由組織架構的歸類與引導，因而展露發展的方向。在發展過程中，各職位的實際工作職責，是人力被賦予特定任務的證明。透過實際職責的規劃，企業展現其處理人力資源的邏輯，包括人力資源如何被使用，何時被使用，以及被何人使用。此實際工作職責的規劃經常以工作說明書與工作規範來呈現。

工作說明書與工作規範主要是對工作內容與職責的確認。多數公司將此確認以文件的形式包裝，而有明文的工作說明書與工作規範；有些公司並不以文字形式規範每項工作的內容，而是將這種制度內化到其組織文化之中，讓每個組織成員都清楚他們自己的職責與工作內容。工作說明書的明文記載，有助於特定職位的後繼者快速的了解該職位內容，對於管理工作也具有仔細、明確的效果。工作說明書與工作規範象徵了該企業對於特定工作的期許、該工作的實際運作狀況，以及該工作與其他工作的聯繫或輪替情形，所以撰寫者包括在職人員、主管、外界專家，甚至同事。最後的審核則必須由主管負責。詳細的工作說明書與工作規範介紹，請見第三章工作設計與分析。

就員工而言，工作說明書的描述有助於了解組織對於特定職位的定位；對於主管而言，則可以掌握員工的責任與工作負荷。透過書面的撰寫，所有職責與工作份量一併呈現出來，有助於任務與人力資源的調整與分配，也因此做為標準作業流程與績效考核的基礎。工作說明書指出了正確的工作評量標準，也明確點出特定工作的技術資格與知識需要，因此為工作評價、員工招募，以及員工訓練的重要參考。

在工作說明書與工作規範都已經完成之後，接下來就是針對各個工作給予價值評估，此類評估主要在於建立一客觀的工作指標，也就是在一般的工作能力要求下，執行特定工作所應有的水準表現。基於該能力要求與水準表現，並比較其他工作資料，訂出不同工作的不同價值，給予工作適當的列等與評價。此列等評價與薪資結構相關，並且為職等職級制度的基礎。

8.3 人力資源盤點

8.3.1 人力資源盤點

人力資源盤點的目的在於協助企業檢視現有的人力資源情形。從招募、培育，以及運用的角度，了解目前企業現有的人力資源水準，以尋求適當的經營運作模式。這種想法背後所支撐的是一種由下而上的管理哲學：不輕易招募員工，一旦招募進來之後，不輕易使之去職，因為人力資源的發展是組織發展的基礎，找到合適的員工之後，仔細檢視其能力，並依照該能力規劃員工未來的職涯發展，也依員工能力尋求組織發展的方向。在這樣的哲學下，組織發展是由下而上，依據人力資源的能力水準而訂定員工及組織發展的目標，而非完全由上層決定目標，再尋求達成目標的人力。人力資源盤點的程序如圖 8.9 所示。

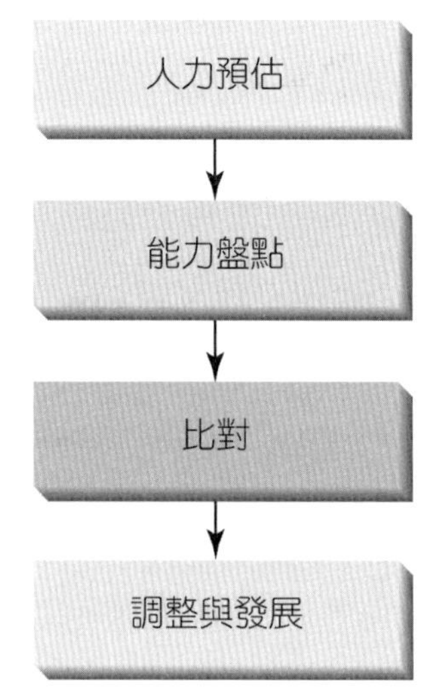

圖 8.9　人力資源盤點程序

8.3.2 人力預估

人力盤點的目的有二，其一是調查人力資源的現況，檢視員工能力是否能為企業即將面臨的發展有所貢獻；其二是了解現有員工的各項能力，以做為未來組織發展的參考。無論是第一或第二項目的都與人力資源的預測與實際有關，因此，人力盤點的第一個步驟就是預測人力資源的供給與需求。這項工作的目的在於針對盤點的方向作一個預估。人力本身具有多面向發展的特質，如果毫無頭緒地任其發展，不僅不易凝聚組織力量，甚至有浪費人力與浪費時間的可能。因此在人力盤點之初，必須對於人力的供給與需求現況做一通盤的了解，並對未來發展進行預估，才能引導能力盤點的方向，建立人力評估標準與分析基礎。

8.3.3 能力盤點

人力預估之後，緊接著必須進行能力盤點。盤點時必須考慮勞動關係面、員工行為面，以及領導管理面。首先在勞動關係方面，業者與人力資源之間是屬於何種關係？是勞動關係呢？承攬關係呢？經銷關係呢？還是派遣關係呢？釐清了勞雇之間的關係之後，才能進一步的了解人力資源應該如何在這樣的關係之下被運用。其次在態度行為面，所要關心的是員工的工作態度、行為特質，及員工未來的潛力；而在領導管理面，所要注意的是主管發掘人才的能力，以及整合不同人力資源的能力。

人力資源盤點是人力資源政策擬定的基礎，透過人力盤點可以了解組織現有人才能力的現況，藉此可作為人才招募、教育訓練、升遷，以及薪酬管理的基礎。在人力資源盤點的規劃下，企業必須統計現有員工及各部門的人力配置情形，並對人力資料（如任用條件、員工技能、升遷、薪資異動、教育訓練、生涯規劃等），加以更新。

8.3.4 現況與預期的比對

人力盤點僅是對於企業內員工的現有能力的再確認。企業必須將此能力現況與企業預期發展詳加比對，方能使盤點作業更有意義，這個步驟就是人力評估與分析。例如某公司即將於明年前往大陸開設新的工廠與銷售據點，透過人力盤點中關於員工學經歷與技能學習的記錄，企業將能了解現有員工前赴大陸任職的能力情形，而人力盤點中關於員工生涯規劃的記載，也可作為現職員工赴大陸工作意願的參考。

8.3.5 調整與發展

一旦對於人力現況有了通盤了解之後，為達到特定的組織目的，企業將進行人力資源的調整或發展。亦即當現有人力不足以因應企業發展需求時，必須考慮招募、訓練等辦法；當現有人力尚能因應企業需求時，可能進行職位或組織調整，或利用訓練發展等制度，讓人才更適才適所。

8.4 組織願景、核心能力、組織學習與組織變革

在完成人力盤點，也就是內部能力的檢視之後，我們再把注意力放在組織總體運作的層次。之前所談的組織設計及工作設計等，始終都與組織的內外部環境有關，然而，外部環境並不完全能夠引導內部能力的凝聚方向，必須藉由組織願景的形成與核心能力的支持，如圖 8.10。

圖 8.10 中呈現組織願景與核心能力的關係，願景之形成來自於企業內部資源的自我檢視，以及外部環境所提示的機會與前瞻。換言之，企業可能省視內部的資產與能耐而訂定出組織願景，也可能探索當前外部環境所展現的機會與威脅而決定未來的目標與企圖，所賴以達成組織願景的則是企業的核心能力。企業核心能力奠基於企業的資產與能耐，而前瞻性的核心能力也有引導企業內部能力的作用。企業核心能力發展之後，可以之因應外部環境的變化，而外部環境所帶來的機會與發展也有助於企業核心能力的調整。

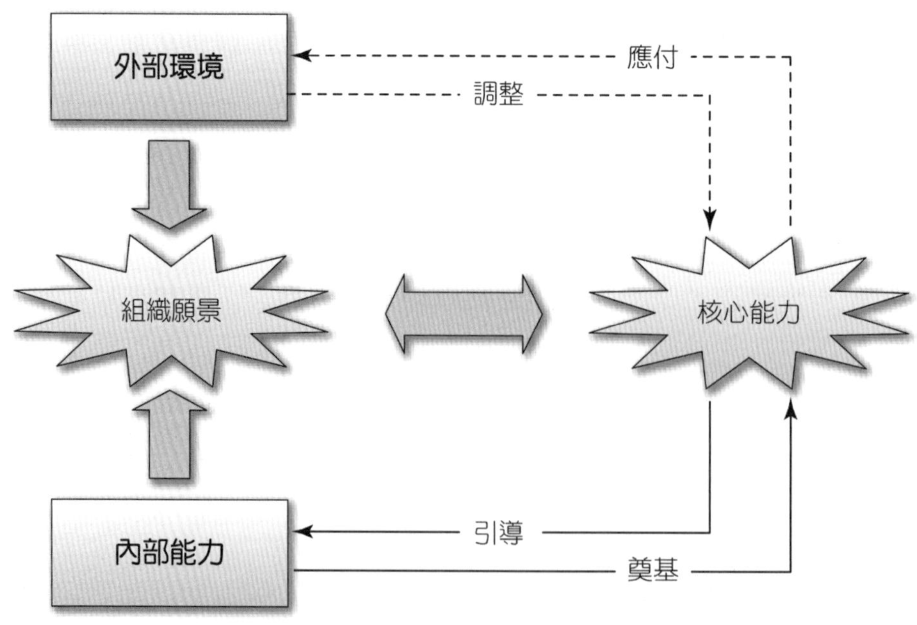

圖 8.10　組織願景與核心能力之關係

8.4.1 組織願景

願景是企業成員對於未來發展的共同期望，並非遙不可及的目標，而是能使事業體與個人合而為一，共同為理想而奮鬥的焦點(Senge 1990)。由於企業願景具有統攝認同感與價值觀的作用，其目的之一也就是在平衡組織內的各種需求與目標，因此十分仰賴判斷、說服與反省。判斷企業本質所適合的願景，以培育正確的核心能力；說服成員一致地接受願景，以凝聚共識，累積實力；反省組織願景的適當性，以重構願景，並持續發展。

一、形　成

願景的形成首重判斷。不同的企業各有其不同的專業領域，其發展願景的重點也各不相同，猶如組織成員來自四方，其各自在組織中的發展目標也迥然有異。願景的形成在於平衡個別成員或個別勢力的焦點與目標，使多方的目標歸為一統，以凝聚力量，基本上有兩種方式：

1. **由上而下**：企業的願景由組織中的高階主管擬定，基於高階主管對於該行業專業領域的深入了解，以其洞察力判斷未來的市場重點，從而決定企業未來的願景。由於這種方式能夠獲得上級的肯定，卻未必能被基層員工所認同，故這類方式的實施重點在於說服基層的組織成員，是一種由上而下的願景形成。
2. **由下而上**：企業願景的形成主要參考企業人力資源現況，以既有的人力資源特質發展該組織的核心能力，進而成為企業願景的基礎。這種方式主要在盤點企業現有的人力資源，從既有的人力基礎中發現特質與專長，從而歸納、組織，以發展企業的核心能力。由於這種願景形成方式是從檢視現有人力資源開始，歸納出人力資源的特質以決定企業的走向，故為由下而上的願景形成。

二、推　行

當組織願景有基本的雛型之後，願景是否能被成員普遍接受是組織願景能否成功的重要關鍵。當願景的形成是屬於由上而下的方式時，高階人員必須掌握各種溝通管道，讓基層員工知悉該願景能夠結合企業目標與個人目標，一旦達成企業願景，個人願景也將實現。當願景形成是由下而上時，願景形成的過程也就是溝通的過程，藉由不斷的討論與妥協，企業方能凝聚共識，此時企業目標乃依附於員工目標之上，當員工為其目標努力之時，企業也因此而成長。

願景推行的主要原則在於使員工全心地投入於企業運作之中，在此概念下，工作是員工發展的全部，人力資源發展不必等到下班之後自行經營，在組織之中就能讓成員獲得發展的滿足。此原則的實踐在於如何在組織文化中注入人力資源發展的觀念，換言之，願景的推行不僅是主管的任務，而是透過組織文化的擴音效果成為全民的運動。

三、反　省

儘管願景為一個大的方針與方向，較之目標或計畫有較少的變動，然而支撐願景的計畫及管理與執行的原則必須經常的調整。換言之，願景形成與推行之後，必須經常性地檢視與反省。檢視與反省的目的並不在於改變願景，而是嚴密地控管支撐願景的計畫或目標，也同時檢視這樣的目標與願景能否持續地反映企業的核心能力。

8.4.2　核心能力

企業願景的形成與企業核心能力大有關係。所謂企業核心能力(core compatency) 是指企業從本質面加強其競爭力，由內部能力擴及而外的獨特獲利能力(Prahalad, & Hamel, 1990)。換言之，這個能力是該企業有別於其他企業的一種能力，這種能力能夠使企業在競爭中脫穎而出，形成優勢，並持續地為企業獲取利潤(Afuah, 2003)。

一、核心能力之選定

選定核心能力的一開始，必須先了解企業競爭力從何而來。以資源的角度來看，企業擁有實體、人力與組織三大資源，舉凡廠房、設備、地理位置等，為實體資源；人力、管理團隊、訓練、經驗等，為人力資源；企業文化、品牌、商譽等，為組織資源。核心能力的概念就是整合上述各項資源，並考慮企業在競爭環境中的獨特定位，以發展為「能力」。然而，這種能力不能只是停留在資源整合的階段，這種能力還必須能夠統籌各部門之間的運作，甚至串聯各事業單位的事業策略，以成為水平與垂直整合的「核心能力」(Aaker, 2005)。

核心能力的選定必須考慮三個要素：首先，該能力必須能夠持續為企業帶來獲利價值。無論該能力多麼獨特，若無法為企業帶來獲利機會，則是項能力並不宜成為核心能力。換言之，主事者必須有遠見，能夠看出什麼是未來的獲利主流，以此選定的核心能力才能為企業的獨特性加分。其次，核心能力必須考慮獨特性，獨特性主要展現在競爭的獨占以及資源的壟斷。企業不僅要能夠獨占鰲頭，並經由資源的壟斷，能夠持續的保持優勢。核心能力選定的第三個要素是企業內部能力，也就是企業有無適當的資產與能耐來形成核心能力。無論核心能力的提案多麼獨特與前瞻，如果該企業實質上並沒有資源來培養核心能力，則這樣的提案仍然是陳義過高，終難實現。

二、核心能力與組織發展

核心能力是組織發展的主軸，組織以人員為主幹，而人員又以其能力為企業所用。核心能力的著眼點除了統攝企業內部的人員與能力資源之外，其必須具有前瞻性，也就是企業能否依恃這樣的能力在競爭的洪流中屹立不搖。在此前提之下，組織的發展以核心能力為基礎，而核心能力則隨著組織發展持續的自我強化與創新。

8.4.3 組織學習

核心能力與組織發展固然息息相關，有了優質的核心能力不必然保證組織發展的成功，此時組織學習扮演了橋梁的角色。所謂組織學習是將組織比擬成一個有機體，不再只是一堆人相聚的團隊，或一群人所集合的地點。其能夠經由人與人間的互動，而統攝群體行為，以遂行組織任務；其可能達成使命，也可能遭受挫折；能夠記取教訓，也能將經驗化為日後行動的參考。換言之，透過人與人、人與事的互動，組織運作如同注入生命一般，具有學習的能力。組織學習的展現在於集體行為的改變，改變群體既有的觀念，以致於展現不同的行動作風；組織學習之達成，主要仰賴組織成員凝聚共識，在共享願景的基礎上，一致地為達成組織目標而努力。以此凝聚共識，強調創新的特質，企業因而能強化核心能力並增進組織發展。

一、組織學習

組織學習所談的是一種機制，一種汲取組織活動養分的機制，透過這種機制，組織能夠在其日常運作過程中不斷獲得有用的資訊，並將之轉化為組織可用的知識，進而將這些知識實際融入組織活動之中，以遂其日益茁壯的目的。例如，當組織考慮決策失敗的風險時，往往必須從過去的經驗中找尋靈感，過去的決策經驗若能透過有系統的整理，便可能成為日後企業行動的參考(Argote, 1999)，這種整理機制便是一種組織學習的展現。其概念如圖 8.11：

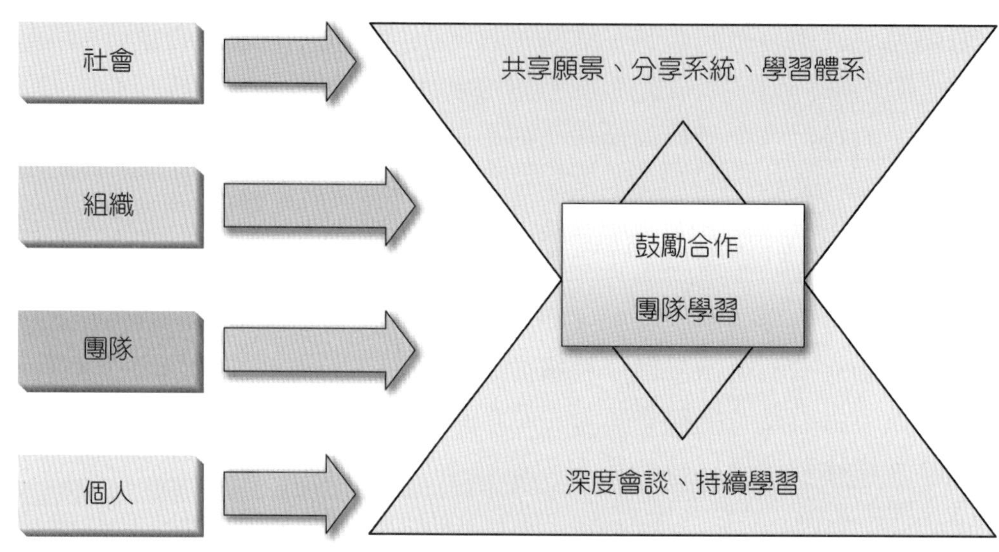

圖 8.11　組織學習的層次

資料來源：Watkins, K. E. & Marsick, V. J. (1993). Sculpting the learning organization: Lessons in the art and science of systemic change. San Francisco: Jossey Bass.

由上圖可知，組織學習的概念是著眼於團隊的協力合作，在個人部分，利用深度會談來增進成員之間的坦誠溝通，以增益彼此的相互學習；在組織層次部分，則強調團隊合作，以鼓勵集體知識的累進。超乎組織之外的，還有以環境為基礎的共享願景、分享系統，以及學習體系，是利用較高層次的文化、價值與習慣等方式，來孕育組織與個人學習。Kim(1993)曾經提出一個整合模型，試圖將個人學習整合進組織學習之中：個人迫於回應環境，因而透過觀察(observe)、接近(access)、設計(design)、實踐(implement)，從事單圈學習(single-loop learning)，然而這種學習乃是在特定環境規範之內，所從事的行為修正與錯誤矯正(Argyris 1994)。當個人被深度地融入組織文化之後，個人的學習被組織內外環境的動盪所牽連，從而個人的心智模式進展為組織的共享心智模式，個人視野也從微觀蛻變為鉅視。藉由心智模式的改變，個人學習逐漸與組織學習接軌，學習的過程不再是因應環境所做的單圈學習，而能反思並質疑規則，進行所謂「雙圈學習(double-loop learning)」。

二、學習型組織與教導型組織

學習型組織所強調的是一種團隊默契，透過人與人互動，人與事互動，人與環境互動等方式增進團隊默契，以強化組織的成長。聖吉(Senge, 1990)曾經為此提出「第五項修練」的觀點，強調透過五種自我要求的紀律，來激發組織成員的潛能，凝聚共同的願景，以成就不斷向上提升的共同學習。這五項修練分別為：自我超越、改善心智模式、建立共同願景、團隊學習、系統思考。其中第五項修練為系統思考，是其他各項修練的基礎。如圖 8.12。

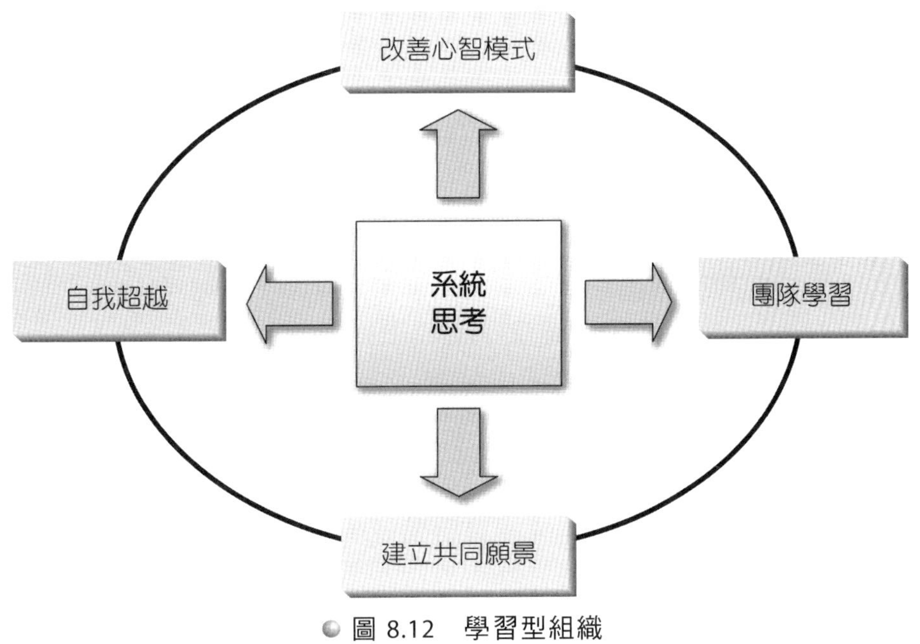

圖 8.12　學習型組織

《第五項修練》中所提出的五大修練項目，主要在勾勒一個活力的動態組織。第一項修練「自我超越」，是突顯個人的理想，激勵個人集中力量為理想而奮鬥；第二項修練「改善心智模式」，則是強調自我的探索與認識，嚴格審視自我，而後方能落實自我超越；第三項修練「建立共同願景」，是開始將自我層次提升到團體層次，建立一個組織共同的價值觀與使命感，引導成員主動投入；第四項「團隊學習」，是透過深度會談，卸除掉凝聚團隊力量的障礙，以發揮組織力量；第五項修練「系統思考」，則是發展思考架構，讓組織決策不至於見樹不見林，而能發揮最大的槓桿效果。

在組織學習與學習型組織之後，接續有 Tichy(1999) 提出所謂「教導型組織 (teaching organization)」，強調領導者時時刻刻肩負教導責任，透過各階層領導者的教導，使教與學形成正面的互動，組織中每個成員都可以是老師，也可以是學生，然後教學相長，傳承正確的經驗，而使整體工作團隊脫胎換骨。這種組織的形成，起始於領導者抱持以教學觀點來進行領導，為了教導，領導者必須深入各種工作程序，以確保知識的正確傳達，及被有效的吸收，領導者亦透過適當情境激勵成員，以建立團隊的共同信仰與價值。

三、實踐社群

組織學習對於企業之所以重要，主要是因為外界環境的快速變遷。為了因應競爭環境的瞬息萬變，組織必須有一定的學習與調整機制，以便迅速吸收新知，調整人員布署，以維持競爭優勢。依據 Simon(1991)的看法，組織學習主要來自於個人學習。組織知識之所以能夠形成，主要是藉由組織常規，透過「心智模式(mental model)」，將個人知識轉化為組織知識(Kim, 1993)。Walkins 與 Marsick (1993) 則認為組織知識與個人知識的傳遞關鍵是「團隊學習(team learning)」，也就是藉由團隊學習，個人得以分享組織知識，而個人知識也能透由團隊學習，而巧妙的整合成為組織知識。Wenger (1998)認為除了心智模式、團隊學習之外，「實踐社群(Communities of Practice)」是連結組織學習與個人學習的另一種型態。

「實踐社群」一詞創始於 Lave 與 Wenger 在 1991 年的田野研究，主要是描述組織中某些具有共同興趣的專業成員所組成的非正式聚會。在該聚會中，這些成員彼此交流專業問題，並研討解決方法，因而增長彼此的專業能力。這種社群組織有別於團隊學習，其特別強調非正式性，透過人際或電腦網絡，將人際間的專業知識，利用互動與溝通的過程，跨領域、跨區域的整合於社群活動之中。以保險業務人員為例，某些業務人員可能對於特定保單的銷售有興趣，經常私下與有同樣興趣的上級、同事或朋友等，進行非正式的閒談與交流，閒談間可能交換了很多關於該保單的專業知識及行銷技巧，也可能因此解決了關鍵性問題。這類因共同興趣而聚集的專業夥伴，經常跨部門、跨組織，適時提供參與夥伴專業上的協助，猶如個人的隨身小智囊，即是所謂「實踐社群(communities of practice)」（康龍魁、高文彬，2010）。

Wenger(1998) 基於情境學習(situated learning)理論，強調組織中非正式學習的重要性，提出「實踐社群(Communities of Practice)」的組織觀點，認為組織可透由興趣相同的非正式群體自發性的知識論辨過程，使既有的專業知識更上層樓，進而促成組織與成員的發展。「實踐社群」的設置，有助於將組織成員的互動融入組織知識之中，透過知識領域(knowledge domain)、社群(community)、實務(practice)等概念，具有共同興趣的專業人士能夠自願地聚集在一起，共同專研該專業興趣，因此發展出共同的目標，以及共用的符號與象徵。這樣的非正式組織有助於組織知識的創造、分享與累積，並將有用的知識嵌入組織的運作過程(Ardichvili, Page, & Wentling, 2003)。在社群裡，成員並非因為公事任務而參與，而是基於對某項議題的興趣(Breu & Hemingway, 2002)，自發性的對特定實務技能進行研討。實踐社群的構成包括三個要素：相互投入、聯合願景、共享智庫 (Rogers, 2000；Iverson & McPhee, 2002)。

1. **相互投入**(mutual engagement)：成員們進行共同的協商與調整，進行具有承諾意涵的參與。由於相互的承諾與投入，使實務操作的經驗交流提升為一種共享的互動模式。
2. **聯合願景**(joint enterprise)：由於參與者各有加入社群的企圖，而每一個企圖也都有其獨特的背景與展望，經由相互的承諾與對話，社群將不同的企圖整合成聯合願景，使分歧議題達成共識。
3. **共享智庫**(shared repertoire)：透過團隊的持續互動，組織裡逐漸形成一些共同的語言，故事，符號與識別，這些語言或故事是知識累積的象徵，除了讓個人感受到其為團隊的一份子之外，更深具知識分享的效果，影響了成員們處理事件以及與人互動的方式。

在實踐社群的概念下，組織發展已經不只著重在正式體系的變革或改組，而是強調這類自然形成的社群已然緊密銜接個人學習與組織學習。組織發展的概念不再只是由上而下的片面指導，而是從學習的角度出發，發展企業內乃至企業外的正式與非正式的學習機制，以因應多變的競爭環境。例如經濟部所推動的「中小企業數位群聚輔導計畫」就是聚集偏鄉中小企業形成實踐社群，讓原本以個人聚集發展個人專業為主的實踐社群上升成為企業與企業的聚集，而促使組織學習成為常態。在這個實踐中，參與企業群聚的企業負責人因相互投入、聯合願景、共享智庫，而引發個人學習，強化其個人的網路行銷專業，並藉由社群所規劃的整合行銷策略而引發一連串的組織間合作，觸發組織學習（高文彬，2020）。上述實踐社群提供頻繁的社交互動與接觸給參與的個人或組織，因而產生許多知識分享與知識創造的機會(Geiger & Turley, 2005)。此時，個人在社群內的學習不只著眼於單一的訓練方案或者課程參與，而社群與社群間的學習也不只限於片面的觀摩或交流，而是搭配有形、無形、同質、異質等人際或組織網絡，進行有意義的合作、互助與共同實踐，是一種涵蓋多元成因的學習互動，而非僅為了特定目的而進行改變或創新的過程(Araujo, 1998)。

組織學習、學習型組織、實踐社群三者相輔相成，無論是組織學習機制，或者是透過激勵而逐漸成型的學習型組織，又或者是出於自願集結而汲汲於專業問題探討的實踐社群，皆是讓企業成員在組織文化的薰陶下逐漸改變。這種改變，既包括正式的訓練方案，也運用組織中的責任或任務的賦予，囊括正式與非正式的學習活動，目的在全面性地發展人力資源。

8.4.4 組織變革

2020 年 COVID-19 疫情為企業來前所未有的衝擊，為了維持永續運作，許多企業紛紛採取遠距上班，例如 2022 年，Airbnb 宣布員工可以自由選擇是否遠距上班（2022/05/11 來源：數位時代），同年的 9 月，星巴克則下令員工每週至少回公司上班 1~2 天（2023/01/13 來源：數位時代）。這種遠距上班的虛擬組織運作方式早在 1980 年代就開始，曾歷經三波變化，包括虛擬自由業者(virtual freelancers)、虛擬企業同事(virtual cooperate colleagues)以及虛擬共事者(virtual coworkers)，例如 Urban Hub，就是在距離行動工作者住家不遠處提供來自各地行動工作者一個專業的工作空間，既讓勞動者享有獨立自主的工作特性，也能夠隨時與受雇企業聯繫，同時也能就近與其他行動工作者分享經驗與激盪創意(Johns & Gratton, 2013)。這樣的組織變革象徵了企業在面臨環境遽變以及科技趨勢的衝擊下，隨時調整組織運作以配置人力資源的機動性，具有變革與發展兩層意義。

一般而言，發展是由一連串的變革所組成。為了因應市場、科技、政治以及社會環境的變動不居，加上內在人力特性以及管理風格的改變，企業不斷的尋求適當的變革，以使組織增進效能，轉變成期望的型態(Jones, 2001)。組織變革，類似於社會變遷，簡單而言有三種模式：解凍、變革、再凍結(Lewin, 1951)。

一、解　凍(unfreezing)

這個階段主要在使員工熟悉變革的目的與做法，並且藉由各種溝通方式與組織活動，讓員工解除觀望的疑慮，逐漸接受組織變革的事實，並能齊心推動革新做法。

二、變　革(changing)

此為組織變革的第二階段，在這階段中許多制度已有明確的改變，例如新的規章辦法訂定、新的流程撰寫、必要的稽核體系與訓練實施、新制度的施行等。在此階段，員工會產生強烈的抗拒，加上各類流程整合不易，各種支援體系也可能未臻理想，故極需發揮領導統馭能力。此時規章制度、資訊體系、專案小組、諮商制度，以及獎勵措施等，都是可能強化效果的管理重點。

三、再凍結(refreezing)

此為組織變革的第三階段，其目的在使新制度穩定而正確的融入組織常規之中。稽核、評估與改善為此階段的重點。經由新制度的持續運行，成員逐漸有了新的價值與態度，並對新制度產生認同。

以上三項與其說是一種變革模式，不如說是一種比喻。組織變革如同冰塊的形變處理，當企圖形塑冰塊為特定形狀時，首先必須將之解凍，然後進行重塑與改變，之後再加以重新冷凍。如果尚未解凍，而強力使之改變形狀，可能造成冰塊破碎的結果。組織運作已久的模式具有難以瞬間改變的僵固性，如果必須將之改變，必須先「解凍」，也就是逐漸讓根生蒂固的觀念軟化、分解，以此作為新作法的基礎，然後逐漸引進新作法，進行「改變」；一旦組織成員都認同新的運作模式之後，還必須加強成員的觀念，使之習慣該模式的運作，形成組織常規的一部分，這也就是「再凍結」的意涵了。

8.5 ›› 結　論

組織是人的集合，目的在成就企業的理念與目標；企業理念與目標的達成，端賴管理當局能否統籌企業資源，誘發人力潛能，具體落實營運策略。

組織發展與人力資源發展同為企業競爭優勢的來源，也同樣與企業的未來發展息息相關。在訂定組織及人力資源發展策略時，必須針對組織現有的人力與能力加以調查，並比對預期目標與實際人力現況之間的差距，以突顯人力問題的癥結。在企業策略的前導之下，經理人體察當前的組織架構，以決定未來的組織結構與能力需求，因此得以權衡人力資源發展的質與量。

由於組織對人力資源具有塑造效果，組織發展的動向可以引導人力資源發展，並補充傳統企業訓練的不足。成員在組織之中，經由與人互動、與事互動、與團體互動等過程，學習到企業運作的常規，這種常規作息，實際上是很難經由訓練課程的片面介紹而完全領悟。伴隨著組織的發展，企業的常規與文化因而形成。同儕之間的正式或非正式互動引發成員們相互學習，透過潛移默化的方式，許多習慣與技能就在日常互動中逐漸養成。

—— 參考資料 ——

Aaker, D. A. (2005). Strategic Market Management. NJ : Wiley.

Afuah, A. (2003). Innovation management. New York: Oxford.

Araujo, L. (1998). Knowing and learning as networking. Management Learning, 29(3), 317-336.

Ardichvili, A., Page, V., & Wentling, T. (2003). Motivation and barriers to participation in virtual knowledge-sharing communities of practice, Journal of Knowledge Management, 7(1), 64-77.

Argote, L. (1999). Organisational Learning: Creating, Retaining and Transferring Knowledge. Norwell, MA: Kluwer Academic Publishers.

Argyris, C. (1994). On organizational learning. Cambridge: Blackwell.

Barnard, C. (1935). The functions of the executive, Boston: Harvard University Press.

Breu, K., & Hemingway, C. (2002). Collaborative processes and knowledge creation in communities-of-practice. Creativity and Innovation Management, 11(3), 147-153.

Daft, R. L. (2004). Organization Theory and Design. Ohio: South-Western College Publishing.

French, W. L., & Bell, C. H. (1995). Organization Development: Behavioral Science Interventions for Organization Improvement. New Jersey: Prentice Hall.

Galstyan, N., Galstyan, M. (2021). Social remittances during COVID-19: on the "new normality" negotiated by transnational families. CMS 9, 51. https://doi.org/10.1186/s40878-021-00263-z

Geiger, S., & Turley, D. (2005). Personal selling as a knowledge-based activity: Communities of practice in the sales force. Irish Journal of Management, 26(1), 61-70.

Iverson, J. O., & McPhee, R. D. (2002). Knowledge management in communities of practice. Management Communication Quarterly, 16(2), 259-266.

Johns, T., & Gratton, L. (2013). The Third Wave of Virtual Work. Harvard Business Review, Retrieved February 28, 2018 from https://hbr.org/2013/01/the-third-wave-of-virtual-work.

Jones, G. R. (2001). Organizational Theory: Text and Cases. New York: Prentice Hall.

Kim, D. H. (1993). The link between individual and organizational learning. Sloan Management Review, 35(1), 37-50.

Lave, J., & Wenger, E. (1991). Situated Learning: Legitimate Peripheral Participation. Cambridge: Cambridge University Press.

Lewin, K. (1951). Field theory in social science. New York: Wiley.

Prahalad, C. K, & Hamel, G. (1990). "The Core Competence of Corporation". Harvard Business Review, 68(3), 79-91.

Rogers, J. (2000). Communities of practice: A framework for fostering coherence in virtual learning communities. Educational Technology & Society, 3(3), 384-392.

Senge, P. M. (1990). The fifth discipline: The art and practice of learning organization. New York: Doubleday.

Simon, H. A. (1947). Administrative Behavior. N.Y.: John Wiley and Son.

Simon, H. A. (1991). Bounded rationality and organizational learning. Organization Science, 2(1), 125-134.

Tichy, N. (1999). Building the teaching organization. Innovative Leader, 8(9). Retrieved April 30, 2009 from http://www.winstonbrill.com/bril001/html/article_index/articles/401-450/article421_body.html

Watkins, K. E., & Marsick, V. J. (1993). Sculpting the learning organization: Lessons in the art and science of systemic change. San Francisco: Jossey Bass.

Wenger, E. (1998). Communities of practice: Learning, meaning, and identity. Cambridge University Press.

李郁怡(2015)。波特談物聯網下的組織變革。哈佛商業評論。擷取日期：2018/02/24。https://www.hbrtaiwan.com/article_content_AR0003135.html

韋惟珊(2018)。解讀 2018 全球創新企業！頂尖公司的共通策略是？經理人。擷取日期：2018/02/28。ttps://www.managertoday.com.tw/articles/view/55721

孫本初、吳復新、夏學理、許道然(1999)。組織發展。臺北：空大。

高文彬(2020)。產業群聚中企業領導人專業發展之研究：實務社群觀點。政大勞動學報，31，1-27。

康龍魁、高文彬(2010)。保險業務人員實務社群學習研究。中台學報，22(1)，111-126。

溫紹群、莊于葶、葛玉璇(2020)。將疫情危機化為企業「數位轉型」的起點，打造永續的數位化未來。永續產業發展期刊，88，18-26。

— 問題與討論 —

1. 何謂矩陣式組織？何謂水平式組織？各有何特色？
2. 何謂人力資源盤點？其程序為何？
3. 何謂學習型組織？聖吉的五項修練內容為何？
4. 何謂組織變革的三種模式？

09 Chapter 績效管理

學習目標

1. 績效管理與經營管理的關係。
2. 績效管理的定義與目的。
3. 績效評估的基礎。
4. 績效評估的方法。
5. 績效評估的步驟。
6. 有效的績效評估面談作法。
7. 績效評估與其他人力資源管理功能之整合。
8. 績效評估的偏誤。

話說管理　調整績效評估準則，適應工業革命 4.0 經營環境的變化

在市場不斷快速推陳出新之需求下，致使市場供應端正面度著產品生命週期短、高精度的要求、少量多樣之個別客製化、缺乏人力資源等挑戰。為了因應複雜的市場需求，促使製造業者需要具有能夠適應多元及多變之環境能力，因此製造系統相較於過去更為複雜化。隨著新技術不斷的進步，現今製造業可藉由物聯網、人工智慧演算法、先進的感測技術、大數據分析等技術，將系統可控性及資料可視化，促使製造產業進一步邁入工業 4.0 智慧製造之發展。企業更加需要偵測環境訊息，調整組織資源以適應經營環境，改變組策略或績效，因而針對人工智慧、大數據、虛實一體、5G 網路、雲端運算與物聯網等創新科技不斷發展的世代到來，績效管理亦將有新的見解與做法。人工智慧技術正在不斷發展，自動化的工作將提升至自主化的自動化工作流程，也就是跳脫以往機械式的自動化思維，藉由人工智慧的投入以及物聯網的串聯，工作流程與方法將改變，同時也會持續改變著。

績效管理屬於組織經營管理的控制程序，唯有緊密結合組織目標與策略，才能有效達成組織管理功能，提升組織效能與效率，強化組織競爭力。系統性思維績效管理，針對環境的變化，績效管理系統在投入端的人力資源職能評鑑應該再做檢討與調整，確保適配工作績效。而在績效管理的控制程序主要是績效評估，績效評估屬於一項量測績效之工具，量測工具必須具有信度外，更重要的是量測工具的效度，也就是量測項目的有效性，績效量測的項目即為績效評估的準則。

隨著組織調整資源以適應外在環境變化，要能有效控制組織經營競爭力，必須考量與調整關鍵績效指標，績效評估之準則須配合環境變化，考量組織短中長期經營目標的修正，適當地調整評估準則或項目。因此，績效管理宜強化調整適配經營環境之工作職能準則與績效評估等兩項準則與標準，朝向長期發展的創新模式進行考量。組織績效要從維持績效、創新績效、文化績效、以及平衡計分卡構面，進行檢視與調整績效評估之準則。

9.1 績效管理與經營管理的關係

企業競爭力主要來自整合組織資源，適應外在環境變化，績效管理(Performance Management)屬於組織經營管理系統中的一項子系統，主要功能是藉由績效管理以強化與執行組織經營管理程序的控制，協助組織各階層主管與員工如何設定績效目標、達成目標，評定成效，並能作上下雙方溝通目標與作業執行情況，並提出改善計畫，目的在於達成組織目標與經營策略。組織經營管理係經由規劃、組織、領導與控制等管理程序，以採取具有效能與效率之經營管理相關程序與作業，達成組織經營目標與策略。績效管理主要目的就是遂行控制程序的功能，對於員工與事業單位的績效衡量、回饋、檢討與提出修正對策，持續不斷地依據內外環境與績效訊息，採取適當行為，強化員工績效與事業單位績效。績效管理系統屬於人力資源管理的一項功能，是人力資源管理系統中的次級系統，人力資源管理又是組織系統中的一項次級系統，各次級系統與系統間相互影響，必須整合性地結合運作，才能有效率地達成組織效能。

本節將先說明績效管理與組織經營管理的關係，再就績效管理系統進行說明，以利組織能夠更務實地進行績效管理。

9.1.1 績效管理與組織經營管理的關係

績效管理必須與組織經營管理、以及人力資源的其他功能相整合，彼此間是相互影響，組織經營管理經由規劃程序，分析內外經營環境後，訂出經營目標與經營策略，而透過組織策略達成組織目標，為遂行組織策略，必須透過組織程序，有效整合組織之資源與人力，展開因應的工作程序與作業，具體呈現出部門與個人績效。因此，相對應於組織短中長期目標之發展，經營策略的不同，對績效管理的含意與實踐也就有所不同，其間差異主要在績效評估準則(criteria)與標準的衡量上，必須因應組織維持績效、創新績效、與文化績效進行檢視，調整評估績效之準則。維持績效是指組織維持現有經營成果而進行的策略，達成此類策略所應有的組織績效。創新績效則是面對變化之經營環境，組織中長期需要進行的創新策略，而創新策略必須調整組織績效，藉以達成組織針對中長期之經營策略。文化績效則是組織在調適經營管理等相關作法時，組織成員必須具備的組織文化，包含成員共有的假定、價值觀、行為規範，藉以讓成員了解那些行為、事件、或結果是重要的、被期望的。處於第四次工業革命的經營環境，即所謂的工業 4.0 經營世代，創新績效與文化績效的重要性更趨值得注意，組織必須跳脫既有的經營理念與思維，考量創新績效與文化績效，以強化組織長期之經營競爭力。

績效管理是組織重要的管理控制程序，組織調適內部環境以適應外在環境變化，需藉由績效管理以掌控相關績效資訊，達成組織經營目標與策略。所以藉由績效管理、人力資源管理與經營管理三者緊密的整合，將達成下列四項功能：

1. 促進員工表現出經營策略所需的行為與結果，使經營策略得以實施。
2. 績效管理的回饋可以作為經營管理修訂策略之參考。
3. 績效評估可協助其他人力資源功能的推動，主要是策略資訊的獲得，例如目前員工的能力，未來需要何種能力的人員等，以利策略的推展。
4. 績效評估可了解公司人力資源的優缺點，作為擬定新策略的參考。

近年來，組織的策略夥伴角色是人力資源管理在組織中極為強化的功能，人力資源管理必須緊密結合於組織整體策略管理流程，整合整體人力資源，以達成企業所選定之策略方案，確保員工具有該等技能、行為和態度，以支持組織整體策略的遂行。

以往，有人將績效管理視作一項管理技術，忽略了績效管理過程的影響，績效管理屬於一項人力資源管理功能，同時也是組織經營管理系統的一項次級系統，應該投入組織整體策略管理流程。如圖 9.1 所示，績效管理是確保員工績效得以達成單位績效、適配組織策略，達成組織目標，因而，員工績效的準則與標準則端視組織策略的需求。此外，績效管理的用途很多，通常可作為員工的加薪、晉升、發展和解雇之用。有效的績效管理系統，不但能引導員工的行為表現配合組織發展方向；若能與薪資、升遷、任用、以及訓練發展相互結合，更能夠發揮激勵員工與溝通協調的功能。

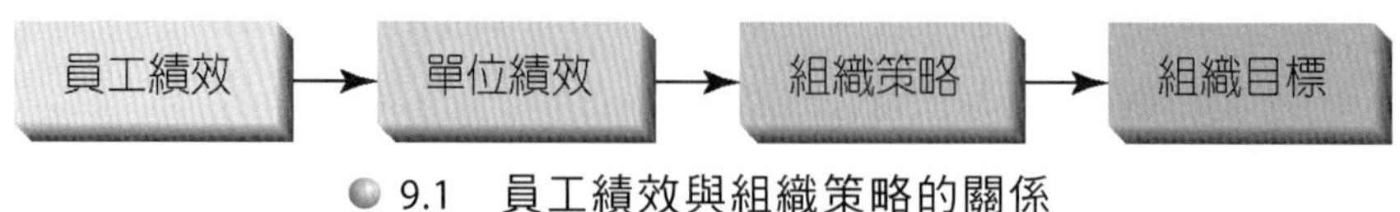

9.1　員工績效與組織策略的關係

9.1.2 績效管理系統的內涵

績效管理是一項開放性的組織次級系統，與組織經營管理系統交互影響之外，也與人力資源管理其他系統相互影響，是組織針對策略執行之過程產生所進行的管理活動。績效管理活動包了含規劃、執行、檢討與對策(PDCA：Plan、Do、Check、Action)等四個程序循環，形成一循環系統，不斷修正與調整系統，持續改善系統成效。

一、設定績效

設定績效階段之功能主要是有系統地規劃績效目標（準則與標準），系統性地連接組織目標與策略，具體的做法則有：確定績效評估準則與標準、塑造績效評估的共識。由於工業革命 4.0 帶來相關資訊科技的快速變化，極大可能因為經營模式與商業模式的轉變，企業的目標與策略隨之修改，導致工作職能內容的轉變，在組織經營策略規劃中必須再次審視人力需求與供給情況。

（一）確定績效評估準則與標準

主要依據工作分析所建立的工作說明書內含的各項工作，分析其各項工作完成的主要關鍵性指標設定績效評估之準則與標準，同時配合組織分析所形成的組織目標與策略進行檢視，確認績效評估準則與組織策略目標一致，能夠積極強化組織目標與策略的達成。然而，關鍵績效指標(KPI)非固定不變的，由於工業革命 4.0 帶來相關資訊科技的快速變化，極大可能因為經營模式與商業模式的轉變，企業的目標與策略隨之修改，導致工作職能內容的轉變，組織必須針對執行策略所需的工作，進行工作分析，依據工作分析之工作規範，進行職能評鑑以確保員工具備工作相關職能。因此，設定績效準則需要檢討組織創新績效與文化績效的相關指標，才能適應外在環境的改變，強化組織競爭力。

（二）塑造績效評估的共識

藉由事前與員工溝通其職務應達成的績效準則與標準，以清楚釐清組織對其職務之績效期待。為使員工對於績效準則與標準具有共識，績效溝通要能有效運用員工自主性，來強化員工對於職務績效準則與標準具有所有權感(ownership)，當員工對於其職務績效準則與標具備所有權感，則會視為其個人應完成的目標，內化職務績效準則與標準成為個人目標。例如採由下而上的溝通方式與員工共同設定績效準則與標準，導引溝通共識與組織策略目標以及工作說明書內容產生一致性的連接。

二、評估績效

績效管理在評估績效階段，其功能主要在於掌握工作執行過程中所有資訊，確保員工績效能夠達成設定之績效準則與標準，主要作法有：比較實際績效執行情形與原先預期情形、定期與不定期的績效溝通。績效成果的主要影響因素有員工意願、員工能力、以及工作環境等三類。工作執行是為了能夠確保達成預先規劃的績效目標，然而，績效目標之規劃是預先依據預期或是預測的情境與資訊而執行。工作執行過程必須對於預測的情形以及執行的成果進行控制，所以，要能及時掌握實際的情境，同時與原先預期的情形做比較，以俾及時彈性因應調整，以確保績效成果達成績效目標。定期與不定期的溝通是即時有效掌握相關資訊的一項重要管道。定期溝通員工績效成果能夠喚起管理者與工作員工對於攸關工作成果訊息之注意，即時防止員工績效偏離績效目標所設定之績效準則與標準。不定期的溝通則是在工作中隨時發現可能造成績效落差時，隨即進行溝通以確保績效有效執行。

三、檢討績效

績效成果可能受到員工認知的差異所產生，也可能是員工能力的不足，或可能員工工作意願低落，或是工作環境的限制。例如所需工作資源的配置不適當，原料品質不符標準、前工作站造成工作時程落後等。檢討績效階段其功能主要針對工作進行評估績效之過程中，依據預定進度比較各個工作階段之績效成果與績效目標，並且分析影響因素。主要作法是績效分析，透過檢討績效成果，研究分析造成績效成果的原因與因素。真正原因是工作意願、工作能力、或是環境因素，當錯誤的歸因產生，將更加惡化工作績效成果。在此階段應該要同時檢視甚至檢討組織分析與工作分析的內容，比較績效分析與組織分析、工作分析的連接性，整體檢視三者是否一致性地強化組織整體績效的達成，以及組織策略的執行。由於績效準則與標準的建立，是來自組織分析與工作分析而來，藉由績效分析的結果，有助於更加釐清組織分析與工作分析的資訊。亦即適當修正原先預期的情況與資訊。例如績效分析得出績效不佳之原因若為環境物理因素，則需要重新進行工作分析，建立不同的工作說明書與工作規範。3C 產品中的電路板需要乾膜光阻劑完成電路蝕刻工作，在乾膜光阻劑(Dry Film)的製造過程，曾經發生產品內含氣泡，分析原因歸咎於工作人員操作不當，確仍舊無法改善，經過再次工作分析，找出原因是臺灣濕度高的氣候，原來用於美國地區的技術參數必須調整，修正無塵室的空調參數，降低溼度至製程最佳狀態，才得以排除產品氣泡問題。

四、改善績效

改善績效階段主要功能在於提出改善績效的方法。影響績效成果主要因素有員工意願、員工能力、以及工作環境等三類因素。檢討績效所得之結論若是員工意願，則需進一步分析探討造成人員意願低落的成因，究竟是來自於領導因素、人格特質、工作設計、或是組織政策面的因素。例如組織進行人力精簡的做法若是僅憑資遣方式，而不是採取相關友善式計畫去協助員工轉任或尋職、創業，則留下來的員工對於工作感到缺乏保障，在工作意願上受到打擊，造成工作情緒低落。而工作意願不良的成因若是人格特質，則對策還需要包含調整工作員工之遴選準則，以避免後續任用員工產生同樣的問題。

9.2 績效管理與員工績效評估的定義與目的

9.2.1 績效管理與員工績效評估的定義

績效管理是組織確保達成目標的控制程序，是組織在運作過程前中後一系列的活動，其中包含策略與目標之連接，以及員工績效與策略之連接。在人力資源規劃與工作分析章節說明了組織經營規劃與人力資源規劃階段即掌控相關績效。本節則聚焦於員工績效管理與評估進行說明，T. Weiss 指出員工績效即是建立一個使員工對所要達成的績效目標有著共同了解的過程；同時也是一種管理員工使之增加成功可能性的方法。長久以來績效評估有著許多不同的名稱：功績評等、員工考核、員工評估、績效評等、績效評鑑、績效管理等。績效是指員工如何有效地完成工作責任，可以視為員工行為或活動符合組織要求的準則，而績效的標準，是透過與他人比較或是與既有的標準來做比較。

績效評估是指正式地建立一系列整合的評估活動，藉以估評員工以及與員工溝通其在某一特定期間的工作績效，並且，進而提出改善計畫的過程。其意義在於針對員工績效表現，相對於設定的準則與標準，進行正式且系統性的考核與評估，並且與員工溝通評估事項。績效評估提供組織衡量與評價員工在某一特定期間的行為與成就，也提供員工本身績效的回饋，不僅是評定以及溝通員工績效的過程，也包括建立員工績效改善計畫。亦即，績效評估包含了設定績效、評估績效、檢討績效以及改善績效等四個過程。員工績效需搭配組織策略以達成組織目標，績效涵蓋的範圍則應包含任務績效(Task Performance)與脈絡績效(Contextual Performance)。任務績效是與員工個人工作成果有直接關係，能夠直接對其工作成果進行評估。基於員工績效最終目的在於達成組織績效，績效定義應涵蓋脈絡績效，脈絡績效主要是對於組織社會氛圍的影響，能夠有助組織績效更加有效能，產生正向綜合效能(Synergy)，強化組織協調合作功能，例如組織公民行為、內部顧客導向行為都是有助提升正向綜合效能。

9.2.2 績效評估的目的

績效評估與績效管理的終極目的皆為符合組織策略需要，有效執行組織策略，達成組織目標。兩者之間的差異主要在於：績效管理系統係從巨觀角度審視與執行相關管理作業，其主體以組織為範圍，需要時能從組織分析與工作分析等組織整體考量來進行績效管理相關作業。績效評估則傾向於微觀角度，聚焦於以工作員工為主體，兩者之目的與進行程序則近乎相同，僅考量範圍有巨觀與微觀之差異。

有效遂行績效評估的目的則必須整合績效評估於組織策略的執行，必須與其他管理系統結合以整合性地達成組織策略。績效評估的終極目的是有效執行組織策略，達成組織目標。從終極目的所展開的中介目的而言，績效評估的目的分為兩大類：評鑑性的目的與發展性的目的。組織的目的有可能是衝突的，同樣地衝突也可能存在個人的某些目的，如圖 9.2 所示。

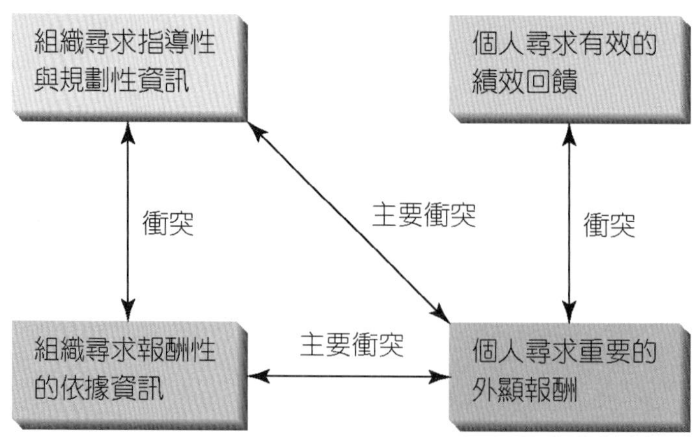

圖 9.2 績效評估的衝突

資料來源：Mohrman, Jr., Allan, M., Resnick-West, S. M. & Lawler III E. (1990). Designing Performance Appraisal System. San Francico: Jossey Bass

為了獲得優沃的報酬，員工希望獲得良好的績效評估結果，會藉由隱藏問題以及誇大本身成就，來表現好的一面的工作績效。但是，為了獲得良好指導的目的，則需要實際的資訊，才能獲得正確且有益的指導。由組織與個人間存在主要衝突，原因極為簡單，為了達到組織的目的，組織需要完整的績效資訊，而提供那樣的資訊往往對於個人報酬造成不利的影響，只要員工個人認為績效評估對於報酬有重要影響時，則衝突即可能持續下去。

評鑑性的目的包括提供員工績效回饋；做為薪資、任用、決策、解雇等憑證。透過績效評估前的溝通以及後續的溝通，清楚給予員工績效明確的期待以及績效表現的回饋，將促進組織管理效能與效率。而有效的績效評估能夠加強管理階級和員工之間的溝通，培養兩者間的信任和尊重的關係。此外，尤其當相關人力資源管理決策影響到員工時，與工作相關的一切量測，必須要以績效評估作為憑據。例如，以不適任的理由解雇員工時，卻發現該員工近年來績效評估均達滿意程度，則將可能違反兩性工作平等法。

發展性目的是發展員工工作效能與效率，包含指導員工改進績效，以及發展潛能；協助員工生涯發展與管理；藉由對於員工績效的知覺與支援，以激勵員工；強化上下關係；診斷員工個人或組織的問題。

9.3 ›› 績效評估的基礎

績效評估的基礎包含績效準則與標準，依序分述如下。

9.3.1 績效評估的準則

完善的績效評估需要有效的準則（項目），用以評估員工的績效，準則越是明確，則員工績效評估越能正確。因而，必須事前檢視現存的準則，並且視需要發展出新的準則。組織於工作分析後所產生的工作說明書，包括了工作內容與職責，是選擇評估準則的良好基礎。

評估準則分為三類：分別是以特性導向、行為導向、以及結果導向為基礎的評估系統。特性導向為基礎的績效評估容易執行，但是，由於特性不易精確定義，不僅會因為不同評估人的參考架構之差異，導致信度極低，其效度也令人質疑，在法律上更難被接納，無助於員工績效的回饋。自 1950 年代之後，績效評估制度轉而重視員工應該做什麼和完成什麼，即重視員工的工作行為與結果，也就是評估的重點在於績效評估期間，個人所從事的活動，或表現出來的行為，以及工作上的產出。此觀點成為績效評估的準則的主要重心。

以行為導向為評估基礎的績效評估，適合重視工作如何進行的情況，能夠溝通與回饋員工績效的期望與評估結果，也由於較為客觀，故就法律觀點上較能被接受。一般重視工作行為的原因，即是認為工作結果有時非個別員工能夠掌握，但是工作行為卻能夠靠員工自我掌控。然而，卻因為經常無法完全涵括所有能夠導致工作成效的行為，容易導致評估準則的不全性(deficiency)。以行為為基礎的績效評估，較為人所知的方法如行為定位評等尺度法(Behaviorally Anchored Rating Scales, BARS)。

以結果導向為基礎的評估準則，上司和部屬在事前須共同決定與同意該期間、該工作範圍內工作的責任及績效的標準，以此作為判斷工作成果的基礎。主張以工作結果作為績效準則的理由，認為以人格特質或是工作行為來評估，多會牽涉到評估者的判斷。工作結果為評估準則與工作的相關程度較高，因為結果的成敗關係著工作的最終目的，能避免以行為為基礎的績效評估所產生問題，卻也因為有些成果受外在不可控制的因素影響，較為缺乏對於員工績效的改善。以結果為基礎的績效評估，其評估方式最為人知的方法為目標管理(Management By Objective, MBO)。

9.3.2 績效評估的標準

實際的、可衡量的、以及清楚的評估標準，對組織與員工個人皆能有所助益。目標設定理論認為明確與困難的目標有助工作績效的提升，而事前建立評估標準，能使相關員工清楚組織對其工作的明確期望與成就水準，亦能激勵員工工作表現，同時也是避免法律訴訟的主要具體憑據。

績效評估標準的建立，與選用的評估方法有高度特定關係，就性質上區分，可以分為相對標準與絕對標準。相對標準是建立於員工之間的相對等級，絕對標準是根據既定的標準，而不是與他人做比較。相對標準容易說明與使用，優點是有益於升遷與加薪決策，預防評估者評估偏誤，例如月暈效果、過寬或是過嚴的偏誤。缺點則是由於相對評估整體成員的績效，無法明確回饋個別員工績效，不僅無助績效改善以及員工發展，更可能引起法律糾紛。絕對標準根據與工作有關的構面進行績效評估，能夠給予員工具體的回饋與改善，但是，不易避免評估者犯月暈效果、以及過寬或過嚴的評估偏誤。

9.3.3 有效之績效評估的基礎

績效評估往往輔以主觀的評量，因此評估的準則與標準須符合下列五項特性，才能達到績效評估的效能。

1. **攸關性**(relevance)：是指評估的準則以及標準，和工作目標的相關程度。績效的貢獻在於對工作目標的達成。因而，經由工作分析而來的工作說明書是主要的績效評估基準，也是由於工作分析的主軸在於工作目標的達成。
2. **避免混淆**(contamination)：績效評估攸關評估基礎之效度，如圖 9.3 所示。員工績效評估不可被無關個人績效的因素所混淆，應該衡量的準則沒有被列入衡量項目，則為效能不全；而使用無關的準則來衡量績效，則產生混淆不清的評估準則，模糊理想的績效評估準則。績效評估經常不自覺地因評估者主觀的知覺而產生偏誤，例如，使用新舊不同機器的員工，卻直接進行比較性的績效評估。也會誤用無關的績效準則進行評估，例如，評估者經常不自覺地犯下月暈效果的評估偏誤。
3. **信度**(reliability)：指評估準則與標準的穩定性與一致性。對同一個人的績效評估，不同評估者是否有共識達成績效評估結果。
4. **區別性**(discriminability)：是指績效評估的評分，能區別出高低績效的差異。評估者常常過嚴或是過寬的評估，導致評估無法區別績效的高低。例如符合組織策略的達成，或是為了晉升決策，則評估準則與標準必須提供某些評等順序性的資訊，以利區別評等差異。

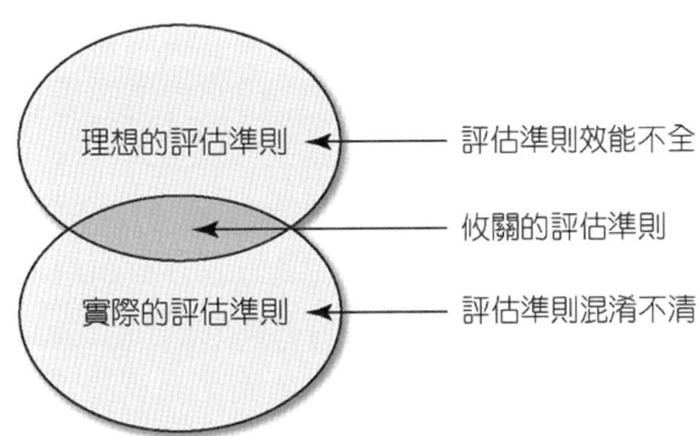

9.3 效能不全與混淆不清的績效評估準則

資料來源：Carroll, Jr. S. J. & Schneier, C. E. (1982). Performance appraisal and development of performance in organizations. Glenview Illionis: Scott, Foresman

5. **符合性**(congruence)：必須符合組織需要。員工績效的達成主要目的在於滿足組織策略需要，完成組織整體目標，對於組織才具有貢獻。為能更加符合組織績效之達成，績效準則從組織長期發展考量，必須符合組織績效之維持績效、創新績效、文化績效、與平衡計分卡四項構面之考量。例如，組織發展新產品的策略，需要研發人員與行銷人員皆具有創新行為，因此，創新行為應該列入績效評估基準。此外，企業組織之工作模式越來越趨向團隊工作模式(team work)，主要強調於產生正向綜合效果(synergy)。因此，個人績效的衡量準則除了任務績效外，必須考量脈絡績效準則，它所強調的部份在於組織內部的合作與幫助他人的行為。例如，主管呈現服務型領導有助於員工工作滿意，而工作滿意有助於工作績效的提升。

平衡計分卡是一種結合了財務性與非財務性量度的績效評估準則，在進行績效評估的面向結構中，同時考慮了組織運作過程中相互影響的財務構面、顧客構面、內部流程構面及員工的學習與成長等四個構面準則，而這四個構面是以公司願景及策略為出發點的績效評衡量方法，所以它不僅可以具體改善以往績效評估不盡周全的面向建構缺點，更可以藉由這個績效衡量工具來落實組織經營策略。

此外，除了以上五點特性之外，為了有效執行績效評估系統，績效評估的基礎必須符合三項特性。

1. **理性導向**(rational approach)：是指詳細規劃特定的評估工具、規劃程序、與相關管理制度連接。經由理性的規劃與整合，除了強化績效評估的效率與效能外，更能激發組織正向整體綜合效能。例如，生產單位過於強調稼動率，經常導致阻礙或減弱行銷人員的績效。
2. **考量政治性的過程**(political process)：係指必須得到組織中主要決策者的支持。相應於組織資源的有限性，主要決策者能分配組織資源，決定組織決策與計畫的優先順序以及重要程度，相對影響績效評估的執行過程與結果。
3. **參與導向**(participative approach)：不能強制使用者接受，強制性將導致使用者調整該績效評估制度以符合其本身的目的，可能損及組織企圖與目的。當績效評估者將個人目標凌駕於單位目標時，很可能績效評估的評鑑與發展功能會遭受損害，也會讓受評者產生負面激勵，反而降低其工作意願。

9.4 績效評估的方法

績效評估的方法主要有兩大類：分別為絕對標準與相對標準。其中每種方法各有其優缺點，沒有哪一項評估方法是最完美的評估方法，因此若能結合數種績效評估方法，以達成績效評估的各項目的，則更能增進績效評估的效能。以下逐一介紹各種評估方法。

9.4.1 絕對標準

絕對標準的績效評估意味著受評估的對象僅依據績效準則與標準進行評量，並未與團體中其他人進行比較。此類型的方法包含以下各項方法：目標管理、評論式評估法、關鍵事件評估法、查核清單評估法、強迫選擇評估法、以及行為定位評等尺度法。

一、目標管理

強調員工與主管共同參與訂定具體、可驗證、可衡量的目標，主要訴求在於將整體組織目標，轉化為具體的部門目標和個人目標。目標管理的四項主要要素有：具體目標、參與式決策、明確的期限、和績效回饋。在評估個人績效時，就會以目標完成程度作為評估標準。

二、評論式評估法

此方法最為簡單，僅需由評估者寫下受評估者的優缺點、潛能、與工作表現。然而，由於是非結構性的評量方法，屬質性的資料，較缺乏客觀性，若補充其他量化的評估資料，則不失為與其他評估方法共同使用的好方法。

三、關鍵事件評估法

此方法主要在於記錄員工於關鍵事件的表現，強調觀察行為，著重觀察並且紀錄受評者的行為，從中找出哪些有益於工作績效，哪些行為無益於工作績效，再將此觀察事件具體回饋於受評者，讓受評者知道自己哪些行為表現好，哪些行為表現不佳。此法必須例行性地記錄關鍵事件，造成評估者的負擔。同樣地，與評論式評估法一樣也是屬於質性的資料。

四、查核清單評估法

通常由人力資源管理人員負責完成該查核清單的製作，交由評估者對於受評者，針對每一問題選擇是與否。評估者僅紀錄而已，並沒有實際評估員工績效，人力資源管理人員依據查核表上的每一項問題，按重要性與情節輕重，給予不同權重配分。若從成本觀點考量，則發展一項查核表來適用於各不同種類的工作，則其欠缺有效性，若針對每種工作發展不同查核表，則耗費非常多的人力與資源，此法可行性低。

五、強迫選擇評估法

此法為另一項查核表方法，由評估者界定哪一項敘述情況，最能描述受評估者的表現，亦即其選項不是以是與否，而改採不同敘述的方式作為選項。其優點是評估者不一定知道何者是最佳選項，因此能降低評估的主觀性偏誤。但是，要評估者在看似相似的敘述中作一選擇，極易降低評估者填答的意願。

六、行為定位評等尺度法

此法係由關鍵事件評估法發展而來，是另一種質化的評估方法，主管針對某工作職務的部屬，將他工作項目中各種好或不好的行為予以記錄評等，作為評核員工績效的依據。行為定位評等尺度法的優點是提供較為客觀的比較標準，不過，仍屬主觀的認定，尤其是會受到評估者是否能正確蒐集資訊、評估員工行為所影響。

9.4.2 相對標準

相對標準的績效評估法，意味著受評估者與團體中其他人進行比較，評估的標準來自相對性的比較，不是絕對性的評量。此類型的方法包含以下各項方法：

一、團體序列評等法

團體序列評等法是依據設定的百分比分配評估等級，再依照將員工績效分配至各個等級。優點是避免評估者產生過寬或是過嚴的評估偏誤，缺點則是團體人數過少時，分不出真正的優劣。也會因為隸屬不同部門而產生評估等級的差異。例如，同樣的績效表現可能在高績效表現團體中，評等為中等，但是在低績效團體中的評等則可能屬於優等，缺乏絕對評估法的評估標準。

二、個人排序法

個人排序法則是將所有受評者依序從最高等級排到最低等級，其優點與缺點與團體序列評等法相同。

三、配對比較法

配對比較法採行兩兩比較的方式進行評比，每一配對中勝出者再與另一位受評者進行評比，逐一比較後，勝出次數最多者為最佳，依照勝出次數由高等級到低等級依序排列。此法能確保排名在前的員工一定優於排名在後的員工，然而，在人數眾多的組織中則不易進行如此配對比較。例如 10 位員工的比較就要比較 45次$(10\times(10-1)\div 2)$，人數越多比較次數越是增多。

9.5 ›› 績效評估的步驟

為了達到組織目標策略，績效評估需要符合攸關性、避免混淆、信度、區別性、以及符合性等五項特徵。而具體而有效的績效評估步驟如圖 9.4 所示，包含以下六項步驟。

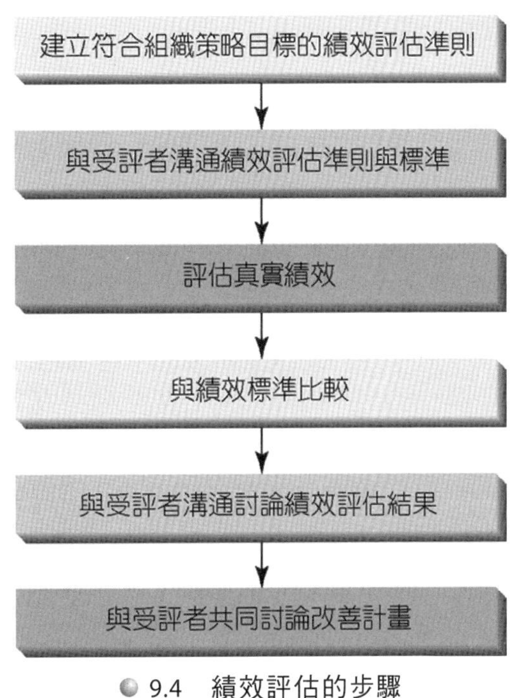

9.4　績效評估的步驟

首先，需建立與組織策略目標相一致的績效準則，績效評估的終極目的是符合組織策略需要，以執行組織策略，達成組織目標，確保員工績效得以達成單位績效、適配組織策略，達成組織目標。因而員工績效的基準與標準則端視組織策略的需求，建立與組織目標策略一致的績效標準則，是符合績效評估的最終目的，假使違反組織目標策略，則將導致組織資源濫用，甚至阻礙組織目標的達成。

因此，必須將績效評估整合於組織策略的過程，同時與其他管理系統結合，以整合性地達成組織策略，所以，績效評估必須投入組織整體策略管理流程。也就是說，經由組織分析後，清楚設定與定義組織目標後，接續展開為部門目標，再透過工作分析的過程，了解為了達成部門目標，必須完成的任務與活動，同時適配各部門的目標，考量組織各部門的整合效果，然後與員工共同訂定出個人的績效準則。

步驟二則是與受評者溝通績效評估的準則與標準。一旦績效準則建立後，必須與受評者進行溝通，讓受評者清楚組織對其績效的具體期望，藉由受評者的參與建立績效標準，激勵受評者對於績效標準的認可與接受，將促使受評者提高工作績效。倘若在績效評估之前，沒有溝通員工的績效準則與標準，極可能造成員工不了解組織對其工作表現的期望，不僅降低員工工作績效，更會因此造成員工挫折，減弱工作意願，透過深入的雙向溝通，將具體化員工績效目標與標準，能使得員工自我管理與監督，並且在工作進行中能有效回饋與溝通。

步驟三為評估真實績效，在實際量測與評估員工績效時，除了要謹守與員工溝通共同設定的績效準則與標準外，還必須依據評估的目的與準則選取適當評估方法，涉及評估的主觀性問題時，還需考量多方評估來源，以增評估結果的客觀性與準確性。

步驟四則依據量測的績效與先前訂定的績效準則與標準進行比較，找出各項績效準則的標準達成程度，好的與落後的實際績效都必須具體記錄在績效評估表中，作為與受評員工溝通的主要客觀依據。此除了有助滿足員工回饋需求外，更能提供員工改善計畫之具體的主要影響因素來源，能大幅增進員工改善計畫的效能。

步驟五是與受評員針對評估結果進行溝通，此步驟除關係著改善計畫外，也能增進評估者與受評者之良好互動關係，強化受評者對於組織的承諾與認同，且可以提升其工作意願。然而，在此面對面的溝通過程中，卻容易引發評估者與受評者的情緒反應，比如如何將人與事分開，讓受評者感受到評估結果的溝通在於此事件上，而非在於檢討其個人特質。從容的時間與信任的建立，將有助降低情緒的反應，此部分將在下一小節進行說明，有效之績效評估的面談程序該如何進行。

最後，績效評估也需要滿足發展性的目的，必須針對評估結果，協助受評員工發展改善計畫，所以，評估者必須安排充裕的時間與受評者探討績效結果不佳的主要原因有哪些，針對主要的真實原因逐一提出討論，對於問題深入分析，形成具體改善方案與計畫，以做為受評者日後努力的指導依據。

9.6 有效的績效評估面談作法

績效評估的過程中，需要不斷地與受評者面談，進行績效評估前、評估中、以及評估後的溝通，才能圓滿完成績效評估。事前溝通以便與受評者對於績效準則與標準，獲得共識並且讓受評者清楚工作上具體的期待。評估過程中則需要透過溝通回饋受評者工作表現，協助受評者調整與改善工作績效。於績效評估後期，更需要與受評者溝通績效是否符合先前設定的目標，給予鼓勵以及討論改善計畫。整體面談的有效程序如圖 9.5，分述如下。

一、事前充分準備

首先，充分的事前準備是績效評估面談的基本作法，在與受評者面談之前需要仔細詳閱受評者的績效表現紀錄、評估結果、以及工作內容與績效準則與標準。同時排定面談時程，並且及早通知受評者，讓受評者有足夠的時間準備面談之相關資料，以俾績效面談達到雙方充分溝通的成效。

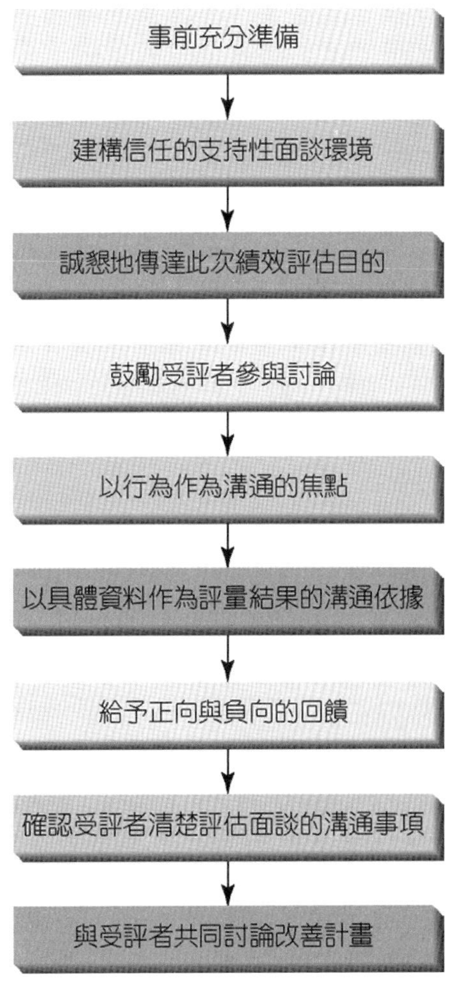
事前充分準備
建構信任的支持性面談環境
誠懇地傳達此次績效評估目的
鼓勵受評者參與討論
以行為作為溝通的焦點
以具體資料作為評量結果的溝通依據
給予正向與負向的回饋
確認受評者清楚評估面談的溝通事項
與受評者共同討論改善計畫
圖 9.5 有效的績效評估面談作法

二、建構信任的支持性面談環境

此外，為了達成面談的建設性回饋，必須創造信任的及支持性的面談環境。創造一個公平的工作環境，能夠增進員工對於組織的承諾與對於主管的信任，能促使員工正向面對績效評估，而公平主要受員工所知覺之組織正義的影響。組織正義係指組織在程序上、人際互動上、以及成果分配上公平的程度，能增進員工的公平知覺。亦即，必須在工作環境上，考量相關績效評估程序是否讓員工感受到合情合理且公平；在與員工的互動上，是否給予員工尊重與重視；對於獎酬是否依據公平的程序，進行公平分配。當受評者感受到組織正義的程度越高，越能信任評估者，則績效評估越能有效進行各項作業與活動。

三、誠懇地傳達此次績效評估目的

誠懇地說明績效評估目的，將避免受評者心中猜疑，以及對於績效評估目的做不當的期望。評量的結果是否影響加薪、晉升、或是其他人力資源管理相關決策，如果會影響，則必須確認受評員工能清楚明白評估的程序如何進行，以及評估結果將完全與受評者溝通討論後才會做評估的結論。

四、鼓勵受評者參與討論

績效評估除了能明瞭員工績效外，也可以藉由員工參與績效評估，而產生激勵的效果。目標理論說明著目標越是明確，則員工越能受到激勵，致使有更高的績效。鼓勵受評者參與事前績效評估的準則與標準的設定，能透過明確的目標，促使受評者更加平衡其對於認知的績效目標之落差。績效評估過程中的溝通，能定期與不定期地給予受評者回饋，當受評者接受到回饋的頻率越高，越能激勵其工作意願，及時調整工作表現。而在績效評估最後的溝通，不僅能針對受評者的績效進行探討達成共識，更可以針對績效改善的主因深入分析，提出改善與發展計畫。

五、以行為作為溝通的焦點

與受評者溝通受評者績效時，由於個體的行為與情緒具有極為緊密的關聯性，為了免除受評者情緒的不當反應，扭曲績效評估成效。評估者必須秉持對事不對人的溝通態度進行討論，溝通討論的焦點在於受評者的行為。例如，告知受評者不夠努力，這傾向對人的評估，應該告知受評者在某一績效上哪一部分不符合既定的標準。

六、以具體資料作為評量結果的溝通依據

有效能的評估準則與標準須符合攸關性、信度。具體的資料作為評量依據，能夠將評估溝通具體聚焦於工作目標的達成程度。因而，經由工作分析所產生的工作說明書是主要的績效評估基準，也是最具體的評估基礎，因為客觀的評估基礎將提升績效評估結果的信度，不會因不同的評估者而造成主觀性的偏誤。

七、給予正向與負向的回饋

工作特性模式理論主張當工作具有回饋時，將產生激勵作用，而回饋的頻率越多則激勵效果越大。因此，除了回饋負向績效，作為改善發展之用途外，正向的回饋也是必要的內容，其能夠激發受評者工作意願，也讓工作者清楚何者為正確的行為。

八、確認受評者清楚評估面談的溝通事項

溝通過程幾經互動性的討論，評估者對於受評者的表達必須真實地清楚理解，同時也要確認受評者理解評估者傳達的訊息，評估者可以請受評者以他個人的用語說明評估者傳達的訊息，此為語義重述，可作為確認彼此傳達資訊的正確性。

九、與受評者共同討論改善計畫

績效評估的主要目的之一在於員工發展，而支持性的工作環境會更加激勵員工自我改善，所以，評估者與受評者共同分析討論績效問題的主要因素，提出可行的改善計畫，除了激勵效果之外，更能將績效評估的成果具體化，直接提升受評者的發展與工作績效。

9.7 績效評估與其他人力資源管理功能之整合

近代組織行為與規模日趨複雜且多變，有必要將組織視為一項開放的、社會技術性的、以及整合性的系統。各系統間不斷互動，相互的作用極可能產生消長，因此必須予以有效整合，以下分別就績效評估與人力資源管理五大功能結合之運作情形說明。

一、績效評估與人力資源規劃功能的結合

績效評估與人力資源規劃兩者相互搭配與互動，將有效增進兩者功能。績效評估的結果可以作為人力資源規劃時的客觀依據來源，例如，做為人力資源系統的主要資訊，繼任計畫、人力替換計畫等的考量基礎資料。而人力資源規劃進行的工作分析，所產生的工作說明更是績效評估基礎的重要來源。

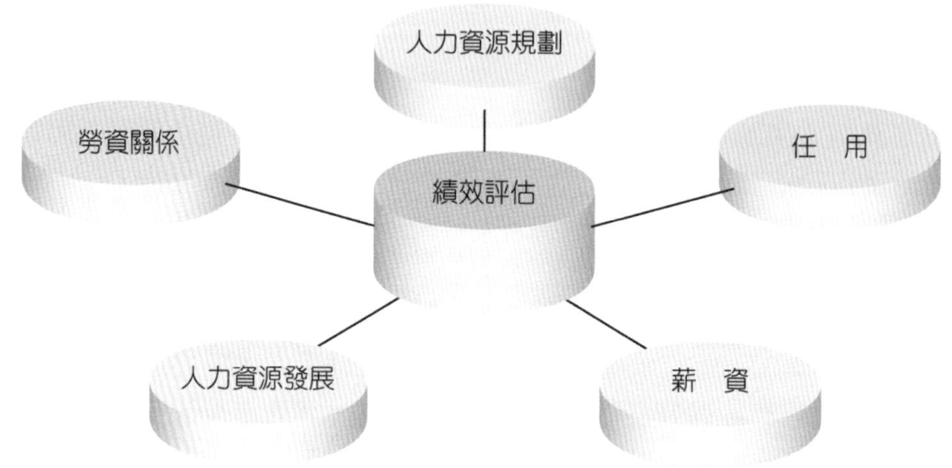

9.6　績效評估與其他人力資源管理功能之整合

二、績效評估與任用功能的結合

招募與遴選是組織有效吸引和選擇合適人員進入組織的主要功能，經由對過去以及現有員工所做的績效評估結果，可以做為預測之參考依據，將績效評估的基準與招募遴選的基準搭配，用來設定招募與遴選的對象與資格之參考依據，能客觀有效地網羅組織所需要的人才。而員工的去留以及其在組織中之生涯流動，也必須憑藉績效評估結果作為決策參考依據。

三、績效評估與薪資功能的結合

薪資的功能主要在於激勵員工達成組織期望的行為或結果，績效評估對於決定員工對組織的貢獻，是一項公平且合理客觀的基準，透過績效評估功能可以將組織的薪資系統，正確地結合於組織對員工的期望，激勵員工提高生產力。

四、績效評估與人力資源發展功能的結合

績效評估能夠提供教育訓練及發展的有效合理基準，能提供人員發展的方向和目標，同時檢測教育訓練與發展的效能，調整教育訓練和發展計畫。員工訓練與發展的需求，也必須依據績效評估結果予以調整訓練與發展需求。此外，訓練與發展成效之主要影響因素，是員工於訓練發展期間的學習情形，因而，有必要將個人學習成果列入績效評估的準則項目之列。

五、績效評估與勞資關係功能的結合

改善勞資關係以提升員工工作品質與生產力，是組織極為重視的管理策略。員工參與績效評估的過程，與評估者討論評估準則、標準、程序、和辦法等內容，既可滿足員工參與決策的需求，提升組織承諾，增進勞資關係，同時績效評估結果也能作為勞資調解的客觀依據，避免不必要的勞資衝突。

9.8 ›› 績效評估的偏誤

研究顯示，人在處理資訊過程時，常面臨許多限制，此乃因為人類思考範圍有限，所以評估者在進行績效評估時，經常會簡化或遺漏某些資訊，造成評估偏誤。

一、似我偏誤

評估者遇到與其擁有相似特質的受評者，常會給予較高的評估結果。當某人的種族、背景、態度或信仰與評估者相似時，評估者往往會給予較佳評估結果。

二、過嚴或過寬的偏誤

有些評估者的評估結果侷限於某小範圍，例如大多偏高或是偏低，無法區別個別受評者的評估差異，使得績效評估喪失效用。

三、月暈效果的偏誤

評估者將受評者某項特質推論至其他特質，例如，將經常很晚下班的員工，視為努力且績效良好，給予較佳評估結果。學校遴選模範生時，有些教師們會以學業成績作為主要遴選準則，忽視德育、體育、群育、和美育的成績表現。

四、領導部屬交換關係的偏誤

評估者往往是受評者的主管，而依據領導與部屬關係理論之內容，主管對於部屬會有圈內人與圈外人的差別互動關係。對於圈內人的部屬往往傾向從優解釋其行為歸因，而對於圈外人的部屬則傾向從嚴解釋行為歸因，因此導致績效評估結果的偏誤。亦即，對於圈內人之員工，績效評估傾向過寬；而圈外人之員工其績效評估則偏向過嚴。

五、評估者缺乏評估動機

相關研究顯示，當重大獎酬是根據績效評估而來時，要獲取真實績效評估結果則將更為困難。當評估者知道不利的評估結果會對員工未來有不利的損害時，往往不願據實評估。或有主管將個人動機凌駕組織績效評估的目的之上，因而致使產生績效評估偏誤。例如，主管擔心資歷較淺員工離職傾向較高，而傾向給予較高評估結果，以降低其離職機率。

參考資料

Aguinis, H. (2009). Performance Management. Pearson Prentice Hall.

Bulter , J. , Ferris , G., & Napier , N. (1991). Strategy and human resources management , Ohio : South-Western .

Carroll, Jr. S. J. & Schneier, C. E. (1982). Performance appraisal and development of performance in organizations. Glenview Illionis : Scott, Foresman.

Casio, W. F. (1992). Managing Human Resources. NY: McGraw Hill.

DeCenzo, D. A. and Robbins, S. P. (1999). Human Resource Management. (6th Ed.) NJ: Wiley & Sons.

Fisher, C. D., Schoenfeldt, L. F., & Shaw, J. B. (1990). Human Resource Management. Boston: Houghton Mifflin.

Jenkins, M. & Stewart, C. A.(2010).The importance of servant leader. Orientation Health Care Management Review,35(1),46.

Kaplan, Robert S. & Norton, David P. (1996). The Balanced Scorecard：Translating Strategy into Action. Boston: Harvard Business School

Noe, R. A., Hollenbeck, J. R., Gerhart, B., Gerhart, B.,and Wright, P. M. (2006). Human Resource Management (5th Ed.), p.7. NY: McGraw Hill.

Robbins, S. P. and Judge, T. (2008). Essentials of Organizational Behavior. (10th Ed.)London: Prentice Hall.

洪哲倫、張志宏、林宛儒(2019)，工業 4.0 與智慧製造的關鍵技術：工業物聯網與人工智慧，科儀新知 221 期 108.12。

許世雨(2006)，論著-績效管理全像圖與應用過程，人事月刊，253。

徐克成、張火燦(1993)，績效評估與其他人力資源管理功能結合之研究，人力資源學報，3，pp.95-113。

羅業勤(1998)，績效管理專業經理人手冊，臺北：自行出版。

— 問題與討論 —

1. 請解釋績效管理的目的與重要性。
2. 請描述績效管理和組織策略規劃的關係。
3. 請說明績效管理的過程與步驟。
4. 請描述績效評估的方法。
5. 請描述有哪些可能發生的績效評估偏誤。
6. 請描述績效評估與其他人力資源管理功能之整合。

職涯發展與管理

10
Chapter

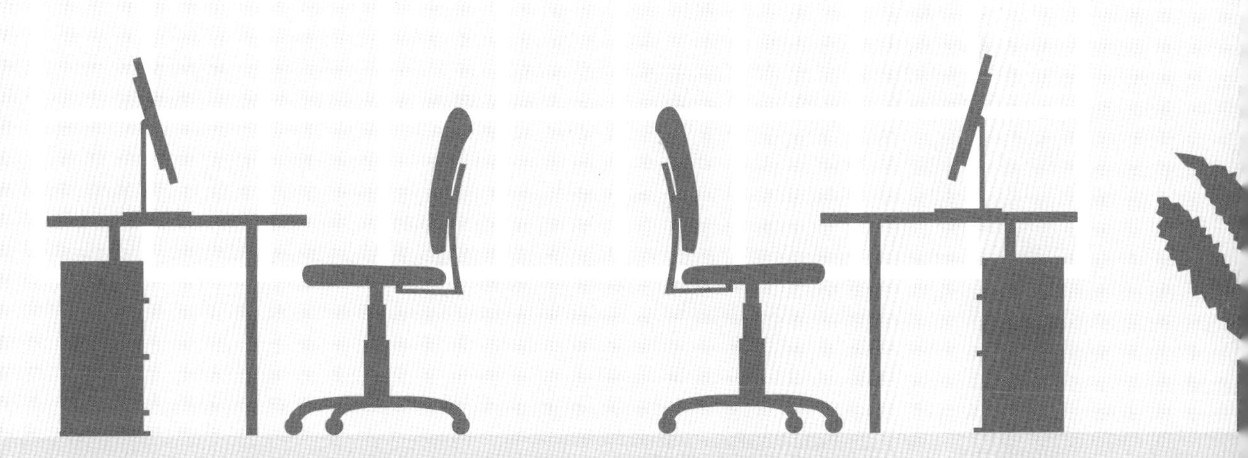

學習目標

1. 職涯發展脈絡與範疇。
2. 職涯發展理論與模式。
3. 職涯發展與管理實踐。
4. 職涯發展與管理趨勢。

話說管理 組織敏捷(Organizational Agility)始於學習與職涯發展

在當今的人才市場上，充滿不確定性。因為疫情，遠距工作型態興起、工作技能正在多元迅速發展，培養能夠適應持續變化的員工隊伍是 CEO 的首要任務。領導者認識到成功需要組織的敏捷性，而學習是實現這一目標的動力。事實上，89%的組織同意主動培養技能將幫助他們駕馭未來的工作。大規模的技能提升和技能再培訓計劃正在以極快的速度發展，2023 年 Linkedin 職場學習報告指出 40%的公司仍處於早期階段，向利益相關者售出他們的專案計畫並開始組建團隊；54%的公司處於中期階段，正在進行研發與啟動專案計畫；只有 2%的公司已經完成了一個專案計畫，卻有 4%的公司根本還沒開始！

員工自己認為有必要擴展他們的技能以成長或保持相關性。公司組織可以透過更輕量級的文化變革，促進更多人開拓嶄新職涯渠道，進而予以點燃組織敏捷度。

【本文翻譯摘錄自《HBR》哈佛商業評論 SPONSOR CONTENT FROM LINKEDIN 專欄之〈Organizational Agility Starts with Learning and Career Growth〉，2023 年 2 月 15 日出刊，對全文有興趣請閱讀全文】

10.1 職涯發展脈絡與範疇 (Context and Scope of Career Development)

因應現今組織處於 VUCA 態勢下，組織應具有強韌性與快速回應產業市場的能力，轉型為敏捷組織實為刻不容緩。對於組織提升其敏捷力，人才培育更是王道。VUCA 係指易變性(Volatility)、不確定性(Uncertainty)、複雜性(Complexity)、以及模糊性(Ambiguity)，回應 VUCA 時代，人才培育新維度也需要從永續脈絡的願景下進行培力。依據美國人才發展協會(Association for Talent Development, ATD)對於職涯與領導發展(career and leadership development)係指發展下一世代人才的最佳實務與趨勢(ATD, 2023)。職涯規劃是從個人未來發展的角度以最佳化地方式整合個人旨趣，透過教育、諮詢、與培訓等途徑，使個人適應社會產業脈動的發展與變遷。而動機與人格特質即是職涯規劃決策的影響因素(Corr & Mutinelli, 2017)。規劃決定個人的職涯發展，直接或間接關係著後續的成長與發展。個人一生當中，面對教育、實習、職業選擇及其他重要角色的選擇，每一個階段的發展都在實現自我的潛能。職涯規劃應考量個人潛能的持續培力，設定個人願景的職涯進展，並以工作與生活的平衡為目標。成功的職能發展需要強化職涯自我管理，因此現今職涯定位更強調自我導向、價值觀驅動和靈活的重要性(Hirschi & Koen, 2021)。職涯規劃是規劃個人職涯目標並以計畫性策略性地達成所訂定該目標的歷程，個人職涯目標實應與當時所在組織的展望相結合，職涯發展及職涯規劃若能相互呼應，除了能在工作職場上獲得肯定與尊重，也能滿足心理學家馬斯洛(Abraham Maslow)所提出人類需求層次的最高境界－自我實現(self-actualization)。自我實現是一系列持續更新的天賦潛質、技術與潛能，透過知識體與自我認定之整合達成的融合狀態(Ryumshina, 2013)。在馬斯洛的需求層次理論(Maslow’s hierarchy of needs)可協助個人理性的規劃並評估自己的職涯歷程，需求層次理論同時也廣泛地運用於組織激勵與組織再造等領域。馬斯洛認為人的需求共分為五個層次，從第一層次的生理需求，到安全需求、愛與隸屬需求、到第四層次的尊重需求與第五層次自我實現需求，需求的滿足是由下而上發展的，較低層次的基本需求若無法被滿足，則個體無法進一步尋求知的需求、美的需求、自我實現的需求與超越需求的滿足。馬斯洛在晚期時，提出超自我實現(over actualization)，他認為某特定專業如藝術家或是音樂家，比較能夠感受到當個人的心理狀態充分的滿足了自我實現的需求時，而出現了短暫的高峰體驗，則為超自我實現。

1. **生理需求**(psychological)：最基本的需求，如呼吸、食物、水、空氣、睡眠、健康、平衡等。
2. **安全需求**(safety)：基本的需求，如人身安全、工作機會、生活穩定、免遭威脅或疾病等。
3. **社交需求**(love/belonging)：較高層次的需求，如友誼、愛情以及隸屬關係等。
4. **尊重需求**(esteem)：較高層次的需求，如成就感、自信心、名聲、地位等，也包括對自我價值得肯定，他人對自己的認可與尊重。
5. **自我實現需求**(self-actualization)：最高層次的需求，亦是一種衍生性需求，如具道德觀、創造力、問題解決力，發揮潛能、自動自發、接受事實、民主價值等，此需求意指完成個人目標、發揮潛能，充分成長，最後趨向統整的個體。

具體地說，職涯規劃(career planning)是於各個年齡層、個人職涯趨近成熟，努力達到目標，也就是個人實際達到他應該達到的職涯發展階段。在職涯規劃範疇中，Valls et al.(2020)探究主動人格(proactive personality)對就業狀況與自覺資歷高(perceived over-qualification)的調節情形，其原因有三：1.許多研究已經驗證具有主動積極目標與計劃以實現理想職涯成果的重要性；2.職涯規劃已然成為求職和其他職涯自我管理行為的戰略方向，對於形塑職涯發展能發揮著關鍵作用；3.職涯規劃被認定是學生畢業後對其工作適合度感知的有利預測因子。

» 表 10.1　傳統職涯與現代多變職涯思維之交替

特質	傳統職涯	現代多變職涯
環境特質	穩定（直線型與專家型）	動態（螺旋型與變化型）
職涯選擇	單一、職涯初期選擇	多次、不同職涯中選擇
責任管理	企業組織	員工個人
職涯領域	單一企業組織	多個企業組織
單一職涯投入時間	長時間	短時間
企業期望個人付出	忠誠度與向心力	工作時間長
個人期望企業付出	就業安全	自我就業能力之投資
目標	升遷、加薪	自我實現
晉升標準	依年資	依績效與知能
職能發展	高度仰賴正式訓練	仰賴人際關係的建立和工作經驗

資料來源：Baruch, Y. (2004). Managing Careers: Theory and Practice. . Harlow, England: Prentice Hall; Noe, R. A. (2010). Employee Training & Development (5th Revised ed.): McGraw Hill Higher Education.

不同於職涯規劃，職涯發展(career development)是以所在組織的觀點來看員工個人的職業職涯，確保員工具備的資格和經驗能配合組織目前與未來之前景。職涯發展涵蓋內在個人因素與外在環境因素的交錯進程，其中內在因素係指個人職涯識別資訊，以及外部環境強調職涯環境特質。個人識別逐漸表露於職業生涯中稱之為職涯識別(career identity)(Hoekstra, 2011)。適當的透過外部職業環境的刺激壓力應可較為具體確認個人的職涯期許，不論這些壓力是來自於忽略反對意見、協商機會，或是超越競爭者。綜上所述，職涯發展為聚焦並豐富組織人力資源以契合員工與組織需求的持續性努力。也就是說，職涯發展是以所在組織的觀點來看員工個人的職業職涯，而職涯規劃則是從員工個人的觀點來看其職業生涯 (Byars & Rue, 2010)。職涯會因為工作性質、組織結構、心理契約、勞動力人口統計以及更廣泛的經濟因素等變化而導致不同的發展模式(Baruch & Rousseau, 2019; Biemann et al., 2012)。多年來，職業心理相關學者致力於研究職業發展過程，像是生涯發展理論(Career development theory)(Ginzberg, 1972; Super, 1957)、整個生命週期的職業發展(Super, 1980) 和職涯建構理論(Savickas, 2005)。

10.2 職涯發展理論與模式(Theories and Models of Career Development)

10.2.1 Donald Super 職涯發展理論(theory of career development)

自我概念(self-concept)一直是 Donald Super 職涯發展理論的核心重點，是指個人對自己及其所處在空間的看法，亦即個人與社會接觸後所衍生的想法，直接反應於個人生涯發展的歷程中(Super, 1990)。Super(1980)認為職涯發展是發展自我與實現自我概念的過程，他認為自我概念是一種結合體，包含生物特徵、個人在社會上所扮演的角色、以及評估其他人對當事人的反應等，換句話說，自我概念就是指個人看待自己和自身境況的觀點與方法。自我概念係指隨著個人生活所牽涉的態度、感覺、與技能知識對應所在環境的社會接受程度，進而能接受人生新挑戰與責任(Scatolini, Zanni, & Pfeifer, 2017)。另一方面在管理場域中，個人自我概念會影響行政執行支配與所屬單位執行結果的相互作用(Luo, Wang, Marnburg, & Øgaard, 2016)。Brewer and Gardner (1996)提出自我概念的形塑涵蓋三個層面：個人、關係、與團體層面，在個人層面上，源自於人際互動間相似性與差異性而形塑的個人獨特性感知與自我價值。在關係層面上，個人會依照其所在之關係動態連結與角色關係定位等增強合作或調節與他人間的關係行為。在團體層面部分，牽涉個人在社交團體中自我定義，其中團體內正向互動促進自我價值的建立也會誘導激發協同互動。不同層面的自我概念引起從屬間在態度與行為上的差異(Luo et al., 2016)。

職涯發展理論(Theory of Career Development)是一種集大成的理論，涵蓋了許多其他理論學家的精華，如 Throndike、Hull、Bandura、Maslow、Jung、

Rogers 等人，結合眾學者的觀點與論點，衍生發展出自己的理論(Super, 1980; Super, Thompson, & Lindeman, 1988)。Super(1980)將職涯發展階段劃分為成長、探索、建立、維持與衰退五個階段。

1. **成長階段**(growth stage)：出生至 14 歲，該階段孩童開始發展自我概念，開始以各種不同的方式來表達自己的需要，且經過對現實世界不斷地嘗試，修飾自我的角色。
2. **探索階段**(exploration stage)：15~24 歲，該階段的青少年透過學校、社團、休閒或宗教活動等，對自我能力之定位與職業角色進行探索，選擇職業時有較大彈性。
3. **建立階段**(establishment stage)：25~44 歲，由於經過上一階段的嘗試，不合適者會謀求變遷或作其他探索，因此該階段較能確定在職業職涯中的定位，並在 31~40 歲，開始考慮如何維持定位。這個階段發展的任務是統整後精進。
4. **維持階段**(maintenance stage)：45~65 歲，個人希望繼續維持屬於自己的工作崗位與角色，同時會面對新挑戰。
5. **衰退階段**(decline stage)：65 歲以上，由於生理及心理機能逐漸衰退，個人不得不面對現實從積極參與到隱退。

在上述職涯發展階段中，每一階段都有一些特定的發展任務需要完成，每一階段需達到一定的發展水準或成就水準，而且前一階段發展任務的達成與否關係到後一階段的發展。從 1957~1990 年，Super 拓寬和修改了他的理論，這期間他最主要的貢獻是職涯彩虹圖(Life Career Rainbow, LCR)(Okocha, 2001)。職涯彩虹圖主要包含生活廣度(life-span)以及生活空間(life-space)。此外，Super 也認為在個人發展歷程中，隨年齡的增長而扮演不同的角色；在同一年齡階段可能同時扮演數種角色。一般來說，22 歲以後大多開始進入職場也有仍保有學生身分，剛進入職場工作者逐漸開始將重心由學校移轉到工作職場，開始扮演著持家者與工作者，另外在不同性別的職場工作者在上述兩者身分扮演的程度上，差異越是明顯，因此彼此會有所重疊，但其所占比例份量則有所不同。Super and Nevill(1984)將工作顯著角色(work role salience)的概念引入了職涯彩虹圖，顯著角色指各個角色的重要性或顯著性。他們認為角色除與年齡及社會期望有關外，與個人所涉入的時間及情緒程度都有關聯，因此每一階段都有顯著角色。於此，面對動態產業環境的快速更替，現代人們也同時面對職涯目標轉換的挑戰與彈性，然而當面對這些挑戰時，人們能夠有足夠知識與技能，再者具備對於組織環境等的適應力以及對於工作任務應有的當責與創造力等，上述完備後，可達到個人在職涯成熟(vocational maturity)的態樣。

10.2.2 John L. Holland 職涯類型理論(career typology theory)

Holland 職業興趣理論（Holland hexagon 或 Holland codes），又名 Holland 職業類型系統(Holland occupational classification system)，是由心理學家約翰·霍爾蘭(John L. Holland)提出，主要應用規劃及職業輔導，藉以協助受測者了解自己人格特質，選擇能反映個人人格特質的職業。Holland (1973)認為不同個性的人會有不同的旨趣，選擇不同的職業。後續在職涯決策的相關研究中多指出人格特質與專業旨趣是息息相關的，例如個人都傾向會選擇對於自己較為有利且合乎個人生活型態的職業(Guranda, 2014)。以大學學生為例，年齡性別與社會人口背景特質都與 Holland 所提的六種職業類型有關，研究發現學生具有藝術型(artistic)、社會型(social)、企業型(enterprising)和傳統型(conventional)的職涯傾向者，在性別與所參與的大學社團都較為相似，再者，實際型(realistic)在性別上有差異(Flores, Robitschek, Celebi, Andersen, & Hoang, 2010)。

Holland(1973)認為職業選擇是人格鏡射的一種呈現，個人的職業興趣組態往往反應個人人格特質。同一職業群體內成員可能有相似的人格，因此他們對很多的情境與問題會有類似的反應調性，進而產生相似的互動模式與形塑組織文化氛圍。在職業的選擇上，依其人格類型可以區分為 6 種：實際型(realistic)、調查型(investigative)、藝術型(artistic)、社會型(social)、企業型(enterprising)和傳統型(conventional)，可依其 6 種類型之頭字語簡稱為 RIASEC。個人人格、職趣、與職場三者之間的呼應與搭配，造就了職業滿意度、職業穩定性與職業成就的基礎。基於上述，Holland 進行了一系列的假設研究，不同類型的人需要不同類型的工作環境，人格與旨趣、職場若配合得當，適配性即高，反之亦然。根據 Holland 的假設，適配性的高低，可以預測個人的職業滿意程度、職業穩定性及職業成就。表 10.2 簡要列出 RIASEC 具體人格型態與最佳化職業環境的適配。De Fruyt and Mervielde(1997)針對不同教育主修的大四學生進行研究，希望了解 Holland 的職業類型(RIASEC)與五大人格特質間的關係，研究結果發現五大人格特質全部都與 Holland 職業人格類型至少有一項是相關的，但是並非所有類型都是，舉例而言，實際型(realistic)與調查型(investigative)的職業類型與五大人格特質並無關聯。在職業教育訓練 (vocational education and training, VET)範疇中，產業技術員工在正式進入工作領域前所接受的教育訓練，在此訓練期間中，人格特質與其所選擇的職業類型則較無直接關聯(Volodina, Nagy, & Köller, 2015)。Hogan and Blake (1999)後續延伸 Holland 的職業類型與人格特質之間的驗證與釋義，他們提出的建議是不同型式的測量會有不同的結論，因為人格測驗會影響個體基於一位觀察者的聲譽角度，而對於職業的興趣則是個體會反映出以個人特性的觀點，而有不同的結果。

» 表 10.2　人格類型與職業環境的適配(Holland, 1973)

型態	人格特質	職業環境
實際型(R) (Realistic)	1. 具有順從、坦率、謙虛、自然、堅毅、實際、有禮、害羞、穩健、節儉等特性。 2. 用具體實際的能力解決工作及其他方面的問題，較缺乏人際關係方面的能力，避免社會性的專業。	工具、機械、自然、物理，偏好工業性的材料與戶外性質的工作
調查型(I) (Investigative)	1. 具有分析、謹慎、判斷、好奇、獨立、內向、精確、理性、保守、好學、有自信等特性。 2. 用調查研究的能力解決工作及其他方面的問題，重視科學，但缺乏領導方面的才能，避免企業性的專業。	分析、調查、觀察、邏輯，偏好科學及探索性的研究
藝術型(A) (Artistic)	1. 具有複雜、想像、衝動、獨立、直覺、創意、理想化、情緒化、不重秩序、不符權威、感情豐富、不重實際等特性。 2. 富有表達力，擁有藝術與音樂方面的能力（包括表演、寫作、語言），重視審美的領域，盡量避免傳統技術類的專業領域。	創作、想像、感性、直覺，偏好能享受自我經驗與參與藝術性活動
社會型(S) (Social)	1. 具有合作、友善、慷慨、助人、仁慈、負責、圓滑、善溝通、善解人意、具洞察力等特性。 2. 以社交導向能力解決工作及其他方面的問題，能教導，重視社會倫理，但缺乏機械能力與科學能力，盡量避免實用型的專業。	合作、協助、訓練、護理，偏好人群活動且能喜好幫助他人
企業型(E) (Enterprising)	1. 具有冒險、野心、樂觀、自信、有衝勁、追求享樂、精力充沛、善於社交、善於説服別人、獲取注意等特性。 2. 以企業向度能力解決工作或其他領域的問題，有領導與語言能力，缺乏科學力，但重視政治與經濟上的成就，應避免調查研究性質的專業。	領導、談判、企業、策略，偏好坐擁權力與政治力量

>> 表 10.2　人格類型與職業環境的適配(Holland, 1973)（續）

型態	人格特質	職業環境
傳統型(C) (Conventional)	1. 具有順從、謹慎、保守、自我控制、謙遜、規律、堅毅、實際、穩重、重秩序、有效率等特性。 2. 以傳統的能力來解決工作或其他方面的問題，有文書與數字能力，並重視商業與經濟上的成就，應避免藝術性質的專業。	組織、系統、數字、精確，偏好具優良制度的組織，喜好重覆性的工作

10.2.3　邁爾斯－布里格斯性格分類指標 (Myers-Briggs Type Indicator, MBTI)

邁爾斯－布里格斯性格分類指標(Myers-Briggs Type Indicator, MBTI)是依據瑞士著名心理學家 Carl G. Jung（卡爾・榮格）的心理類型理論為基礎，最早於卡爾・榮格的「心理類型」(1921/1971)書中發表。MBTI 最早是由美國心理學家 Katherine Cook Briggs 及 Isabel Briggs Myers，經過長期觀察研究而完成，於 1956 初試啼聲。曾受學術派的心理學者批評，但經過五十多年的發展，MBTI 現已成為全球著名的性格測驗之一(Myers & McCaulley, 1985)。MBTI 量表與手冊已延伸發展至三個版本(1962、1985、1998)，其中量表 G 與量表 M 則是較為普遍應用的。量表 G 於 1978 發表，共有 126 題；量表 M 於 1998 發表並取代量表 G，量表 M 有 93 題。MBTI 現已成為全球著名的性格測試之一，也是國際上應用最廣的人才測評理論，其範疇包括成人教育、人員招聘及培訓、人力資源管理、職業發展、職業諮詢、團隊組建、婚姻教育、領袖訓練及個人發展等均有廣泛地應用。

邁爾斯－布里格斯性格分類指標(MBTI)將個人傾向依四個構面分為 16 種類型，這四個構面分別為能量態度、認知發揮、判斷側重、與處世態度等。每一構面為二分法，於此組合共有 16 種人格特質與傾向。要了解 MBTI，必須先對四個二分構面以及它們之間的對應關係有初步的了解。人的決策行為並不是隨機的，而是可預測並可歸類的；每個人都只偏向這四種構面中的其中一種(I. B. Myers, 1993)。延伸之下，邁爾斯－布里格斯性格分類指標(MBTI)顯示了人與人之間的差異，表 10.3 臚列了 Myers-Briggs Type Indicator(MBTI)16 種類型之常見職業選擇的職稱。

>> 表 10.3　Myers-Briggs Type Indicator (MBTI)16 種類型之結合與常見之職業選擇

ISTJ 審計員 工程師	ISFJ 保健員 教師	INFJ 藝術家 音樂家	INTJ 科學家 法官
ISTP 建築工 統計員	ISFP 營業員 職員	INFP 作家 編輯	INTP 藝術家 作家
ESTP 木匠 行銷員	ESFP 秘書 監督員	ENFP 演員 神職人員	ENTP 攝影師 新聞工作
ESTJ 財務經理 行政管理	ESFJ 美容師 教師	ENFJ 顧問 輔導員	ENTJ 律師 行銷員

一、能量態度(attitudes of energy)：內向(introversion) – 外向(extraversion)

I-E 構面是了解個人心靈能量的獲得與發洩的出口，內向傾向者偏向專注於外在的人事物，傾向將能量對外釋放與由外部獲得，喜歡多樣化與有人在身邊陪伴；外省傾向者則專注於自己的想法及思想，心靈能量往內釋放與由自我產生，喜歡獨自安靜專注地工作，不喜歡受干擾。

二、認知發揮(functions of perception)：感官(sensing) – 直覺(intuition)

S-N 構面是了解個人認識世界的非理性方法，感官傾向者往往喜歡用經驗與標準方法解決問題，喜歡按部就班，對事實真相很準確；直覺傾向者則偏好改變，喜歡解決複雜的新問題，愛好創新，容易忽略事實真相。

三、判斷側重(functions of judgment)：理性(thinking) – 感性(feeling)

T-F 構面是了解個人下決定時內心所側重的思考準則與能量走向，理性傾向者運用邏輯分析，重視原則，意志堅決但常會忽略旁人的需求；感性傾向者則重視價值觀，有同情心與同理心，期望滿足旁人需求，但所作的決定也常受到他人影響。

四、處世態度(attitudes toward the outside world)：判斷(judgment) – 察覺(perception)

J-P 構面是了解個人處世態度及生活模式，判斷傾向者喜好按計畫行事，工作若是安頓處理好，就會覺得滿意且有得心應手成就感，注重完成；察覺傾向者則喜歡工作有彈性，常把事情留到最後一刻才完成，容易拖延不易或是令人不快的工作，但對狀況的突然改變很能適應調整，注重過程。

MBTI 已經廣泛的運用到不同產業，不同領域，並有多國語言的版本。例如 Kummerow and Maguire (2010)利用 MBTI 的架構以了解組織內員工協同合作進行問題解決。Pulver and Kelly (2008)應用 MBTI 了解美國大學學生對於學科主修的決策並發展相關的預測量表。

邁爾斯－布里格斯性格分類指標(MBTI)應用於軟體開發團隊組成的研究中，考量性別差異以及納入團隊領袖角色進行檢視團隊績效，研究設計分為兩階段，第一階段為現況描述，了解目前團隊在開發模型上的認知，第二階段則是進行實驗研究以評估團隊績效等，結果發現相同性別對於同一領袖角色在人格特質上分類上呈現一致，例如具有感性特質的男性較適合擔任團隊領袖角色，另一方面，具有理性特質的女性較適合擔任團隊領袖角色，在此研究可結論出在軟體開發領域範疇中，性別會影響人格類型對於團隊領袖角色的契合程度(Gilal, Jaafar, Omar, Basri, & Waqas, 2016)。MBTI 與其他人格測驗不同之處有四點(I. B. Myers & McCaulley, 1985)，簡略說明如下。

1. 設計用意是為理論提供工具，因此在了解 MBTI 之前需先了解理論。
2. 理論假設為二分法，因此有些測量屬性是獨特的。
3. 基於理論，在各測量尺度之間存在著特殊的動態關係，產生 16 種型態的描述與特性。
4. 型態的描述以及理論本身包含了延伸至整個生活的發展模式。

10.2.4 Krumboltz 職涯決定社會學論

深受 Bandura 的影響，Krumboltz (1988)認為影響生涯選擇的因素包括遺傳因子與特殊能力、環境情況與特殊事件、學習經驗、工作取向技能，並強調個人獨特的學習經驗對人格與行為的影響。個案輔導時，需運用行為分析或問題定義法，訂定輔導目標。一般常有的問題類型，像是將問題歸罪於他人、問題情緒化、缺乏目標、無法識別議題。Krumboltz and Baker(1973)發展出他們的第一個決策模式，Krumboltz and Hamel(1977)年修正此模式，修正之後的模式包括七個步驟並依其步驟之頭字語簡稱為 DECIDES：

1. **定義出問題所在**(define the problem)：描述必須完成的決策，以及估計完成該決策所需的時間。
2. **確定行動計畫**(establish an action plan)：描述將採取哪些行動或步驟來做決策，並描述如何完成這些步驟，且估計每一步驟所需要的時間或完成的日期。
3. **釐清價值觀**(clarify values)：描述個人將採取哪些標準，以作為評價每一可能選擇的依據。
4. **確認選擇方案**(identity alternatives)：描述對興趣與能力方面所做評估診斷所確認的職涯選擇方案。
5. **找出可能的結果**(discover probable outcome)：依所訂的選擇標準與評分標準，評估每可能的選擇。
6. **有系統的刪減選擇方案**(eliminate alternatives systematically)：刪除不符合價值標準的情形，以從中選擇最能符合決策者理想的可能選擇。
7. **展開行動**(start action)：敘述採取何種行動以達成既定目標。

10.2.5 Edgar Schein 的職業錨理論

價值觀、動機、或是職業錨(Career Anchors)是職業職涯發展與規劃時必要考慮的因素，職業錨是指當一個人面臨選擇職業時，無論如何都不會放棄的職業中至關重要的東西或價值觀，個人職業錨也是企業和員工進行職業決策時的關鍵核心因素。職業錨是內心深處對自己的看法、才幹、價值觀、動機經過自省後形成的，職業錨可以指導、約束、或穩定個人的職業生涯。職業生涯規劃領域的職業錨觀念是由 Edgar Schein(1974)所提出的，最初產生於美國麻省理工學院斯隆管理學院 Schein 教授所領軍的專門研究小組，小組包含了 44 名 MBA 畢業生，從長達 12 年的縱向職業生涯研究中演繹成的，理論包括面談、跟蹤調查、公司調查、人才測評、問卷等多種方式，最後分析總結出了職業錨（又稱職業定位）理論。職業錨是一個人在職業發展過程中永遠不會放棄的最重要的東西。要理解職業錨的概念，並對自我的職涯發展有幫助，必須了解職業錨的特點與其相互之間的差異性。Schein(1974)提出了五種類型的職業錨，隨後大量的學者對職業錨進行了廣泛的研究，並於 1990 將職業錨更細分為以下 8 種類型(Schein, 1990)。Schein(1974)所提出 5 種類型職業錨：

1. 管理職能(Managerial Competence)。
2. 技術或功能職能(Technical/Functional Competence)。
3. 安全防禦(Security)。
4. 創造力(Creativity)。
5. 自主與獨立(Autonomy and Independence)。

一、技術／職能型(technical/ functional competence)

傾向技術／職能型職業錨者喜愛自己專業相關的技術職能工作，注重個人在專業技能領域的進一步發展，積極爭取應用自己專業相關職能的機會，喜歡面對專業領域的挑戰，不喜歡從事一般的管理工作。喜歡領域內的挑戰和獨立開展工作，強烈抵制難以施展自己技術才能的工作。傾向技術/職能型職業錨者可能出現在許多領域，例如金融分析師專注於解決複雜的投資問題，一個銷售員發現他獨特口才與銷售才能。

二、管理型(general managerial competence)

傾向管理型職業錨者追求發展和提高自己的人際溝通、解決問題的能力，並致力於工作晉升，傾向於全面管理，可以跨部門整合其他人的努力成果。會承擔整體責任，並將公司的成功與否看成自己的工作。

三、自主／獨立型(autonomy/ independence)

傾向自主／獨立型職業錨者希望隨心所欲安排自己的工作方式、工作習慣和生活方式。追求能施展個人能力的工作環境，最大限度地擺脫組織的限制和制約。他們寧願放棄提升或工作發展機會，也不願意放棄自由與獨立。

四、安全／穩定型(security/ stability)

傾向安全／穩定型職業錨者偏重追求工作中的安全感與穩定感，這類型的人會因為預測到穩定的將來而感到放鬆。他們關心財務上的穩定與安全，如退休計畫。穩定感包括誠實、忠誠、以及完成上司交辦事項。這類型傾向的人只要能夠升遷，並不會太在意具體職位和工作內容。

五、創業型(entrepreneurial creativity)

傾向創業型職業錨者希望用自己能力創造或建設完全屬於自己的產品，這類傾向的人認為開拓、創業是職業的重要部分，總希望能開始並創建屬於自己的事業。會要求要求一定的權力和自由，因為這樣才有所需的所有權和控制權可以不斷的創造或尋求契機。

六、服務型(service/ dedication to a cause)

傾向服務型職業錨者會追求他們認可的核心價值，樂意運用自己的專業來幫助別人，很適合擔任公共服務或是人力資源方面的工作。他們一直追尋這種機會，即使換公司或換工作，也不會強迫自己接受自我核心價值受到質疑。

七、挑戰型(pure challenge)

傾向挑戰型職業錨者期待自我超越，解決別人看來棘手的問題，戰勝強有力的競爭對手，以及克服無法克服的困難障礙等。這類型的人喜歡新奇並充滿變化與挑戰的工作與生活。

八、生活型(lifestyle)

傾向生活型職業錨者希望將生活的各個主要方面整合為一個整體，喜歡平衡個人的、家庭的和職業的需要，因此，生活型的人需要一個能夠提供足夠彈性的工作環境來實現這一個目標。生活型的人甚至可以犧牲職業的一些方面，例如放棄晉升的職位，來換取個人與家庭之間的平衡。他們將成功定義的比職業成功更廣泛。相對於具體的工作環境、工作內容，傾向生活型的人更看重個人生活、居住品質、家庭事情及自我提升等，如他們會花長時間遠離工作以至於能有高品質的度假。

除了以上敘述的職涯發展相關理論與模式外，另有其他相關的經典理論供延伸閱讀參考。

▲ Dawis and Lofquist (1984)工作調適理論(theory of work adjustment)

▲ Erikson (1982)心理社會發展理論(psychosocial developmental theory)

▲ Gottfredson (1996)職涯發展理論(theory of circumscription and compromise)

▲ Beach (1980)職涯發展論(theory of career development)

10.3 ›› 職涯發展與管理實踐(Practicum of Career Development & Management)

Richard Bolles (2012)在《降落傘的顏色 what color is your parachute?》書中，以非正式但率直的寫作風格和實際的例證探討生活規劃。《降落傘的顏色》是一本甚為風行的求職手冊，作者評論當時的求職法，同時並提出他認為最有效的步驟，例如求職的最佳方法是，列出人才招募的工作性質，及其職缺優缺點的清單，收集其他輔助職涯諮商的資訊。透過對職涯與生活規劃的展望，而達成職涯決定的過程。換句話說，當求職者決定滿足短期的需求時，他也必須明確了解當時決定如何導向長期目標。作者建議生活規劃方案應考慮多種職涯規劃的可能性。成功的規劃，其內容應包含下列標的：1.建立目標，2.確認技能，3.建立時間線（目標完成的時間），4.確定誰是主控者（個人應能控制自我的職涯生活）。此外，作者在書中也提出對求職者實用的建議，在決定職涯的過程中，必須考慮到一主要因素，則是希望到何處工作。在決策的過程中，作者建議每個人應考慮地理位置、工作氣氛，組織結構，和組織裡工作計畫與個人職涯之關聯性。作者認為在探尋職涯時，將之變成是個刺激的冒險，一個不只是連續的、複雜的，而且是有趣的且富挑戰性的過程。

10.3.1 知識導向職涯規劃法(knowledge-oriented career planning)

職涯發展過程中，每個人都會面臨許多抉擇，需要個人作出明智的決定，這就是職涯決策。決策的過程中在選定目標之後要作好行動計畫，進行科學規劃。每個人面對職涯決策的情景是不同的，但目標、選擇、結果、評價這四個要素是每個決策都不可缺少的。決策理論多應用於了解職涯決策，而其決策過程應該思考以下 9 個觀點(Yates & Oliveira, 2016)：

1. 決策的必要性，是否一定要做出決策？
2. 決策者為何？誰來執行工作？
3. 決策者可投入多少資源於決策過程？
4. 決策者應該要列舉那些為決策過程的核心議題？
5. 盤點目前選項與資源，或是後續可創造的資源選項。
6. 辨識單一選項可產出重要的可能結果。

7. 每一產出結果發生的可能性。

8. 評估決策結果對於決策者的評估衝擊。

9. 選項間折衷方案的評估。

職涯發展是一連串抉擇的歷程，與其決策技巧、決策型態、決策信念之間有密切關係。決策者對於餘波議題處理，例如其他重要關係人如何看待決策、如何確認決策有被準確的執行。

10.3.2 職涯建構理論(Career construction theory, CCT)

職涯建構理論是職業生涯發展的宏大理論，主要關注個體對其職業經歷的主觀建構，將職業發展視為自我創造與構建個人意義的過程(Zhu et al., 2019)。甚至解決了在變化多端、不可預測的世界中，個人對於工作和生活裡變化與轉變的反應。而職涯建構理論中的領導結構為職業適應性，是解決個人面對新穎或預期的發展任務、職業轉變及工作相關挑戰所應對的困擾之自我調節資源或優勢(Leung et al., 2022)。職涯建構理論將適應性視為成為個人核心的一種穩定特質或是趨勢，不僅幫助個人面對意外的發生和壓力，且適應性通常具有靈活性或樂於改變的人格特質(Savickas & Porfeli, 2012)。同時職業適應性強調了個體如何判斷組織環境中心理安全性的個人意義，並提供新的視角在為理解心理安全、職業目標與行為三者之間的相互關聯性(Rudolph et al., 2019)。職業適應性可以描述為由四個不同向度所組成的高階結構(Ramos & Lopez, 2018)，包含關注（即對未來會發生的轉變而擬定計畫，並對此持有樂觀態度）、控制（對未來發展負責並有做出適當決策的能力）、好奇心（探索未來可能的自我和機會）和信心（相信自己可以有效解決問題）(Savickas & Porfeli, 2012)。這些向度無論是個體或是集體，皆被設定為在標準的職業轉換期間，通過更新職業的自我概念過程中適當地定位一個人的注意力、動機和行為參與，促使個人的職責和決策滿足職業發展的適應性要求 (Ramos & Lopez, 2018)。依照前述，職涯建構理論在職場上，不僅可以為個人構建工作意義，從而提升工作上的效益外，根據 Gong et al.(2022) 研究結果顯示，亦有助於管理者了解員工的職業適應性概況與水平，再者可與員工經歷建立更好的聯繫。另外，職涯建構理論亦可應用於不同的年齡層，根據 Watermann et al. (2023)研究，職涯建構理論應用於年長求職者求職的背景下，大多會根據他們以前的工作和當前的求職經歷以及他們的評估來決定新工作。而在 Gai et al. (2022)的研究中，職涯建構理論可以應用於學生在建構職業選擇的過程，搭配動機性訪談使學生反思他們的職業選擇。

10.3.3 計畫性機緣理論(Planned Happenstance Theory)

Mitchell et al. (1999) 提出了計畫性機緣理論，強調偶發事件、意外事件或是巧合發生都對生涯具有影響力，因此，更應該勇於面對生涯發展中的各種不確定。此外，更指出培養應變力的重要性(Krumboltz, 1998)。而這些非線性的情況與傳統的生涯發展理論有所不同，因為他的靈活性與多元性可以在這個難以預測的環境下即時反應。Krumboltz and Levin(2004)認為計畫性機緣理論是具有意識與目的，且是一種持續性的過程，此外，計畫性機緣理論包含三個元素：計畫性(Planned)、機緣偶遇(Happen)、心態看法(Stance)。

10.3.4 生涯混沌理論(Chaos Theory of Careers)

Pryor and Bright(2003)研究中首次發表將混沌理論的概念應用在生涯領域，為生涯發展提供了新興觀點。Pryor and Bright(2003)試圖將複雜的動力系統概念應用於尋求職業發展的個人及整體過程中。Pryor and Bright(2007)認為生涯混沌理論是將現實概念化為規律和不可預測性的結合。Pryor and Bright(2014)認為生涯混沌理論系統應包含 5 種特性：整體情境(Context)、複雜性(Complexity)、連結性 (Connection)、改變 (Change)、機會(Chance)。而生涯渾沌理論之所以被發展是源於傳統的生涯發展理論無法應變全球瞬息萬變與不可預測的狀態，因此 Pryor and Bright 才會於發表此論點。根據 Borg et al. (2014)透過生涯混沌理論的研究顯示，經調查的 55 名同班級高中生，在畢業後 18 個月，有 71%的學生面臨過非預期性的生涯轉變，其結果證實生涯發展中經常會有非計劃性改變的狀況發生，且影響生涯的抉擇。

10.4 ›› 職涯發展與管理趨勢

人才是企業組織中重要的資產，要能留住適才適任的員工，企業須了解並滿足員工的職涯發展需求，特別是要留住優秀的執行者與具有管理潛能的員工。透過正式或非正式的途徑了解員工相關的專業知識與技能、工作態度、倫理、溝通方式、團隊精神等，於此幫助企業了解員工是否適才、適時、適任，員工也會了解自我在工作表現與職涯發展的再定位。美國潛能發展協會認為潛能發展一詞代表了人們在建立知識、技能、能力等養成的歷程，並且這些潛能養成促成他們在其組織中能夠脫穎而出 (ATD, 2014b)。美國人才發展協會在

2014 年提出人才發展職能模型，此模型主要：1.定義職員工在潛能發展相關產業中成功所需具備之最新重要職能；2.提供潛能發展領袖與實踐者專業發展的藍圖；3.辨識人才發展技術技能之缺口與方法以期能將個人目標與組織目標調合一致(ATD, 2014b)。在 2014 人才發展職能模型主要勾勒基礎職能(foundational competencies)以及專長領域(areas of expertise, AOEs)兩部分。在基礎職能包含橫跨各產業領域中都是關鍵要項的 6 項職能：

1. 商業技能(business skills)
2. 全球思維(global mindset)
3. 產業知識(industry knowledge)
4. 人際互動技能(interpersonal skills)
5. 個人技能(personal skills)
6. 科技素養(technology literacy)

另一方面，在潛能專長領域中則涵蓋 10 類專長領域：

1. 績效改善(performance improvement)
2. 教育設計(instructional design)
3. 訓練型式(training delivery)
4. 學習科技(learning technologies)
5. 評估學習效力(evaluating learning impact)
6. 管理學習計畫(managing learning programs)
7. 完整潛能管理(integrated talent management)
8. 教練輔導(coaching)
9. 知識管理(knowledge management)
10. 變革管理(change management)

美國人才發展協會 (ATD) 所提之 2014 人才發展職能模型為目前最新之職能模型也是再定義能面對未來職場挑戰所需之技術與知識，此職能模型洞察也反映了現今產業社會中受到數位行動載具、社群媒體科技、社會經濟人口變遷、全球化以及經濟力遷移發展等變化 (ATD, 2014b)。

要了解員工潛能與發展，可透過正式途徑與非正式途徑。正式途徑包含正式教育計畫(formal education programs)與評量(assessment)；非正式途徑則藉由直屬主管所評估的工作表現與態度，同儕之間的互動與人際關係。正式教育計畫即是企業組織特別為員工所安排的一系列課程，例如，杜邦(DuPont)特別重視人才培育與訓練，協助員工積極規劃生涯發展，同時不斷以新事務讓員工自我挑戰發揮潛能，並期許員工與公司同步且持續不斷的成長。杜邦(DuPont)擁有全美公認 Best Practice 的人才培育發展系統，稱為「定向發展培育計劃」。杜邦不僅重視個別員工的發展與培訓，更希望員工在增加自我價值的同時，也提高對他人的價值。杜邦將員工職場表現的成功定義在適才適任，因此有多樣的發展管道，包括專業能力與管理人才的培育，同時也鼓勵員工在各部門擔任不同的職務，以增進全方位技能的發展。所以定向發展培育課程的特色在於重視個人持續不斷的發展，並藉此讓公司與個人都達到雙贏的局面（臺灣杜邦，2013）。

事實上，使用評量與職業生涯諮商息息相關，評量(assessment)在生涯諮商中扮演三種角色：1.激勵、擴展，並提供生涯探索的焦點；2.激勵與生涯有關的自我探索；3.提供各種與生涯選項有關的資訊。在生涯決定的過程中，為了對可能的生涯選項做全方位的考量，多邀請相關人士參與，並多加深入了解個人的特質，如此越能做出思慮周詳的生涯決定，以避免僅由片面因素所形成的不良生涯決定。

10.4.1 生涯諮商應用量表

就深入了解個人的特質方面，標準化測量量表與其量表之評估表現實為了解個人生涯規劃與發展的客觀參考。於生涯諮商中的應用，Zunker (2002)列舉出幾種標準化評量，包含性向測驗、成就測驗、興趣量表、人格量表、價值量表、與生涯成熟量表等。依據 Super (1980)生涯發展理論中以探索(exploration)為起始端點，了解個人生涯與職涯之間的發展與規劃，常運用生涯成熟量表，藉由評估測量自我生涯發展可帶出態度向度與勝任向度。以下為較為普遍應用的生涯成熟量表(career maturity inventories)：

一、生涯發展量表(career development inventory)

主要是個人或團體諮商程序發展中的診斷工具：我們可以用它來評估生涯發展方案，量表分數的產生來自於對下列事項的測量：規劃導向、探索的精準度、資訊，以及做決定。

二、生涯成熟量表(career naturity inventory)

主要測量態度向度與能力向度，態度向度包含了確定性、參與度、獨立性、導向性、以及做決定時的妥協度；能力向度則涵蓋自我讚許、職業資訊、目標選擇、規劃和問題的解決能力，本量表適用於成人與青少年。Busacca and Taber (2002)於其對於高中生之研究是運用生涯成熟量表修訂版(Career Maturity Inventory-Revised, CMI-R)。

三、認知職業成熟測驗(cognitive vocational maturity test)

主要是針對個人職業資訊知識的認知測量。分數的產生，來自於對下列事項的測量：有關工作領域的知識、工作選擇程序、工作條件、教育的要求、一般執業的要求，以及在各種職業中實際職務的執行。這份量表可提供有關生涯選擇能力的重要資訊，並可能使用為一診斷工具。

四、新墨西哥生涯教育測驗(new mexico career education test)

主要是在評估中學生的生涯教育方案的特定學習目標。六種「標準參照測驗」(criterion-referenced tests)測量了特定學習者在工作態度、生涯規劃、生涯導向的活動、職業的知識、工作申請程序及生涯發展等六方面的結果。

五、生涯信念量表(career beliefs inventory)

Krumboltz (1988)發展的生涯信念量表可視為一項諮商的工具，以補助當事人檢視其生涯信念，因為有時這生涯信念可能會妨礙當事人的能力，以致無法做出最符合其本身興趣的生涯決定。量表包含 5 種向度：自信度(confidence)、活動參與(activity)、獨立性(independence)、彈性度(flexibility)與樂觀性(positivity)，本量表適用於成人與青少年。Hess et al. (2009)在對義大利青少年所應用 Krumboltz (1988)生涯信念量表的結果中發現，其研究結果發現與到其他相同應用之跨國比較是吻合的。

六、成人生涯關注量表(adult career concerns inventory)

成人生涯關注量表(Super, Thompson, & Lindeman, 1988)主要是針對生涯諮商及規劃、需求分析，以及成熟能力與社經及心理特質的關係。量表分數與在各個生活階段中的生涯發展任務有關，例如：探索、建立、脫離、退休規劃，及退休生活。常模的應用可依年齡做為區分的標準，如這裡以 25~48 歲以上的人為主。亦可依性別組合及年齡團體與性別為供給對象。

七、顯著性量表(salience inventory)

Super and Nevill (1984)提出顯著性量表主要測量五種生活角色，如學生、工作者、主婦、休閒者與公民。量表結果的應用可提供諮商師對個人生涯決定及工作與職業了解的準備評估。該量表是依據 Donald E. Super 的職業發展理論作為設計基礎，其應用結合性別與多文化種族之討論可參考 Nevill and Calvert (1996)論文。

10.4.2 資通訊科技導向之職涯定位(ICTs-oriented career orientation)

目前隨著資訊與通訊科技(information and communication technologies, ICTs)發展的日新月異以及普及使用等現況與優勢，職業輔導諮商以及標準化測量量表之施測運用 ICTs 輔助職涯定位已日趨盛行，許多生涯諮商專家亦將生涯發展或規畫相關課題與活動，紛紛納入個人職涯發展整合系統中。近來，網路科技在職前與職場訓練課程的傳遞上，因其易取得性(accessibility)與無所不在學習(ubiquitous learning)的優勢，科技運用於職涯診斷與在職培訓上已經遠遠超越傳統的教室傳授。學習科技等資訊科技輔助日趨重要，特別是網路技術正在改變人們的生活和工作型態，企業可以透過各種科技輔助，以滿足特定的學習需求，並藉由資訊科技技術培訓和開發解決方案 (Arneson et al., 2013)。舉例而言，全球網路設備領導廠商 Cisco Systems（思科系統）致力於將新科技融入員工培訓與生涯發展上。在國內部分，光寶科技(LITEON)為國內第一家製造 LED 產品的公司，除了致力於光電零組件，更持續拓展電腦與數位家庭、消費性電子、通訊產品、關鍵零組件與次系統、並逐步跨足車用電子等 4C 領域。光寶科技認為人力資本發展是企業永續的重要基礎，持續的人才技能提升與再造可促成光寶同仁的專業能力與組織認同，因此企業重視訓練與發展(training & development)，包含自我發展、新進人員、以及依照階層別與專業別等四大主軸，建構 12 模組的全方位學習發展體系與藍圖（光寶科技，2023）。

10.4.3 玻璃天花板之藩離效應

「玻璃天花板效應」(glass ceiling effect)是指某特定族群（如少數族裔）或是群體（如女性）在職涯發展上可能受到的晉升障礙，該效應在許多企業組織結構中隱隱存在，是真實可察覺的性別或種族的刻板印象。玻璃天花板藩籬效應不同於黏稠地板效應(sticky floor)，黏稠地板效應針對處於基層人員在就業模式上的歧視，而玻璃天花板效應主要是針對女性及少數族群受教育者或是中間主管職位在職場上晉升機會以及同工同酬的理念上受到差別待遇。

美國勞工部因 1991 年公民權利法案通過而創立玻璃天花板委員會，由美國勞工部的成員組成，主要任務是特別去檢視目前的職場使用的報償制度及報酬結構，檢查公司組織如何遞補管理階層及決策的職位。根據委員會的最初報告，造成玻璃天花板效應三個最常見的原因是：1.招募時並沒有表明想要有多元的候選人選；2.女性與少數族群缺乏發展的管道；3.資深管理階層對公平就業機會的投入缺乏責任感。根據委員會的了解，造成玻璃天花板效應的因素是來自於「依個人的印象來雇用」的常見趨勢，所以只有當所有的員工是在正向基礎上被評價、雇用或升遷時，玻璃天花板才會被消除(Sorge & Warner, 1997)。

事實上美國早於 1965 年已經開始推動平權措施(affirmative action)，主要是為了保障女性或少數族裔從事某些特定職務、同工同酬、以及晉升管理職等，此外更進而維持企業組織中女性或少數族裔之聘任比例。在 2003 年，美國最高法院決議各大學在審查學生入學時，依照平權措施與平等機會(affirmative action & equal opportunities)考量學生種族或其他因素而保障其入學機會。為了打破藩籬，美國航空(american airline)為訂定一項命令，要求所有高級職員要為所有中階管理階層以上的高潛力女性提出詳細交叉職能的發展計畫 (Byars & Rue, 2010)。

人管新知｜我的職涯可以這樣雕塑：以專案經理人思維營造個人品牌！

到目前為止，大多數專業人士都認識到擁有強大個人品牌的價值。畢竟，如果您與特定的概念、優勢、特徵或觀點無關，那麼您可能在您的組織中是隱形的。這對你現在的位置來說可能很好，但如果你想進步，你需要以某種方式讓自己脫穎而出。相反，如果您擁有強大的個人品牌，人們通常會專門為您尋找機會或希望與您合作。強大的個人品牌是職業保險的一種形式。

但我們常都覺得自己已經很忙碌了，又要如何持續思考或專注於培養強大的個人品牌呢？即使我們知道對長遠效益來看，答案是肯定的，但在繁忙的會議、電子郵件和其他義務中，我們如何才能抽出時間在這個關鍵領域取得進展？

應用專案管理原則會是開始個人品牌雕塑與廣宣的最佳解決之道，雖然並非每一個專案管理原則都能轉化為個人品牌元素，因為專案發起人總是自己！即使如此，這裡建議了 6 個關鍵的個人品牌專案管理原則，您可以遵循這些原則，使您的個人品牌努力更有可能邁向成功，儘管幾乎所有的職業過程都是如此忙碌、讓人分心。

一、確定目的：發展與優化個人品牌需要時間，了解個人動機及其對您的重要性更是關鍵！

二、決定投資。

三、跟進效益。

四、確定利益相關者。

五、布署資源與可交付成果。

六、確認專案時程。

我們永遠無法完全控制別人如何看待我們。但是，當您像專案經理人一樣管理個人品牌的投入時：充滿令人信服的目的、雄心勃勃的目標、切合實際的時間表和明確的可交付成果等，成功建立引以為豪的聲譽的機會就會高得多。

【本文翻譯摘錄自《HBR》哈佛商業評論〈Approach Your Personal Brand Like a Project Manager〉，2022 年 5 月 13 日出刊，對全文有興趣請閱讀全文】

參考資料

Arneson, J., Rothwell, W., & Naughton, J. (2013). Training and development competencies redefined to create competitive advantage [Article]. *T+D*, *67*(1), 42-47.

ATD. (2014a). The ATD Competency ModelTM. Retrieved from https://www.td.org/Certification/Competency-Model

ATD. (2014b). Talent Development. Retrieved from https://www.td.org/Publications/Blogs/ATD-Blog/2014/05/Talent-Development

ATD. (2023). The Talent Development Body of Knowledge (TDBoK™). Retrieved from https://www.td.org/capability-model/tdbok

Baruch, Y. (2004). Managing Careers: Theory and Practice. Harlow, England: Prentice Hall.

Baruch, Y., & Rousseau, D. M. (2019). Integrating psychological contracts and ecosystems in career studies and management. *Academy of Management Annals*, *13*(1), 84-111.

Beach, D. S. (1980). *Personnel: the management of people at work*. Macmillan. http://books.google.com/books?id=bRFHAAAAMAAJ

Biemann, T., Zacher, H., & Feldman, D. C. (2012). Career patterns: A twenty-year panel study. *Journal of Vocational Behavior*, *81*(2), 159-170. https://doi.org/https://doi.org/10.1016/j.jvb.2012.06.003

Bingham, T. (2014). Talent Development. Retrieved from https://www.td.org/Publications/ Blogs/ATD-Blog/2014/05/Talent-Development

Bolles, R. N. (2012). *What Color Is Your Parachute?* Ten Speed Press. http://books.google.com/books?id=Tu_ooQHs9YgC

Borg, T., Bright, J., & Pryor, R. (2014). High school students - complexity, change and chance: Do the key concepts of the Chaos Theory of Careers apply? *Australian Journal of Career Development*, *23*, 22-28. https://doi.org/10.1177/1038416214523394

Brewer, M. B., & Gardner, W. (1996). Who is this" We"? Levels of collective identity and self representations. Journal of personality and social psychology, 71(1), 83.

Bright, J. E., & Pryor, R. G. (2011). The chaos theory of careers. *Journal of Employment Counseling*, *48*(4), 163-166.

Busacca, L. A., & Taber, B. J. (2002). The Career Maturity Inventory-Revised: A Preliminary Psychometric Investigation. *Journal of Career Assessment*, *10*(4), 441-455.

Byars, L., & Rue, L. (2010). *Human Resource Management*. McGraw-Hill Education. http://books.google.com.tw/books?id=FrtAPgAACAAJ

Corr, P. J., & Mutinelli, S. (2017). Motivation and young people's career planning: A perspective from the reinforcement sensitivity theory of personality. Personality and Individual Differences, 106, 126-129.

Dawis, R. V., & Lofquist, L. H. (1984). *A Psychological Theory of Work Adjustment*. University of Minneapolis Press.

De Fruyt, F., & Mervielde, I. (1997). The five-factor model of personality and Holland's RIASEC interest types. Personality and Individual Differences, 23(1), 87-103.

Erikson, E. H. (1982). The Life Cycle Completed. New York: W.W. Norton.

Flores, L. Y., Robitschek, C., Celebi, E., Andersen, C., & Hoang, U. (2010). Social cognitive influences on Mexican Americans' career choices across Holland's themes. Journal of Vocational Behavior, 76(2), 198-210.

Gai, X., Gu, T., Wang, Y., & Jia, F. (2022). Improving career adaptability through motivational interview among peers: An intervention of at-risk Chinese college students majoring in foreign language. *Journal of Vocational Behavior, 138*, 103762. https://doi.org/https://doi.org/10.1016/j.jvb.2022.103762

Gilal, A. R., Jaafar, J., Omar, M., Basri, S., & Waqas, A. (2016). A rule-based model for software development team composition: Team leader role with personality types and gender classification. Information and Software Technology, 74, 105-113.

Ginzberg, E. (1972). Toward a Theory of Occupational Choice: A Restatement. *Vocational Guidance Quarterly, 20*, 2-9.

Gomez, M. (2014). How Career Development Programs Support Employee Retention. Retrieved from https://www.td.org/Publications/Blogs/Career-Development-Blog/2014/10/How-Career-Development-Programs-Support-Employee-Retention

Gong, Z., Gilal, F. G., Gilal, N. G., Van Swol, L. M., & Gilal, R. G. (2022). A person-centered perspective in assessing career adaptability: Potential profiles, outcomes, and antecedents. *European Management Journal*. https://doi.org/https://doi.org/10.1016/j.emj.2022.03.009

Gottfredson, L. S. (1996). Gottfredson's Theory of Circumscription and Compromise. In D. Brown & L. Brooks (Eds.), *Career Choice and Development* (3rd ed.). Jossey-Bass.

Guranda, M. (2014). The Importance of Adult's Personality Traits and Professional Interests in Career Decision Making. Procedia-Social and Behavioral Sciences, 136, 522-526.

Hess, T. R., Tracey, T. J. G., Nota, L., Ferrari, L., & Soresi, S. (2009). The Structure of the Career Beliefs Inventory on a Sample of Italian High School Students. *Journal of Career Assessment, 17*(2), 232-243.

Hirschi, A., & Koen, J. (2021). Contemporary career orientations and career self-management: A review and integration. *Journal of Vocational Behavior, 126*, 103505. https://doi.org/https://doi.org/10.1016/j.jvb.2020.103505

Hoekstra, H. A. (2011). A career roles model of career development. Journal of Vocational Behavior, 78(2), 159-173. doi:http://dx.doi.org/10.1016/j.jvb.2010.09.016

Hogan, R., & Blake, R. (1999). John Holland's Vocational Typology and Personality Theory. Journal of Vocational Behavior, 55(1), 41-56. doi:http://dx.doi.org/10.1006/jvbe.1999.1696

Holland, J. L. (1973). Making vocational choices: A theory of careers. Prentice Hall, Englewood Cliffs.

Inkson, K. (2007). Understanding careers - The metaphors of working lives: Thousand Oaks, CAL: Sage Publications, Inc.

Krumboltz, J. D. (1988). *Career Beliefs Inventory*. Palo Alto, CA: Consulting Psychological Press.

Krumboltz, J. D., & Baker, R. D. (1973). *Behavioral counseling for vocational decisions*. In H. Barrow (Ed.), Career Guidance for a New Age (pp. 268-269). Boston: Houghton-Mifflin.

Krumboltz, J. D., & Hamel, D. A. (1977). Guide to career decision-making skills: Career Skills Assessment Program of the College Entrance Examination Board.

Krumboltz, J. D. (1998). Serendipity is not serendipitous. *Journal of Counseling Psychology*, *45*, 390-392. https://doi.org/10.1037/0022-0167.45.4.390

Krumboltz, J. D., & Levin, A. S. (2004). Luck is no accident: Making the most of happenstance in your life and career. (Impact)

Kummerow, J. M., & Maguire, M. J. (2010). Using the Myers-Briggs Type Indicator Framework with an Adlerian Perspective to Increase Collaborative Problem Solving in an Organization. *Journal of Individual Psychology, 66*(2), 13p.

Leung, S. A., Mo, J., Yuen, M., & Cheung, R. (2022). Testing the career adaptability model with senior high school students in Hong Kong. *Journal of Vocational Behavior*, *139*, 103808. https://doi.org/https://doi.org/10.1016/j.jvb.2022.103808

Luo, Z., Wang, Y., Marnburg, E., & Øgaard, T. (2016). How is leadership related to employee self-concept? International Journal of Hospitality Management, 52, 24-32.

Mitchell, K. E., Levin, A. S., & Krumboltz, J. D. (1999). Planned happenstance: Constructing unexpected career opportunities. *Journal of Counseling & Development*, *77*, 115-124. https://doi.org/10.1002/j.1556-6676.1999.tb02431.x

Myers, I. B. (1993). Gift differing. Palo Alto, CA: Consulting Psychologists Press.

Myers, I. B., & McCaulley, M. H. (1985). Manual: A guide to the development and use of the Myers-Briggs Type indicator. Palo Alto, CA: Consulting Psychologists Press.

Nevill, D. D., & Calvert, P. D. (1996). Career Assessment and the Salience Inventory. *Journal of Career Assessment, 4*(4), 399-412.

Noe, R. A. (2010). Employee Training & Development (5th Revised ed.): McGraw Hill Higher Education.

Okocha, A. A. (2001). Facilitating Career Development through Super's Life Career Rainbow.

Pryor, R., & Bright, J. (2014). The Chaos Theory of Careers (CTC): Ten years on and only just begun. *Australian Journal of Career Development*, *23*, 4-12. https://doi.org/10.1177/1038416213518506

Pryor, R. G., & Bright, J. (2003). The chaos theory of *careers. Australian Journal of Career Development*, *12*(3), 12-20.

Pryor, R. G. L., & Bright, J. E. H. (2007). Applying Chaos Theory to Careers: Attraction and attractors. *Journal of Vocational Behavior*, *71*(3), 375-400. https://doi.org/https://doi.org/10.1016/j.jvb.2007.05.002

Pulver, C. A., & Kelly, K. R. (2008). Incremental validity of the Myers-Briggs Type Indicator in predicting academic major selection of undecided university students. *Journal of Career Assessment, 16*(4), 441-455.

Ramos, K., & Lopez, F. G. (2018). Attachment security and career adaptability as predictors of subjective well-being among career transitioners. *Journal of Vocational Behavior*, *104*, 72-85.
https://doi.org/https://doi.org/10.1016/j.jvb.2017.10.004

Rogers, M. E., & Creed, P. A. (2011). A longitudinal examination of adolescent career planning and exploration using a social cognitive career theory framework. Journal of adolescence, 34(1), 163-172.

Rudolph, C. W., Zacher, H., & Hirschi, A. (2019). Empirical developments in career construction theory. *Journal of Vocational Behavior, 111*, 1-6. https://doi.org/https://doi.org/10.1016/j.jvb.2018.12.003

Ryumshina, L. I. (2013). Traits of the Self-actualized Personality in the Modern Russian Politicians. *Procedia - Social and Behavioral Sciences, 86*, 396-401.

Savickas, M. L. (2005). The theory and practice of career construction. *Career development and counseling: Putting theory and research to work, 1*, 42-70.

Savickas, M. L., & Porfeli, E. J. (2012). Career Adapt-Abilities Scale: Construction, reliability, and measurement equivalence across 13 countries. *Journal of Vocational Behavior, 80*(3), 661-673. https://doi.org/https://doi.org/10.1016/j.jvb.2012.01.011

Scatolini, F. L., Zanni, K. P., & Pfeifer, L. I. (2017). The influence of epilepsy on children's perception of self-concept. Epilepsy & Behavior, 69, 75-79.

Schein, E. H. (1974). Career Anchors and Career Paths: A Panel Study of Management School Graduates.

Super, D. E. (1957). *The psychology of* careers*; an introduction to vocational development.* Harper & Bros.

Super, D. E. (1980). A life-span, life-space approach to career development. Journal of Vocational Behavior, 16(3), 282-298. doi:http://dx.doi.org/10.1016/0001-8791(80)90056-1

Super, D. E., & Nevill, D. D. (1984). Work role salience as a determinant of career maturity in high school students. *Journal of Vocational Behavior, 25*(1), 30-44. doi:http://dx.doi.org/10.1016/0001-8791(84)90034-4

Super, D. E., Thompson, A. S., & Lindeman, R. H. (1988). The Adult Career Concerns Inventory. Palo Alto, CA: Consulting Psychologists Press.

Valls, V., González-Romá, V., Hernández, A., & Rocabert, E. (2020). Proactive personality and early employment outcomes: The mediating role of career planning and the moderator role of core self-evaluations. *Journal of Vocational Behavior, 119*, 103424. https://doi.org/https://doi.org/10.1016/j.jvb.2020.103424

Volodina, A., Nagy, G., & Köller, O. (2015). Success in the first phase of the vocational career: The role of cognitive and scholastic abilities, personality factors, and vocational interests. Journal of Vocational Behavior, 91, 11-22.

Watermann, H., Fasbender, U., & Klehe, U.-C. (2023). Withdrawing from job search: The effect of age discrimination on occupational future time perspective, career exploration, and retirement intentions. *Acta Psychologica, 234*, 103875. https://doi.org/https://doi.org/10.1016/j.actpsy.2023.103875

Yates, J. F., & Oliveira, S. d. (2016). Culture and decision making. *Organizational Behavior and Human Decision Processes, 136*, 106-118.

Zhu, F., Cai, Z., Buchtel, E. E., & Guan, Y. (2019). Career construction in social exchange: a dual-path model linking career adaptability to turnover intention. *Journal of Vocational Behavior*, *112*, 282-293. https://doi.org/https://doi.org/10.1016/j.jvb.2019.04.003

Zunker, V. G. (2002). Career counseling: applied concepts of life planning: Brooks/Cole-Thomson Learning.

臺灣杜邦(2013)。生涯規劃。Retrieved from http://www2.dupont.com/Taiwan_Country_Site/zh_TW/Career_center/worklife.html

光寶科技(2023)。光寶學習發展體系與藍圖。https://www.liteon.com/zh-tw/globalcitizenship/302

— 問題與討論 —

1. 試述文中所提生涯發展(career development)之經典理論？其核心理念為何？
2. 試述邁爾斯－布里格斯性格分類指標(MBTI)的四個構面與 16 種類型為何？並舉例每一類型常見的職業取向。
3. 列舉說明目前較為普遍應用的生涯成熟量表(Career Maturity Inventories)為何？其適用對象與範疇為何？
4. 說明傳統職涯定位與現代多變職涯思維有何差異? 請以個人觀點與經驗闡述之。

MEMO

Chapter 11

激勵性薪資管理

學習目標

1. 薪資管理的定義。
2. 薪資管理的理論。
3. 薪資制度的設計。
4. 薪資管理的未來趨勢。

話說管理 薪水夠用嗎？實質薪資連 2 年負成長，通膨只是最後稻草

近年臺灣經濟表現亮眼，卻似乎難以反映在上班族的「薪情」。根據最新出爐的統計結果，2022 年俗稱「月薪」的每人每月經常性薪資平均 44,417 元，比起前一年增加 2.80%，漲幅雖然寫下 23 年來最高紀錄，但較通膨仍是略遜一籌，剔除物價因素後，實質經常性薪資只剩 4 萬 1,357 元，反而年減 0.15%，這已經是連續第 2 年呈現負成長，並且創下 10 年來最大衰退幅度。

近年因為熱錢滿溢、俄烏戰爭引爆物價飛漲，許多國家難逃通膨夢魘，臺灣當然不是特例，但若回顧 20 幾年來的情勢，我國「薪資倒退嚕」並非通膨高漲年代獨有現象。從 2000 年迄今，共有 10 年實質經常性薪資落入負成長，通膨率最高的是 2008 年 3.52%，其次即是 2022 年的 2.95%，第三則是 2005 年的 2.31%，其餘包括 2004 年、2007 年、2011 年、2012 年、2016 年及 2021 年都不到 2%，受到金融海嘯衝擊的 2009 年，通膨率甚至還是負的。

換句話說，就算是在物價漲勢沒那麼嚴重的年代，實質薪資依然面臨負成長，這並非光靠一句通膨較高就說得過去，而是長年以來的結構性問題了。若以累計幅度來看，名目經常性薪資從 2000 年的 33,926 元成長到 2022 年的 44,417 元，增幅將近 31%，但同一期間，實質薪資從 39,693 元成長到 41,357 元，增幅只比 4%多一些。這些數字告訴我們，國人的購買力 20 多年來幾乎沒有長進。

薪資類型除了本薪、按月津貼等經常性薪資，另外還有年終獎金、紅利、績效獎金及加班費等非經常性薪資。主計總處官員說明，近年愈來愈多廠商不再「齊頭式加薪」，而是依照員工表現分別給予獎金。非經常性薪資增幅仍然極其有限，實質總薪資從 2000 年的 48,942 元成長到 2022 年的 53,741 元，累計漲幅不到一成，去年更只增加 0.48%，也就是，假設一位月領 5 萬元的上班族，加薪多了 240 元，大概一天的餐費就沒了。何況，上述所說的薪資都是被視為不接地氣的「平均值」，依據主計總處最新統計，超過 68%受僱員工根本領不到平均薪資，這些人的處境恐怕更加艱辛。

» 表 11.1 實質薪資連續負成長

時間（年）	實質經常性薪資年增率(%)	通膨率(%)
2004	-0.76	1.61
2005	-1.47	2.31
2007	-0.14	1.80
2008	-3.23	3.52
2009	-1.23	-0.87
2011	-0.03	1.42
2012	-0.67	1.93
2016	-0.09	1.39
2021	-0.04	1.96
2022	-0.15	2.95

資料來源：主計處

在本章中，我們將從外部環境與內部結構中探討薪資管理，主要內容如下：

1. 薪資管理的定義。
2. 薪資管理的理論。
3. 薪資制度的設計。
4. 薪資管理的未來趨勢。

11.1 薪資管理的定義

「薪資」一詞對於不同個人與企業而言，有不同的意義。就個人而言，「薪資」是員工為維持基本生活需要，提供勞務以獲取薪資的報償；對企業而言，是企業主支付員工提供勞務後的報償，具有工作價值與工作薪資之間的對價關係，不僅是成本，也是爭取競爭優勢的利器。

所謂「薪資」是指企業對於員工所提供勞動力的薪資，並將薪資(reward)分為內部薪資(intrinsic reward)與外部薪資(extrinsic reward)兩類：1.內部薪資是指尊重、升遷機會與工作環境等；2.外部薪資包括兩大部分，一部分為金錢薪資，包括：計時（件）工資、薪俸、獎金、紅利等；另一部分則為福利，包括：保險、退休金、給假等。

人們基於追求自己的最大利益而行動，他們期望努力有所報償，也希望好的工作績效能夠完成企業目標，並能同時滿足個人的目標或需求。

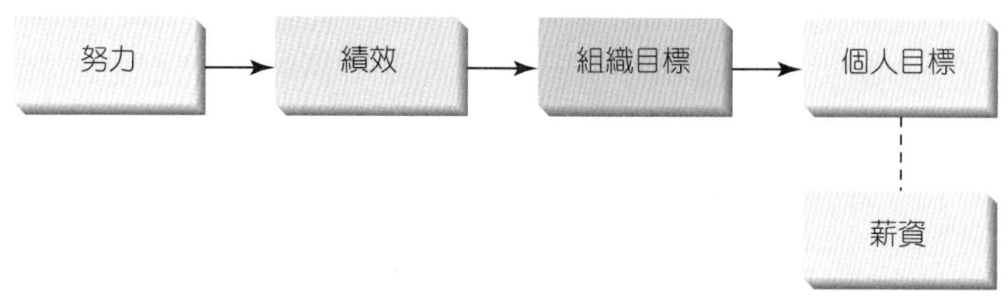

圖 11.1　組織目標與個人目標的關聯

企業使用薪資去激勵員工，也有賴薪資去激勵應徵者加入企業，以促使員工全力以赴，展現高績效的表現。一般薪資給付原則包括下列四項：學歷、經歷、語言能力；服務年資；同業間薪資水準、社會經濟所得水準；所任職務的責任繁重程度。

11.2　薪資管理的理論

根據美國霍桑的研究結果，人類所以要工作的原因，乃在追求生理上、安全上、信賴上、地位上需要的滿足，此四者，在滿足的優先次序上，以生理的需要為首。金錢不僅可以讓人安身立命（安全需求），滿足基本生存需要（生理需求），有時亦象徵著一個人的身分、地位及權力（自尊需求）。高薪有時也成為成為衡量個人成就的工具。所以，薪資可以直接或間接地滿足生理、安全、社交、自尊及自我發展等需求，企業界為提高員工的工作效率，首先被考慮到的激勵措施，常以金錢為手段，而欲發揮金錢的激勵作用，又有賴於完整合理的薪資管理。

11.2.1　早期的薪資管理理論

早期的薪資管理理論，因其主旨在告知經理如何激勵員工，已被認定作規定性模式(Presciptive Models)，其中以 Taylor 管理科學的觀點、Mayo 人群關係的觀點以及 McGregor 企業人性的觀點為代表。分述如下：

一、Taylor 管理科學的觀點(1910~1940)

Taylor 對人性的假設基本上為好逸惡勞，因此認為人之工作動機在於財物薪資，故主張採取「財務誘因」作為激勵之基本工具，同時利用「工作標準」之制訂、「工作程序」之分析及「工作環境」之改善來提高工人之工作效率。為了欲獎於懲，Taylor 更採用「差別計件獎工制」來激發員工之工作潛力。此種強調工作機械層面，重視效率的激勵觀念，於當時頗為有效，尤其對生產部門之基層員工。但疏忽「人性」因素亦極為明顯，而對非生產部門員工及高級主管而言，其「單一性」工作動機之假設，即有缺失。

二、Mayo 人群關係之觀點(1930~1940)

鑑於 Taylor 觀點的缺失，Mayo 及人群關係學派學者，對員工激勵方式主張對人性之重視，譬如允許小團體存在、減少工作重複、工作擴大等以提高員工工作滿足感。此種觀點堅持「有快樂的員工即有較高工作效率」之作法，基本上彌補了科學管理之缺失，但其忽略個人特質及群體間關係之複雜性亦難以掩飾。

三、McGregor 企業人性的觀點(1940~1960)

McGregor 於其所著《企業人性面》一書中，特別對性惡假定之排斥，稱之為「X 理論」，而其個人主張將人視為能「自我控制」、「企求責任」及「主動合作」，只要管理者能給予適當鼓勵，即可將工作潛能充分發揮，稱之為「Y 理論」。因此其主張之激勵方法為重視「決策授權」、「意見溝通」、「工作豐富化」、「鼓勵參與」及「培育訓練」等，進一步將「人性」與「管理」結合。

11.2.2 近代薪資管理理論

近代薪資管理理論發展出三種不同的觀點：內容(Content)、程序(Process)與強化(Reinforcement)。如下表 11.2。

» 表 11.2　近代薪資管理理論

型態	特質	理論	管理實例
內容	注意引起、產生或引發激勵行為的因素。	1.需求層次理論 2.激勵－保健理論 3.ERG 理論	以滿足員工金錢、地位與成就需求來激勵部屬。
過程	不僅注意引發行為的因素，同時也注意到行為方式的程序、方法或選擇。	1.期望理論 2.公平理論 3.目標理論	由明瞭員工對工作的投入、績效、標準與薪資的知覺來達成激勵。
強化	注意到增加期望行為重複與減少非期望行為重複的可能因素。	增強理論	藉著激勵期望行為來激勵。

一、內容型薪資管理理論

內容理論是引起、產生或引發激勵行為的因素，提供員工所需的金錢、地位、成就需求等因素。包括需求層次理論、激勵－保健理論及 ERG 理論。

（一）需求層次理論(Needs-Hierarchy Theory, 1954)

最廣為人知的薪資管理理論是 Maslow 提出的需求層次理論。他假設人的行為是為滿足五種不同類型需要（生理需求、安全需求、社交需求、尊嚴需求及自我實現）的欲望而激發的；而這些需求是按層級分布的，人們從低到高一次滿足自己不同層次的需要。這五種需求分別定義為：生理需求(The Physiological Needs)：包括飢餓、口渴、蔽體、性及其他身體上的需求；安全需求(The Safety Needs)：保障身心不受到傷害的安全需求；社交需求(The Belongingness and Love Needs)：包括感情、歸屬、被人接納及友誼等需求；尊嚴需求(The Esteem Needs)：包括內在尊重因素，如自信心、自主權與成就感，及外在的尊重因素，如身分地位、被人認同與受人重視；自我實現(The Self-Actualization Needs)：心想事成的需求，包括自我成長、發揮個人潛能、及實踐理想等需求。

這五種需要像階梯一樣從低到高，但這種次序不是完全固定的，可以變化，也有種種例外情況；一個層次的需要相對地滿足了，就會向高一層次發展。這五種需要不可能完全滿足，越到上層，滿足的越少；同一時期內，可能同時存在幾種需要，但每一時期內總有一種需要占支配地位。任何一種需要並不因為高層次需要的發展而告消失。各層次的需要相互依賴與重疊，高層次的需要發展後，低層次的需要依然存在，只是對行為影響的比重減輕了而已；需要滿足了就不再是一股激勵力量。但此理論亦有其侷限性，實際上，低層次需要未滿足時，高層次需要也可以發展。

（二）激勵－保健理論(Motivation-Hygiene Theory, 1966)

Herzberg 於 1966 年發表的『WORK AND THE NATURE OF MAN』中以 ADAM 與 ABRAHAM 來說明人類的兩種基本需要。ADAM 的觀點，人類具有動物性需要的傾向，且集中於逃避生活中的不幸、飢餓、痛苦、性壓抑與習得恐懼；而 ABRAHAM 的觀點，人類具有自我實現需要或心理成長需要，及尋求工作滿足與心理成長之需要。

Herzberg 認為員工與工作具有某種關連，及員工的工作態度為決定個人成敗的關鍵因素。他對匹茲堡地區兩百多位工程師及會計師進行一項調查，他要求受試者詳細描述他們覺得工作特別好或特別壞時的情境，並將其心得歸納，找出影響工作態度的因素。所有的因素可分為兩種：

激勵因素是積極的，最易引發工作者的工作意願與自動自發行為，達到優異的工作表現，其內容均為與工作本身有直接相關的因素，當工作者對這些因素感到滿足時，工作態度趨於積極，並感到工作滿足，當這些因素無法被滿足時，工作者亦不會引起工作不滿足的現象，根據 Herzberg 之調查，發現激勵因素包含 1.成就感(achievement)；2.讚賞(recognition)；3.工作本身(work itself)；4.責任感(responsibility)；5.上進心(advancement)。保健因素是消極的，最容易造成人的不滿，其內容均為與工作無直接相關的環境因素，這些因素可以促使工作者工作態度改變，當工作者對這些因素感覺不滿時，工作態度會惡化，並感到不滿足，但如果工作者對這些因素感到滿足時，則可以維持工作標準，卻無法促使工作者發揮其潛能，根據 Herzberg 之調查，發現保健因素包含：1.公司政策與管理(company policy and administration)；2.督導(dupervision-technical)；3.薪資(salary)；4.人際關係(interpersonal relation)；5.工作環境(working condition)。

激勵－保健之一大特色，即否定了傳統的工作滿足與工作不滿足為同一連續戴上的二個端點，認為工作滿足的反面是無工作滿足，而工作不滿足的反面是無工作不滿足，觀念如下：

傳統理論的觀點：	工作不滿足	------------	工作滿足
激勵－保健理論的觀點：	無工作滿足	------------	工作滿足
	工作不滿足	------------	無工作不滿足

圖 11.2　傳統理論與激勵－保健理論之觀點

激勵－保健理論之基本架構如圖 11.3：

Herzberg 的理論在 1960 年代中期，工作豐富化、讓員工參與更多規畫及自我作業控制等風潮漸漸興起。但是，激勵－保健理論被認為僅解釋工作滿足，而非激勵的理論。

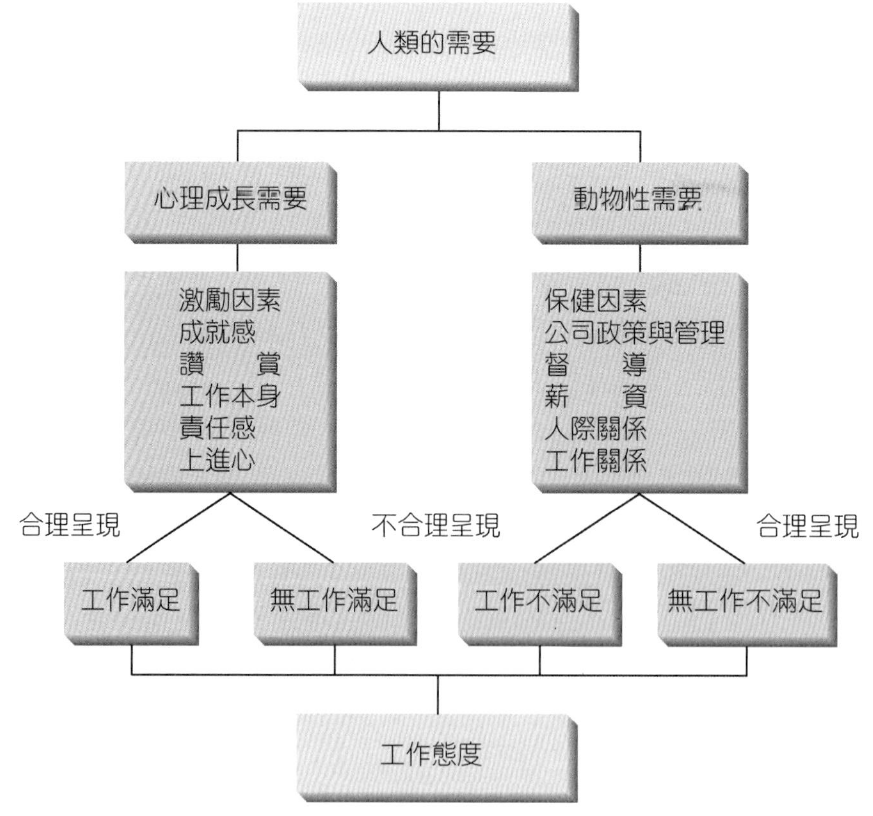

圖 11.3　兩因素理論之基本架構

（三）ERG 理論(1972)

依據 Maslow 之需求層次，Alderfer(1972)將員工需求歸納為：

1. **生存需求**(Existence)：所有各種各樣形式的生理的物質的欲望，如飢餓、口渴、安全保護類。在企業背景中，對於薪資、福利、及物質的工作條件的需求亦包括於這個類別之中。這個類別可與 Maslow 的生理及安全需求相當。
2. **關係需求**(Relatedness)：包括那些工作場所中與別人的人際關係方面一切在內。一般人對於這個類型的需要端視獲得滿足的種類與別人間感情的分享及相互性的過程而定。這個需要類別與 Maslow 的安全、社會、與尊重需要相似。
3. **成長需求**(Growth)：凡是有關一個人努力以求工作上有創造性成績或個人的成長發展的一切需要。這類需要的滿足得自一個人從事不但需要充分應用其能力而且需要發展新能力的任務。如 Maslow 的自我實現的需要。

GRE 理論以三個主要的見解為根據：

1. 每一層次的需要越不滿足，對其欲望越大。如生存的需要在工作上越不滿足，對其欲望越大。
2. 較低層次需要已滿足，對較高層次需要的欲望變大。如個別工作人員生存的需要越滿足，對關係性的需要欲望越大。
3. 凡是對較高層次的需要越不滿足，則對較低層次的需要欲望越大。如成長的需要越不滿足，對關係性的需要欲望越大。其關係如圖 11.4：

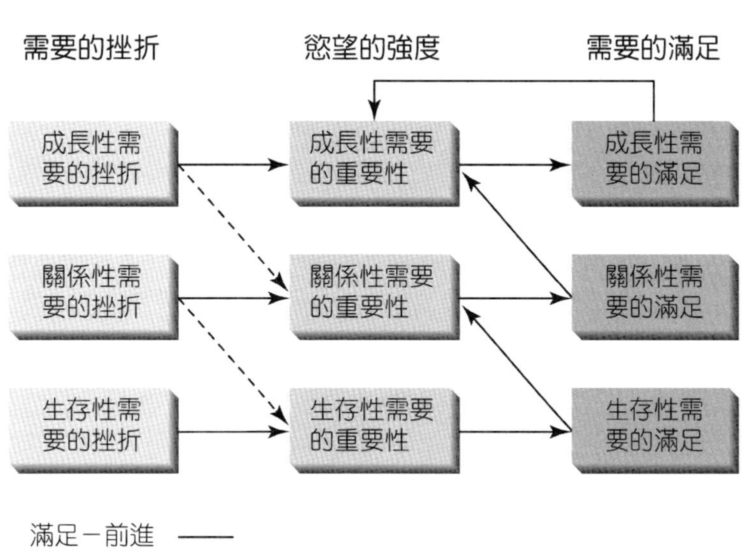

圖 11.4　ERG 理論的架構

二、過程型薪資管理理論

過程型理論引起行為的程序、方向與選擇行為，注重員工在工作投入、績效要求上的知覺，來達成刺激。包括期望理論、公平理論及目標理論。

（一）期望理論(Expectancy Theory, 1966)

期望理論是由 Vroom 在其《Work and Motivation》一書中提出。期望理論是一種過程型的薪資管理理論，說明了為何大多數員工在工作上，只願意付出最低程度的努力。當人們預期自己的行為將會達到某個期望的目標時，才會被激勵起來去達到這個目標。

期望理論可用下列公式表示

激勵力量(M)＝Σ 效價(V)×期望值(E)

期望理論的激勵模式如圖 11.5：

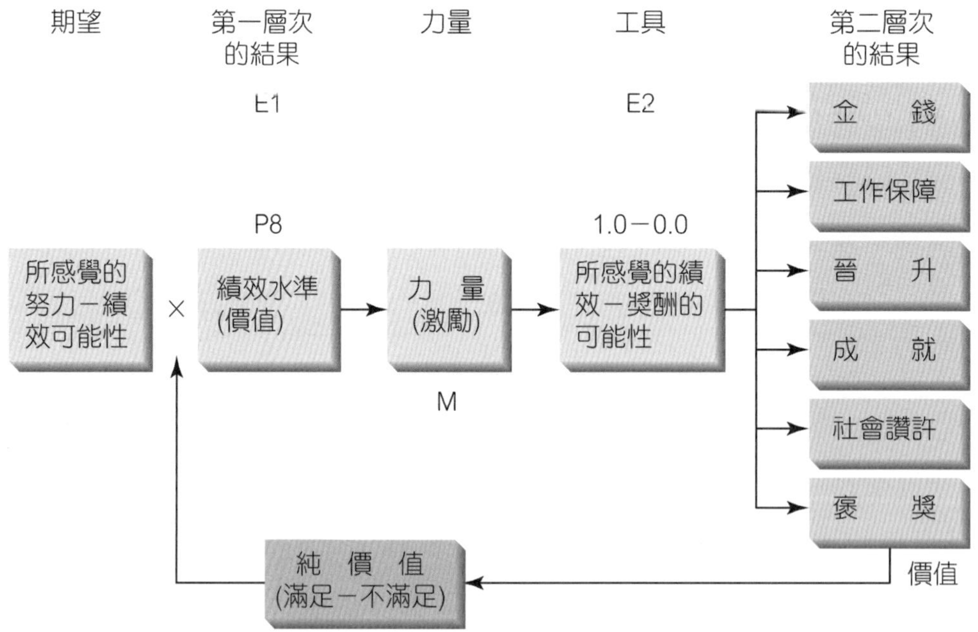

圖 11.5 期望理論的激勵模型

在模式中，主要變數有期望值、效價、結果、工具、選擇。茲說明如下：

期望值(expectancy)是指個人對某項目標能夠實現的概率的估計，也可理解為激勵對象對目標能夠實現的可能性大小的估計。期望值又叫期望概率（由1~0），在日常生活中，一個人往往根據過去的經驗來判斷一定行為能夠導致某種結果或滿足某種需要的概率。效價(valence)是指個人對他所從事的工作或所要達到的目標的估價，及被激勵對象對目標價值的偏愛程度與重視程度。可為積極的（正）或消極的（負）。在一個工作情境中，我們所期望的薪資、晉升、及主管褒獎這類結果，具有積極價值，與同事衝突、工作壓力、或主管譴責之類結果則可有消極價值。在現實生活中，對同一個目標，由於個人的需要不同，所處的環境不同，他們對該目標的效價也往往不同。結果(outcome)或獎酬(reward)有時譯為薪資或獎酬作用，可分類為第一或第二層次的結果。第一層次結果指績效的某些方面，如工作目標達成，而且被認為個人任務執行努力的成果。但第二層次結果則被視為第一層次結果期望產生的成果，如加薪或晉升之類。工具(instrumentality)指第一或第二層次結果的關係。如果第一層次結果（例如，高度績效）導致加薪，則工具可認為具有加 1.0 價值，如果第一與第二層結果間沒有察覺出的關係，則工具的價值近於零。選擇(choice)即個人就選擇一種特定為可得到的一組可能結果，來衡量所採每一種行動的成果及價值。

期望與價值係以乘法的方式相結合而決定其力量或績效作用，如價值及（或）期望等於零，激勵作用亦當等於零。如果一個員工希望晉升（高度價值）但不相信他具有執行任務的能力或必須技能（低度期望），或如該員工相信他能有良好績效（高度期望），但對於主管褒獎的結果並無價值（低度價值），則對激勵力量亦必很低。

（二）公平理論(Equity Theory, 1963)

公平理論說明了激勵作用的公平性(equity)，並認為：1.職工對薪資的滿足程度是一個社會比較過程；2.一個人對自己的工作薪資是否滿意，不只受到薪資的絕對值的影響，也受到薪資的相對值的影響；3.人需要保持分配上的公平感，只有產生公平感時才會心情舒暢。員工會比較彼此的付出(inputs)和報償(outcomes)，付出是指個人對企業的交換行為中所做的努力或貢獻，包括教育程度、經驗、技術、努力程度等，而報償指個人從事工作中所獲得的薪津、賞識、升遷、地位象徵、成就感等。如果個體的報償與投入的比例相同於他人時，表示很公平；但若兩者之比例不同時，員工即感受到不公平的壓力。如表 11.3。

» 表 11.3　公平理論

比例的比較	知覺	心態
A／B＜C／D	不公平（認為自己的薪資偏低）	不平衡，從而引起各種消極行為以求達到下兩者比值型態
A／B＝C／D	公平	平衡，沒有一般消極行為
A／B＞C／D	不公平（認為自己的薪資偏高）	欣喜，沒有消極行為

註：A 代表自己所得；B 代表自己投入

C 代表他人所得；D 代表他人投入

一個員工公平或不公平的可能情形如圖 11.6 說明。此圖提出一個三步驟過程：1.本人與參考人結果及投入比率的比較；2.決定（公平等於滿足，不公平等於不滿足）；3.被激發不公平的行為。

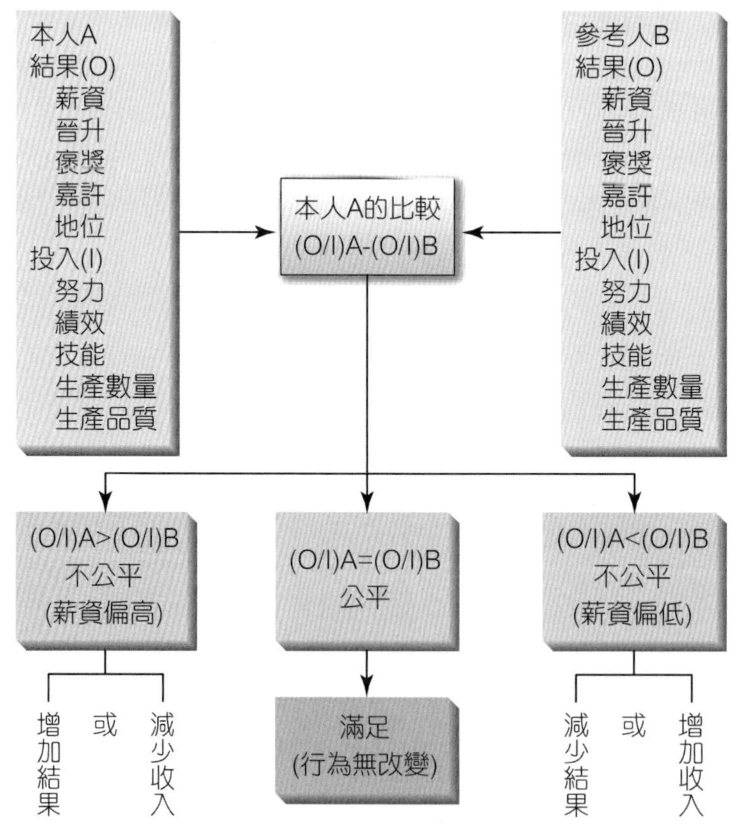

圖 11.6　公平理論模型

Adams 認為，員工在不公平的壓力下會激勵自我，並設法矯正這種不公平的現象。員工感到不公平時，可能會產生下列六種反應：1.改變自己的付出(inputs)；2.改變自己的報償(outputs)；3.扭曲對自我的認知；4.扭曲對他人的認知；5.改變參考團體；6.離開現今的工作。公平理論認為人們不僅關心自己努力得到多少薪資，也關心自己和他人的付出與所得間有何差異。公平理論應用在總結評比、獎懲制度、工資調整、晉級等問題上。

（三）目標設定理論(Goal-Setting Theory, 1968)

1960 年代末期，Locke 提出他的看法，在假定個體會對目標負責（目標負責）及個體相信自己有擔任此一任務（自信）的條件下，認為個體為特定目標努力的企圖心，是激勵其工作的主要動力來源。也就是說，明確的目標可以讓員工了解什麼應該做，及必須付出多少努力。

若能適當給予員工回饋，讓他們知道目前的進度如何、成果如何，相對地其表現也會更好。因為回饋能讓員工比較「他們已經做的」及「他們該做的」差距有多大，即回饋能引導行為。

是否應讓員工參與目標設定？目前尚未有一致的定論。因為在某些情況下，讓員工參與目標設定確能提升績效；但在某種情況下，由主管直接指派任務，反而效果更好。但讓員工參與目標設定也有一項好處，即能增加其對目標的認同感，這反倒使員工願意為目標投入更多的心力。所以，適度的參與能增加員工接受困難目標的可能性。

除回饋外，個體對目標負責及足夠的信心，也會影響到績效與目標間的關連性。必須目標是團體一致同意、當事人為內控型、或目標為自行設定而非經由指派者，個體才會對目標負責到底。而自信心不足的人，在面臨困難的時候，較有可能停滯不前或乾脆放棄。

三、增強理論－行為修正理論(Reinforcement Theory, 1972)

增強理論則注意到能增加期望行為與減少非期望行為之因素，在運用方面是以這些因素來獎勵期望行為達成企業目標。

增強理論是根據 Skinner 的學習理論而來的。增強理論強調行為的結果才是影響行為的主因。其建立在以下兩個原則上：

1. 可以導致正面結果的行為（薪資）會有重複發生的傾向，而會產生反面結果的行為，則不再有重複出現的傾向。
2. 提供適當的、預期的薪資，即可能影響人們的行為。

增強理論以藉助工具性制約作用的方法在企業中實施。就工具性制約作用而言，行為結果（獎懲）的發生是個人的反應如何而定。工具性制約作用有三個基本成分：1.刺激；2.反應或績效；3.結果，增強變因或獎酬。結果或增強的類型可決定一定行為或反映在將來履行的可能性。因此，要改變一個人的行為，行為的結果或增強就必須改變。

如果人們採取某種行為後，立即有可喜（或預期中）的結果出現，則此結果為控制行為的強化物，會增加該行為重複出現的機率。故如果人們在行為上相當持續的改變係來自增強的行為或經驗。其結果有二：

1. 行為（績效）與獎酬關係的增強，對於維持個人的被激發的行為非常重要。員工於感覺獎酬要靠績效良好時即作積極的反應，而獎酬並不靠績效時則作消極的反應。
2. 增強的可變比率方式，對維持個人被激發的行為最有力量。

11.2.3 薪資管理理論的整合

一、Porter 和 Lawer 的動機作用模式

Porter 和 Lawer 以期望理論為基礎，歸納上述學說，發展出較完整之「動機作用理論」。他們認為，一個人之行為努力取決於所可能或得知薪資價值大小及完成任務之機率（此為期望理論之觀點）。然而，事實上，一個人績效表現除受其個人努力程度決定外，尚受其工作技能及對工作了解影響，此種績效可能給予其工作內獎酬，也可能給予其工作外獎酬（此為雙因子理論之觀點）。但這些獎酬是否給他滿足，則上受其本身知覺之公平性與否而定（此為公平理論之觀點）。其理論可用以下模式（圖 11.7）解釋之。

二、Ivancevich，Szieagyi 和 Wallace 之整合薪資管理理論(1977)

本模式所強調的是努力，或是在工作時所付出的精力。個體之努力程度受企業變數、個體特徵以及特定行為方式的尋求與選擇的影響。個體的努力，經由執行所要工作能力的適當影響，轉換成實際的工作績效。薪資視工作績效的水準而定，並導致工作之滿足。在此模式中，因為認為滿足感是靠著從事各種

不同活動與薪資，而產生了需求滿足。最後依靠過去的經驗與學習，提供了激勵的循環與動態性質，回饋到先前所定的程序變數上。

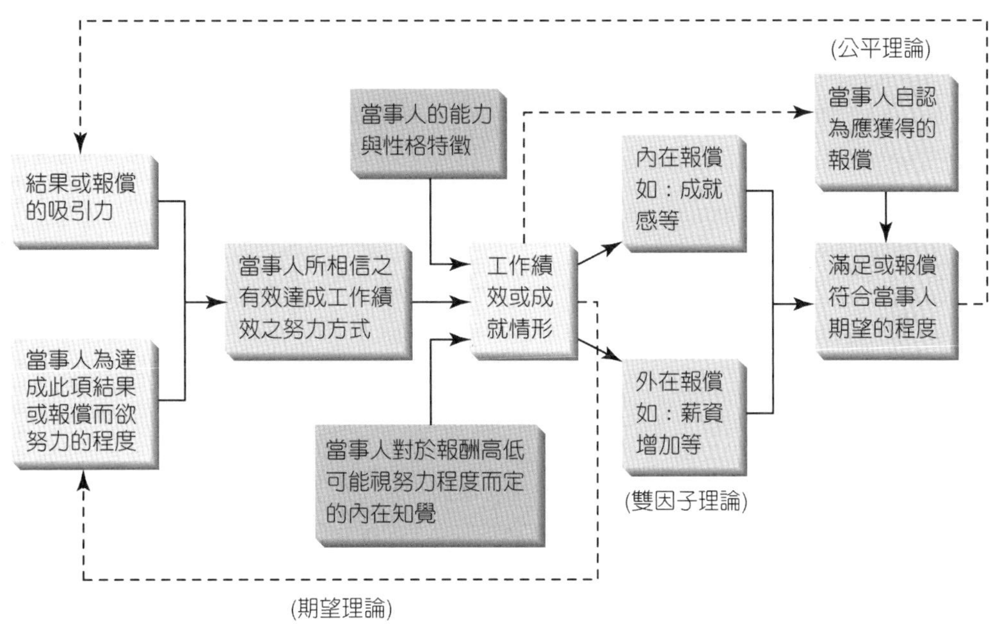

圖 11.7　動機作用模式

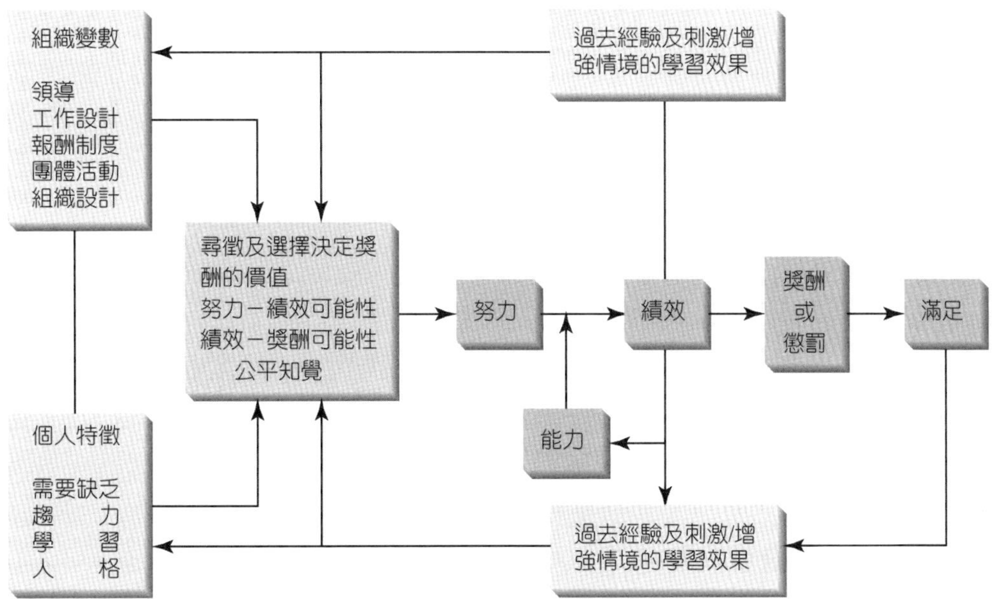

圖 11.8　整合激勵模式

三、Robbins 的激勵整合模式

此模式首先指出機會的存在與否，可以促進或阻礙個體的努力，而「個體的目標」有個箭頭直指向「個體的努力」，此個體目標及努力的迴路，正符合目標設定理論的觀點－目標能引導行為。期望理論認為，員工感受到努力與績效之間、績效與酬償之間、及酬賞與滿足個人目標之間，均存在強烈的關係時，將會付出高度的努力。員工因績效表現而獲取的薪資，正可滿足個人目標之主要需求，則激勵作用就可達到最高。模式中的增強理論確認了企業的酬償會加強個人的績效表現。如果員工認為管理當局所設計的酬償制度，可以酬謝員工的績效表現，則這些酬償即可以強化，而且促使員工保持良好的績效表現。酬償在公平理論中也扮演著極重要的角色。個體會拿自己付出後所得到的酬償與他人的付出與酬償做一比較，一旦發現不公平，就會影響到他們努力的水準。

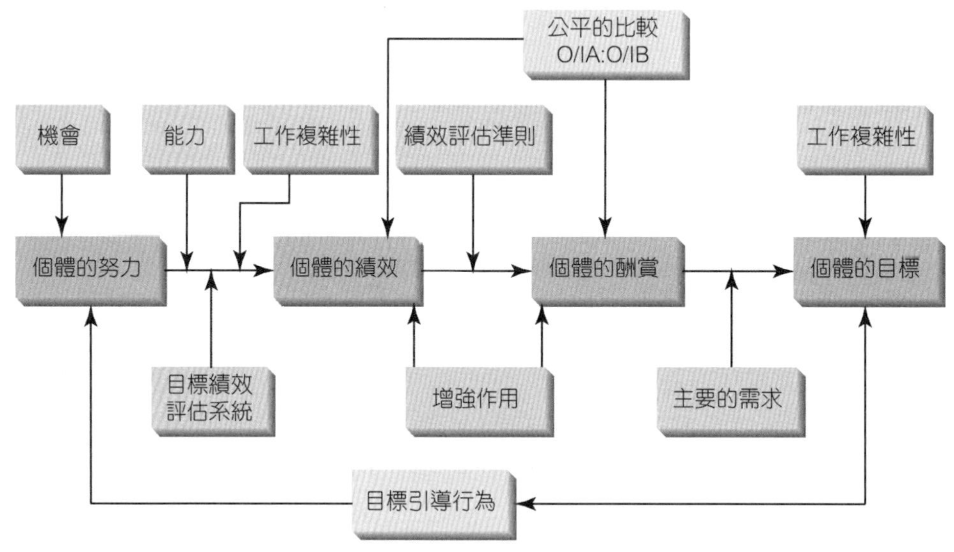

圖 11.9　近代薪資管理理論的整合

綜上，激勵性薪資管理主要目標，無非是藉由薪資架構或體系的合理與完整，使員工盡最大的能力，多一分貢獻，則多一分薪資，緊密結合工作與薪資之關係，以達到企業預期之目標，但在設計薪資管理時，應特別注意，金錢的意義隨個人背景而不同，金錢激勵的效果並不是絕對的，相對而言，對不同的人往往具有不同的激勵效果。

一套激勵的薪資管理必須具備以下的條件：公平（員工所獲得的薪資薪資，與相等技術、年資、工作內容，在同一公司的其他同事或其他公司的員工比較，能夠相平衡）、合理（薪資薪資的高低，是根據工作的繁簡難易及責任輕重）及具有激勵效果（顧及員工適度的生活水準，及薪資與績效相結合）。

11.3 ›› 薪資制度的設計

11.3.1 薪資制度的目標與決定因素

在討論薪資制度之前，先要確認薪資制度的目標，訂定薪資目標是企業重要的決策，因為在每個年度規劃與預算編列時，企業面臨到經營績效與例行成本的平衡，明確的薪資目標（成本）有助於提供一致性的解決方案；此外，薪資制度目標不同，企業可能訂出不同的薪資制度，達到不同的效果，對此薪資目標應該與企業願景、目標與策略結合，訂定適應企業文化的薪資制度。一般而言，薪資目標包含下列三類：

一、提高員工工作效率

具有競爭優勢的薪資制度，不但可以吸引素質較高的員工，也可以減少員工的流動率，更可以有效激勵員工，提升工作品質與效率。

二、降低生產成本

人力成本是企業重要的費用支出，若能透過對薪資制度的研究與設計，例如績效薪資制，將可節省非必要的支出，甚至可以提供企業整體績效。

三、相關法令的遵行

在法治的社會，企業當然要遵守法令的規定，可以減低因觸法而招致的法律訴訟，進而塑造企業良好的正面形象。

各種薪資制度的產生在於給付基礎不同，決定薪資有不同的考量因素，包括下列三個構面：

1. **職務**：以工作分析、工作評價等方法衡量職務的價值，並以職務價值為核薪的主要依據。
2. **工作績效**：以員工的績效表現為核心的主要依據。
3. **個人特徵**：以員工技能、年資、教育程度等個人因素為核薪的主要依據。

11.3.2 薪資制度的型態

結合前一節激勵薪資管理的條件，可發展出以下四種不同的薪資管理激勵制度：

一、按件計酬制

員工有其最低的薪資管理，而後在依據員工個人的生產量，加上其變動的薪給部份。每一項工作都有設工作時間單位的產量標準，或是完成一項工作需花費的時間標準，若員工超過此一標準，公司將會分發額外的紅利。

二、職能資格制

以工作的困難度和專門性的程度等作基礎，設立職能資格分級，並在各職能資格分級上，根據能夠適合勝任完成工作能力的標準，設定明確的「資格基準」，依照這個基準，核定每個人的資格等級，然後據以評定薪資。

三、績效薪資制

員工的薪資是根據某種績效評估結果而定。員工工作績效與薪資之間的關係是相當直接，好的績效帶來高的薪資，反之則否，唯有確實進行這個原理才能有效激勵員工工作意願與績效。績效薪資與期望理論關係密切，按期望理論的說法，如果要使激勵作用達到最大，則應讓員工相信績效與薪資之間存在著強烈的關係；如果薪資是根據非績效因素，例如年資職位頭銜來分配的話，那麼原可能會減低努力的程度。

四、階梯式薪資給付

依不同的作業水平來分級，而每一作業水平則有其相對的薪給額度，員工可以選擇其中一種作業水平，並且不時地審查其績效是否一直維持在這個水平，若覺得自己可以勝任，則可以進階至更高的作業水平，這種制度採用的是固定薪資水平，但卻同時具有個人激勵因素。

11.3.3 薪資制度建立的步驟

一、職位評價(Job Evaluation)

職位評價的目的在於有系統地分析組織中各個職位的相對價值。職位評價利用工作分析取得的資料（工作說明書與工作規範，請參考第三章工作設計與分析），以有系統的方式比較各個職位中責任度、困難度、複雜度與危險度等等，以決定各種職位的相對價值，並將評價結果反應在適當的薪資結構，同時作為調整薪資結構的標準。職位評價以「工作」為評價對象，而不以「人」為評價對象，即將每件工作所需的要素，例如責任、體能、熟練程度及工作環境等等要素，予以逐項分析評價。職位評價的實行程序如下：

1. **擬定計畫**：確定評估目標，決定評估計畫範圍與對象，並編列相關預算。
2. **蒐集資料**：包括評估之因素、工作類別、職等、薪資及員工作業情況，以作為實施評價的參考。
3. **工作分析**：對每項工作進行詳細的了解、分析研究並撰寫工作說明書及工作規範。
4. **審核評價**：根據工作分析的結果，對每項已說明的工作進行評價。
5. **納入職等**：衡量每項工作的相對價值，評定其地位並納入職等架構中。

另外，職位評價的方法受到企業目標、策略與文化的影響，在職位評價計劃中可以選擇適合企業文化，且容易推行的方式進行，目前經常使用的評價方式包括排列法(ranking method)、分類法(classification method)、點數法(point method)及因素比較法(factor comparison method)，其中，評分法及因素比較法屬於計量方式：

1. 排列法(ranking method)

又稱為重要性排序法，主要是將組織內所有的工作，依據工作性質、難易程度及責任輕重，作有順序排列，即可顯示所有工作的重要性程度，再依序賦予薪資。在排列法中，最重要的是由誰來決定工作的重要性，一般而言，可由管理階層主管或人力資源專業人員組成職務評價委員會，以達到評價的公正性。

2. 分類法(classification method)

將工作分成數個群組來評價，在這些群組中，工作內容相同者歸為同一類，困難度相同者歸類為同一級，工作分類的決定因素包括技術、困難度、知識及責任等等。工作分類法與排列法不同之處在於，分類法在工作排序之前，必須已建立薪資等級及工作職級，然後將組織中的所有工作按其難易程度及重要性之順序分類到各等級中。步驟包括：評估標準之設定、等級數目的決定、撰寫評估標準、審核與校正。

» 表 11.4　分類法

排序	職位	薪級	薪資
1	總經理	14	150,000
2	副總經理	12	120,000
3	協理	10	100,000
4	經理	8	80,000
5	專員	6	60,000

3. 點數法(point method)

點數法為企業界常用的方法之一，首先，在各類工作中找出所包含的要素，每一個工作賦予要素等級，每一等級均有評等點數，評價委員會決定工作等級及評分點數，就可以得到該項工作的總評等點數。以文書類工作為例，在技術方面，將專業技能分為三個等級，分別以通過相關證照為評估標準，取得打字速度相關證照者列為第一級；取得電腦文書處理之相關證照者列為第二級，以此類推。

» 表 11.5　點數法

工作類型：文書工作			
要素	第一級	第二級	第三級
專業技能	25	45	55
責任性	15	30	45
解決問題能力	8	16	24
:	:	:	:

4. 因素比較法(factor comparison method)

評估者選擇組織中的主要工作為標準，使用智力需要、技術需要、體能需要、責任性與工作條件等五個要素指標作為比較的項目，利用排列法將各項工作依次排列，並以基本薪資水準（一般行情）來衡量工作的相對價值。因素比較法具有兩種特徵，一是評價不以工作直接比較，而是以構成工作價值的各項因素相互比較；二是所引用的工作要素較點數法少，通常包括智力需要、技術需要、體能需要、責任性與工作條件等五個要素指標。

» 表 11.6　因素比較法

工作	智力需要	技術需要	體能需要	責任性	工作條件	總點數
業務經理	435	525	260	360	200	1780
業務主任	405	465	200	325	150	1545
業務助理	285	220	100	265	100	970

總點數×點數折合金額＝實際月薪

二、薪資內涵

一般薪資內涵包括：1.基本薪資；2.正常工作時間外的加班給付：如加班費、輪班費等；3.獎金：依據員工的績效考核結果或服務年資為依據的考績獎金或年資加給或依據團體生產量所計算的生產獎金；4.津貼：伙食津貼、特別津貼（當員工必須處於不正常的環境中工作時，工作所額外給予的給付）、生活補助津貼（反應一般物價水準），至於四種報酬的形式在工資中的分配比例，則是由每一家公司個別決定。

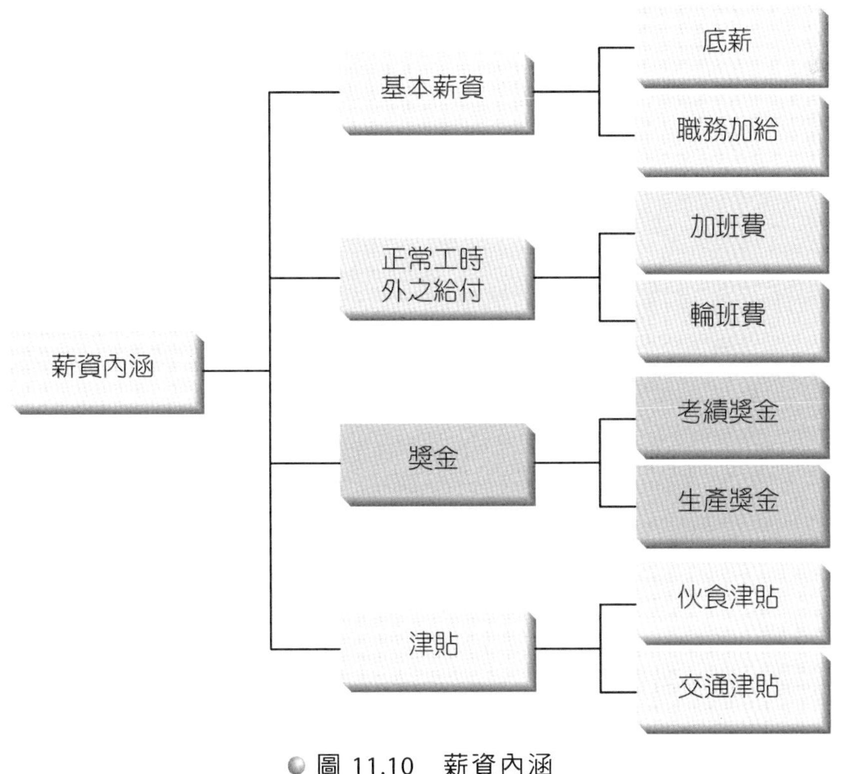

圖 11.10　薪資內涵

三、薪資架構

（一）什麼是薪資架構？

完成工作評價後，評價資料成為主要發展組織薪資架構的核心，薪資架構主要反應在不同職等之等幅或薪幅，使所有評價後的職位，均能一一的置於結構表中，並從中看出每一個職等的分布狀況與範圍，也構成一條薪資曲線帶，以便較為容易比較、分析，一般的薪資架構主要由兩個構面組成，第一個構面為職等或薪等，第二個構面為薪資範圍或薪資全距。

薪資架構主要由職等所組成（如圖 11.11），職等之等幅包含最大值(Max)、中點值(Med)及最小值(Min)，使所有評價後的職位，均能一一的置於結構表中，並從中看出每一個職等的分布狀況與範圍，也構成一條薪資曲線帶，以便較為容易比較、分析。

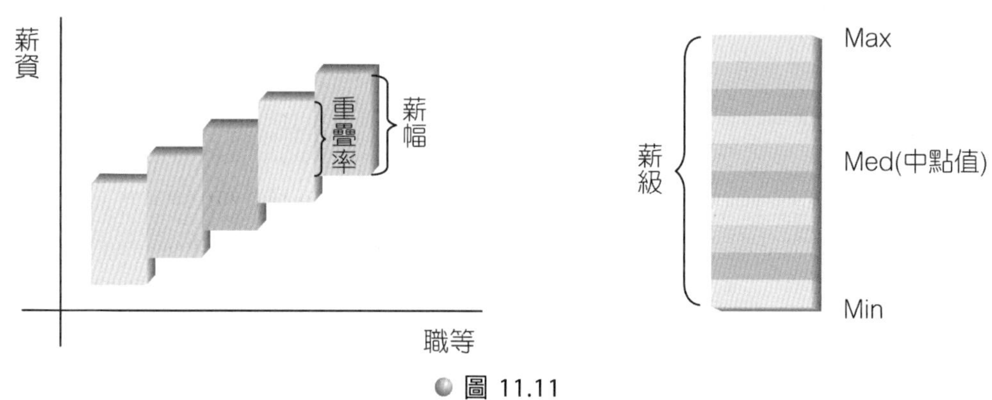

圖 11.11

在進行薪資架構建立之前，必須先將企業中所有的職位進行「職位分析」(job analysis)，依照職位分析結果得到「職位說明書」(job descriptions)；再依照企業的現況，挑選具有代表性的職位，作為「職位評價」(job evaluation)的「標竿職位」(benchmark positions)；在進行職位評價前，需要先挑選「可酬要素」(compensable factors)；針對企業經營策略與人力需求策略考量，挑選出五到七個可酬要素，並對於每個可酬要素進行「權重」(weighting)與「重要性」的確認；其次決定職位評價時的總點數，以及可酬要素分的等級數，並針對各項設定要項，將職位評價表展開；企業的「評價委員會」（原則上由一級主管參與），對挑出的標竿職位進行「職位評價」，並將每一個標竿職位均評價出點數。

薪資架構建立之後，必須考量企業需求與現況，將所有評價職位排列後切割成適當的「職等」，相近評價結果的職位歸屬同一薪等；決定薪資架構的「中點值」、「薪幅」、「重疊率」，將現有員工薪資現況套入，並進行微調；將現有員工薪資現況套入新架構，並處理低於所屬薪等最低薪，或是高於所屬薪等最高薪的員工；每個「職等」中，會有評價結果相近的各項職位；原則上，在同一職等中的各項職位，薪資的上、下限均受該職等薪幅限制。

一般薪資架構運用在下列情形：

1. 新進員工的薪資核定

各職位新進員工薪資核定時，依據各家公司薪資政策及核定因素而有差異，例如：核定因素包括學歷、工作年資、職責繁重程度等等而有不同的起薪，下列是以學歷及工作經驗為例的起薪標準：

» 表 11.7

經歷 學歷	滿一年	滿二年	滿三年	滿四年	五年以上
研究所	37,000	39,000	41,000	43,000	45,000
大學	32,000	34,000	36,000	38,000	40,000
專科	30,000	32,000	34,000	36,000	38,000
高中（職）	27,000	29,000	31,000	33,000	35,000

2. 年度薪資調整

透過年度薪資調整，進行薪資架構合理性的檢討，並進行整體薪資架構適當的調整：

(1) 員工績效調整：個別員工薪資調整前，應準備該員工年度績效評估結果、目前薪資於所屬薪等的位置等資料，依照人資單位所訂定薪資調整原則進行個別員工薪資調整。

(2) 年度物價調整：依據當年度物價水準進行調整薪資架構。

（二）職等或薪等

1. 「職等」劃分應與「薪等」一致，並以「薪點」的方式表示之：由於薪等係按薪點的連續範圍與以區分成數個較大範圍區間，然而每一薪點代表著各個職位不同的評價結果，為了處理上經濟、方便，我們在職位眾多時不逐一劃分職位，而是將相近的評價結果，置於同職等之中，用「包裹」的方式處理稱之為職等或薪等。

2. 考慮職位之間的升遷關係：下一職等與上一職等兼具有升遷的直接關係，故再考慮每一薪等範圍時，應同時考慮每一職等的「停年」時間與晉升至上一職等的銜接等級，而劃分初恰當的職等數及範圍間距。

3. 考慮本職位與其他職位之間的關係：不同職種、不同職組或不同職務間均存在著互動的關係，職位的評價決不僅是評價點數的數字問題，期間尚包括社會的價值觀、同事間的認同與個人的期許，故本職位與他職位之間的關係是列等時很重要的考量因素。
4. 職位列等是由決策或專業人士：職位列等作業的初期應要有對此作業熟悉又專精的專業人士參與，當較客觀性的資料分析至某一階段後，此時無可避免的會有一些較主觀的價值判斷在內，這就需要最高決策做決定。人創造了制度，制度養成了習慣，習慣衍變成企業文化。
5. 制訂的過程公平、公正、公開、彼此信任，不存敵意：其實每一個制度制訂的過程都應該公平、公正、公開，如此才容易取得共識，彼此信任，消除敵意，尤其是與個人有密切關係的制度。若列等規劃無法取得大多數人的認同，則推行起來必然阻力重重。

（三）薪資範圍或薪資全距

薪資範圍係指同一職等最高到最低薪資之間的差距，其中，**最高薪減最低薪再除以最低薪**，又稱為薪資全距，**通常以百分比表示**。薪資全距常隨著職務的性質而有差異，例如有些例行性工作不需要太多經驗，薪資全距在 20~25%之間；而專業技能性質或主管職務，除了需要具備專業技能外，也必須具備相當之工作經驗，薪資全距分布程度約有 40~50%。在薪資全距考量上應注意，當薪資全距重疊太大，會產生晉升新職位的員工調薪機會減少，及晉升新職位的員工薪資可能高於其他同職位者等問題。

如圖 11.12 所示，職等一薪資可涵蓋的範圍從 5~7.5 萬元，職等二薪資可涵蓋的範圍從 6~10 萬元，以此類推。其結果顯示薪資設計的邏輯具有層級節制的功能，越重要的工作，支付越多的薪水，所擔負的工作責任也越重，薪資也循序漸進往上爬升。值得特別注意的是薪資全距重疊之處，代表無論工作難易，均可產生相同的績效，因此在設計薪資結構時，應配合公司目標與政策，妥善設計適當的距離。

在人才爭奪戰況激烈的今日，企業面臨人才保衛戰，對於既有的員工要擔心競爭對手、獵人頭公司虎視眈眈，又要擔心薪資成本不斷提高，在此壓力下，一套符合本需求，又可以招募及留住優秀人才，是人力資源的一大課題。

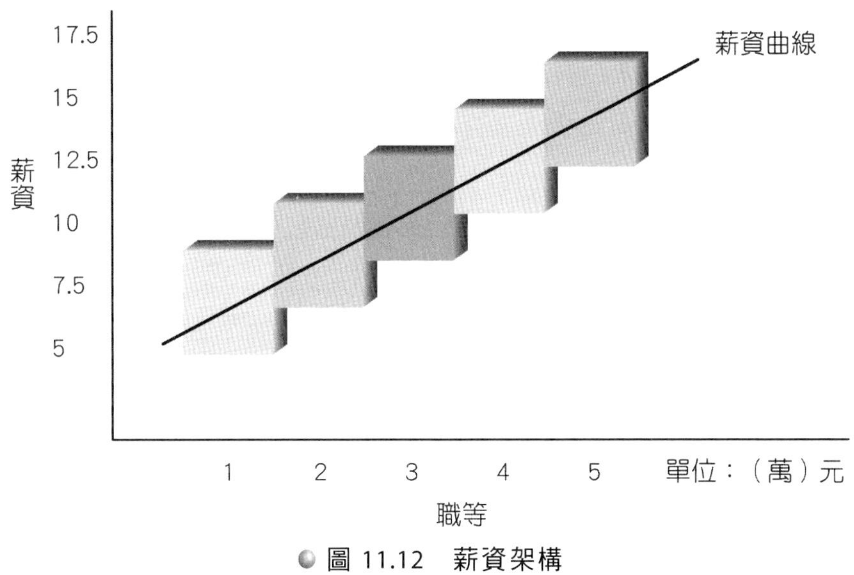

圖 11.12　薪資架構

四、薪資水準的調查

在薪資管理的過程中，如何掌握市場資訊及競爭對手的薪資給付狀況，將關係到企業訂定薪資政策及解決人員流失的問題；在微利的年代，企業面臨成本的壓力，如何以最低成本聘僱到「適當」人才，減少支出賺取利潤，是現代企業的一大課題。

企業對於市場行情的掌握有不同程度的需求，部分企業是使用相互交換薪資資料的方式（尤其以會員制方式之人力資源聯誼會最常使用），除了有相互隱瞞實際狀況的問題外，兩家或多家職位的對應性上通常會出現比對的問題，例如：同樣職稱是經理，但是不同企業，經理的職責、位階或薪資架構可能不同。

另外，藉由客觀第三者，也就是企管顧問公司以特定職位評估或比對方式來運作整個薪資調查作業，逐漸普及，並透過企管顧問公司的調查，可以掌握同業及各行業的薪資行情及自己所處的位置，一般薪資水準調查報告包括以下內容：

1. 同業比較（例如以相同性質的 103 家高科技公司進行比較）。
2. 薪資架構比較（一般分為底薪、獎金、福利及平均薪資等等）。
3. 職等薪資比較（依據企管顧問公司職等比對，例如職等 1～職等 14）。
4. 功能別薪資比較（依功能別區分，例如：財務、行銷、品管等等）。

薪資水準調查的目的主要包括了解產業環境與市場變動、起新標準的檢視、年度調薪預算的編列及績效獎金的參考。

11.4 薪資管理的未來趨勢

面對知識經濟、全球化、微利時代與企業變革的趨勢，企業必須重新思考現行「薪資結構」的適當性。什麼樣的薪資結構可以有效控制人力資源成本?又可達到激勵效果？如何設計吸引和留住人才的薪資制度？設計薪資結構應注意的重點為何？以下討論企業在設計薪資結構應注意的重點。

11.4.1 薪資結構「知識化」

面對知識經濟的挑戰，如何鼓勵員工創新、分享與運用知識?亦即在薪資結構中納入「知識創新、分享與運用」的要素。第一，設計以「知識」為基礎的職等結構，也就是釐清職位所需要的知識、技能與經驗，以此作為評價薪資的標準。第二，設計鼓勵知識整合的獎金激勵制度，這些制度以「知識整合」為目的，藉由知識創新、分享與運用，以提高企業績效。例如：鼓勵知識分享的分紅配股制度，亦即企業或部門將利潤作為員工額外收入的制度，分配的方式可以透過「知識分享」績效，作為發放標準。又例如：研發產權分配，就是鼓勵員工知識創新的獎勵制度，即當員工透過合作研究模式參與研發工作，即有機會分享研發成果的智慧財產權。在合作模式中，最主要的重點在於智慧產權分享，依據技術授權合約，雙方訂定計算股權持有比例。

11.4.2 薪資結構「全球化」

當企業在全球化的過程中，如何鼓勵員工長期派駐海外，或是如何有效激勵當地人力資源？在外派員工的薪資結構方面，應考量其離鄉背井且兼負營運擴展的重責，增加派外津貼、生活津貼、搬遷補助、眷屬補助、子女教育補助等給付項目。在激勵當地人力資源方面，「因地制宜」的薪資結構會受到組織間依存性、當地政府的相關勞動政策法規與國家文化差異的影響，滿足當地員工需求的激勵措施、符合當地物價的薪資水準、適應當地文化的薪資項目、多語系的薪酬管理模式、配合不同國家子公司所在地所組成的多元化社會保險和個人所得稅的計算規則，甚至不同幣值的薪資計算，都是設計當地化薪資結構所要注意的重點。

11.4.3 薪資結構「績效化」

在微利時代，如何以最少的成本激勵員工？績效薪酬制度是一項不錯的選擇。績效薪酬制度設計的基本原則是透過薪資激勵員工提高績效，以促進企業的績效。績效薪酬制度是依據員工績效不同而決定薪資的制度，薪資依據績效給付，相對地，員工績效也會因為努力與薪酬之間的明確關係而提高。在設計績效薪酬制度時，要特別注意企業應該建立一套完善的績效管理系統，使績效與薪酬有效連接，其中，完善的績效管理系統必須達到以下條件：可量化的績效指標；績效指標可以具體衡量工作內容；可以區分的員工間的績效差異；績效指標與薪酬具有高度連結；員工與企業的績效目標緊密相連。

11.4.4 薪資結構「彈性化」

面對企業變革，如何激勵員工配合組織或環境的變化？扁平寬幅薪酬制度可以使企業在進行變革措施時，擁有更大的彈性，有效運用人力資源。扁平寬幅薪酬制度是一種是將職級放寬的薪資結構，採用寬幅的薪資結構，扁平寬幅薪酬制度主要分為兩種，一種是寬幅職等，另一種是生涯職級。寬幅職等是以「職群」替代「職等」的觀念，也就是把幾個職等結合成一個職群，此種薪資結構除了職等減少外，通常是 20 個職等簡化至 10 個職級，也將薪資全距範圍拉寬—從 50%放寬到 75%。另一種是著重生涯規劃與發展層級的薪資結構，叫做生涯職級，其比寬幅職等擁有更少的職等，通常從 20 個職等簡化至 5 或 6 個職級，而且薪資全距也拉得非常寬—從 150%放寬到 300%或 400%不等，甚至也可能根本沒有薪資全距的觀念。雖然這種新的薪資結構分為兩種形態，但是在實務上，這兩種結構形態通常會混合運用的。

11.4.5 薪資結構「M 型化」

因應企業實施績效薪酬制度與扁平寬幅薪酬制度的比率提高，有能力的員工績效好，調薪幅度大，易趨向 M 型右邊，取得較高的薪資水準；相對地，能力較差的員工，績效差，調薪幅度小，易趨向 M 型左邊，取得較低的薪資水準，如此，薪資水準會逐漸形成薪資 M 型化的現象。不僅僅薪資水準「M 型化」，企業為了留住優秀人才，薪資結構也會呈現「M 型化」的趨勢，高階主管兼負企業決策與管理的重大責任，因此，薪資全距的幅度也會大幅增長，相較於基層員工，差異會越來越大，此外，「認股權」被運用以激勵高階主管，留住高階人才的獎勵措施，除了企業本身的股票外，包括企業對外投資及設立的子公司股票，通常都會開放給高階主管認購，以作為留才的措施。

參考資料

Steers,R.M.(1994)，韓經綸譯，組織行為學導論，臺北：五南，p140。

Dessler,G.(2019), Human Resource Management, Pearson Inc.。

Robbins,S.P.(2022), Organization Behavior, Pearson Inc.。

Maslow, A.H.(1954), Motivation and Personality, Harper & Row, p80-100。

Herzberg,F.(1966), Work and Nature of Man, the World Publishing CO., p12-31、56、72-74。

Gibson,J.L., Ivacevich,J.M.&Donnelly,J.H.(1991), Organization: Behavior、Structure、Process, Richard.IRWIN.INC., seven edition， p110-111。

Alderfer,C.P.(1972), Existence、Relatedness、and Growth, New York: a division of the Macmillan company, p9-21。

Vroom,V.(1964), Managment and Motivation, N.Y.:Job Wuley and Son。

Adams,J.S.(1963), Toward an Understanding of Inequity, Journal of Abnormal and Social Psychology, Vol.67, p422-436。

Locke,E.(1990), A Theory of Goal Setting and Tast Performance, Prentice-Hall INC., p1-26。

Skinner,B.F.(1969), Contingencies of Reinforcement, New York：Appleton-Centary-Crofts。

吳俊卿(1994)，有效管理要訣與案例，北京市：中國審計出版社， p3-4。

林彥呈(2023)。臺灣物價漲太快，還是薪水漲太慢？實質薪資連 2 年負成長，通膨只是最後稻草。風傳媒。

俞文釗(1993)，中國的激勵理論及其模型，上海市：華東師範大學出版社，p3-4。

徐國華(1993)，現代企業管理，北京市：中國經濟出版社，p121。

張錦富(1999)，重新定義的薪酬價值觀，管理雜誌第 303 期，p40~42。

陳定國(1981)，企業管理，臺北：三民書局，p469。

許文能(1984)，兩因素理論在我國之適用性研究-以在臺美商公司銷售工程施工做滿足研究為例，清大管理科學研究所，碩士論文，p32。

劉敏熙(2011)，薪資結構的三大挑戰與五大處方，能力雜誌， p48-52。

劉玉炎(1986)，組織行為，臺北：華泰， p153-154。

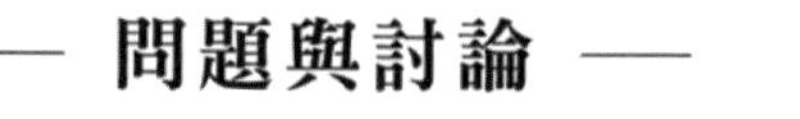

1. 請說明薪資管理的定義與目的。
2. 請說明激勵整合模式對於薪資管理的影響。
3. 請說明薪資制度建立的步驟。
4. 薪資管理的未來趨勢。

員工福利

12

Chapter

學習目標

1. 員工福利的意義與目的。
2. 保險福利。
3. 退休福利。
4. 員工服務性福利。
5. 員工福利的未來趨勢。

話說管理 科技有讓員工變得更幸福嗎？

新冠病毒(COVID-19)打破了全世界的經濟秩序，造成全球重大疫情，大量傳播之間產生許多變異，不斷出現新的感染症狀。因應疫情，社交距離(Social distancing)是預防病毒的有效方式，企業紛紛改採遠距上班、遠距會議、遠距教學…，遠距工作場域(remote workplace)被催化成形。當此之際，工作與組織面對著急遽轉變全面遠距工作或隨處工作(Work from anywhere, WFA)的工作模式(Choudhury et al., 2020)逐漸形成。一方面員工可以在任何時間、任何地點或使用任何行動裝置或互動軟體(Webex , MS Teams, Zoom…)完成遠距工作，而組織也正式將遠距工作措施納入工作設計時，對於組織、團隊或個人重大的影響(Donnelly & Johns, 2021)，例如：Twitter, Facebook…。

科技有讓員工變得更幸福嗎？資通訊科技(Information and communication technologies, ICTs)，例如：遠距設施廣泛被引進企業組織，在提昇組織績效以及員工工作效率上確有很大助益，然而這些收益是有代價的？在此同時，科技也促使工作型態的變革以及工作場域的轉換，滲透個人工作與生活，讓員工無論在任何時間、任何地點或使用任何裝置也能在工作場合以外的場所使用這些科技來完成工作，雖然可以提高工作彈性，增進工作與生活之間的平衡，對員工個人及組織具有多重效益，然而，諷刺的是，這些科技像是行動裝置、即時通訊、電子郵件等，頓時也變成主管要求員工加班的工具，造成工作侵入家庭領域，增加員工額外的工作負荷以及工作家庭衝突。

科技是把雙面刃，創造個人和組織利益的同時也要付出代價，在協助員工各項業務運作的同時，也迫使員工必須花費時間和精力去學習和了解新科技，抑或是必須加快工作節奏以提高公司整體運轉效率，甚至是害怕自己的工作被科技所取代，然而科技無所不在的特性，也提高了公司對員工即時回饋的期望，形成員工必須 24 小時待命以及快速回應的壓力，再者，科技的入侵性也使員工模糊了工作的執行順序，而這些因為科技特性所衍生出的工作要求／壓力源，像是包括增加超過員工能力的工作負荷、角色模糊、不安全感、工作家庭衝突等，造成大部分的員工認為科技會對他們的工作帶來更多資訊疲勞以及心理壓力（劉敏熙等人，2019）。

12.1 ›› 員工福利的意義與目的

員工福利是為滿足員工的基本生活需要，針對員工現實生活中存在並帶有普遍性問題，採取一定的解決措施，使員工得到實惠的制度，無論組織成員工作好壞皆能享有，通常和員工的工作年資有關，包括保險、年金和其他各種服務，著重於改善員工的工作生活素質。

12.1.1 激勵與福利制度的關係

雖然員工福利對員工的工作績效並不能有直接的影響，但員工福利確是維持員工績效之重要維持因子(maintenance factor)（見圖 12.1），能對企業組織產生極大的貢獻，員工福利旨在確保員工能發揮其工作所需之最低水準，並維持員工之出席率，使不輕易離職，進而提高員工的工作滿足感，故福利不只能提高員工的生活水準，而且對保障員工的身體健康，解除員工的後顧之憂，調動員工的生產積極性，有著重要的作用，福利制度往往是員工選擇職業的重要依據之一。

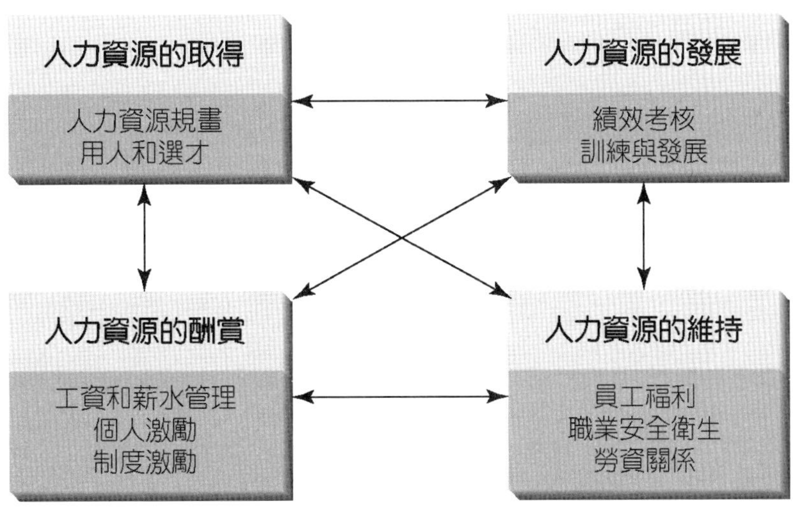

圖 12.1 福利制度與 HRM 的關係

資料來源：Paul, S.Greenla, W. & John, P. Kohl, Personnel Management: Managing Human Resources, New York，Harper & Row Publishers, 1986, p282。

12.1.2 員工福利的類型

企業所主辦的福利是由勞雇雙方共同協商，運用與管理之員工福利，包括：員工住宅的提供、貸款補助；員工福利社、餐廳、制服、獎學金、生活指導等的提供；衛生保健及安全設施、人員和措施的充實；文化、娛樂、體育及訓練活動的舉辦；婚喪喜慶費用的補助；集體參加民間保險等。大致尚可將福利分為以下項目：

一、保險福利(Insurance Benefits)

所謂保險福利是指企業為員工投保的各種保險所產生的福利措施，一般包括勞工保險、全民健保，進一步則包括團體保險及個人保險。

二、退休福利

所謂退休福利是指企業為員工提撥退休金及老年給付所產生的福利，一般包括法定的退休金提撥及勞工保險的老年給付，進一步則包括企業優惠退職方案。

三、員工服務性福利(Employee Services Benefits)

員工服務性福利包括經濟性、娛樂性與設施性等等，一般透過職工福利委員會辦理各項員工服務性福利。經濟性福利是提供員工基本薪資及獎金以外的經濟性福利，包括貸款性福利，係以貸款給員工為員工解決困難之措施，以購宅貸款、急難貸款為政府機關較為常用；儲蓄性福利則為鼓勵員工將暫時不用之金額予以儲蓄，給予優厚的利息，以增加員工收入之措施。常用者有退休金優惠存款、鼓勵儲蓄。另外，娛樂性福利及設施性福利是由企業提供某種設備或工具，供員工免費享用，以減少員工經費負擔之福利措施，其中較為常見者有坐交通工具、使用會場、使用運動器材、聘請專人指導學習等。

四、彈性福利(Flexible Benefits Plan)

彈性福利允許每個員工自行遴選喜歡的福利項目，也就是讓員工依照個人需求，從企業福利項目中選擇自己的需求，並組合成一套「自助餐式福利」，使他們目前的需求有所滿足，彈性福利制是使福利扮演激勵員工的角色，符合期望理論的主張，也就是說組織中所提供的報償應能與員工的個人目標結合。

12.2 保險福利

保險福利是指企業為員工投保的各種保險所產生的福利措施，一般包括勞工保險、全民健保，進一步則包括團體保險及個人保險。在了解各項福利之前，勞工保險的福利是最基礎也最普遍，因此，以下介紹勞工保險條例之各項福利項目：

12.2.1 生育給付

一、生育給付的請領資格（《勞工保險條例》第 31 條）

被保險人合於下列情形之一者，得請領生育給付：

1. 參加保險滿 280 日後分娩者。
2. 參加保險滿 181 日後早產者。
3. 參加保險滿 84 日後流產者。

被保險人之配偶分娩、早產或流產者，比照前項規定辦理。

二、生育給付標準 （《勞工保險條例》第 32 條）（民國 110 年 04 月 28 日修正）

生育給付標準，依下列各款辦理：

1. 被保險人或其配偶分娩或早產者，按被保險人平均月投保薪資一次給與分娩費 30 日，流產者減半給付。
2. 被保險人分娩或早產者，除給與分娩費外，並按其平均月投保薪資一次給與生育補助費 60 日。

三、分娩或早產為雙生以上者，分娩費及生育補助費比例增給。

被保險人難產已申領住院診療給付者，不再給與分娩費。

被保險人同時符合相關社會保險生育給付或因軍公教身分請領國家給與之生育補助請領條件者，僅得擇一請領。但農民健康保險者，不在此限。

12.2.2 傷病給付

一、普通傷害補助費（《勞工保險條例》第 33 條、第 35 條）

1. 被保險人遭遇普通傷害或普通疾病住院診療，不能工作，以致未能取得原有薪資，正在治療中者，自不能工作之第 4 日起，發給普通傷害補助費或普通疾病補助費。
2. 普通傷害補助費之發給標準：普通傷害補助費及普通疾病補助費，均按被保險人平均月投保薪資半數發給，每半個月給付一次，以 6 個月為限。但傷病事故前參加保險之年資合計已滿 1 年者，增加給付 6 個月。

二、職業傷害補助費（《勞工保險條例》第 34 條、第 36 條）

1. 被保險人因執行職務而致傷害或職業病不能工作，以致未能取得原有薪資，正在治療中者，自不能工作之第 4 日起，發給職業傷害補償費或職業病補償費。
2. 職業傷害補償費之發給標準：職業傷害補償費及職業病補償費，均按被保險人平均月投保薪資 70%發給，每半個月給付一次；如經過 1 年尚未痊癒者，其職業傷害或職業病補償費減為平均月投保薪資之半數，但以 1 年為限。

12.2.3 失能給付

一、普通傷害或普通疾病之失能補助費（《勞工保險條例》第 53 條）

被保險人遭遇普通傷害或罹患普通疾病，經治療後，症狀固定，再行治療仍不能期待其治療效果，經保險人自設或特約醫院診斷為永久失能，並符合失能給付標準規定者，得按其平均月投保薪資，依規定之給付標準，請領失能補助費。

前項被保險人或被保險人為身心障礙者權益保障法所定之身心障礙者，經評估為終身無工作能力者，得請領失能年金給付。其給付標準，依被保險人之保險年資計算，每滿 1 年，發給其平均月投保薪資之 1.55%；金額不足新臺幣 4 千元者，按新臺幣 4 千元發給。

二、職業傷害或職業病之失能補償費（《勞工保險條例》第 54 條）

被保險人遭遇職業傷害或罹患職業病，經治療後，症狀固定，再行治療仍不能期待其治療效果，經保險人自設或特約醫院診斷為永久失能，並符合失能給付標準規定發給一次金者，得按其平均月投保薪資，依規定之給付標準，增給 50%，請領失能補償費。

前項被保險人經評估為終身無工作能力，並請領失能年金給付者，除依第 53 條規定發給年金外，另按其平均月投保薪資，一次發給 20 個月職業傷病失能補償一次金。

三、失能給付標準（《勞工保險條例》第 55 條）

被保險人之身體原已局部失能，再因傷病致身體之同一部位失能程度加重或不同部位發生失能者，保險人應按其加重部分之失能程度，依失能給付標準計算發給失能給付。但合計不得超過第一等級之給付標準。

前項被保險人符合失能年金給付條件，並請領失能年金給付者，保險人應按月發給失能年金給付金額之 80%，至原已局部失能程度依失能給付標準所計算之失能一次金給付金額之半數扣減完畢為止。

前二項被保險人在保險有效期間原已局部失能，而未請領失能給付者，保險人應按其加重後之失能程度，依失能給付標準計算發給失能給付。但合計不得超過第一等級之給付標準

12.2.4 老年給付

一、老年給付的請領標準（《勞工保險條例》第 58 條）

年滿 60 歲【註】有保險年資者，得依下列規定請領老年給付：

(一) 保險年資合計滿 15 年者，請領老年年金給付。

(二) 保險年資合計未滿 15 年者，請領老年一次金給付。

本條例中華民國 97 年 7 月 17 日修正之條文施行前有保險年資者，於符合下列規定之一時，除依前項規定請領老年給付外，亦得選擇一次請領老年給付，經保險人核付後，不得變更：

(一) 參加保險之年資合計滿 1 年，年滿 60 歲或女性被保險人年滿 55 歲退職者。

(二) 參加保險之年資合計滿 15 年，年滿 55 歲退職者。

(三) 在同一投保單位參加保險之年資合計滿 25 年退職者。

(四) 參加保險之年資合計滿 25 年，年滿 50 歲退職者。

(五) 擔任具有危險、堅強體力等特殊性質之工作合計滿 5 年，年滿 55 歲退職者。

依前二項規定請領老年給付者，應辦理離職退保。

被保險人請領老年給付者，不受第 30 條規定之限制。

第一項老年給付之請領年齡，於本條例中華民國 97 年 7 月 17 日修正之條文施行之日起，第 10 年提高 1 歲，其後每 2 年提高 1 歲，以提高至 65 歲為限。

被保險人已領取老年給付者，不得再行參加勞工保險。

被保險人擔任具有危險、堅強體力等特殊性質之工作合計滿 15 年，年滿 55 歲，並辦理離職退保者，得請領老年年金給付，且不適用第 5 項及第 58 條之 2 規定。

【註】根據 2009 年上路實施的《勞工保險條例》規定，自正式實施後的第 10 年(2018)起，勞工請領老年年金給付的年齡提高 1 歲。換言之，勞保老年年金請領年齡將上調至 61 歲，而且根據規定，之後每 2 年調漲 1 歲，待調漲到 65 歲為止。即老年年金請領年齡在 2017 年之前是 60 歲，2018 年就會提高為 61 歲，2020 年提高為 62 歲，2022 年提高為 63 歲，2024 年提高為 64 歲，2026 年以後為 65 歲。換言之，在 1957 年以前出生者，可在 60 歲時請領老年年金，1958 出生的勞工則需要在滿 61 歲後才能請領給付。

12.2.5 死亡給付

一、父母配偶子女死亡時之喪葬津貼（《勞工保險條例》第 62 條）

被保險人之父母、配偶或子女死亡時，依左列規定，請領喪葬津貼。

(一) 被保險人之父母、配偶死亡時，按其平均月投保薪資，發給 3 個月。

(二) 被保險人之子女年滿 12 歲死亡時，按其平均月投保薪資，發給 2 個半月。

(三) 被保險人之子女未滿 12 歲死亡時，按其平均月投保薪資，發給 1 個半月。

二、死亡給付（《勞工保險條例》第 63 條）

被保險人在保險有效期間死亡時，除由支出殯葬費之人請領喪葬津貼外，遺有配偶、子女、父母、祖父母、受其扶養之孫子女或受其扶養之兄弟、姊妹者，得請領遺屬年金給付。

前項遺屬請領遺屬年金給付之條件如下：

(一) 配偶符合第 54 條之 2 第 1 項第 1 款或第二款規定者。

(二) 子女符合第 54 條之 2 第 1 項第 3 款規定者。

(三) 父母、祖父母年滿 55 歲，且每月工作收入未超過投保薪資分級表第一級者。

(四) 孫子女符合第 54 條之 2 第 1 項第 3 款第 1 目至第 3 目規定情形之一者。

(五) 兄弟、姊妹符合下列條件之一：

1. 有第 54 條之 2 第 1 項第 3 款第 1 目或第 2 目規定情形。
2. 年滿 55 歲，且每月工作收入未超過投保薪資分級表第一級。

第一項被保險人於本條例中華民國 97 年 7 月 17 日修正之條文施行前有保險年資者，其遺屬除得依前項規定請領年金給付外，亦得選擇一次請領遺屬津貼，不受前項條件之限制，經保險人核付後，不得變更。

三、因職業傷害／病死亡時之喪葬津貼及遺囑津貼（《勞工保險條例》第 64 條）

被保險人因職業災害致死亡者，除由支出殯葬費之人依第 63 條之 2 第 1 項第 1 款規定請領喪葬津貼外，有符合第 63 條第 2 項規定之遺屬者，得請領遺屬年金給付及按被保險人平均月投保薪資，一次發給 10 個月職業災害死亡補償一次金。

前項被保險人之遺屬依第 63 條第 3 項規定 1 次請領遺屬津貼者，按被保險人平均月投保薪資發給 40 個月。

四、受領遺屬津貼之順序（《勞工保險條例》第 65 條）

受領遺屬年金給付及遺屬津貼之順序如下：

(一) 配偶及子女。

(二) 父母。

(三) 祖父母。

(四) 孫子女。

(五) 兄弟、姊妹。

12.3 退休福利

退休福利是指企業為員工提撥退休金及老年給付所產生的福利，一般包括法定的退休金提撥及勞工保險的老年給付，進一步則包括企業優惠退職方案。

一、退休新制

從民國 93 年 6 月 11 日立法院三讀通過《勞工退休金條例》，確立以「個人退休金專戶制」為主，「年金保險制」為輔之體例，並於民國 94 年 7 月 1 日正式實施，並於民國 108 年 5 月 15 日修正主要內容如下：

1. **個人退休金專戶制**：採個人退休金專戶制為主、年金保險制為輔之機制。除符合一定要件之事業單位，得為勞工投保保險法規定之年金保險外，雇主應為勞工設立個人退休金專戶，存儲於勞保局。
2. **雇主負擔提撥率**：雇主每月負擔之勞工退休金提繳率，不得低於勞工每月工資百分之六。
3. **勞工自願提撥金額享有稅賦優惠**：勞工自願提繳之退休金得自其個人綜合所得淨額中扣除之規定。
4. **勞工退休金之承辦機構**：勞工退休金之收支、保管、滯納金之加徵、罰鍰處分、強制執行等業務委任勞工保險局辦理。
5. **勞工退休基金監理委員會組織**：為審議、監督、考核勞工退休基金之業務，中央主管機關將會籌組勞工退休金監理委員會，由政府相關機關代表、全國性雇主團體及全國性勞工團體推薦具有財務金融管理、國際政治經濟專業之人士共同組成。
6. **勞工存活年限超過平均餘命時之保障**：勞工開始請領月退休金時，應一次提繳一定金額，投保年金保險，作為超過平均餘命後之年金給付之用。
7. **勞工退休金運用最低收益之保證**：勞工領取退休金之平均歷年收益低於中央政府所在地之銀行二年定期存款利率者，其差額由國庫補足之。
8. **年金保險之實施方式**：雇用勞工人數 200 人以上之事業單位經工會同意，事業單位無工會者，經二分之一以上勞工同意參加後，得為其勞工投保符合保險法規定之年金保險。

二、退休新制的特色

1. **新制年資不怕斷**：工作年資不因轉換工作或事業單位關廠、歇業而受影響，退休金可攜帶式，勞工確領退休金。
2. **年金給付確保退休生活**：個人退休金專戶制、年金保險制之退休金皆採年金給付方式，確保老年退休生活。
3. **新舊制併存**：依舊制，領得到退休金的勞工，可以選擇繼續適用舊制，退休金完全沒減少；選擇適用新制者，舊制之工作年資先予保留，符合退休要件時依勞動基準法計給退休金。
4. **賦與勞工選擇權**：新制施行時，原適用勞動基準法勞工得就新舊勞工退休制度擇一適用。
5. **擴大適用對象**：雇主、委任經理人或不適用勞動基準法之本國籍勞工，得自願參加新制。
6. **雇主經營成本明確**：雇用勞工成本易估計，減少為規避退休金而藉故資遣、解雇員工之勞資爭議，有利競爭力提升。

三、新舊勞工退休制度比較

法律	《勞動基準法》（舊制）	《勞工退休金條例》（新制）
制度	採行確定給付制，由雇主於平時提存勞工退休準備金，並以事業單位勞工退休準備金監督委員會之名義，專戶存儲。	採行確定提撥制，由雇主於平時為勞工提存退休金或保險費，以個人退休金專戶制（個人帳戶制）為主、年金保險制為輔。
年資採計	工作年資採計以同一事業單位為限，因離職或事業單位關廠、歇業而就新職，工作年資重新計算。	工作年資不以同一事業單位為限，年資不因轉換工作或因事業單位關廠、歇業而受影響。
退休要件	勞工工作 15 年以上年滿 55 歲者或工作 25 年以上，得自請退休；符合《勞動基準法》第 54 條強制退休要件時，亦得請領退休金。	新制實施後 1. 適用舊制年資之退休金：勞工須符合《勞動基準法》第 53 條（自請退休）或第 54 條（強制退休）規定之退休要件時，得向雇主請領退休金。

法律	《勞動基準法》(舊制)	《勞工退休金條例》(新制)
		2. 適用新制年資之退休金：選擇適用勞工個人退休金專戶制之勞工於年滿 60 歲，且適用新制年資 15 年以上，得自請退休，向勞保局請領月退休金；適用新制年資未滿 15 年者，則應請領一次退休金。另，選擇適用年金保險制之勞工，領取保險金之要件，依保險契約之約定而定。
領取方式	一次領退休金	領月退休金或一次退休金。
退休金計算	按工作年資，每滿 1 年給與兩個基數。但超過 15 年之工作年資，每滿 1 年給與一個基數，最高總數以 45 個基數為限。未滿半年者以半年計；滿半年者以 1 年計。	個人退休金專戶制： 1. 月退休金：勞工個人之退休金專戶本金及累積收益，依據年金生命表，以平均餘命及利率等基礎計算所得之金額，作為定期發給之退休金。 2. 一次退休金：一次領取勞工個人退休金專戶之本金及累積收益。 3. 年金保險制： 領取金額，依保險契約之約定而定。
雇主負擔	採彈性費率，以勞工每月工資總額之 2~15%作為提撥基準，應提撥多少退休準備金，難以估算。	退休金提撥率採固定費率，雇主負擔成本明確。提撥率不得低於 6%。
勞工負擔	勞工毋需提撥	勞工在工資 6%範圍內可以自願提撥，享有稅賦優惠。
優點	1. 鼓勵勞工久任。 2. 單一制度，較易理解。	1. 年資採計不受同一事業單位之限制，讓每一個勞工都領得到退休金。 2. 提撥率固定，避免企業經營之不確定感。 3. 促成公平的就業機會。
缺點	1. 勞工難以符合領取退休金要件。 2. 退休金提撥率採彈性費率，造成雇主不確定的成本負擔。 3. 雇用中高齡勞工成本相對偏高，造成中高齡勞工之就業障礙。	1. 受雇於 200 人以上之事業單位勞工必須就個人退休金專戶制與年金保險制，擇優適用。 2. 員工流動率可能升高。

12.4 員工服務性福利

員工服務性福利包括經濟性、娛樂性與設施性等等，一般透過職工福利委員會辦理各項員工服務性福利。經濟性福利是提供員工基本薪資及獎金以外的經濟性福利，包括貸款性福利係以貸款給員工為員工解決困難之措施，以購宅貸款、急難貸款為政府機關較為常用；儲蓄性福利則為鼓勵員工將暫時不用之金額予以儲蓄，給予優厚的利息，以增加員工收入之措施。常用者有退休金優惠存款、鼓勵儲蓄。另外，娛樂性福利及設施性福利是由企業提供某種設備或工具，供員工免費享用，以減少員工經費負擔之福利措施，其中較為常見者有坐交通工具、使用會場、使用運動器材、聘請專人指導學習等。

由於員工服務性福利一般透過職工福利委員會辦理各項員工服務性福利，因此，職工福利金條例之內容在員工服務性福利扮演重要的角色，職工福利金條例內容如下：

一、職工福利金條例適用對象（《職工福利金條例》第 1 條）

凡公營、私營之工廠、礦場、或其他企業組織均應提撥職工福利金辦理職工福利事業。所謂「其他企業組織」，依職工福利金條例施行細則第一條規定：「職工福利金條例所稱之其他企業組織包括平時雇用職工在 50 人以上之銀行、公司、行號、農、漁、牧場等」。

二、職工福利金的提撥標準（《職工福利金條例》第 2 條）

1. 創立時就其資本總額內提撥 1~5%。
2. 每月營業收入總額內提撥 0.05~0.15%。
3. 每月於每個職員，工人薪津內各扣 0.5%。
4. 下腳變價時提撥 20~40%。

三、職工福利委員會及職責

1. 職工福利委員會之組成方式（《職工福利金條例》第 5 條）
   職工福利金之保管動用，應由依法組織之工會及各工廠、礦場或其他企業組織共同設置職工福利委員會負責辦理；某組織規程由勞動部訂定之。職工福利委員會之工會代表不得少於三分之二。
2. 職工福利業務之指導監督（《職工福利金條例施行細則》第 14 條）（民國 105 年 3 月 11 日修正）

本條例及本細則所稱主管官署，在中央為勞動部，在直轄市為直轄市政府；在縣（市）為縣（市）政府。

12.5 員工福利的未來趨勢

越來越多的已婚婦女投入就業市場，以生活照顧取向的福利，有向家庭發展的趨勢，逐漸成為員工的「新盼」，這些照顧員工的方案包括個人假期、托兒服務、陪產假、育嬰假、福利品供應與租屋補助等，而具有工作時間的自主性與選擇性的彈性工作、部分工時制等，也逐漸成為實施員工福利的「新貴」。

12.5.1 工作生活平衡導向的福利制度

隨著時代演進與社會勞力結構的改變，組織成員在個人生活與工作間作取捨的機會增加，不論管理者或是員工，對於工作生活平衡之相關議題越顯注重。工作生活平衡包含之範圍廣泛，本研究認為工作生活平衡所探討之對象，為一擁有給薪工作之個人，不論其是否擁有家庭責任，將工作生活平衡定義為個體在每個生活領域皆感到滿意且良善運作，且每個領域所需要的資源都得到完善的分配了解工作生活平衡的意義，可以多構面之角度了解工作生活平衡，以工作生活平衡導向的福利制度也越來越受到員工喜愛，例如：個人假期、托兒服務、陪產假、育嬰假、福利品供應、租屋補助、彈性工作、部分工時制等。

12.5.2 分紅入股 方興未艾

分紅入股是新竹科學工業園區高科技廠商用來吸引人才的利器，是人才爭奪戰成敗的法寶之一，也是工作者趨之若鶩的搜尋目標。世大積體電路公司剛成立時，從自行研發 DRAM（動態隨機存取記憶體）技術的世界先進半導體公司挖走一批人才，讓世界先進吃盡苦頭。在 1996 年聖誕節，全球經濟不景氣下，金士頓美國公司逆勢操作，送給員工一份聖誕大禮，平均每位員工可領到 2.5 萬美金，震撼了美國矽谷科技圈， 1999 年 7 月，金士頓再度與員工有約，又發給全球員工「特別獎金」，臺灣地區遠東金士頓公司分配新臺幣 2 千萬元，凡工作年資 3 年的員工領 9 個月，工作 2 年的員工領 6 個月，工作一年的員工領 3 個月，該公司總經理接受媒體記者訪問時，語帶輕鬆的說：「比起園區其他公司的紅利、股票分紅，我們的獎金算不了什麼！」接著又說：「錢不是最重要的，金士頓的經營哲學是要跟員工在一起。」

12.5.3 福利潮流 順勢而為

新世紀的上班族，是「熊掌與魚」都要的福利世紀，企業面對創意無限、讓人敬佩的「晚輩」，他們想要的是「股票換錢」遊戲，所以企業主在未來經營歲月裡，就要早早規劃企業員工福利何去何從？如何在前頭有競爭敵手，後頭有前仆後繼投入此一產業的新手攪局下，企業要能「絕處逢生」，就要多用『心』經營員工，畫餅、做餅、吃餅，一步一腳印，激勵員工一起來打拚，分享經營成果的「金蘋果」。未來企業員工福利規劃，將會朝著下列的方向演變，企業主要緊抓著員工福利新思潮的脈動，尋找自己企業文化特質的立基點，讓員工享受到一股溫馨與感動，讓企業主與員工共築的夢想成真。

參考資料

Choudhury, P. (2020). Our work-from-anywhere future. Harvard Business Review, 98(6), 80-91.

Donnelly, R., & Johns, J. (2021). Recontextualising remote working and its HRM in the digital economy: an integrated framework for theory and practice. The International Journal of Human Resource Management,32(1),84-105.

丁志達(1999)，員工福利規劃的新思潮，人力資源管理專欄刊載資料(10)，http://www.china-mgt.com.tw。

劉敏熙、汪美伶、許淑晴(2019) ，「科技使員工更幸福？」-工作要求－資源模式，組織與管理(TSSCI)，十二卷一期，p.83-125。

石福臻、薛勤華(1991)，工業企業勞動工資管理，哈爾濱：哈爾濱船舶工程學院出版社，p192。

蔡宏昭(1989)，勞工福利政策，臺北：桂冠， p.93-94。

勞工保險條例，中華民國 104 年 7 月 1 日總統華總一義字第 10400077061 號令修正公布。

— 問題與討論 —

1. 請說明員工福利的意義與目的。
2. 請問目法定保險福利包括哪些項目？
3. 請問退休福利包括哪些項目？
4. 請問員工服務性福利包括哪些項目？
5. 請說明員工福利的未來趨勢。

MEMO

員工安全與健康

13
Chapter

學習目標

1. 員工安全與健康和企業經營關係。
2. 員工安全與健康相關法規。
3. 職業災害補償體系。
4. 身心健康策略。
5. 壓力管理。
6. 輪班健康危害與調適。

話說管理 「職業安全衛生標準」進一步提升產業安全衛生

為激勵及擴大國內企業的參與，加速職場風險管控能力向上提升及與國際接軌，職業安全衛生署除修法規定高風險且達一定規模之事業單位須優先推動職業安全衛生管理系統外，參考國外職業安全衛生管理系統相關標準及驗證規範，並考量國內企業推動職業安全衛生管理系統之現況及需求，於 2008 年推動臺灣職業安全衛生管理系統(Taiwan Occupational Safety and Health Management System, TOSHMS)自主性驗證及績效認可制度，引領國內企業將安全衛生管理內化為企業營運管理之一環，以落實推動及持續改善職業安全衛生管理系統及管理績效，並於 2018 年 12 月商請經濟部標準檢驗局將 ISO 45001:2018 轉會為我國國家標準 CNS 45001 及作為 TOSHMS 驗證之標準，且將修法要求事業單位應參照國家標準建立職業安全衛生管理系統，期使我國推動職業安全衛生管理系統可符合世界潮流趨勢，並有效降低工作場所之危害及風險，加速我國職業災害率的降低，以邁向職業安全衛生標竿國家。

為提升企業對於災害的風險管控能力，消減工作環境或作業中常潛藏影響安全與健康的各種危害，我國自 97 年開始即鼓勵企業建置及推動「臺灣職業安全衛生管理系統」(Taiwan Occupational Safety and Health Management Systems, TOSHMS)，並通過第三方驗證，通過驗證者之職災發生率逐年下降且低於全產業平均值，顯示推動該管理系統確有績效。而經進一步比對 TOSHMS 驗證標準與 ISO 45001 國際標準，二者除架構不同外，實質內容相差不大，因此，該部職業安全衛生署未來將積極協助業者儘速轉換符合 ISO 45001 標準，俾與國際接軌。

企業推行職業安全衛生管理系統之良窳，攸關其降低廠場職業災害風險與追求永續成長之順遂與否，而本制度除為我國傳統重點式勞工安全衛生管理制度轉向「系統化」與「國際化」發展的重要里程碑外，更是引導國內企業將安全衛生管理內化為企業營運管理之一環的重要工具。為使制度更臻完善，職安署將持續與相關部會、驗證機構及業界等研商相關規範，並輔導已通過驗證之事業單位精進各項安全衛生管理機制，企業充分發揮安全衛生自主管理功能，有效控制職業災害風險，提升職業安全衛生管理績效，達到保障勞工安全健康，促進產業競爭力之雙重標準。

（資料來源：勞動部職業安全衛生署網站，綜合規劃及職業衛生組 2019/07/05 發布）

本章說明之主要內容依序有：員工安全與健康和企業經營關係、員工安全與健康相關法規、職業災害補償體系、身心健康策略、以及壓力管理。

13.1 ›› 員工安全與健康與企業經營關係

資訊科技即將邁入 5G 網路世代，更將激發強化人工智慧(AI)、雲端運算、虛實一體、工業機器人與物聯網等智慧製造之發展趨勢，擴增各產業之第四次工業革命變動影響，越是增長人力資源是企業創新之關鍵影響力。企業永續經營的基礎在於永續擁有良好的資源，員工安全與健康不僅影響企業經營成本與競爭力，更是企業吸引人才、留任人才、增進勞資關係的關鍵因素，在工業 4.0 的經營環境中，創新能力是適應 AI 以及應用 AI 的一項關鍵競爭力，對於於工作具備正向心理，產生內在動機是創造力的主要基礎因素。因此面對著產業快速變遷，企業全球化、工作型態多變與多樣化等工作環境的變動，職場健康的面向也須配合調整。員工安全與健康之保健工作，由以往被動式減少職業疾病的發生，轉化為積極推動「職場健康促進」。

除了對工作場所可能發生之職業危害問題，提供員工更有效之職業傷病預防、衛教及諮詢外，並期望透過員工參與，配合職場作業模式、組織文化，發展職場特色的健康促進議題，以營造健康職場環境，提昇員工健康。順應經營環境變動，我國職業安全衛生規範也做出修正，將積極展開相關附屬法規及配套措施之研訂工作，並充分對外說明化解疑慮，及早落實保障所有工作者的安全與健康。

13.1.1 降低企業經營成本

勞委會勞動檢查處針對民國 110 年勞工職業傷害傷病、失能、死亡之統計，傷病者 47,923 人，失能者 2,002 人，死亡者 503 人（行政院勞動部，110 年勞動檢查年報）。相較於民國 105 年勞工職業傷害傷病、失能、死亡之統計，傷病者 51,496 人，失能者 2,577 人，死亡者 563 人（行政院勞動部，105 年勞動檢查年報），雖然有減少的情況。然而職業傷害、失能、以及死亡，造成企業生產力大幅損失，其中的賠償、補償、以及相關處理程序，都是企業的經營成本與負擔。

勞工遭受職業災害時，從個人層面來看，除了身心的傷害影響或失能之外，永久失能或是死亡都將對於其個人與家庭造成極大創傷。就企業層面而言，除了相關賠償、補償、與失能期間工作影響之外，職災造成職場勞工心靈創傷、失去勞工個體智慧造成企業知識、技術等智慧資本的損失等，不僅增加企業經營成本，在工業 4.0 的經營環境，更加可能耗損企業生產力與競爭力。

13.1.2 增進勞資關係，提昇企業競爭力

2005 年，由聯合國提出的《Who Cares Wins》報告中，提及全球企業應該將 E－Environmental（環境）、S－Social（社會）、G－Governance（公司治理）這 3 項指標，納入評量企業營運的標準中。此舉是期望企業不再只以財務報表評斷優劣，而是能兼顧環境與社會發展。投資人也可以根據該企業的 ESG 評量分數，評估前景發展。在社會面的首項標準即是注重員工健康與安全，可見注重員工健康與安全不僅是促進勞資關係，同時也是提升企業競爭力的關鍵性國際指標。勞資關係可以定義為在工作場所內外運作的一系列涉及有關僱用關係的決策與規範，其中包含健康、職業災害、與安全衛生等條件。安全與衛生的工作環境是勞資關係的基礎，良好的職場安全與健康環境，有助吸引人才進入企業、激勵員工留任，增強勞資合作關係強度。

同時，安全與健康的工作條件也減低企業與政府對勞工災害補償的支付，降低社會成本，增進社會大眾對企業之正面形象，對於企業的社會形象以及商譽等的提升更是難以估算，對於產品的銷售業績都將產生正向大幅影響。此外，由於企業智慧資本有部分存在於勞工個人所擁有的隱性知識與技術，一但勞工產生職災傷害，導致失能或死亡，則將大幅減損企業智慧資本，也降低企業在全球評比，影響企業國際競爭力。

13.2 員工安全與健康相關法規

工作場所的安全深深影響著企業成本與競爭力，全球各國均致力於改善勞工安全與健康，尤其各先進國家更加戮力於各項改善計畫與法規制定。美國政府亦積極地建構相關法規以規範相關產業保護勞工的健康安全，其中主要的兩項法律為：各州分別制定的《勞工傷殘補償法》(Worker's Compensation Law)以及《職業安全與健康法》。

勞資關係之管理大致分為四項管理機制：集體協商、市場機制、勞工參與、以及政府規範，而我國傾向以政府規範機制，對於我國而言，制定相關勞工安全衛生法規更為重要，直接以法律規範，訂定各種法令規章，監督與管理勞資雙方互動與權利義務。其中涉及勞工安全衛生之勞工法，主要有《職業安全衛生法》、《勞動檢查法》、以及《職業災害勞工保護法》。

13.2.1 勞工安全與衛生管理

事前預防是保護勞工最佳的措施，我國職業安全衛生法與勞動檢查法訂有相關預防各種勞工災害的規定。《職業安全衛生法》自 1974 年制定，最近一次於民國 108 年 5 月 15 日修訂。目的為防止職業災害，保障勞工安全與健康，計有 6 章 55 條款，主管機關則在中央為行政院勞動部，直轄市為直轄市政府，在縣（市）為縣（市）政府。職業安全衛生法保護的對象是勞工，規範的主體是政府機關與雇主，負責監督業者提供安全衛生設施、安全衛生管理、監督與檢查、並依法徵收反法者罰金。目前我國職業安全衛生法的實行機構，由行政院勞動部的勞工安全衛生處負責執行。更名且修訂後之《職業安全衛生法》有關勞工安全衛生管理相關條文於第 3 章計有 12 條，參見表 13.1。

《勞動檢查法》自 1931 年即制定完成，立法意旨為實施勞動檢查，貫徹勞動法令之執行，維護勞雇雙方權益，安定社會，發展經濟。主要在於規定政府必須檢查工作場所的安全衛生，計有 7 章 40 條款，主管機關則在中央為行政院勞動部，直轄市為直轄市政府，在縣（市）為縣（市）政府。內容有勞動檢查機構，勞動檢查方針、應建立相關資料、勞動檢查員的任用、訓練與其職務，代行檢查機構與代行檢查員等管理規定、檢查程序、罰則、以及附則等。

>> 表 13.1 《職業安全衛生法》第 3 章〈安全衛生管理〉

第 23 條	雇主應依其事業單位之規模、性質，訂定職業安全衛生管理計畫；並設置安全衛生組織、人員，實施安全衛生管理及自動檢查。 前項之事業單位達一定規模以上或有第 15 條第 1 項所定之工作場所者，應建置職業安全衛生管理系統。 中央主管機關對前項職業安全衛生管理系統得實施訪查，其管理績效良好並經認可者，得公開表揚之。 前三項之事業單位規模、性質、安全衛生組織、人員、管理、自動檢查、職業安全衛生管理系統建置、績效認可、表揚及其他應遵行事項之辦法，由中央主管機關定之。

表 13.1 《職業安全衛生法》第 3 章〈安全衛生管理〉(續)

第 24	經中央主管機關指定具有危險性機械或設備之操作人員，雇主應僱用經中央主管機關認可之訓練或經技能檢定之合格人員充任之。
第 25 條	事業單位以其事業招人承攬時，其承攬人就承攬部分負本法所定雇主之責任；原事業單位就職業災害補償仍應與承攬人負連帶責任。再承攬者亦同。 原事業單位違反本法或有關安全衛生規定，致承攬人所僱勞工發生職業災害時，與承攬人負連帶賠償責任。再承攬者亦同。
第 26 條	事業單位以其事業之全部或一部分交付承攬時，應於事前告知該承攬人有關其事業工作環境、危害因素暨本法及有關安全衛生規定應採取之措施。 承攬人就其承攬之全部或一部分交付再承攬時，承攬人亦應依前項規定告知再承攬人。
第 27 條	事業單位與承攬人、再承攬人分別僱用勞工共同作業時，為防止職業災害，原事業單位應採取下列必要措施： 一、設置協議組織，並指定工作場所負責人，擔任指揮、監督及協調之工作。 二、工作之連繫與調整。 三、工作場所之巡視。 四、相關承攬事業間之安全衛生教育之指導及協助。 五、其他為防止職業災害之必要事項。 事業單位分別交付二個以上承攬人共同作業而未參與共同作業時，應指定承攬人之一負前項原事業單位之責任。
第 28 條	二個以上之事業單位分別出資共同承攬工程時，應互推一人為代表人；該代表人視為該工程之事業雇主，負本法雇主防止職業災害之責任。
第 29 條	雇主不得使未滿 18 歲者從事下列危險性或有害性工作： 一、坑內工作。 二、處理爆炸性、易燃性等物質之工作。 三、鉛、汞、鉻、砷、黃磷、氯氣、氰化氫、苯胺等有害物散布場所之工作。 四、有害輻射散布場所之工作。 五、有害粉塵散布場所之工作。 六、運轉中機器或動力傳導裝置危險部分之掃除、上油、檢查、修理或上卸皮帶、繩索等工作。 七、超過 220 伏特電力線之銜接。 八、已熔礦物或礦渣之處理。 九、鍋爐之燒火及操作。 十、鑿岩機及其他有顯著振動之工作。 十一、一定重量以上之重物處理工作。

表 13.1 《職業安全衛生法》第 3 章〈安全衛生管理〉(續)

第 29 條(續)	十二、起重機、人字臂起重桿之運轉工作。 十三、動力捲揚機、動力運搬機及索道之運轉工作。 十四、橡膠化合物及合成樹脂之滾輾工作。 十五、其他經中央主管機關規定之危險性或有害性之工作。 前項危險性或有害性工作之認定標準,由中央主管機關定之。 未滿 18 歲者從事第 1 項以外之工作,經第 20 條或第 22 條之醫師評估結果,不能適應原有工作者,雇主應參採醫師之建議,變更其作業場所、更換工作或縮短工作時間,並採取健康管理措施。
第 30 條	雇主不得使妊娠中之女性勞工從事下列危險性或有害性工作: 一、 礦坑工作。 二、 鉛及其化合物散布場所之工作。 三、 異常氣壓之工作。 四、 處理或暴露於弓形蟲、德國麻疹等影響胎兒健康之工作。 五、 處理或暴露於二硫化碳、三氯乙烯、環氧乙烷、丙烯醯胺、次乙亞胺、砷及其化合物、汞及其無機化合物等經中央主管機關規定之危害性化學品之工作。 六、 鑿岩機及其他有顯著振動之工作。 七、 一定重量以上之重物處理工作。 八、 有害輻射散布場所之工作。 九、 已熔礦物或礦渣之處理工作。 十、 起重機、人字臂起重桿之運轉工作。 十一、動力捲揚機、動力運搬機及索道之運轉工作。 十二、橡膠化合物及合成樹脂之滾輾工作。 十三、處理或暴露於經中央主管機關規定具有致病或致死之微生物感染風險之工作。 十四、其他經中央主管機關規定之危險性或有害性之工作。 雇主不得使分娩後未滿 1 年之女性勞工從事下列危險性或有害性工作: 一、 礦坑工作。 二、 鉛及其化合物散布場所之工作。 三、 鑿岩機及其他有顯著振動之工作。 四、 一定重量以上之重物處理工作。 五、 其他經中央主管機關規定之危險性或有害性之工作。 第 1 項第 5 款至第 14 款及前項第 3 款至第 5 款所定之工作,雇主依第 31 條採取母性健康保護措施,經當事人書面同意者,不在此限。 第 1 項及第 2 項危險性或有害性工作之認定標準,由中央主管機關定之。 雇主未經當事人告知妊娠或分娩事實而違反第 1 項或第 2 項規定者,得免予處罰。但雇主明知或可得而知者,不在此限。

» 表 13.1 《職業安全衛生法》第 3 章〈安全衛生管理〉(續)

第 31 條	中央主管機關指定之事業，雇主應對有母性健康危害之虞之工作，採取危害評估、控制及分級管理措施；對於妊娠中或分娩後未滿一年之女性勞工，應依醫師適性評估建議，採取工作調整或更換等健康保護措施，並留存紀錄。 前項勞工於保護期間，因工作條件、作業程序變更、當事人健康異常或有不適反應，經醫師評估確認不適原有工作者，雇主應依前項規定重新辦理之。 第一項事業之指定、有母性健康危害之虞之工作項目、危害評估程序與控制、分級管理方法、適性評估原則、工作調整或更換、醫師資格與評估報告之文件格式、紀錄保存及其他應遵行事項之辦法，由中央主管機關定之。 雇主未經當事人告知妊娠或分娩事實而違反第 1 項或第 2 項規定者，得免予處罰。但雇主明知或可得而知者，不在此限。
第 32 條	雇主對勞工應施以從事工作與預防災變所必要之安全衛生教育及訓練。 前項必要之教育及訓練事項、訓練單位之資格條件與管理及其他應遵行事項之規則，由中央主管機關定之。 勞工對於第 1 項之安全衛生教育及訓練，有接受之義務。
第 33 條	雇主應負責宣導本法及有關安全衛生之規定，使勞工周知。
第 34 條	雇主應依本法及有關規定會同勞工代表訂定適合其需要之安全衛生工作守則，報經勞動檢查機構備查後，公告實施。 勞工對於前項安全衛生工作守則，應切實遵行。

以上兩項勞工法對於雇主、承攬人、政府、以及勞工均課以責任，以保障勞工之安全與衛生。

雇主的責任有：1.提供安全衛生設備與措施；2.測定作業環境並且標示危險物語有害物；3.處理工作場所的立即危險；4.實施勞工體格檢查與身體檢查；5.設置勞工安全衛生組織或人員；6.任用合格操作員；7.實施安全衛生教育與訓練；8.制定安全衛生工作守則；9.處理勞工申訴；10.告知承攬人相關事項與設置協調組織。而承攬人就其承攬部分，其責任視同雇主。

政府的責任則有勞動檢查、任用與訓練檢查員、處理勞工申訴等三項。勞動檢查包含檢查各項勞動條件、勞工保護等事項，而安全衛生檢查是重點事項。目前之檢查機構，行政院勞動部職業安全衛生署在北、中、南三區各設有職業安全衛生中心；臺北市、新北市、桃園市、臺中市、臺南市與高雄市勞工局各設有勞動檢查處；經濟部加工出口區第四組設有勞動檢查科；新竹科學園區、中部科學園區與南部科學園區各有勞動檢查中心負責勞動檢查業務。又因危險設備與機械數量龐大，政府檢察機構往往無法逐一檢查，中央主管機關因而依法（《勞動檢查法》第 17 條）指定代行機構執行檢查。

勞工的責任在相關法規中規定不多，在勞工安全衛生法中訂有接受體格檢查與身體檢查、參與訂定安全衛生作守則、接受安全衛生教育與訓練、遵行安全衛生工作守則。勞工安全衛生法雖是保障勞工為主，然而，勞工未盡責任，違反安全衛生等工作守則者，雇主則有權予以懲處。

13.2.2 員工安全與健康之促進

一、健康促進

衛生服務部自民國 88 年起即不再以職業傷病防治自限，而提升至健康促進領域，積極推動職場健康營造。歷年工作重點包括研究發展、宣導教育、成立三個健康職場推動中心，補助企業職場健康促進計劃，補助衛生局、工會、學會推動健康促進業務等。執行時基於健康平等及資源公平，也將行業類別、規模、弱勢族群這些因素列入考量。

世界衛生組織渥太華健康促進憲章（1986 年）的闡示：「健康促進是一個過程，經由這個過程使人們能夠控制其健康決定因子，並因而改善他們的健康。」而今健康是基本人權，健康促進能夠使得員工養成健康的生活習慣，增進健康體能，以追求最適當的健康狀態，亦即完好的生理、心理、社會適應、智能與靈性。

以往職場衛生工作多是由專業人員依照法令規定執行，其實也可以沿用世界衛生組織渥太華健康促進五大行動綱領(The Ottawa Charter)，如表 13.2 職場職業衛生五大行動綱領，或參考健康促進的一些手法，例如邀請各階層員工代表加入推動小組，問卷調查進行需求評估，舉行創意活動等，增加溝通彼此了解，成效自然增加。

» 表 13.2 職場職業衛生五大行動綱領

行動綱領	舉例
建立健康的公共政策	衛生與非衛生部門制定公共政策時（包括立法、財務、賦稅、以及組織政策），都必須接受健康促進的責任，考量政策對健康的影響。依法令規定訂定公司職業安全衛生辦法。
創造支持性環境	社會應該幫助建立一個健康的環境，提供安全與滿足的工作環境，並以系統評估環境變遷對健康的影響。支持性環境可分成五大面向：實質環境、社會環境、政治環境、經濟環境、心靈環境，五個方向是會互相影響的。

» 表 13.2　職場職業衛生五大行動綱領（續）

行動綱領	舉例
強化職場職業衛生行動	舉辦職業安全衛生競賽、活動。
發展個人技巧	個人防護具使用、衛生教育、經由健康教育與資訊傳播，使人們得以學習生活技巧，作正確的選擇，為其人生各階段做準備，包括慢性疾病與傷害之調適。
調整職業衛生服務方向	醫療服務不能再侷限於臨床治療，必須擴及健康促進，提供以人為中心，包括生理、心理、社會等全方位之完整性照護。由意外、抱怨、污染處理調整為預防事件學習、演習。

二、發展安全與健康計畫

職業災害的防止甚於後續賠償與補償，預防災害應從災害的成因進行防止，海涅提出骨牌理論，發現88%的災害是人為的不安全動作所造成，10%是不安全的設備或物質所造成，只有2%是無法防止。多重因果理論則認為一項災害係由多個因素或是次級因素所形成，分為行為因素與環境因素兩類型。許多學者研究指出：災害的根本原因通常與管理系統有關，包含管理政策與程序、監督、工作指派、訓練等方面的缺失所造成，因而發展安全健康計畫能針對管理系統進行員工安全與健康的預防。每一位管理者均負有確保工作環境對於工是否安全，安全與健康計畫之發展步驟如下。

1. **積極讓員工與管理者共同參與發展安全與健康計畫**。員工參與發展計畫有兩項主要效果：一是員工相當熟悉工作環境，能夠更加具體精確地分析與提出各項方案；再者，員工的參與促使員工體認企業對於安全與健康的重視，有助激勵員工重視安全與健康等問題，能夠提升員工各項安全與健康計畫的接受度以及執行度，更能增進計畫的成效。
2. **獲得高階主管的承諾與支持**。高階主管握有公司資源與主要權力，相關計畫的執行需要資源以及落實執行，尤其當計劃的執行被視為經營成本時，往往基於降低成本而忽略應有的安全設備與機械。高階主管能夠認知安全與健康計畫是企業投資的資產，給予安全與健康計畫高度的承諾與支持，落實安全與健康計畫的發展與執行，則能提升生產力、消除或減低職業災害。
3. **確認工作職場的安全與健康需求**。因為工作的差異，各項工作環境與設備有其不同處，因而，設備與環境的特殊需求，經常會決定哪些安全與健康需求，此項步驟應該落實在工作分析的程序，確實描述於工作規範(Job Specification)。

4. **修正現有的危險因子。**當了解或辨識到某項危險時，即要針對危險成因進行修正、消除或減低危險。
5. **訓練員工安全與健康之技能。**雖然，災害的根本往往與管理系統有關，然而，觸發的災害的行為，則來自個體的行為，因此，給予並且激勵員工接受全與健康教育訓練，確實遵守工作規範之相關防護措施與工作作業守則，是員工安全與健康的第一線防護。
6. **保持職場安全衛生異常通報的溝通管道即時且順暢。**意外的發生往往是原有的預防措施失能或是不足。工作者直接處於相關工作場所，是安全與衛生等措施失常時，第一時間感應到的人員，即時且快速的回報系統能夠在意外發生前予以阻止與控制。
7. **不斷檢核以及改善安全健康計畫。**安全與健康計畫一旦執行後，必須持續檢核計劃執行情況，做必要的調整與改善，安全與健康計畫是一項永續經營的計畫，持續依循 PDCA（計畫、執行、檢核、對策）循環進行改善才可以達成保障員工安全與健康的成效。尤其當工作再設計或調整時，必須確實做好安全與健康之檢核。

13.3 ›› 職業災害補償體系

管理員工安全與健康是預防職業災害的重要工作，政府、企業、與勞工應當全力做好相關作業，追求零災害的理想目標。然而，當有職業災害發生時，災害造成的損害與傷害，輕者產生勞工傷病，重者導致身心障礙，甚或死亡，對勞工及其家屬形成重大急難與負擔，現代化國家均盡可能地設計周延的職業災害補償體系，降低勞工負擔。我國由三種法規構成職業災害補償體系制度，一為勞工保險條例中的職災給付，二為勞動基準法中之職業災害補償，三則為職業災害勞工保護法中各項補助與津貼。

13.3.1 職業災害保險

勞工保險職業災害保險係屬納費互助之社會保險制度，亦具集體連帶分擔風險性質。當被保險人發生職業災害或傷病等保險事故時，可依規定申請醫療或現金給付之補償，使本人或遺屬得到適度之生活安全保障。對雇主而言，依規定為員工辦理參加職業災害保險，於職災事故發生後，得依《勞動基準法》

相關規定，抵充職災補償責任，可分散雇主職災補償風險，以穩定企業經營，達勞資雙贏之目的。職業災害保險將職業災害分為職業傷害及職業病二類，並據「勞工保險被保險人因執行職務而致傷病審查準則」及「勞工保險職業病種類表」等規定加以認定。當被保險人發生職業傷病事故時，職業災害保險將按相關規定，給予醫療、傷病、失能、死亡給付及失蹤津貼等各項補償。

一、職業災害醫療給付

職業災害醫療給付分門診及住院診療，被保險人發生職業災害或罹患職業病，依勞工保險條例規定向投保單位或勞動部勞工保險局請領職業傷病門診單或住院申請書，至全民健康保險特約醫事服務機構申請診療，另享有職業傷病住院膳食費 30 日內之補助。

二、職業災害傷病給付

（一）傷病給付

職災保險傷病給付係自不能工作之第 4 日起發給至恢復工作之前 1 日止，前 60 日部分是按被保險人發生保險事故之當月起前 6 個月平均日投保薪資發給，超過 60 日部分則是按平均日投保薪資之 70%發給，合計最長以 2 年為限。

勞工保險被保險人於勞工職業災害保險及保護法 111 年 5 月 1 日施行前發生職業災害傷病事故，若尚未提出申請傷病給付，且未逾勞工保險條例規定之請求權時效者，得選擇適用勞工職業災害保險及保護法或勞工保險條例規定請領傷病給付。

（二）照護補助

住院治療期間照護補助係自住院治療且得請領職業傷病給付之日起至出院止，按日發給 1,200 元，若是入住具有加護或隔離性質之病房，則該期間不在補助範圍。

三、職業災害失能給付

（一）一次金給付

按被保險人診斷實際永久失能日當月起前 6 個月之平均月投保薪資，並依勞工職業災害保險失能給付標準規定給付等級日數計算發給。最高第 1 等級，給付日數 1,800 日，最低第 15 等級，給付日數 45 日。

（二）年金給付

1. 完全失能
   (1) 符合〈勞工保險失能給付標準〉第 3 條附表所定失能等級第 1 或 2 等級之失能項目，且該項目之失能狀態列有終身無工作能力。
   (2) 按被保險人診斷實際永久失能日當月起前 6 個月平均月投保薪資 70%計算發給。
2. 嚴重失能
   (1) 符合下列條件之一：
      A. 符合〈勞工保險失能給付標準〉第 3 條附表所定失能等級第 3 等級之失能項目，且該項目之失能狀態列有終身無工作能力者。
      B. 整體失能程度符合失能等級第 1~9 等級，並經個別化專業評估，其工作能力減損達 70%以上，且無法返回職場者。
   (2) 按被保險人診斷實際永久失能日當月起前 6 個月平均月投保薪資 50%計算發給。
3. 部分失能
   (1) 整體失能程度符合失能等級第 1~9 等級，並經個別化專業評估，其工作能力減損達 50%以上。
   (2) 按被保險人診斷實際永久失能日當月起前6個月平均月投保薪資20%計算發給。

（三）失能年金眷屬補助

請領失能年金之被保險人，如同時有符合加發眷屬補助請領資格的配偶或子女時，依失能年金給付標準計算後金額每一人加發 10%，最多加計 20%。

（四）照護補助

自申請之當月起，按月發給 12,400 元，最長以 5 年為限。

四、職業災害死亡給付

（一）喪葬津貼

按被保險人平均月投保薪資一次發給 5 個月。但無遺屬者，則按其平均月投保薪資一次發給 10 個月。

（二）遺屬年金

按被保險人死亡之當月（含）起前 6 個月之平均月投保薪資 50%發給。

遺屬加計：同一順序遺屬有 2 人以上時，每多 1 人加發 10%，至多加發 20%。

遺屬津貼、遺屬一次金：按被保險人死亡之當月（含）起前 6 個月之平均月投保薪資，一次發給 40 個月。

五、職業災害失蹤津貼

自失蹤之日起，按被保險人平均月投保薪資 70%，發給失蹤給付；於每滿 3 個月之期末給付一次，至生還之前 1 日或失蹤滿 1 年之前 1 日或受死亡宣告判決確定死亡時之前 1 日止。又被保險人失蹤滿 1 年或受死亡宣告裁判確定死亡時，得請領死亡給付。

13.3.2 職業災害補償

職業災害的發生，若因雇主對勞工有侵權行為，並造成損傷時，勞工可以依據《民法》第 184 條、《職業安全衛生法》第 32 條，向雇主要求賠償，此為職業災害賠償。職業災害補償不同於職業災害賠償，為採「無過失主義」的補償制度，提供即時的現金工資給付、醫療照顧及勞動力重建措施，目的在於保障勞工及其家屬的生存權，並維持或重建個人或社會的勞動力。

一、職業災害補償的成立要件

依據《勞動基準法》第 59 條規定，勞工因遭遇職業災害而致死亡、失能、傷害或疾病時，雇主應予以補償。職業災害補償成立要件以業務遂行性與業務起因性為認定職業災害的標準。業務遂行性是指勞工基於勞動契約在雇主支配下提供勞務。所謂執行職務則包括勞工所擔任業務的必要行為、隨附行為與合理行為。業務起因性是指伴隨著勞工提供勞務時的潛在危險已經實現，而且依據經驗法則，已經實現的危險與勞務的提供具有一定因果關係。

表 13.3　勞動基準法之第七章職業災害補償

第 59 條	（職業災害之補償方法及受領順位） 勞工因遭遇職業災害而致死亡、失能、傷害或疾病時，雇主應依下列規定予以補償。但如同一事故，依勞工保險條例或其他法令規定，已由雇主支付費用補償者，雇主得予以抵充之： 一、勞工受傷或罹患職業病時，雇主應補償其必需之醫療費用。職業病之種類及其醫療範圍，依勞工保險條例有關之規定。 二、勞工在醫療中不能工作時，雇主應按其原領工資數額予以補償。但醫療期間屆滿二年仍未能痊癒，經指定之醫院診斷，審定為喪失原有工作能力，且不合第三款之失能給付標準者，雇主得一次給付四十個月之平均工資後，免除此項工資補償責任。 三、勞工經治療終止後，經指定之醫院診斷，審定其遺存障害者，雇主應按其平均工資及其失能程度，一次給予失能補償。失能補償標準，依勞工保險條例有關之規定。 四、勞工遭遇職業傷害或罹患職業病而死亡時，雇主除給與五個月平均工資之喪葬費外，並應一次給與其遺屬四十個月平均工資之死亡補償。其遺屬受領死亡補償之順位如下： （一）配偶及子女。 （二）父母。 （三）祖父母。 （四）孫子女。 （五）兄弟姐妹。
第 60 條	（補償金抵充賠償金） 雇主依前條規定給付之補償金額，得抵充就同一事故所生損害之賠償金額。
第 61 條	（補償金之時效期間） 1. 第 59 條之受領補償權，自得受領之日起，因 2 年間不行使而消滅。受領補償之權利，不因勞工之離職而受影響，且不得讓與、抵銷、扣押或供擔保。 2. 勞工或其遺屬依本法規定受領職業災害補償金者，得檢具證明文件，於金融 3. 機構開立專戶，專供存入職業災害補償金之用。 4. 前項專戶內之存款，不得作為抵銷、扣押、供擔保或強制執行之標的。
第 62 條	（承攬人中間承攬人及最後承攬人之連帶雇主責任） 1. 事業單位以其事業招人承攬，如有再承攬時，承攬人或中間承攬人，就各該承攬部分所使用之勞工，均應與最後承攬人，連帶負本章所定雇主應負職業災害補償之責任。 2. 事業單位或承攬人或中間承攬人，為前項之災害補償時，就其所補償之部分，得向最後承攬人求償。

表 13.3　勞動基準法之第七章職業災害補償（續）

第 63 條	（事業單位之督促義務及連帶補償責任） 1. 承攬人或再承攬人工作場所，在原事業單位工作場所範圍內，或為原事業單位提供者，原事業單位應督促承攬人或再承攬人，對其所僱用勞工之勞動條件應符合有關法令之規定。 2. 事業單位違背職業安全衛生法有關對於承攬人、再承攬人應負責任之規定，致承攬人或再承攬人所僱用之勞工發生職業災害時，應與該承攬人、再承攬人負連帶補償責任。
第 63-1 條	1. 要派單位使用派遣勞工發生職業災害時，要派單位應與派遣事業單位連帶負本章所定雇主應負職業災害補償之責任。 2. 前項之職業災害依勞工保險條例或其他法令規定，已由要派單位或派遣事業單位支付費用補償者，得主張抵充。 3. 要派單位及派遣事業單位因違反本法或有關安全衛生規定，致派遣勞工發生職業災害時，應連帶負損害賠償之責任。 4. 要派單位或派遣事業單位依本法規定給付之補償金額，得抵充就同一事故所生損害之賠償金額。

二、職業病補償的成立要件

《勞工保險條例》第 34 條被保險人因執行職務而致職業病不能工作，以致未能取得原有薪資，正在治療中者，自不能工作之第 4 日起，發給職業病補償費。

職業病的判定，依據《勞工職業災害保險職業傷病審查準則》之第 20 條規定，被保險人罹患之疾病，經行政院勞動部職業疾病鑑定委員會鑑定為執行職務所致者，為職業病。此外，依據《勞工職業災害保險職業傷病審查準則》第 21 條規定，被保險人於作業中，於工作當場促發疾病，而該項疾病之促發與作業有相當因果關係者，視為職業病。一般而言，判定職業病的條件有 5 項：1.工作場所中確實存在有害因子；2.該勞工曾在有害因子的工作場所工作；3.發病是在接觸有害因子之後；4.經醫師診斷確實罹病；5.起因與非職業原因無關。

依《勞工職業災害保險及保護法》第 75 條規定，職業病鑑定受理申請案件，包括保險人於審核職業病給付案件認有必要者，以及被保險人於申請職業病給付遇有爭議，且曾經《勞工職業災害保險及保護法》第 73 條第 1 項認可醫療機構診斷罹患職業病，於依該法第 5 條規定申請審議時，請保險人送請鑑定之案件。

三、雇主的補償

依《勞動基準法》第 59 條規定，勞工因遭遇職業災害而致死亡、失能、傷害或疾病時，雇主應依相關規定予以補償。但如同一事故，依勞工保險條例或其他法令規定，已由雇主支付費用補償者，雇主得予以抵充之。勞動基準法雇主應負擔之補償義務如下：

1. **醫療補償**：勞工受傷或罹患職業病，雇主應該補償其必需的醫療費用。
2. **工資補償**：勞工在醫療期間，如果無法工作，雇主應按照其原領工資的數額予以補償；不過，如果醫療期間屆滿二年仍未痊癒，經指定醫院診斷，審定勞工喪失原有工作能力，可是又不符合《勞工保險條例》的失能給付標準，雇主得一次給付 40 個月的平均工資後，免除此項工資補償責任。
3. **失能補償**：罹災勞工經過治療終止後，經指定之醫院診斷，審定其遺存障害者，雇主應按照勞工平均工資及其失能程度，一次給與失能補償。
4. **死亡補償**：勞工因遭遇職業災害或罹患職業病而死亡時，雇主應給予 5 個月平均工資的喪葬費，除此之外，雇主還必須給予其遺屬 40 個月平均工資的死亡補償。

雇主對於上述四種補償與勞工保險責任之間有抵充關係，也就是說，在同一個事故，如果按照《勞工保險條例》或其他法令規定，已經由雇主支付費用補償者，雇主可以抵充之。

四、承攬人的補償

職業災害補償原事業單位與承攬人負有連帶責任。

13.3.3 國家補助

為保障職業災害勞工之權益，加強職業災害之預防，促進就業安全及經濟發展。在各界積極推動下，《職業災害勞工保護法》於民國 90 年 10 月 11 日由立法院三讀通過，民國 90 年 10 月 31 日經總統令公布，並訂於民國 91 年 4 月 28 日起施行。

《職業災害勞工保護法》第 6 條規定，未加入勞工保險而遭遇職業災害之勞工，雇主未依勞動基準法規定予以補償時，得比照勞工保險條例之標準，按最低投保薪資申請職業災害殘廢、死亡補助。前項補助，應扣除雇主已支付之補償金額。

依據《職業災害勞工保護法》第 8 條與第 9 條規定，無論勞工是否加入勞工保險，遭遇職業災害，得向勞工保險局申請下列補助：

一、罹患職業疾病，喪失部分或全部工作能力，經請領勞工保險各項職業災害給付後，得請領生活津貼。

二、因職業災害致遺存障害，喪失部分或全部工作能力，符合勞工保險失能給付標準表第 1 等級至第 7 等級規定之項目，得請領失能生活津貼。

三、發生職業災害後，參加職業訓練期間，未請領訓練補助津貼或前二款之生活津貼，得請領生活津貼。

四、因職業災害致遺存障害，必需使用輔助器具，且未依其他法令規定領取器具補助，得請領器具補助。

五、因職業災害致喪失全部或部分生活自理能力，確需他人照顧，且未依其他法令規定領取有關補助，得請領看護補助。

六、因職業災害死亡，得給予其家屬必要之補助。

七、其他經中央主管機關核定有關職業災害勞工之補助。

13.4 身心健康策略

贏得身心健康的策略：適當的運動與休息、維持健康的飲食、發展彈性、降低危及健康與安全的易見風險。

13.4.1 適當的運動與休息

適當運動與休息是贏得身心健康的基石，應選擇具挑戰但不會過度費力與肌肉傷害方案。而最有益的運動為有氧運動。有氧運動是指運動時其能量來自有氧代謝，也就是需要消耗大量的氧氣，例如走路、跑步、游泳、球類運動、騎自行車、舞蹈等，有氧運動會燃燒葡萄糖及儲存的脂肪，故對減肥有幫忙，但剛開始運動時，能量通常來自於燃燒肝糖及葡萄糖，大約運動 20 分鐘後才會開始燃燒脂肪，因此要達到燃燒脂肪的目的，則每次運動最好連續半個小時以上。

運動對於身體的好處有：增強心臟功能、減少有害膽固醇、增加有益膽固醇、肺活量、肌肉張力、循環、活力、代謝率、減重、脂肪代謝率、延緩老化。對心理的好處：自信、身體形象與自尊、心理功能、靈敏與效率、釋放累積的緊張、紓解輕微憂鬱。

休息能夠提供和運動類似的效能，如增進注意力、減壓、增加活力，適當休息和適當運動有關（使彼此更加容易做到），而錯誤休息可能有損注意力與效率，而在工作日中大約 15 分鐘的充足午睡，則被當成提供能量與減壓的方式。

13.4.2 維持健康的飲食

維持身體健康所需之食物要求會依年齡、性別、體型、身體活動、及其他原因如：懷孕與生病而有所差異。以節制和多樣化為基礎的良好飲食習慣，可以有助於身體健康。

13.4.3 發展彈性

意指個人抵抗壓力且能從中擺脫而越發堅強的能力。而克服逆境為成功者的重要特質。從情緒智商的脈絡而言，恢復力意指面對逆境堅持不懈與保持樂觀，保持恢復力攸關著自信。

>> 表 13.4 不健康行為調查

美國成人選擇投入特定危險性行為的百分比	
未使用太陽眼鏡	71%
蔬果攝取量不足	59%
未規律看牙醫	39%
未採取控制壓力的步驟	35%
未經常繫安全帶	34%
過重	29%
沒有休閒時間的身體活動	29%
抽菸	22%
每日睡眠低於 6 小時	20%
長期飲酒者（1 個月至少 60 杯酒）	3%

資料來源：Dubrin, Andrew J. (2004). Applying Psychology (6th). England: Pearson Education. p.159

13.4.4 降低危及健康與安全的易見風險

危及安全與健康的行為有：

1. 上癮的行為，例如：菸、酒、大麻、巧克力等改變多巴胺的水準，多巴胺係大腦與神經傳導的化學物質，與愉悅與興奮有關，干擾理智的決策。
2. 干擾身心健康的運動：跳傘、高空彈跳、高風險的登山活動。
3. 其他產生不良結果的行為，常見的形式：已達傷害程度的運動、睡眠被剝奪、沒有防護措施的一夜情，以及超速駕駛。

13.5 壓力管理

13.5.1 壓力症狀與結果

壓力為知覺到的威脅或要求無法立即被處理所造成的身心狀態，長期壓力經常帶來倦怠。工作壓力會帶來生理、心理、行為等三類症狀分為以及影響工作表現。

生理症狀有最常見的反應有：心跳、血壓、血液中葡萄糖、血液中凝塊升高，持續壓力可能導致心臟病發、中風、高血壓、壞膽固醇水準增加、免疫系統變差，而歷經情緒壓力可能難從感冒與傳染疾病復原。

心理的症狀則有正向與負向兩方面。正向心理會增加警覺度、知覺及意識程度。而常見的負向心理結果常為緊張、焦慮、沮喪、無聊、對身體抱怨、持續疲勞、無助感及各種防衛想法與行為。

行為的症狀則有激動、焦躁不安、飲食習慣極端改變、吸菸、喝咖啡、飲用酒精或非法藥品、注意力與判斷力出錯、以及恐慌性行為，如衝動的決策與倦怠。

工作表現上，對多數人而言，存在著理想的壓力總量，亦即，適當壓力對於工作表現是正向的影響，一般在低度與中度壓力情況下，工作表現最佳。所以，我們可以了解到，壓力不一定都是負面的，重要的是管理自我的壓力總量在於自我壓力的適當程度，即為最佳的壓力管理。

13.5.2 壓力的影響因素

助長壓力的因素有些是屬於人格特質，亦即有些人特別容易產生壓力，例如 A 型行為、負向情感、低控制力感、低自我效能的人格特質者。此外，常見工作壓力則有顯著的生活或工作改變、角色衝突與角色模糊、角色負荷過重或過輕、工作不安全與失業、有害的環境條件，以及工作場所的災難。

13.5.3 個人管理壓力的方法

透過辨認自身的壓力訊號，知覺壓力的產生；針對壓力來源進行減輕或更改壓力源；建立社會支持網絡，可以傾聽個人的問題與提供情緒支持；練習每日減少壓力，如面對沉重壓力時，打個小盹、小睡片刻；對你的情緒臣服、如果你感到生氣、厭惡或困惑，承認你的感覺，壓抑情緒會增加壓力；從壓力情境中短暫休息，做一些小而具建設性的事，如洗車、清空垃圾桶或者剪頭髮；按摩一下身體，因為它可以鬆弛緊繃的肌肉，促進血液循環，並且讓你鎮定下來；請求同事、上司或朋友協助處理具壓力的工作；專注在閱讀、瀏覽網際網路、運動或者嗜好當中，有別於常識，專注是壓力減輕的核心。

13.6 輪班健康危害與調適

隨著科技進步、工作型態的演進，越來越多人必須夜間工作，在生活作息的調適上，有更大的挑戰。輪班勞工，其主要健康效應在於睡眠障礙、警覺性的不足、疲倦與打盹以致容易出現無意識的自主行為而發生職業傷害，夜班工作者也因為進食時間及消化代謝的時間與生理不合而容易產生肥胖，高血脂與消化系統的障礙，若能由醫學觀點，提供正確及非經驗法則的認知，應能幫助夜班及輪班工作的同仁，對休息與工作都能做更正確的安排且健康愉快。

良好的睡眠對人來說，是恢復疲勞的聖品。勞工由於工作必須輪夜班的關係，睡眠不固定於白天或晚上，因而造成了睡眠障礙。研究顯示，夜間適度的運動有助於生理時鐘的調節，這可以提高夜班或輪班勞工在白天睡覺的睡眠品質。建議夜班同仁在上班前或工作中，利用休息時間進行全身性的運動。

影響輪班工作警覺性的九項因素：

1. **興趣、機會和危險認知**：沒有任何事情比面臨危險威脅讓我們更快從昏睡的狀況中警醒起來，一份具刺激性的工作同樣會提升警覺性。
2. **肌肉活動**：走路或伸展身體能刺激交感神經，有助於警覺，坐在舒適的椅子上則很難保持甦醒。
3. **每天 24 小時生理時鐘不同的階段**：由於生理律動，通常我們的警覺性在早晨及黃昏時最高，在半夜、黎明及午餐後最低。
4. **睡眠存款**：睡眠時間的長短就像銀行的存款，當你有幾天被剝奪了睡眠，你已經造成「存款不足」，以致於減低了警覺性，長時間的睡眠則可以補足不足的睡眠。
5. **營養品及化學品**：一些食物例如咖啡因、尼古丁及安非他命等等，會暫時地增加警覺性，其他例如：火雞肉、溫牛奶、香蕉及安眠藥則會引誘睡眠。
6. **周遭環境燈光**：亮光增進警覺性，而暗淡光線則導入昏睡。
7. **溫度**：冷、乾空氣，尤其吹在臉上，有助於保持甦醒，熱而濕的空氣則使人想睡。
8. **聲響**：海灘起伏浪潮聲或機器嗡嗡的噪音能催你入睡。不規則多變的聲音，例如：收音機聲、談話聲或按汽車喇叭聲則會刺激甦醒。
9. **芳香味**：研究顯示某些嗅覺品味，例如：薄荷味能使人甦醒、警覺，相反的如薰衣草味則有鎮靜安眠的功效。

以上 9 項因素都偏向負向時，則警覺性就會下降，致使容易打盹而造成的意外事故或不自主的行為就會發生了。

輪班勞工保持警覺性的 7 項作法：

1. 運用夜班工作中的休息時段，實施全身性運動，能維持警覺性，保持心情愉悅，達成工作目標。避免久坐在在椅子上，最好每隔 1 小時就起身走動或伸展肢體，適當的肌肉活動能夠刺激交感神經，避免疲倦。
2. 夜班工作時，飲用適量的咖啡（以每天不超過 3 杯為原則），有助於提高警覺，避免疲倦感。但咖啡的攝取不宜干擾到下班後的睡眠，因此避免在臨睡前 2~3 小時飲用。工作時最好只喝一、兩杯，且在睡覺前 2~3 小時不喝咖啡。
3. 工作場所光線保持明亮，溫度適宜並且維持環境整潔。

4. 夜班工作中飲食宜清淡，不吃太飽，也不要進食太油膩、不易消化的食物，如炸雞、薯條、香蕉等。
5. 充足的睡眠與休息，才能確保夜班工作的警覺性。尤其是利用夜班工作前，小睡 1~3 小時，可以提高夜班工作時的警覺性與靈活度，如果夜班工作期間睡意濃厚，不妨利用休息時段小睡片刻，小睡後可以適量飲用咖啡，以提高工作時的警覺性。
6. 補足睡眠存款：睡眠時間的長短就像銀行的存款，當你有幾天被剝奪了睡眠，你已經造成「存款不足」，以至於減低了警覺性，長時間的睡眠則可以補足不足的睡眠。如果老是覺得睡眠不足，應盡快安排一個假日好好的大睡一覺。
7. 以正向的態度面對工作所帶來的刺激與挑戰，對工作保持最高的熱誠與興趣，樂在工作的態度，幫助我們維持最高的警覺性。

此外，無意識的行為最容易出現在一個睡覺被剝奪或有睡眠障礙的人身上，而事故傷害者通常對該事件毫無記憶，一個人當他處於無意識的行為或迷糊狀況時眼睛常是保持張開的。無意識的行為和工作中出現的短暫睡眠，常導因於疲勞而且是造成許多工業安全及交通事故的主要原因。

維持企業員工安全與健康不僅是回饋社會的重要工作事項，在競爭更加激烈的工業 4.0 世代，員工安全與健康更是關係企業競爭優勢，除了遵守政府規範之員工安全與健康相關法規與職業災害補償體系，企業更應積極照護員工，協助員工身心健康以及壓力管理，回饋社會以及強化企業本身之人力資源素質。

參考資料

Dubrin, Andrew J. (2004). Applying Psychology (6th). England: Pearson Education.

Jackson, Susan E., Schuler, Randall S. (2003). Managing Human Resources(8th Ed.)Ohio: South-Western.

JOLENE A. LAMPTON, CPA, CGMA, CFE(2017). The Trust Gap in Organizations. STRATEGIC FINANCE, December, 37-41.

Noe, R. A., Hollenbeck, J. R., Gerhart, B., Gerhart, B.,and Wright, P. M. (2006). Human Resource Management (5th Ed.), p.7. NY: McGraw Hill.

Robbins, S. P. and Judge, T. (2008). Essentials of Organizational Behavior. (10th Ed.) London: Prentice Hall.

Salamon, Michael. (1998). Industrial Relations: Theory and Practice, （3rd Ed）. England: Pearson Education.

五南圖書出版小組(2003)，勞工法規，臺北：五南。

臺灣職業安全衛生管理系統網站，臺灣職業安全衛生管理系統簡介，2019/07/15 發布

行政院勞動部職業安全衛生署網站，110 年勞動檢查統計年報，發布日期：2022-07-07

陳瑋鴻、陳禹蓁 整理(2022.09.27)，商周頭條：ESG 永續發展》給企業看的永續指南，一篇搞懂 ESG 要做什麼

衛民、許繼峰(2017)，勞資關係，臺北：前程。

趙坤郁，職業衛生與健康促進，衛生署國民健康局職業與環境衛生：主題文章 。

劉益宏，輪班健康危害與調適，94 年鼓勵醫療院所辦理職業醫學暨職業衛生服務計畫：職業醫學類，衛生署國民健康局職業與環境衛生：主題文章。

— 問題與討論 —

1. 請解釋員工安全與健康與企業經營關係。
2. 請描述我國勞工安全健康有哪些主要法規。
3. 請說明我國勞工安全衛生相關法規對於雇主、承攬者、政府，以及勞工各別課以哪些責任。
4. 請描述我國職業災害補償體系包含哪三大項。
5. 請描述我國職業災害補償的成立要件。
6. 請描述我國的職業災害保險所提供職災醫療、傷病、失能與死亡等四種給付，以及失蹤津貼。

MEMO

勞資關係

14

Chapter

學習目標

1. 了解勞資關係的內涵與定義。
2 掌握勞資關係的要素以及勞資關係研究方法。
3. 能熟悉勞動三權之發展過程。
4. 了解未來勞資關係之展望。

話說管理 臺灣經濟大預測－地緣政治

根據天下雜誌對 CEO 的調查，「政治風險偏高」、「中美貿易戰」以及「中國經濟成長放緩」，是企業經營最擔心的大挑戰。

一、地緣政治比通膨痛更久

臺灣經濟研究院院長張建一指出，企業主普遍擔心通膨、利率，這是造成景氣起伏的短期因素。不過，歷經快一年強硬升息循環，美國聯準會主席鮑爾 2022 年 11 月底已出面放鴿，表示最快 12 月就會放緩升息幅度。「通膨可能還要再半年到一年，但是當升息超過通貨膨脹率，通膨就會掉下來，」張建一說，比起可預期終點的通膨，2018 年美國前總統川普掀起貿易戰，導致一連串環環相扣的地緣政治連鎖效應，才讓人看不到盡頭，「地緣政治將是長期結構性因素。」

二、貿易戰更直接影響兩千大 CEO 的投資意願。

2018 年開始，東南亞取代中國，成為第一大 CEO 有意投資的區域；2022 年調查中，北美洲又以 8.3%擠下中國的 7.5%，成為第二大企業主有意投資區域，其中又以科技業的變化最為明顯。值得一提的是，兩千大企業 CEO 經過貿易戰 4 年，投資中國的意願大減近六成。

三、中國的挑戰是什麼？

逐年增加的勞動成本與紅色供應鏈的競爭，經過十年，已非企業主擔憂中國經商環境的主要原因。政治不確定性、兩岸關係變數及方興未艾的中美貿易戰，三個 CEO 最擔心的中國經商環境因子，都代表地緣政治在各個層面躍升成為企業經營的最大挑戰。此外，企業主在 2021 年普遍還不太擔心疫後中國當局疫情封控清零的政策主旋律，僅有一成多企業主擔心新冠肺炎疫情，到 2022 年大反彈到近乎四成，反映出動態清零政策對企業的衝擊有多大，尤其是製造業供應鏈。

2022 年底白紙革命後，中國當局轉向取消清零、大幅放寬防疫措施，對於中國供應鏈管理的後續影響，有待觀察。

「中國仍然是全世界最重要的工廠，過去幾十年來中國建立的供應鏈，東南亞無法取代，」張建一觀察，以科技業為例，雖然在客戶要求下往東南亞遷徙，但多數移動的僅有下游組裝廠，中上游的零件仍得從中國運過去。

換言之，過去上、中、下游群聚的供應鏈，因政治風險、而非成本考量被迫拆散重組，「地緣政治直接影響供應鏈成本升高，」張建一總結。地緣政治不只影響供應鏈的成本，對於身為全世界第二大經濟體的中國內需，也將產生影響。

世界銀行 2022 年 9 月底最新預測，中國 2022 年經濟成長率只有 2.8%，不僅將是 1980 年代改革開放以來的次低紀錄，低速中國更將成為常態。當防疫政策鬆綁，到 2023 年，中國經濟成長率可能有 4%多，但與過去高速成長時代相比，仍可說是龜速。

外商投信分析師都引頸期盼中國解封，能夠帶動經濟成長，然而沉重的房地產債務壓力與地緣政治緊張，為中國的復甦蒙上陰影。

長期而言，地緣政治也將影響中國內需經濟。張建一舉例，美國的晶片法案大幅阻斷中國科技創新應用發展，將影響下游的產品開發，有害內需市場成長。像是臺灣 2023 年正式針對有投資境外低稅負國家或地區的企業，雖盈餘未分配回臺灣，但必須課稅，企業須重新檢視投資架構。

CEO 主要擔心的臺灣經商環境挑戰，兩岸政治關係從約四成，飆升至六成；其次為能源供應問題、缺工與人才不足、勞動成本升高，以及國際匯價波動。有儲糧，趁現在加薪搶人，即使企業普遍看壞未來景氣，仍有近八成企業將維持加薪步調，尤其以服務和科技業居多。在因應缺工的調查中，近五成企業也指出因應人才荒的優先要務，是提升薪資。「很多企業過去 3 年獲利不錯，2022 年前 3 季也有儲糧，雖然第 4 季營運開始轉壞，但是至少有加薪的底氣，」張建一觀察，若一年後景氣轉正，搶人會更困難，此時反而是企業留才蹲馬步的關鍵時期。

（本文摘錄自《天下雜誌》763 期「2023 經濟大預測」發布時間：2022-12-13》，對全文有興趣請閱讀該雜誌）

14.1 勞資關係之定義與特性

14.1.1 勞基法上對勞工與雇主之定義

依據我國《勞基法》第 1 章第 2 條對勞方與資方分別定義為，所謂勞工是指受雇主僱用從事工作獲致工資者。至於雇主則是僱用勞工之事業主、事業經營之負責人或代表事業主處理有關勞工事務之人。法律的定義僅是在是用《勞動基準法》時之認定依據，研究勞資關係則必須更深入就學理上做進一步之探討。

14.1.2 勞資關係的定義

1. 就勞資關係之用語名稱而言，根據衛民、許繼峰兩位學者在《勞資關係》一書中提出，認為對於勞資關係在名稱上確有多種不同的用法，包括「工業關係」(industrial relations)、「勞資關係」(labor-management relations)、「勞工關係」(labor relations)、「員工關係」(employee relations)或「勞雇關係」(employee-employer relations)等等。但原則上已有共識，最簡單的方式來描繪勞資關係就是：受僱者與雇主之間的衝突與合作。這種關係始於企業聘用勞工，當雇主和勞工在工作場所接觸的時候，勞資關係自然就發生了。
2. 就權利義務的角度而言，陳繼盛教授在《勞工法論文集》一書中指出，勞動關係乃是指勞動者與雇主之權利義務關係，以義務而言，勞動者對於雇主有提供勞務之義務，而雇主對於勞動者有給付報酬之義務，勞動者對於雇主有請求報酬之權利，而雇主對於勞動者有請求提供勞務之權利，由此可知勞動者與雇主在互動關係中，就勞務之提供及報酬之給付而言，互負義務並享權利，而成為權利義務之對待關係。
3. 就人力資源的發展角度而言，黃英忠教授在《現代人力資源管理》一書中提出，勞資關係的範圍很廣，舉凡一切勞動條件包括工資、工作時間、休假、請假、及安全衛生、福利設施與童工、女工之保護等。並將勞資關係之領域分為個體與總體。
4. 英國學著 Bain & Clegg 認為，勞資關係係指工作規則各面向中，有關事務、管理僱傭關係之規則的訂定及管理，並且無論是正式或非正式、結構性的或非結構性的均包括在勞資關係的範疇中。
5. 美國學著 Sauer 認為，工業關係(Industrial Relations)這個名詞是指企業僱用勞動力時，所出現的各種競爭與合作關係。只要是在工作場所之內，雇主與勞工（或其代表）之間出現的任何接觸，都就構成了工業關係。在這個關係下，勞資雙方各自都想要達成數項目標。雇主希望善用每一位勞工，以使整個企業獲得最大的效率、聲望、與利潤；而勞工想要得到工作保障、較高的收入、並且希望能夠從工作中獲得自我滿足。通常勞資雙方可以經由合作而彼此得利，但是有時候某一方的目標只要在犧牲對方的情況下，才能達到，在這個時候，公開衝突就很難避免了。

6. 于明宜在《勞資協調發展經濟》中認為，勞資關係可以分為有形與無形兩種。前者包括協調人員以及工會的設置，有關勞資雙方權利義務的文件，勞資會議的召開等等；後者包括業主、管理者與勞工之間的私人情感及接觸，勞資雙方權利義務的不成文傳統、默契及習慣等等。在現今社會中，各家大型企業中的勞資關係多數有成文的文書作為勞資關係的依據，因此大型企業多已經採用有形的勞資契約為主；一般中小型企業，除了成文化文件的相關規定外，也會因勞資雙方的人格特性及所處的環境，而在無形的勞資關係中產生不同的結果，這差異就會造成在各企業體間的勞資關係不同的差別的原因之一。
7. 若從心理學及社會學的角度，吳復新認為「勞資關係」則可稱為勞方與資方間存在的人際情感、道德之間的關係。
8. Sauer and Voelker(1993)則認為勞資關係是企業內勞工與雇主競爭與合作關係，而該關係的產生是由於勞工與雇主在工作場合(Work Situation)才產生。

《羅伯士工業關係辭典》(Roberts' Dictionary of Industrial Relations)對工業關係的解釋為個別或團體受僱勞工與雇主間之所有關係，涵蓋層面從受僱勞工面試錄取到福利、工資、津貼、工時、分紅、入股、教育訓練等各種勞動條件和有關工會、勞資協商、勞資爭議等，甚至包含退休或解雇離開工作，整個受僱工作的歷程都是工業關係探討的領域。

概括而言，從以上所述可知學者對勞資關係的定義與內涵各有各自的見解，勞資關係不僅是一個人力資源管理的概念，亦是一個法律的概念。勞資關係的法律關係是由勞動法令形成和調整的勞資關係的主體、客體和內容所構成。

勞資關係的主體即勞動法律關係的參與者，勞動關係的狹義主體是指勞動者及其勞動者組織（如工會等），事業單位（所有者及其管理者組織）；廣義主體還應包括政府。因為政府通過立法介入和影響勞資關係，在勞資關係發展過程中扮演著調整、干預和監督作用。勞動者在任何企業生產經營活動中處於主體地位，他們是企業和社會財富的實際創造者，經營管理者則在企業的生產經營活動中處於主導地位。勞動者與經營管理者的相互作用和相輔相成的行為和活動狀況，構成了企業勞資關係的主要內容方面。

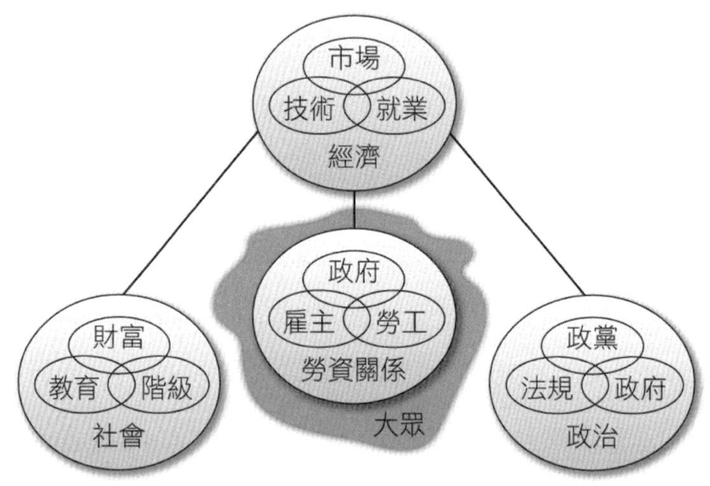

圖 14-1　勞資關係與經濟、社會及政治的關係

資料來源：參考 Salamon(1992)

14.1.3　勞資關係的特性

黃英忠教授在《現代人力資源管理》一書中對勞資關係之特性分述如下：

一、勞資關係的個別性與集體性

就勞資關係之主體而言，可分為個別的勞資關係與集體的勞資關係。前者乃指個別的勞動者與雇主間的關係，係以個別的勞動者在從屬的地位上提供職業上勞動力，而雇主給付報酬之關係；至於集體的勞資關係，則指勞動者之團體如工會等，為維持或提高勞動者之勞動條件，與雇主或雇主團體互動之關係。

二、勞資關係的平等性與不平等性

勞動者係在從屬的地位上提供其職業上之勞動力為主要業務，因此，勞動者在勞務的提供過程當中，有服從雇主指示之義務。就此觀點而言，勞資關係即有其不平等面。但勞動者在成立勞動關係前，與雇主就勞動條件協商時，並無從屬地位之關係；縱使在勞動關係存立間，就勞動條件之維持或提高，與雇主協商時，亦無服從之義務，此乃勞資關係的平等面。

三、勞資關係的對待性與非對待性

就勞資關係當事人應為履行的義務相互間而言，可有對待性義務及非對待性義務之別。所謂對待性義務乃指當事人之一方不為某一項義務之履行時，他方可免為另一項相對義務之履行；而所謂非對待性義務則指當事人之一方縱使不為某一項義務之履行，他方亦仍不能免為另一項義務之履行。例如，勞動者之勞務提供與雇主之報酬給付為有對待性；但勞動者之勞務提供與雇主之照顧義務，勞動者之忠實義務與雇主之報酬給付，以及勞動者之忠實義務與雇主之照顧義務則均無對待性。由此所謂「雇主對勞動者有照顧義務」，即何以雇主必須以福利措施略補員工在待遇方面的不足，藉以加強員工情緒的安定力量，俾得提高工作效率，同時增加勞資雙方公私間的情感與依存性。

四、勞資關係的共益性與非共益性

勞動者與雇主建立勞資關係之目的，有其共益性與非共益性。所謂共益性，乃指勞動關係中，契約之履行，對勞動者與雇主二者，有其共同利益之點；而所謂非共益性，則指勞動關係中，契約之履行，對勞動者與雇主二者，無其共同利益之點。

五、勞資關係的經濟性與法律性

勞動者盡了勞務給付的義務，從雇主獲得一定的報酬，這種勞務就是勞動者的經濟價值，因此，在勞資關係中含有經濟的要素；同時，勞資關係在法律上完全是一種契約的形式，乃是經濟要素與身份要素為勞資關係中的主要部分。

14.2 勞資關係的研究理論

研究勞資關係的理論有許多的論述，最著名著為美國系統論學者 Dunlop 教授所提出的「勞資關係系統」(Industrial Relations Systems)以及 Kochan 等教授所提出的「策略選擇理論」(Strategic Choice Theory)，以下將分別敘述之：

14.2.1 Dunlop 之勞資關係系統

美國學者 Dunlop J.是第一位將系統理論觀點應用於闡述勞資關係的學者，Dunlop 在 1958 年所出版的《勞資關係系統(Industrial Relations System)》一書中即提出一個勞資關係系統在任何的時間中都把它的發展視為由某些行動者、某些背景、一個將勞資關係系統結合在一起的意識型態以及用以管理各行動者的規則所組成的。Dunlop 認為勞資關係主要是由行動者(Actors)、環境背景(Environmental Contexts)、規則(Rules)及意識型態(Ideology)等四個相互關係的要素所構成的系統，所謂行動者，包含(1)雇主或代其行使監督權的管理階層以及雇主組織、(2)勞工及其工會組織以及(3)處理工作者、企業及其關係的政府機構。至於環境背景則是指在勞資關係系統中的這些環境特色會受到來自較大的社會系統與其他次級系統所限制，並且會嚴重影響到勞資關係中各行動者彼此之間的互動。例如工作場所的技術特徵對勞資關係系統有相當的重要性，其會影響到管理的形式與勞工組織的形式而造成管理監督上的問題、對公共規則的潛在性影響、勞僱關係的穩定性、公共安全衛生及男工、女工的僱用比例及同工同酬等，環境背景還包括產品與市場因素或預算的限制，這方面的限制將會影響組織的規模、行動者本身的需求和就業率，此外社會中行動者的權利分配，在某種程度反應著勞資關係系統中行動者所擁有的權利大小，而行動者在較大社會中的聲望、地位和接近權力頂端的機會構成且限制勞資關係系統。在此時所涉及的不僅只是勞資關係系統中的權利分配、行動者相對的協商力量、或行動者對互動過程與規則設立的控制，而是致力於勞資之間互動規則的建立。而規則是在系統中的每個成員都有一些相同的信念與思想，面對環境的限制或影響時，經過互動的過程後，會產生一些的規則。而這些系統的規則可由不同的形式表達出：管理階層的管制與政策；工作者階層的守則；政府機構的命令、條例、法律、判決、獎學金；勞僱團體的決議與規則；工作地點與工作場所的團體協約、慣例與傳統等形式出現，這些規則即是勞資關係系統的輸出項。最後在意識型態部分是指在一個勞資關係系統中，各個行為主體之間共同存在著一組思想與信念，這就是意識型態，它足以影響系統的運作。在穩定的系統中，各行動者間有共同的意識型態，共同的意識型態包括各行動者所持之觀點間的一致或調和。

14.2.2 Kochan 等人之策略選擇(Strategic Choice)理論

美國學者 Kochan、Cappelle、 Mckersie 等人也在勞資關係研究中提出突破性的研究成果，在該等發表於 Industrial and Relation Review 期刊「Strategic Choice and Industrial Relations Theory」一文中，將勞資關係的運作架構分成「外部環境」(External environment)、「企業層級勞資關係的制度結構」

(Institutional structure of firm-level relations)和「表現結果」(performance outcomes)三大部分，所謂外部環境的意義，係指外部環境的改變會導致雇主對調整其企業經營的競爭策略，包括法律法規變化、市場競爭等等，而當雇主在調整策略時，選擇的範圍會受到來自組織中關鍵決策者對企業文化中一致的價值、信念或哲學理念的想法所影響或限制，或受到一些組織的影響導致企業創立者或高階經理對較低層級及管理階層的接替者所發佈的規範產生改變。此外，所做出的選擇也會深留在組織歷史與制度架構之中，策略選擇的可行範圍在任何時候都會局部的受到先前組織的決策成果，及現行組織中權力分配及其與工會、政府機構或其他外部組織之間的應對(deal with)的限制。

其次所謂「企業層級勞資關係的制度結構」，包括企業內部的工會組織、勞資協商程序、薪酬制度、僱傭關係等。此部分以 Kochan 等人獨創的「三階層制度架構」(The Three-Tier Institutional Structure)作為此一分析架構的核心。勞資關係在此一架構中被分成三個層次，最上層是「策略活動」層次，像歐洲的勞資關係制度，由政府、雇主代表及勞工代表三方進行定期協商，而對勞資關係產生重要的影響力；中層是「集體協商或人事的功能性活動」層次，主要集中於勞資集體協商與人事政策的形成，以及政府為管理勞資雙方關係所制訂與執行的公共政策；最底層是「工作場所活動」層次，包括職務的設計、工作規則的建立、勞工參與、勞工與督導人員間的關係、以及政府在安全衛生與公平就業機會方面的法律規範等等，雇主在此三個層次中對勞工作了相當重要的決策。最後則是「表現結果」，例如生產效率、工作滿意度、勞資和諧等。指雇主在企業層級中所執行的各項活動結果，將會影響到其自身、勞工、工會與整個社會。透過這個模式不僅可以了解到在不同層次的勞資關係系統中雇主、勞工、政府都有著不同的策略選擇，同時可以了解勞資關係的動態狀況。

14.3 勞資關係發展史

14.3.1 19 世紀以前的發展史

工會為勞工團體組織之根本，現代工會組織起源於英國是 18 世紀末工業革命的產物，工會(labor union)起源可追溯到歐洲中古時期的行會(guild)，是由手工的工人，例如：鞋匠、木匠所組成的。行會一方面利用力量影響政府，要求政府禁止非行會會員從事相關行業；另一方面則訂定學徒訓練標準，限制未訓練者任意加入相關行業，進而規範產品品質，以防止低劣產品進入市場競爭。總之，行會藉著控制技術，操縱勞動力價格，同時行會也開辦會員互助業務，例如：疾病、喪葬補助。爾後，行會組織發展成由從事同一職業、具備相同技術的工人所組成的職業工會(craft union)。

18 世紀的工業革命，使生產方式與經濟制度產生劇烈變革，原本的手工工人紛紛淪為工廠工人。在勞動時間長、工資低廉、工作環境惡劣、童工充斥等等的惡劣勞動條件下，工人逐漸意識到只有團結起來，共同向雇主爭取權益才能改善本身的待遇。而工廠制度將工人的距離拉近，且提供勞工組成團體的有利環境，因此，以一個特定工廠運作為基礎的勞工組織－產業工會(industrial union)－隨之興起，現代工會運動亦逐漸展開。

早期的工會組織多被視為危害社會秩序的團體，所以立法通過禁止結社的法律，甚而禁止工人組織工會與罷工的權利，一直到 19 世紀末，資本主義日益發展，產業間自由競爭日趨激烈，加速勞工自身權益的覺醒，任何禁止勞動者團結運動的阻力，更激起勞動者之反抗，這股不可抵擋的工潮，終於改變政府的態度，頒布法令承認工會的地位，工會組織亦成為工業社會中不可缺少的團體，而這一百多年來，工會組織的工作幾乎全部在與資方對抗，因此不斷的採取罷工、怠工、鎖廠等手段以爭取勞方的利益事件時有發生，亦因此造成生產減少、工資飛漲與物價揚升的勞資爭議，所以對工會組織及工會活動，究應採取何種方式與途徑，達到勞資和諧、共享榮景的社會，是現代國家尋求答案的課題。

14.3.2 我國勞資關係發展之探討

如前所言，自工業革命以來，隨著生產方式與生產組織的改變，以及工業化與都市化的深化，勞工已成社會結構中的最大群體，此形成了所謂的受雇者社會。在此期間，臺灣的勞資關係簡單，而且雇主具有絕對的威權。但經過 20 年經濟快速的成長，臺灣產業結構的變遷造成管理思想與方式的改變，各個階段都有其不同的勞動力和知識發展。

在臺灣，1950 年代是以「工作」為導向的科學管理觀念，生產要素主要依賴獸力與天然力；1960 年代是以「人本」為中心的人性化管理；1970 年代是以「方法」為導向的策略競爭管理，此兩個時期，臺灣的產業結構以勞力密集產業發展為主，強調大量與標準化的生產，機器取代人力。但在講究生產方法的同時，對於人力管理的觀念亦逐漸成形，若以政治發展而論，臺灣地區的勞資關係發展可分為下列三個階段，公元 1987 年解嚴以前的威權體制時期；公元 1988~1999 年的解嚴後發展時期以及公元 2000 年後的民進黨執政時期。

1. **1987 年解嚴以前的威權體制時期**：此時期的特色是由國民黨政府的全盤政治、經濟及社會的掌控時期，在「黨國一體」的控制下，國家以發展經濟為主帥，所以勞資關係堪稱「非常和諧」，但此假象主要是建立在強權的統治之下，而代表勞工的工會組織實際上並無法真正發揮功能，一般稱之為「花瓶工會」或「閹雞工會」，全國總工會維持其單一性與控制性，但能否代表勞工真正的心聲則受到強烈之質疑，此現象一直維持到解嚴前後，隨著多元政黨的產生以及社會運動的逐漸興起，威權體制下的「勞資和諧」假象亦逐漸受到極大之挑戰。
2. **1988~1999 年的解嚴後發展時期**：1987 年 7 月 15 日解除戒嚴後，臺灣地區社會運動除現出多元性與活躍性，尤其是「勞工運動」更受人矚目，伴隨著 1987 年底至 1988 年間臺灣地區勞資爭議的大量產生，勞資關係亦隨之緊張，緊接著而生的勞工街頭遊行、抗爭及罷工事件屢屢而生，為維持社會以及政權之穩定，執政當局除進行工運活動之鎮壓外，亦積極加強修改相關勞動法令，企圖將勞資爭議導向法制方向，減少社會運動。
3. **公元 2000 年後的政黨輪替時期**：公元 2000 年後，隨著臺灣經濟發展面臨瓶頸，勞工實質所得和勞動權益受到損害，再加上政黨輪替因素，各種社會運動方興未艾，促使工會組織在量和質上產生變化，對勞資關係亦產生極大影響，原來唯一的全國總工會亦受到極大之鬆動，新政權逐漸將單一性總工會改成多元性總工會，原先由「中華民國全國總工會」壟斷的局面被打破，形成 10 個全國級總工會分立的狀態，集體勞資關係呈現出多元且具衝撞性的面貌，國民黨也失去完全掌控工會的能力。如此的發展模式固然欲打破以往一黨執政或一黨控制的模式，以良性競爭來增加工會的服務性，但無可諱言的是，分裂的工會組織已無法展現出其應有的政治與經濟影響力，未來臺灣的工會運動發展將更嚴峻。

依工會法之規定分為「企業工會」、「職業工會」與「產業工會」。然而，企業工會以個別企業為組織的單位，但常因為可組織下級廠場工會，反而分化了凝聚力，因而團結的力度不一；職業工會以純粹為勞工組成者並不多，大部分均為自營作業者或企業主本身，且行業間區分太細，因此，團結的基礎不足，未如先進國家職業工會之有強烈的同業勞工意識；而產業工會則因所屬企業的不同，而發展成為極端不同的結果，隨著工業的日益發展、經濟的日趨繁榮，近年來組織工會以保障勞工權益的方式在勞工意識覺醒後，被勞工認為是最為直接有效的途徑。而行政當局也支持只要合法的行使勞工三權—組織權、集體協商權、爭議權，均表樂觀其成之態度；因此無論任何場合，均極力呼籲勞工應團結，以促進生產，提高生活水準，並以此作為將臺灣的經濟再提升及改變企業體質，至與先進國家並列的政策，大力鼓吹工會的設立。然而事實上，不僅尚有三分之二的勞工未加入工會成為會員（2021 年全國工會組織率僅 32.7%），甚且在已有工會中，仍遭遇甚多困難，工會運作仍無處於不安的狀態。非但某些政府主管官員對籌組工會的過程採消極的阻撓態度，資方亦視工會如「毒蛇猛獸」，在百般無奈下才讓工會成立，卻又視工會如敝屣並伺機打擊之，徒讓人感到憤憤不平。這些問題恐怕不只是法令的未臻理想而已，對工會的認同感應是最根本的癥結所在。

14.3.3 工會組織與勞動三權

對勞動條件不滿意的勞工，必須和資方協商，以尋求改進，但是僅憑個別的勞工實無法有足夠之實力與資方相談判，由前述所知，勞工藉由團結而組織的工會即自然形成，而促進工會運動發展的原動力有三，即團結權、團體協商權及爭議權，被稱為「勞動三權」，其內涵與目的不同，但在實現集體勞工之生存權及工作權的功能上，是絕對不可分割而缺一不可，因為團結權是勞動者進行團體協商及集體爭議行為而作為團結活動之基礎，若無團結權，則團體協商權及爭議權亦是有名無實，因此團結權之保障，通常對團體協商權及爭議權亦一併保障之；對於保障勞工得自由結合組織工會或其他勞工組織，即團結權謂之；團體協商權則為保障工會或其他勞工團體與個別雇主或雇主團體間，就勞動條件或其他有關事項之交涉，訂定團體協約之權利；對於勞工的爭議行為，排除其民、刑事之責任，保障工會為貫徹其對勞動條件之主張而採取爭議行為之自由權利謂之。圖 14.2 即為團體協商的基本過程

一、團體協商

團體協商(collective bargaining)是指勞資雙方透過協商的方式，就有關薪資、工時及工作環境等勞動條件達成協議的過程。協商的目的是就締結團體協約，進而依此再締結個別勞工之勞動契約。而此一書面契約所產生效力涉及法律問題，法律學者一般認為團體協約會產生「法規性效力」和「債法性效力」兩大部分。

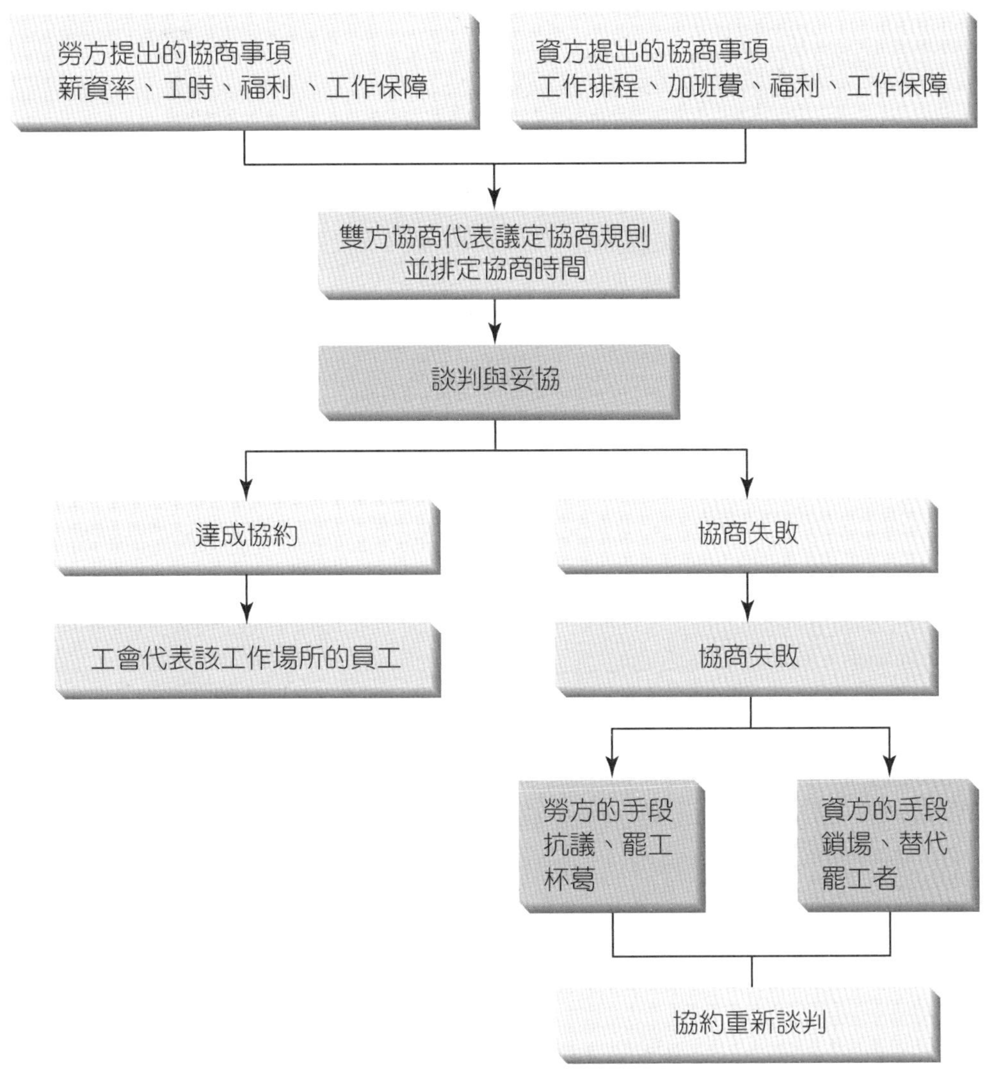

圖 14.2　團體協商的過程

學者根據工會密度、集體協商涵蓋率和勞工立法周全度三個指標，將勞資關係區分為「集體協商型」和「政府規範型」兩種樣態，而歐美國家大都是屬於集體協商型，臺灣則是政府規範性的模式。臺灣之所以被歸類為政府規範型的勞資關係模式，最主要的理由是集體協商涵蓋範圍極小，而另一方面則是個別勞工法周全。西元 2000 年澳洲、奧地利、比利時、丹麥、芬蘭、法國、義大利、荷蘭、葡萄牙、西班牙和瑞典等國集體協商的涵蓋範圍都是 80%以上，另外德國 68%，英國 30%以上，美國最低只有 14%（OECD, 2004:145；衛民、許繼峰，2009:54），上述這些歐美國家的集體協商涵蓋率遠比臺灣的高出許多。

在團體協商的過程中，雙方均就各自的要求和對方協商，以取得共識。一般而言，資方希望協商後的團體契約能夠允許資方保留某些事項的掌控權，例如工作排程、員工的僱用、生產標準、員工的升遷、員工調職及解僱、各部門的管理幅度及員工紀律；而勞方較重視的協商事項，則為工資高低、加班或假日及員工不願當班間之工資提高、加薪時程表、員工福利等。這些議題都會在團體協約中詳細說明，工會成員再就這些議題表決接受與否。

二、爭議的解決手段

當勞資雙方無法就僱傭契約達成協議時，大部分的勞工爭端會透過集體談判或申訴程序來處理。然而，如果這兩項過程皆宣告破裂，雙方則可能會訴諸更激烈的手段來達成目的。

（一）勞方手段

一般而言，包括糾察(picketing)、罷工(strikes)以及杯葛(boycott)。

所謂糾察是公開反對資方做法的行動，包括工會成員在資方工廠前示威遊行。抗議的員工希望他們的標語和訴求，能夠引起大眾和其他工會組織的同情，抗議也可能結合罷工為之。至於罷工即員工集體拒絕工作，這項舉動是勞方最有力的武器。藉著罷工的手段，工作能阻礙企業正常的營運，甚或使企業的營運完成中斷。罷工會引起廣泛的公眾注意，是員工在衝突時所能採取的最後手段。一般而言，一般罷工又稱為「經濟性罷工(economic strike)」，此是為了獲致較佳的經濟目的，如提高勞動條件或是勞動福利等；另一種則是「同情性罷工(sympathy strike)」，目的在聲援別的公司而罷工，又有一種稱為「野貓式罷工(wildcat strike)」，指的是未經工會許可而發動的罷工，一般而言，在有簽訂團體協商的情況下，後兩者罷工型態是被認定為非法罷工。

杯葛則是指企圖阻止人們購買某公司產品的行動，又因分為僅當事員工參與或是別的廠商介入而分為「直接杯葛(primary boycott)」以及「間接杯葛(secondary boycott)」。在抵制的過程中，工會成員會接獲要求，不准和他們抵制的組織有生意往來，對於不顧抵制要求的工會成員，有些工會甚至會處以罰金。為了更進一步獲得支持、達成訴求，工會還會透過廣告或抗議，希望民眾不要購買工會抵制的組織的產品。

（二）資方手段

由資方發動的罷工稱為鎖場(lockout)，即資方在爭議結束之前將工作場所關閉，不准員工進入工作。停工手段通常會在工廠一部分因罷工無法運作、完全關閉該工廠似乎較能節省開支時使用。破壞罷工者(strikebreakers)是資方為了取代罷工員工而另外僱用的員工，罷工的工會成員稱其為「工賊」(scabs)。或是將自己的生產現直接外包(contracting out)，一般而言，資方僱用破壞罷工者來繼續維持工廠的運作，降低因罷工而衍生的損失，並向工會表明不會答應其要求。但這通常是資方的最後手段，因為它對勞資關係的破壞力非常大。

（三）以外界力量解決爭端

通常資方和勞方不需外界的援助，即可達成協議；但有時候，即使歷經了冗長的談判、罷工、停工及其他手段，勞資雙方仍可能無法就契約的歧見取得共識。在這種情況下，勞資雙方可能有 2 種選擇：調解及仲裁。調解(conciliation)是指由中立的第三方來協助雙方持續進行對談。調解人並沒有正式的權力能夠命令工會代表或資方，其目的在使雙方專注於解決問題，並防止談判破裂。仲裁(arbitration)則是由第三方來解決勞資雙方的爭端，而該第三方的解決方案具有法律的約束力與強制力(enforceable)。一般而言，仲裁必須在勞資雙方同意的情況下為之，且集方必須分攤仲裁的費用（支付仲裁人的費用和其他費用）。有時候，勞資雙方必須聽從強制仲裁(compulsory arbitration)，因為長期罷工可能造成濟混亂，因此會由第三方（通常是政府）強制要求，以仲裁當作結束罷工的方法。

14.4 ›› 21 世紀勞資關係的發展

20 世紀勞資關係的發展，基本上是一段從 19 世紀末葉小型的手工技藝為主的工廠，轉換到 20 世紀大型階層式控制的企業的歷程。長期性的僱用關係可以強化員工與企業之間彼此的認同，同時也因此建立企業內部的升遷制度、訓練機會、技術升級，使勞動者願意把職業變成事業。當人類社會逐漸從 20 世紀邁進 21 世紀時，前面敘述的許多傳統階層式企業組織之特質開始受到嚴重的挑戰，尤其是經濟的快速變遷，越來越多的企業須重新調整組織，減少層級，連帶的就是集權化的行政管制被扁平化許多。受僱者工作年資縮短，企業也逐漸不重視以企業專屬的知識養成。接著是許多受僱者開始察覺，他們職務的行使已經不再是在集中式的工作場所或一定的工作時間。今天，有許多勞動者工作的場所已經與傳統階層式控制的組織大不相同，其中最大的區分就在受僱者與雇主的關係，多樣化的僱用型態正成為後工業化社會勞資關係的主要挑戰。越來越複雜的僱用模式，使得原來單純的雇主與員工的關係變得更加複雜。

一個勞資關係系統主要由行為者、環境、意識型態和規則等要素組成，這些要素的改變，自然會對勞資關係產生衝擊。以下就未來影響 21 世紀勞資關係的因素分別加以說明。

14.4.1 勞動彈性化的形成

「勞動彈性化」這個名詞由 Atkinson, John 以及 Meager, Nigel.於 1984 年發表於《人事管理(Personnel Management)》期刊中一篇關於「彈性組織的人力策略(Manpower Strategies for Flexible Organizations)」一文中所提出，指出當時用來描述企業在人力資源管理與運用上的種種措施，有些措施在當時已開始運作，有些尚屬萌芽期，有些則是未來趨勢，該文將勞動彈性化簡單分成五個面向：

一、數量彈性化(Numerical Flexibility)

指企業透過勞動力投入數量的調整，來因應市場景氣的變動及產業需求的不確定，調整的方式大致分為：勞工人數的調整與工作時間的調整。

二、功能彈性化(Functional Flexibility)

指企業藉由訓練的方式，讓企業內部勞工成為多技能勞工，以因應日新月異的技術革新與不同顧客的多變需求。

三、距離策略(Distancing Strategy)

指企業利用商業契約，將企業的功能與服務，委由第三者來執行與管理，也就是近年來經常為某些書籍刊物報導的『外包』(Outsourcing/Contracting out)，目的主要是要讓企業能將有限的資源，集中投入於能提升核心專長與競爭優勢的領域，其他非競爭優勢的功能或服務，就交由外部企業完成；次要目的則可降低法定人事成本及管理成本。

四、區隔策略(Segmentation Strategy)

將企業員工分成核心勞工與週邊勞工，核心勞工執行企業重要的工作（核心專長及競爭優勢），週邊勞工執行企業較不重要的工作；企業可透過兼職勞工、短期勞工、臨時勞工或派遣勞工的方式，來取得企業所需的勞動力。

五、報酬彈性化(Pay Flexibility)

指雇主對勞工報酬的給予方式，可依不同的勞工作不同的調整，如時薪、日薪、週薪、月薪、年薪、計件、績效、品質等種種不同的方式作彈性運用。

14.4.2 勞工結構的改變

在人力資源彈性運用的早期，主要是將企業中一般的行政庶務性的工作外包，或是向外尋求人力派遣的服務。然而在近年來科技的快速變化和組織架構的重整等因素，企業對於短期人力及專業人員的需求增加，彈性人力資源的運用便漸漸的從非核心工作，蔓延到具有專業技術與知識的公司專業人士和管理人員，也使著公司能更有彈性地面對多變的環境。

英國管理思想家 Charles Handy 在其著作《The Age of Unreason》中提出「酢漿草組織(shamrock organization)」的概念，強調新型態的組織人力結構，比喻為酢漿草的三葉瓣：第一葉瓣代表專業核心，由專業人員、技術人員以及管理人員組成的企業核心人力；第二葉瓣代表契約廠商，如外部廠商或是協力廠商；第三葉瓣則是由臨時性聘僱人員所組成的契約人力。因此，未來企業要保持彈性，這三種人力運用，是不可避免的組成方式。

伴隨著勞動彈性化的形成，使得勞工結構產生極大之變化，即是「非典型勞工」(atypical workers)和「臨時性勞工」(contingent workers)大量增加，「非典型勞工」是相對於「定型勞工」(typical workers)而言，所謂定型勞工是指傳統的全時工人，與雇主有著不定期契約，此種僱用型態的勞工已經逐漸減少，至於非典型勞工的意義，此一名詞所包含的型態隨著各學者研究的定義而有所不同。然而總不外乎常見的幾種：部分工時工作(part-time work)、定期契約工(fixed-term hires)、派遣工作者(dispatched workers)、業務外包(contracting out)以及家內勞動(home-based work)、電傳勞動(telework)，以及近年興起的平台經濟工作者等，其具體勞動工作者有下列幾項：

一、部分工時工(part-time workers)

根據我國行政院主計處的定義，每週工作時數少於 40 小時，為部分工時工的認定標準。基本上，部分工時工的每週工作時數應少於正職員工，而且不包括定期或短期契約工。一般而言，「部分工時勞動」可分為「自願性部分工時勞動」及「非自願性部分工時勞動」兩種類型，前者從事此種勞動型態多因本身情況而選擇，其中包括在家勞動者、學生、殘障者與中高年齡者；後者則是從事此種勞動型態則係無法獲得全時間工作者。

二、定期契約工(fixed-term hires)

所謂定期契約工指的是由組織直接聘僱從事短期或特定期間工作的勞工，我國勞基法有關勞動契約的規定，是將臨時性、短期性、季節性及特定性工作視為定期契約，這四種工作的認定標準在《勞基法施行細則》中明訂。

三、派遣工作者(dispatched workers)

派遣工作者指的是使用企業透過人力派遣或從事派遣業務之公司找到之暫時性人力。使用企業需支付約定費用給人力派遣公司，在工作期間，使用企業對派遣員工具指揮命令權，但派遣員工之薪資福利是由派遣公司負責。等到派遣任務完成後，派遣員工才回歸接受派遣公司的指揮命令。由此可見，派遣勞工與派遣業者之間雖有聘僱關係，卻必須在受派期間聽從受派公司的指揮命令，這是派遣勞動的一大特色。

四、外包工(subcontractors)

外包(outsourcing)指的是企業為了減少企業成本、將有限資源充分投注在核心事務上，而將原本應由正職員工所承擔的工作與責任，委由第三者來承擔；所謂的外包工，即是承攬者本人或是由承攬廠商所指派的工作者。與派遣工不同的是，在工作期間，外包工仍聽命於承攬廠商或自行管理，並不直接面對企業的指揮命令。

五、家內勞動工作者(home-based workers)

家內勞動係指家內勞動者與雇主、定作人、代理人或仲介人間之僱用關係，其契約得依特定立法，以明示或默示、口頭或書面方式成立。家內勞動者有時以「場外工(Outworkers)」、「家庭包工(Home-Based Workers)」或「計件工(Piece-rate Workers)」稱之。

六、電傳勞動(telework)

電傳勞動是家內勞動的一種形式，根據勞動部之指導原則，電傳勞動指的是：「於雇主指揮監督下，於事業場所外，藉由電腦資訊科技或電子通信設備履行勞動契約之型態。」電傳勞動者可以在辦公室以外的場所提供勞務，自網際網路普及以來，電傳勞動就作為一種勞務給付的形式。2020 年新冠疫情爆發後，各國企業紛紛採用遠距上班的形式，電傳勞動也再度成為學界熱門的話題。

七、平台經濟工作者(platform economics workers)

平台經濟工作者指的是透過資訊平台進行經濟活動，以取得報酬的工作模式。平台經濟的態樣非常多，但不外乎兩大型態：1.平台業者只提供訂單的訊息，而契約由客戶和工作者簽訂。2.平台業者作為客戶交付任務的居間角色，工作者則直接或間接透過平台得到客戶的訂單。第二種型態最常見的例子便是外送平台、外送員與顧客的三方運作模式。在這種工作形態下，平台經濟工作者的定位介於勞工與自營作業者之間，需要更積極的法律規範加以保護。

14.4.3　企業組織與經營策略的改變

企業組織與經營策略的改變表現在企業層級化和雇主採用新的人力資源管理策略。20 世紀西方工業國家的勞資互動大多是集中在產業層級或全國性層級，但是在 20 世紀末，許多產業別和全國性的勞資關係已逐漸發展到企業層級，使得中央集權型的勞資關係已由分散型所取代。同時，企業經營者在政府的默許之下對於資本的運用更具彈性，政府刻意減少對勞動市場的干預，個別企業自治和自由度更為充分，雇主在勞工的使用和薪資成本上的控制更為自主，再加上雇主採用新的人力資源管理策略，例如：與績效相連的薪酬制度、利潤分享、工作生活品質方案、員工入股等等，誘使員工向公司靠攏而非向工會靠攏。從歐美流行起的人力資源彈性概念，也逐漸在臺灣盛行了起來，尤其勞退新制實施後，對於臺灣的企業界，無論是人事或營運成本都帶來了衝擊。在過去，企業理應提撥固定比率的費用，納入勞工的退休帳戶內，但勞動基準法規定下，企業退休金提撥率採彈性費率，所納入的勞工帳戶為雇主以事業單位勞工退休準備金監督委員會之名義，專戶存儲，而非勞工個人擁有掌握的帳戶制，使著普遍存在企業未強制提撥退休金的現象。隨著勞動新制的上路，雇主將避免不了定期提撥費用存入員工退休帳戶，如此一來將產生過去未存在的人事成本，迫使企業尋求解決之道，例如利用增加變動薪資，減少固定薪資，使得提撥金額能按比例減少，或是減少正職人員的任用，採用可增加組織彈性的短期或兼職人員，以減少固定的人事支出。

14.4.4 就業型態與技術的改變

21 世紀所面臨的第四個改變是在就業的類型與結構上，也就是指工作或職業本身的改變，或者就業機會與工作所在的改變，其主要特徵是：1.藍領的製造業工作轉變為白領的服務業工作；2.公營事業大量民營化，原先屬公共部門的工作轉向民間部門；3.工作機會由民營部門的大企業轉變到中小企業，中小企業成為就業機會的重要來源。

為了因應日益激烈的國際競爭，大企業需要更多的彈性，於是開始縮小和改組，中小企業的新生會使原來建構在大企業基礎上的勞資關係必須加以調整。

此外，從雇主方面而言，受僱者的職業訓練成了技術提升的關鍵，而如何利用優厚的勞動條件和福利措施吸引留住技術工人是新的挑戰；從工會方面言，要吸收這些自主性強、具專業技能的白領勞工，必須在行動策略上有所更新和突破。

14.4.5 全球化與國際化的趨勢

全球化與國際化已是經濟環境中明顯的趨勢。傳統的勞資關係系統是在一個國家中發展和運作，勞、資、政三個行為主體都是在國界之內互動，一國的勞工立法是重要的規範和依據，但是由於國際貿易的自由化、貨幣金融市場的全球化、多國籍企業的大量興起、以及區域性經濟組織的相繼成立，一個以國家為邊界的勞資關係系統受到了前所未有的挑戰，除了國家的立法之外，勞資關係還必須面對超國家組織有形與無形規範的約制。

第三次工業革命，帶來了以知識為基礎的競爭。並且隨著全球化和資訊時代的到來，企業型態也發生了重大變化。企業需要以彈性的方式應對未來組織的不確定性，打破僵化的結構。同時，在以知識為競爭基礎的前提下，勞動者也應該提升本身的技能，作為全方位的工作者，故無論勞方或是資方，都應改變過去的工作方式，而以彈性化的方式來配合整個環境、組織，以及工作本身的需求。

人管新知｜培養並留住深具潛力的人才

2011 年，德國政府在漢諾威工業博覽會提出了工業 4.0 的概念，強調未來將是大數據與人工智能的時代，十幾年後的今日，AI 的發展讓人們看到無限的可能，不管是擊敗圍棋冠軍的 Alpha Go、Tesla 的自駕車，或是近期爆紅的互動式聊天 AI ChatGPT，都再再證明 AI 的利用是未來的趨勢，在工作上，與 AI 的人機協作也被預期成為提升職場競爭力的核心技能。未來的企業工作型態會受到多大的影響，目前仍是未知數因此企業應打破僵化，以彈性的方式因應未來組織的不確定；勞動者也應該提升自身的技能，作為全方位的工作者，故無論勞方或是資方，都應改變過去的工作方式，而以彈性化的方式來配合整個環境、組織、以及工作本身的需求。

要想有效釋放頂尖人才的潛力，就必須針對他們進行目標明確的培養和訓練。

成功的組織不單單只是為每個人提供訓練課程，他們會針對最有潛力的員工，進行額外的投資。這些人才一旦選出之後，通常就會被排入焦點更加明確的生涯發展路徑（例如接班計畫）中，透過「高潛力培養計畫」，給予加速的培養訓練。

翰威特諮詢公司(Hewitt Associates)在 2004 年曾經進行過一項著名的研究，針對推動組織財務成功的相關因素，進行調查。這項研究顯示，能夠締造「二位數成長」的組織，和對照組比較起來，高潛力人才的流動率顯著偏低（二者分別是 2%和 6%）。非但如此，合益集團(The Hay Group)在 2008 年所做的一項研究也顯示，「管理高潛力人才管得最好的公司績效持續超越」其他對照的公司。

上述研究結果充分強調，在管理運用頂尖人才的潛能這方面，組織必須更加了解如何策略性地投資本身的資源，這點十分重要。

成功的企業有哪些作法？下列作法是成功企業用來有效管理高潛力人才的各種方式。

1. 嚴格過濾出高潛力人才

成功的組織在投入額外的資源、培養高潛力人才之前，會先確定自己過濾出來的人才正確無誤，真的擁有無比的「潛力」。這種作法有助於確保合適的人才可以被放在未來空出來的位子上。翰威特諮詢公司(Hewitt Associates)在 2005 年針對「美國領導人頂尖企業」(Top U.S. Companies for Leaders)所做的一項研究顯示，前 20 大企業當中，有 95%會「以正式的方式找出高潛力的領導人，而其他組織相較之下只有 77%。

2. **建立焦點明確的高潛力人才培養計畫**

成功的組織會提撥額外的資源，為公司內部的高潛力人才，建立目標明確的生涯發展計畫。翰威特諮詢公司(Hewitt Associates)在 2005 年針對「美國領導人頂尖企業」(Top U.S. Companies for Leaders)所做的一項研究顯示：

- 前 20 大企業中，有 95%讓高潛力的領導人能夠「和頂尖領導人互動」(相較於其他組織的低於 50%)。
- 前 20 大企業中，有 89%會定期給予高潛力人才「需費盡全力完成的困難任務」（相較於其他組織的 43%）。
- 前 20 大企業中，有超過 50%會給予高潛力人才「輔導與教練」(相較於其他組織的 25%以下)。

3. **管理高潛力人才的投入程度**

成功的組織時時都能敏銳地察覺這樣的風險：旗下最具潛力的員工，隨時都有「跳槽」的可能。為了加以因應，他們會有「加強員工投入程度」的具體措施，設法留住頂尖的人才。企業領導力諮詢顧問公司(The Corporate Leadership Council)在 2009 年進行了一項研究，探討當前管理高潛力人才的投入程度的一些具體作法，結果發現，「高潛力人才的投入程度」當中，隱含了某些風險因素。就研究所及的高潛力人才而言，以下是一些值得注意的研究結果：

- 許多人有離職的想法——每四人當中就有一人「想要離開自己的公司」。
- 未能做到無條件的最大投入——每三人當中就有一人承認「沒有在工作上全力投入」。
- 未能和組織目標有強力的連結——每五人當中就有一人表示「個人本身的雄心壯志所在和公司為他們所規劃的方向不同」。

【本文摘錄自《管理雜誌》469 期，2013 年 7 月發行作者為 Eagle's Flight，對全文有興趣請閱讀該雜誌】

參考資料

John T. Dunlop, 1993, *Industrial Relations System*. Harvard Business School Press.

G.S. Bain & H. A. Clegg, 1974, "A Strategy for Industrial Relations Research in Great Britain,"*British journal of industrial relations*, Vo.12(1), pp91-113.

H. S. Roberts, 1986, *Roberts' Dictionary of Industrial Relations*. Washington DC: The bureau of national affairs, p293.

Atkinson, J. (1984). Manpower strategies for flexible organizations. Personnel Management, 15(8), 28-31.

Business: A changing World, O.C.Ferrell,Geoffrey hirt,Linda Ferrell

Is Flexibility Just a Flash in the Pan?Atkinson, John, Meager, Nigel. Personnel Management. London: Sep 1986. Vol. 18, Iss. 9; p. 26 (4 pages)

E. E. Hearman, J. L. Schwarz & Alfred Kuhn, 1992, *Collective Bargaining and Labor Relations*. New Jersey：Prentice Hall, Inc.,3rd.ed., p4.

Handy, C. (1989). The Age of Unreason. Harvard Business School Press, Boston.

Kochan, Thomas A., Robert B. McKersie.and Peter Cappelli. 1984. "Strategic Choice and Industrial Relations Theory."Industrial and Relation Review. 23(1):16-39.

Michael Poole, 1998, "Industrial and labour relations" in Michael Poole & Malcolm Warner edited, *The IEBM Handbook of Human Resource Management*. London ; Boston : International Thomson Business Press, p774.

http://www.businessweekly.com.tw/article.aspx?id=20452&type=Blog

行政院主計處(2022)。《人力資源調查統計月報》（7 月），臺北：行政院主計處。行政院勞工委員會(2023)。《勞動統計月報》（1 月），臺北。行政院勞工委員會。

朱柔若（譯）(1999)，Sauer, Robert L.（著），《勞工關係：結構與過程》，臺北。

成之約(2001)，《資訊科技對企業勞資關係影響之探討：以報社為例》，臺北：行政院國科會。

施智婷、廖曜生、鄧鈺霖、黃詠淳(2022)。勞資爭議預防管理對組織員工的影響：知覺組織支持的中介角色。勞資關係論叢，24(1)，1-18。https://www.airitilibrary.com/Publication/alDetailedMesh?DocID=10237305-202206-202207190011-202207190011-1-18

周兆昱(2022)。日本電傳勞動實務爭議問題之研究。勞資關係論叢，24(1)，48-70。https://www.airitilibrary.com/Publication/alDetailedMesh?DocID=10237305-202206-202207190011-202207190011-48-70

劉庭宇、林淑慧(2022)。以當責成就資源保存的效果：解析中高齡者工作強度、當責與工作敬業之關係。勞資關係論叢，24(1)，71-85。https://www.airitilibrary.com/Publication/alDetailedMesh?DocID=10237305-202206-202207190011-202207190011-71-85

黃義銓(2022)。日本商業服務業非典型就業發展趨勢之探討－兼論限定正職員工所扮演之角色。東亞論壇，(517)，29-39。https://www.airitilibrary.com/Publication/alDetailedMesh?DocID=18173675-202209-202209300012-202209300012-29-39

趙其文(2000)，《人力資源管理：理論、策略、方法、例證》，臺北：華泰文化，。

衛民、許繼峰(1999)，《勞資關係》，蘆洲：空中大學出版。

陳繼盛(1994)，《勞工法論文集》，臺北：財團法人陳林法學文教基金會。

黃英忠(1995)，《現代人力資源管理》，臺北：華泰書局。

https://www.dgbas.gov.tw/public/Attachment/821810495771.pdf

— 問題與討論 —

1. 勞資關係的特性有哪些？
2. Dunlop 認為勞資關係主要是由哪四個相互關係的要素所構成的系統？
3. 何謂工會組織與勞動三權？
4. 何謂杯葛、破壞罷工者之定義？
5. 勞動彈性化簡單可分成哪五個面向？

MEMO

Chapter 15

國際人力資源管理

學習目標

1. 國際企業的定義與特色。
2. 影響國際企業人力資源管理的因素。
3. 國際人力資源管理策略。
4. 國際人力資源管理實務。

話說管理　AI取代人力資源？全球面臨的挑戰

新創商 Open AI 開發的人工智慧(AI)聊天機器人 ChatGPT 全球爆火，如今似乎無所不在。最新調查發現，部分企業已開始運用 ChatGPT 取代員工。Fortune 2 月 25 日報導，求職顧問平台 Resumebuilder.com 2 月初調查 1,000 家已開始使用或計劃使用 ChatGPT 的企業領袖。結果發現，近半領袖的企業採納了 ChatGPT，約一半說 ChatGPT 開始取代公司裡的員工。

Resumebuilder.com 職涯顧問長 Stacie Haller 透過聲明表示，ChatGPT 開始侵入人力市場，雇員們必須思考，這會對當前職務產生什麼影響。調查顯示，雇主正在試著運用 ChatGPT 簡化部分職務。已開始使用 ChatGPT 的企業領袖對 ResumeBuilders.com 表示，這種聊天機器人的用途相當多元，其中 66%把 ChatGPT 拿來寫程式碼、58%用來進行文案寫作與內容創作、57%用來支援客服，52%用來為會議進行摘錄或撰寫文件。

在聘僱過程中，77%的企業利用 ChatGPT 協助撰寫職務內容、66%用來草擬面試要求、65%用來回覆面試者。ResumeBuilder.com 指出，企業領袖大多相當滿意 ChatGPT 表現，其中 55%說「極佳」(excellent)、34%說「非常好」(very good)。幾乎所有使用 ChatGPT 的企業都因此省下成本；48%聲稱節省的成本超過 50,000 美元，11%更省下超過 100,000 美元。

不過，OpenAI 執行長 Sam Altman 先前曾警告，人們不該依靠 ChatGPT 進行重要任務。他最近透過一連串推文對 AI 的潛在危險表達擔憂，也對未來人類會如何看待現在的我們憂心忡忡。

國際化人才的適才適用，已是國際企業全球化布局的重要一環，許多公司在甄選派遣海外人才時，除了考慮專業技能問題，還必需考量員工在國外適應的生活與工作，以及業務環境所需要的技能等各項問題。因此，如何遴選海外派駐人員?他們所需要什麼技能？什麼樣的薪資水準才符合派駐人員的需要？績效管理如何解決跨越國境的問題？這些都是國際人力資源管理面臨的重要課題。

15.1 國際企業的定義與特色

由於資訊與交通的發達，縮短國家與國家之間的距離，全球儼然視為一個地球村，在強調市場國際分工的趨勢下，國際企業(Multinational Enterprise)的發展極為明顯，並在當代扮演相當重要的角色，對於國際企業的稱呼與定義，各國學者看法仍然不近相同。

1. **Ghertman**：任何起源於某一國家的企業，在其他國家有穩定的經濟活動，有充分控制這些活動的權力，而且在這些國家每年的營業額占其總營業額的10%以上。
2. **林彩梅**：企業從利用國內經營資源（資金、原料、技術、市場、資訊、人才等），擴大為利用國際經營資源，在提高國際合作下，獲得更高的經營效果，因此在他國直接投資設立分公司或子公司。
3. **國際勞工組織**(International Labor Organization, ILO)：所謂國際企業是一種在許多國家進行生產的企業，他們的總公司通常設於已開發國家，同時他透過遍佈全球的子公司或分公司之系統來運作。
4. **經濟合作暨開發組織**(Organization for Economic Cooperation and Development, OECD)：發表對國際企業『指導原則』(The Guideline)中第八小節，有關國際企業的定義是這樣描述的『國際企業是由數個公司或企業經營體組合而成。無論民營、國營或混合式經營性質，這些公司或企業經營體建立在不同的國家，特別是在知識及資源的分享上其中的一個或數個企業經營體能夠對其他企業經營體的活動具有重大的影響力。每一個相對於其他企業經營體各個自主程度則依不同的國際企業而有所差異；端賴企業經營體之間依存性質及所從事的活動而定。』

由以上的定義可以得知，國際企業必須具備以下的條件：

1. 企業利用國際經營資源（資金、原料、技術、市場、資訊、人才等），獲得更高的經營效果。
2. 母公司與子公司有指揮從屬關係存在，彼此結合在同一企業體系下。
3. 在一個以上的國家設立公司進行營運。

15.2 影響國際企業人力資源管理的因素

國際企業與國內企業基本上的差異是環境因素的不同，而導致企業組織及經營行動產生許多差別。國內企業，一般並無多大變化，若有也屬少數。因為國內的企業環境因素，一般國民的價值觀、宗教及文化、社會及政治的結構與社會階層的基本組織等變數很小，因此企業經營倘若在於國內範圍，環境對經營能力或企業行動之影響並不大。

企業若跨超國境而擴大其組織及活動時，環境因素即是大變數，而且時間與地點也是一個變數。同時這些因素亦非同質的定數，乃是複雜的變異數。它不僅僅是一個單純不同環境的複合體，而且多國舞臺更是複雜的動態，瞬息萬變，在這麼一個變動的環境中，經營上應選擇適應性最廣的方式。國際企業之目標及戰略為求合理化，特別要徹底了解當地國之環境架構。

國際環境諸因素中，何者輕？何者重？實難以分別。即使是社會、文化、價值觀之差異，對企業經營都有影響，同時特定的環境因素因國別而異，而有不同之組合。例如：家族及親屬關係在美國或日本的企業不致引起重大的問題，但是如換為印度或阿爾及利亞的大家族制度的事業活動，其親屬關係所連帶的社會、經濟義務，對合理的經營活動將產生極大的阻礙。

各種因素間的相關性是個易變的變數，而環境要素無論如何分類，皆應針對企業有關之衝擊加以分析。Wright & Mumahan(1992)認為就國際企業的子公司而言，它與母公司及其他子公司之間資源的相互依存性對激勵有重要的影響，Mondy & Noe(1987)認為國際企業因當地國不同的政策與法規，產生不同的激勵管理理念與方式，Evans(1986)強調，國際企業人力資源管理因應不同的社會-文化環境而改變。因此，在本研究將探討組織間依存性、相關法令規定與文化差異對人力資源管理的影響。

15.2.1 組織間依存性

在國際企業中，子公司對母公司資源的依賴程度，會影響母公司對子公司的人力資源管理。但是當子公司日漸成長與成熟時，他們有充足的技術、管理人力、甚至行銷國外市場。這時母公司不再能依賴資源的控制來影響子公司的制度。因此子公司對本土資源的依賴增加其獨立性，對子公司的人力資源管理將有所影響。就子公司的『組織間依存性』對其人力資源管理的影響，可從『對母公司資源依賴』與『對本土資源依賴』加以探討。

一、對母公司資源依賴

國際企業乃依靠對資金、技術與管理制度等資源的控制來影響子公司的策略。按照資源依存模式而言，如果子公司依賴國外組織（母公司或其他子公司）輸入有價值的資源時，它的人力資源管理將受這些國外組織的影響。

二、對本土資源的依賴

當子公司越成長時，它本身就具有大量的技術管理能力、財物資源、作業能力，且有可能自行開發國外的市場。這時，它經營的成功乃在乎本土環境的配合，而非總公司的支援。在此情況下，子公司將更獨立於母公司，並且母公司單一化的管理制度與標準也難應付其需求。

15.2.2 相關法令規定

Scott(1987)指出，子公司的人力資源管理受到當地政府公平就業法、勞動法、最低工資法等相關法規的影響。由於國際企業經濟力龐大，各國（特別是開發中國家）政府往往恐怕其營運損及他們國家的主權、增加該國經濟體制之不穩定與過度依賴外來技術，故為期有效規範其活動，很多國家乃規定當地公民在子公司之從業人員總數與薪資總額中應占的比例與所有權比例，並且對於國家安全保障、國家經濟有廣泛影響的主要產業限制外國企業之直接投資，而政策法規之變動與政治之不穩定常影響國際企業之經營。

國際企業必須遵守各國的法律規定，受到法令的差異（子公司與母公司）的影響，子公司將衍生出與母公司不同的人力資源管理理念與方式。所以，大部分的國際企業為熟悉各國法規與勞動習慣，會聘請法律顧問以降低海外營運的不適應性。

15.2.3 文化差異

文化差異乃指子公司所在地的文化與母公司所在地文化的差異程度。而關於企業經營模式是否適用於其他文化的經營議題，不但討論頗多，而且爭議極大；一派認為合理或有效的企業經營模式是放諸四海皆準的，並不受文化的影響，稱為收斂學說(convergent hypothesis)；另一派則認為經營管理實鑲嵌(embeded)在該地區或該國家的文化背景之下，任何有效的經營模式都會因文化而異，此派稱為發散學說(divergent hypothesis)。

發散學說主張管理是一種組織與環境互動下的社會建構(social construct)，環境會因為所處的地區或國家而異。因此，各國勢必依照自己的國情與文化特色，發展自己的管理概念或經營方式。至於所淬練出的管理概念或方式，是否能移植到其他地區去，需要作進一步的查證。顯然地，這個假說的主要前提是各國的文化或經營方式是有所差異的，為了證實此點，許多研究者進行了頗多的比較管理研究，並發現各國之間的確在管理目標、管理價值、管理假設(assumption)上有所差異。

有實務工作者強調：管理有 95%是雷同的，只有 5%才有文化差異，但這5%的確是很重要的。換言之，文化是否有影響端視管理性質而定，有些管理內容或功能較容易受文化影響，有些則不易受文化影響。例如技術、製程、工程、成本等項目受文化的影響較小，員工的行為模式、企業文化則受影響較大。

在發現各國文化差異的研究中：Ronen 與 Shenker(1985)曾針對全球 42 各國家做文化分類，共分八種文化集群（北歐、近東、拉丁美洲、日耳曼、拉丁歐洲、阿拉伯、遠東和盎格魯美洲等），處在同一個集群國家的人民，會因為具有相類似的價值觀、規範與期望，而使得組織裡面的員工具有同性質工作、溝通和管理行為。Klusckhohn-strodtbeck(1961)提出了六個文化構面包括：1.與環境的關係（人民相信他們自己應該順從環境、與環境和諧共處、或是支配環境）；2.對時間觀念的看法（不同的社會對於過去、現在和未來的時間側重比重不同）；3.對人性的看法（社會文化認為人性是善良的、邪惡的、或是混合了善與惡的，對於組織對於組織中領導人的領導行為會有很大影響）；4.活動取向（有些文化強調做事與行動，同時也很重視成就；而有些文化則強調存在，人們重視對生活的體驗，追尋立即的滿足）；5.責任焦點（根據責任焦點來區別不同的文化）；6.對空間的概念（有些文化常強調開放的空間，有些則希望保有隱私權）。

另外，Hall(1990)除了指出空間的概念是區分文化類型的重要依據外，他利用『高背景』（先建立關係再談公事）到『低背景』（就事論事，不談關係）兩極端之間將各個國家文化進行分類。但是，在比較文化研究中，最著名且影響力最大，應屬 Hofstede(1980)對 IBM 員工價值觀的研究。

在比較文化方面研究中，Hofstede(1980)發現國家文化差異對於員工的態度與工作行為的確有極大的影響力，並且其影響作用比年齡、性別專業領域或職務差異等因素還要明顯。他透過因素分析(factor analysis)，將影響員工工作表現的價值觀因素歸納為四項，每個因素並予以量化，以形成可比的基礎。這四個價值觀因素分別為：

一、權力距離(power distance)

人們的身體和心智能力在天生上就有不同，也因此構成了財富和權力的差異。一個社會如何對待這些不平等呢？Hofstede 用權力距離作為社會對機構或組織內權力分配不均的接受程度之衡量標準。高度權力距離的社會能接受組織內權力的大福差異，員工對權威者表示極高的尊敬。頭銜、階級和地位非常的重要，這些國家包括菲律賓、委內瑞拉、印度和新加坡。相反地，低度權力距離的社會盡可能減少不平等，即使主管們再有職權，員工也不會因畏懼而表現出特別的敬意。丹麥、以色列、澳洲、紐西蘭等皆是低度權力距離的國家。

二、迴避不確定性(uncertainty avoidance)

世界到處充斥著不確定性，對於遙不可知的未來，我們很難予以完全正確的描述，因此任誰也不可能完全迴避掉那樣的風險。由於不同的國家、社會有不同的歷史和傳統習慣，他們的人民對於不確定性有著截然不同的處理態度。有些社會裡的人總是能夠比較平靜的接納風險，他們不會輕易地對不熟悉的事物大驚小怪，而能夠容忍別人的不同意見或創新行為，因此，Hofstede 形容他們為『迴避不確定性』程度較低的國家。至於那些生活在高度迴避不確定性社會下的人，他們會有較多的焦慮，容易表現出緊張和暴躁的情緒。並且由於他們對於不確定性懷有高度的威脅感，他們可能更具有進取心，並會設計出各種較為正式化的機制(mechanism)來提供保障並降低風險。Hofstede 推論，正式化程度越高的高度迴避不確定性的國家，其人民較能對一些信念奉守不渝，工作態度較穩定，對公司忠誠度較高，但是他們比較不能忍受異端份子所做為的與群體不一致的意見或行為。依據 Hofstede 的研究，屬於迴避不確定性程度的國家包括新加坡、瑞典、美國、香港等，而高迴避不確定性的國家則為希臘、比利時、日本、以色列和臺灣等。

三、個人主義與集體主義(individualism v.s. collectivism)

個人主義指社會架構鬆散，人們只追求自我及其親近家庭的利益。這通常是因為社會允許個人大量的自由才得以形成；它的相反是集體主義，其特徵是社會架構嚴密，人們希望團體中的每個人能彼此照顧，彼此保護。未達到此一目的，人們對團體應該絕對的忠貞。Hofstede 發現一個國家中，個人主義的程度與國家的財富有密切的關係。富有國家如美國、英國和荷蘭等，都是非常個人主義的。至於貧窮國家如哥倫比亞和巴基斯坦等，則是非常集體主義的。

四、陽剛作風與陰柔作風(masculinity v.s. femininity)

有些社會文化對於男女角色的扮演限制極嚴，但是也有某些社會可以容許男女雙方扮演不同的角色。Hofstede 認為對於兩性角色截然劃分的社會而言，男性會取較為獨斷性、支配性的角色（陽剛作風），女性則取較多服務與照顧別人的角色（陰柔作風）。在一個陽剛作風的社會中，人們會因為自詡為『理性』而去信奉獨斷獨行和金錢導向的價值，他們不太重視也較不願意去關懷和照顧別人。相反的，在一個陰柔作風的環境裡，人會特別強調去維持良好的人際關係，人們更重視生活的品質，也願意付出較多的時間精力去關心別人。Hofstede 發現，若與西方國家相較，東亞文化傳統的社會都是比較陽剛取向的，其中日本是最為陽剛作風的國家。日本人認為女性都應該留在家裡照顧小孩，社會上到處充斥著大男人主義的觀念；而瑞士與北歐國家則是另一極端，因為那裡的男人經常留在家裡做『家庭主夫』，女性則出外就業的現象十分常見。

在 Hofstede 的研究裡，四個文化構面皆有相對應的變數來加以衡量，而這四種變數都能被量化，並形成可比的基礎：權力距離指數越高表示該文化對於權力不均情況的接受度也越高；迴避不確定性指數越高時，表示該國人民越缺乏安全感，但同時也較具進取心；而個人主義指數越高表示人民越傾向於個人主義的生活風格；至於陽剛作風越高的國家，人民會更奉行金錢、功利導向的價值觀。

我們把 Hofstede 研究所得的一些國家的文化構面的分數整理如表 15.1：

然而，來自不同文化域的國際企業，由於存在刻板印象的團體之間彼此缺乏信任，退避而不主動溝通，或種族中心主義等因文化背景不同所造成的差異，易成為跨文化管理的障礙。而員工在面對文化差異所造成的種族優越感、管理方式不當、溝通誤會及文化態度時，會產生懷恨心理、極度保守、溝通中斷及非理性反應等不良結果，嚴重影響企業營運及員工的工作績效。（見圖 15.1）：

» 表 15.1　一些國家的文化構面分數

	權力距離	迴避不確定性	個人主義	陽剛作風
委內瑞拉	81	76	12	73
新加坡	74	8	20	48
香港	68	29	25	57
臺灣	58	69	17	45
日本	54	92	46	95
美國	40	46	91	62
澳洲	36	51	90	61
丹麥	18	23	74	16
英國	35	35	89	66
最高	94 菲律賓	112 希臘	91 美國	95 日本
最低	11 奧地利	8 新加坡	12 委內瑞拉	5 瑞典
平均	51	51	64	51

資料來源：Hofstede G.，Culture's Consequences，Beverly Hills：Sage Publishing，1980。

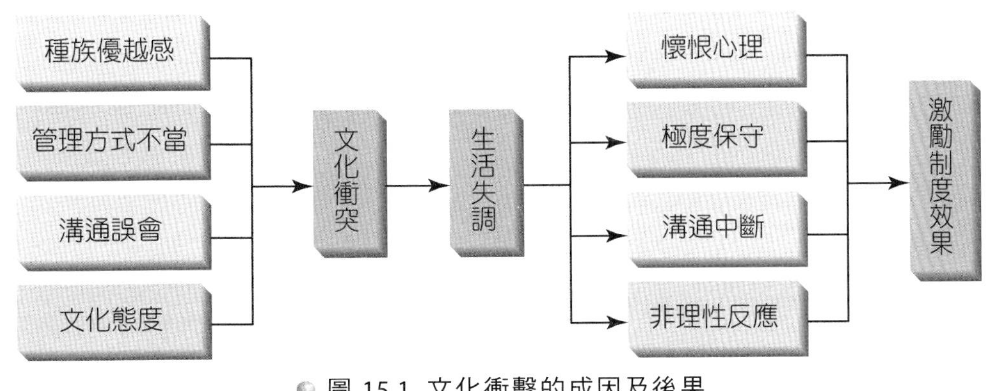

圖 15.1　文化衝擊的成因及後果

資料來源：整理自秦斌，跨國經營與文化衝擊--兼論異域文化中的跨文化管理，社會科學輯刊(103)，1996.2，p76-80。

因此，各國的文化差異，形成完全不同的員工價值觀，國際企業在面對不同國家員工時，所產生的激勵手段，要依照個別特性而制訂。例如：美國人的個人主義指數很高，極高的個人主義導致了需要用自我利益來解釋行為，個人行為的動機是為了獲得某種需要的滿足，此外，美國人的迴避不確定性指數也極高，且又與相對高的陽剛作風相結合，因為成就動機包含著人們樂意承擔風險，同時又關心自己的成績，這個國家中人們的成就動機就普遍地高於其他國家的人。由此可見，美國的激勵理論的主要特徵是追求個人的利益，極強的成就動機，再加上敢冒險。故在工作人性化方面，可以工作豐富化激勵員工。

另一些國家情況就大不相同。西德、墨西哥、日本等國是一些陽剛作風與低迴避不確定性相結合的國家。這些國家的激勵理論的主要特徵是成就動機再加上安全感。南斯拉夫、巴西、泰國等是低迴避不確定性與陰柔作風相組合的國家，這些國家的激勵理論的主要特徵是追求生活質量與安全度。丹麥、瑞典、荷蘭等國是高迴避不確定性和陰柔作風相組合的國家，其激勵理論主要特徵是追求冒險和生活質量。因此，在需要激勵的問題上，西德、日本等國將安全需要激勵放在首位，而南斯拉夫、巴西等國則將安全與社會需要列在第一位，瑞典等國最先考慮的是社會需要。瑞典強調建立半自主的生產線，降低個人間的競爭，增強健康的人際關係。

15.3 國際人力資源管理策略

企業經營的重點單純在國內市場時，其經營環境範圍並未有多大變化，員工同為本國人民，人力資源管理只是企業內部的問題而已。但是當企業的組織及活動超過國境擴大經營時，其經營環境因素與國內經營環境因素有很大的差異，在面臨各國不同的員工時，人力資源管理必須因應企業全球化，增加其整合一致性？還是必須因應不同文化環境的差異，增加差異性？以下針對學者的研究與觀點作一探討。

15.3.1 Heenan & Perlmutter 的母國籍公司觀點

Heenan & Perlmutter(1979)以母國籍公司為觀點，將國際企業人力資源管理分為四種型態：母國中心型(Ethnoecntric)、多元中心型(Polycentric)、地區中心型(Regiocentric)和地理中心型(Geocentric)。

» 表 15.2　國際企業的人力資源管理策略

人力資源管理	母國中心型	多元中心型	地區中心型	地理中心型
決策	總公司較高	總公司較低	地區總部較高或分公司合作	總公司與分公司合作
績效評估	總公司標準	當地決定	地區決定	全球與地方的標準
獎勵方式	母公司具高權限，子公司權限低	多重差異，各子公司不同	獎勵對地區標有功者	獎勵對全球和地方目標有功的
生涯發展	母國人員發展至各地的要職	各國人員升到各國要職	地區人員升遷地區內各國要職	各國優秀人才升遷到全球的要職

資料來源：整理自 D. A. Heenan & H. V. Perlmutter, Multinational Organization Development, MA: Addison-Wesleu, 1979, p18-19.

一、母國中心型

母國中心型的人力資源管理偏愛將母公司的員工分派至全球子公司的重要職位，並給予優厚的酬賞，因為他們認為本國人才是聰明、有能力及值得信賴。這種強烈的種族中心主義歸因於對當地國人民缺乏了解。地區總部與各地子公司的主要管理人員均來自母公司，並且接其經驗指導，在決策時也受到母公司的影響。基本上，母國中心型人力資源管理相當排斥變化。

二、多元中心型

多元中心型人力資源管理認為各國文化具有差異，子公司當地國的民族性也不易了解，只要子公司有利潤，應該避免干擾其運作的獨立性。多元中心型的人力資源管理任用當地人擔任各子公司的重要職位，母國員工不參與子公司的經營。地區總部仍然有母公司控制，但是他們盡量不去干涉子公司經理人的決策。在多元中心型的人力資源管理中，當地子公司的經理被賦予相當大的自主權。

三、地區中心型

依區域、環境不同的考量，因地制宜、局部試用鄰近國家管理方式的取向。反應國際企業的地區策略與結構，運用龐大的管理人才池，但是卻有限制，例如：人員可以移動到其他國家，但是只限於某一個地區範圍。地區經理不可能升遷至母國核心位置，但是在地區上擁有某種程度的決策自主權，它介於前兩種型之間，提供子公司管理人事控制，但是此一控制權是侷限在特定地區內。

四、地理中心型

以全球各地最佳的情況為主，制訂出一套指導準則，由各地子公司依此準則自訂經營計畫，主要是採『分權計畫及集權控制』，母公司僅於子公司未盡全力及計畫執行時，方採干涉行動。此種型式不重視國籍，而重視個人的能力。

另外，由於企業外在環境因素（如政治、經濟、技術）常隨時間而有所變動，因此，企業的經理人在擬定策略時，對外在環境因素的變動知覺，將反應在需求變動上。例如：子公司所在地區的勞工意識日漸增強，經理人有知覺到其勞資關係的地方回應需求日漸提升，促使母公司的人力資源管理將漸從『母國中心型』走向『多元中心型』；並由於本土企業員工的旺盛企圖心，也將使其擔任管理者的機會增加。因此，國際企業子公司的人力資源管理『本土化需求』將逐漸增加。

15.3.2 Pucik & Katz 的官僚式控制與文化式控制的國際企業

Pucik & Katz(1986)將國際企業分為官僚式控制的國際企業與文化式控制的國際企業。官僚式控制的國際企業是一種利用精細、特定的規則來規範，以達成組織目標的型態；文化式控制的國際企業是一種利用廣泛的、組織全面性的文化來達成組織目標的型態。

官僚式控制的國際企業，為了要確知控制下的組織效能，因此考核的結果應和激勵結構密切相關。大部分國際企業的人力資源管理都是靠金錢性酬賞來達成。另外，由於官僚式控制系統下，激勵及考核的關係如此密切，因此控制系統的建立應同時包含激勵及考核制度，若缺少任何一者，都會使控制效率大打折扣。

文化控制的國際企業，利用社會化的過程，將母公司的價值觀及規範『移植』到子公司，並促使長期目標在組織中分享。文化控制下的激勵系統著重的是子公司的績效是否對全球績效有所貢獻，而只關心子公司在當地表現如何。文化控制下的酬賞並不是只指財物上的報酬，還包括給予公司員工更多挑戰的機會。

事實上不可能有任何企業是採取完全文化控制或官僚控制，一般而言，每一個企業會因所面臨的環境不同，而對文化控制及官僚控制採取不同程度的混合政策。

» 表 15.3 國際企業人力資源管理管理型態

官僚式控制的國際企業	文化式控制的國際企業
＊ 當地績效考核制度 ＊ 金錢性激勵 ＊ 直接激勵	＊ 全球績效考核制度 ＊ 金錢性激勵＋工作挑戰 ＊ 間接激勵

15.3.3 Adler ＆ Ghadar 的文化觀點

Adler ＆ Ghadar(1990)在其研究企業國際化之課題中，以企業國際化之階段加入文化的考量，發展出人力資源管理管理活動中應考量的重點。主要分為四個階段：高科技期、成長和整合期、多國化期及全球化期。

1. **高科技期**：此時期產品市場、競爭策略、經營據點、員工調配及獎酬制度均以國內為主。
2. **成長和整合期**：此時期以將產品市場拓展到國外，在主要市場的國籍內設廠。在人力資源協調上是由母國招募員工派駐國外，負責領導、銷售、財務及技術上的任務，當地員工所擔任的職級有限。以金錢性激勵為主。
3. **多國化期**：此時期的產品市場不只一個國家，而是多國籍的，以要素成本低的國家為投資設廠地點。此時，以減少金錢性激勵，增強了機會與挑戰性激勵。人力資源管理調配上，由第三國和母國招募領導及財務人員。
4. **全球化階段**：產品市場擴及全球，依策略（生產成本、市場競爭者、外部政治、經濟環境等）決定全球設廠地點。人力資源管理由總公司設計一套全球性獎酬計畫，激勵因子以挑戰與機會為主，當地經理可以晉升至全球高階主管。

» 表 15.4　國際化人力資源管理策略

	第一階段（高科技期）	第二階段（成長和整合期）	第三階段（多國化期）	第四階段（全球化期）
獎酬	努力將享有額外的獎金	努力將享有額外的獎金	金錢性報酬比例較少	全球性套裝獎酬計畫
激勵因子	金錢	金錢	挑戰和機會	挑戰和機會
生涯路徑	國內	國內	部分跨國	全球

企業國際化的觀念是指企業如何由本土營運發展至國際領域，其層面應涵蓋企業的外部活動（諸如銷售產品型態的變遷、國外市場的選擇進入及國際化作業方式的應用等均是）及內部活動（如人事、組織結構及財務方面），而國際企業的成功與否係於兩者能否相輔相成。由於企業的外在環境因素常隨著時間變動，國際企業對外在環境因素的變動知覺，將反應在需求變動上，導致人力資源策略隨著調整，而人力資源管理也必須因應企業整體計畫呈現不同的運作方式。

15.4 國際人力資源管理實務

當企業越來越走向國際化時，就必須能夠適當地挑選、管理、開發員工，給予適當的薪資，使他們能在異文化的環境中工作。當公司跨出國界，成立海外分公司時，如果他們想要把美國式的人力資源管理強加於分公司，可能輕易地失去競爭優勢。

15.4.1 招募與甄選

許多公司在甄選派遣人員時，因為他們只考慮專業技能問題，而忘記在國外適應的生活與工作，以及業務環境所需要的技能。什麼技巧是海外派駐人員所需要的？包括以下的能力：

一、抗壓能力

重新學習一種新的社會習慣與標準，可能要面對很大的壓力，學習的過程包括犯錯和從錯誤中學習，許多錯誤會造成文化上的失禮，對於學習過程非常重要，但確認派駐人員尷尬，公司應該選擇能夠應付壓力的人來從事派遣工作。

二、強化活動的替換能力

我們多數人在生活中都有一些強化或好玩的事，例如：音樂、運動、藝術等等，這些嗜好隨著文化而不同，當派遣人員發現在當地文化中找不到生活中的趣事時，他必須能找到其他替代活動，這種能力稱為強化活動的替代能力。

三、發展關係的能力

尋求與當地國民發展關係的派遣人員，比起只與派遣之本國同事來往的人，工作更有效。如果派遣人員與當地人的建立關係，他們會得到顧問及嚮導，幫助他們在當地快樂地生活和有效的工作，派遣人員與當地人員的關係越近，就越能同化於新文化，他們對當地部署的管理也將會隨之改善。

四、感受技巧

感受技巧也會影響新文化的調適，例如：彈性的個人信念體系、避免批判當地文化的信仰和價值體系、對當地人民的所作所為作彈性化的歸因與解釋、對不明確的狀況有高容忍度。

15.4.2 訓練與發展

一、訓　練

跨國文化的訓練對於那些變更國籍或外派外國的管理者及其家庭而言是重要的課題，當員工及其家庭被派駐海外時，提供派駐地之文化和實際背景資料給員工及家庭將有助於他們適應新環境，其中，語言的訓練是最基本的。雖然英文是全世界最主要的商用語言，但是完全依賴英文是不夠的，如果駐外人員無法閱讀當地的報紙及雜誌，而需依賴翻譯人員，將因而錯失許多重要訊息。此外，即使一位外籍管理者的語言表達並不是很流利，但是當他很有誠意地努力以當地語言溝通時，在員工心中仍會留下好印象。

跨國文化的訓練不僅僅止於語言的訓練，適應當地新聞化也是重要的訓練之一，例如：歷史、民俗、經濟、政治、宗教、社會風氣及企業概況等，這些相關資訊之所以重要的原因在於希望經由相關資訊的掌握，減少外派人員在心理及生活上的陌生感。

上述各種所需的訓練均可以透過不同的訓練技巧達成，語言的技能可以透過課程及錄音帶學習，文化訓練則可以使用許多不同的工具，如演講、閱讀資料、錄影帶等；至於文化敏感性訓練則可經由角色扮演、模擬、與前任駐外人員之會談或與居住於本國之該地人士互動而解釋。

當員工駐外期間結束並返回本國之後，對於整各家庭的訓練是很重要的，因為所有的成員都必須重新適應本國生活並面對出國期間所產生的變遷，員工於面對組織的變遷時可能有以下的幾種情形，晉升、工作改變、辭職等，這些現象的不確定性即為每一個返回工作崗位者焦慮緊張的來源。

二、發　展

在全球化的企業環境中，駐外經驗對於高層管理人員之發展是一項重要因素，因此，將駐外經驗融入生涯發展方案對於組織來說是很重要的，如果發展方案缺少此部分可能會產生兩項負面結果；首先，那些被忽略的反國管理者可能會感到挫折感而離開公司，如此情形下，原先投資於該員工之成本經悉數浪費。

其次，當返國者不受到重視或遭遇挫折時，將可能引起其他擬被指派駐外者的抗拒，而影響士氣與未來的人力資源計畫推動。當駐外指派完成之後，組織有四項基本的取捨。

1. 組織可將人員指派至一個內部職位，開始其歸國的過程，此想指派是建立在員工所獲的新技術之基礎上。
2. 返國可能是為了另一次的駐外作準備而暫時性回國，此種情形主要是因為管理者成功的大開了海外的市場，而且組織欲藉其經驗轉戰其他地區。
3. 駐外人員可能會在本國或駐派地尋求退休。
4. 雇用關係可能因為組織的海外業務不利或員工有較好的工作機會另謀他就而解除。

15.4.3　薪酬管理

設計一套適用所有員工，包括母公司、子公司與第三地員工。在美國國際待遇組合的設計上常常使用「損益平衡途徑」，並考慮下列四個要素：

一、基本薪資

基本薪資是指支付員工本職工作的市場價格，不同國家間的差異頗大，如以中層管理者而言，美國約 7 萬 5，德國則可能為 11 萬，不過，美國高階主管可能受薪 50 萬，德國同等職位的主管僅只有 15 萬。

除此之外，若為顧及海外員工的公平性，那麼外國貨幣通貨情形與法令問題，也一並考慮。而對放棄本國籍員工，應以美元計薪，抑或是當地貨幣？而調薪問題又應跟著母公司本國的物價波動調整？還是當地國的情形調整？

稅賦的負擔也是計算平等基本薪資比率的一項重要因素，如瑞典，其人民薪資所得的 50%必須納稅，故跨國公司在調薪時，就須注意到員工扣除稅負後的薪資，是否與母公司員工比起來為相對減薪，大部分的國際公司都必須考慮這個問題。

二、差異性

生活成本並非世界各國皆然，以 6 罐裝可口可樂為例，在紐約需 2.39 美元，巴黎約 3.55 美元，在東京則約需 5.51 美元。差異性為抵銷海外商品、服務與住宅的高額成本，國際企業必須要了解各地生活水平的差異性，以維持其駐外員工亦有如母國一樣的生活水準。

三、誘因性

不是所有的員工都願意與家人、朋友與舒適的家庭分開而隻身赴任海外工作。然而，國際企業的員工隻身赴海外公司工作十分常見，因此，公司可提供誘因鼓勵員工赴任，這些誘因包括金錢補助、提供服務如房屋、車輛、司機等其他誘因。但是這種源於派外所產生的誘因要如何發放？一次發還是納入薪水？以母國貨幣還是當地國貨幣計算？

四、援助方案

派駐海外所費不貲，而某些國際企業會提供種種方法，以援助員工安家、代為租屋、安排親屬探親、幫忙搬家、配車及解決孩子教育問題、安全保障等等，總之國際企業需照料海外員工，其所設計之待遇系統往往很是複雜，必須審慎處理為宜。

15.4.4 績效發展

當評估派遣員工的績效時，關鍵問題是「由誰來評估」，派遣員工評估通常是由哪些未曾在海外工作或住過的國內主管來完成，對工作場的社會和業務環境缺乏了解，國內主管感受不到派遣員工所面對的獨特挑戰，在此情形下，評估誤差的機會將大為增加。另外，評估者的偏差也是另一個問題，即使評估是由了解派遣員工挑戰的當地經理人來執行，也不一定能確保其有效性。出身於不同文化的人總是會誤解對方的行為，而且可能導致評估偏差。

參考資料

Wright, P.M. & McMahan, G.C.(1992), Theoretical Perspectives for strstegic HRM, Journal of management, Vol.18，p295-520。

Mondy, R.W.(2016), Human Resources Management, Pearson。

Evans, P.(1986), The context of strategic human resource management policy in comlex firms, management forum, Vol.6, p105-117。

Scott, W.R.(1987)，The Adolescence of Institutional Theory，Administrative Science Quarterly, Vol. 32, No. 4, p 493-511

Haimann, T.、Scott, W.G. & Connor, P.E.(1985), Management，Boston : Houghton Mifflin Company，p590-591。

Hofstede,G(1984), Culture's Consequences, Beverly Hills: Sage Publishing，1984，p65-210。

Heenan, D.A. & H.V. Perlmutter(1979), Multinational Organization Development, MA:Addison-Wesleu， p18-19。

Pucik,V & Katz,J.H.(1986)，Information, Control and Human Resource Management in Multinational Firms, Human Resource Management, Vol.25, p121-132。

Adler,N.J. & Ghadar,F.(1990), International Strategy from the Perspective of People and Culture: the North American Context，Research in Global Business Management, Vol.1, p191-192。

Money,D.J.(2023)，企業開始以 ChatGPT 取代員工？調查：寫程式占 66%。財經新報（本文由 MoneyDJ 新聞授權轉載）。

何國全(1994)。大陸員工價值觀與台商管理行為的互動－地域次文化差異研究。政大碩士論文。p15-22。

李蘭甫(1984)。國際企業論。臺北：三民書局。p434。

施振榮(2004)。再造宏碁。遠流出版。

鄭伯壎(1995)。臺灣與大陸企業文化之比較實証研究。臺灣與大陸的企業文化及人力資源研討會。p2-3。

秦斌(1996)。跨國經營與文化衝擊－兼論異域文化中的跨文化管理。社會科學輯刊。Vol.103。p76-80。

— 問題與討論 —

1. 請說明國際企業具備什麼條件。
2. 請說明影響國際企業人力資源管理的因素。
3. 國際人力資源管理策略包含哪些不同的觀點？
4. 國際人力資源管理實務的內涵是什麼？

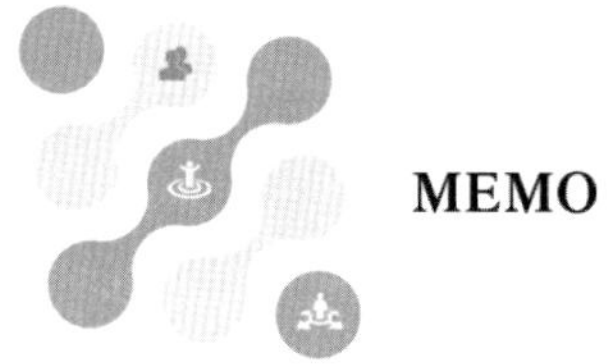

MEMO

人力資源管理 e 化

16
Chapter

學習目標

1. 了解人力資源資訊系統的定義與架構。
2. 人力資源資訊系統對人資人員的益處。
3. 熟悉系統採購的準則。
4. 人資系統導入的步驟。
5. 人力資源資訊系統的未來發展。

話說管理　透過人工智慧，協助企業管理人才

隨著科技發展，人工智慧(AI)如自駕車、ChatGPT 等應用在已經普及在我們工作與生活中，IBM 公司 CEO 羅睿蘭(Ginni Rometty)透露，已在 IBM 的超級電腦 Watson 上建置研發了一套系統，運用深度學習與人工智慧技術預測哪些員工即將離職，且其預測準確度高達 95%！

在 IBM 的超級電腦 Watson 上研發的這一套人力資源資訊系統，除了有人力資源分析的功能外，更可以依據所收集的多項資料內容與數據，預測旗下員工何時打算離職，讓公司能夠找到即將產生離職想法的員工，並且及時與他們商討升職加薪、補償福利等事宜。

從人力資源的角度來看，慰留員工的最佳時機，就是在他們萌生離職想法之前；IBM 公司 CEO 羅睿蘭指出，該套系統每年為 IBM 節省了高達 3 億美元的慰留費用。羅睿蘭進一步指出，此系統是 IBM 整個組織改革的一部分，將改革人力資源的管理狀況，另外透過雲端運算服務和現代化，IBM 精簡了 30%的人事成本，讓留下來的員工獲得更高的薪水，做著價值更高的工作。羅睿蘭表示，未來人工智慧將衝擊人類的工作，改變所有職業的面貌，人工智慧所擅長的事情，將留給人工智慧來執行，只有真正有能力、擁有無可取代的技能的人才會被公司留下；反之，若員工掌握的技能在市場已經過剩、不符合公司戰略，則將不適合留在公司。(https://technews.tw)

如同顧客生命週期一樣，員工也有其生命週期，從潛在員工到離職員工（如圖 16.1）；於潛在員工階段，人力資源的重點於建立雇主品牌，尋找最合適的招募管道，以及透過甄選活動選拔最優秀的候選人；於新進員工階段，重點則於在職訓練、績效考核、薪資管理；於資深員工階段，則要開始進行晉升、轉調、調薪、生涯規劃等活動；最後到離職員工階段，則會有退休、留職停薪、離職等等作業；於這些不同的階段中，都可以透過 AI 協助幫人資進行管理，舉例來說，於獲取員工的階段，就可以特過招募管道分析了解那些招募管道可獲得質量均佳的候選人，並可建立人員識別模型來協助判斷哪一位候選人入職後可以有好的績效表現；另外在員工分離階段，除了可以有類似 IBM 的離職預測模型外，也可以透過離職員工的資料建立員工回任模型，由離職員工在轉為潛在員工。

圖 16.1　員工生命週期、人力資源活動及 AI 模型建置

◎ 開始規劃人力資源分析

除了建構 HR 的 AI 外，也建議企業同時建構人力資源分析(people analytics)相關功能；所謂的人力資源分析是指結合人力資源資料與組織營業的資訊，並結合資料分析、人力資源分析與財務分析的相關知識與技術，提供主管更好的更好的決策，以提高員工生產力並創造企業收益；其中大量的運用及數據及循證管理(Evidence-based management)已成為人力資源管理的挑戰與機會。

由於人力資源分析結合眾多資料與分析技術，也如同 AI 一樣，可以協助主管進行下列的決策，包含：

· 我應該雇用哪一位員工？

· 如果我投資於員工訓練，我可以獲得多少的財務回報？

· 我應該怎麼樣於設計獎金制度以達到最佳的激勵效果？

· 哪一位員工最有可能離職，原因為何？

要讓系統協助回答上述的問題並非容易，除了要做好資料倉儲結合人力資源系統的資料與企業資源規劃系統的資料外，還要結合資料科學家、人力資源專家與財務專家共同分析資料，建立好分析架構並加以驗證，驗證完成後並布署於人員管理系統中，當主管面臨新的問題或案例時，系統就可以立即提供相關建議，達到人力資源管理系統中決策支援的目標。

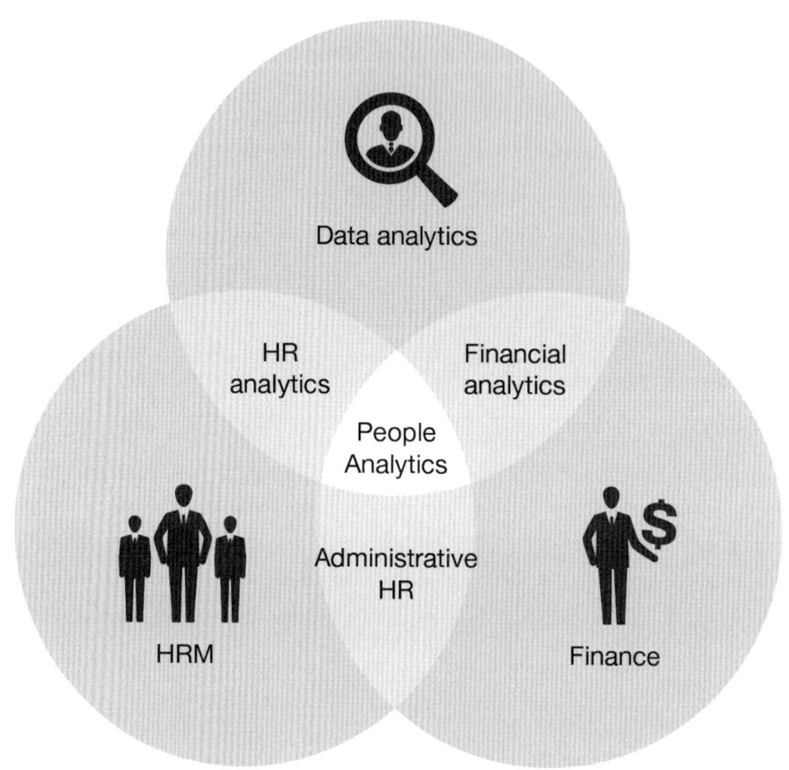

圖 16.2　人力資源分析的架構

資料來源：The Practical Guide to HR Analytics.

在介紹最新的人力資源科技後，本章的後續安排上，首先介紹人力資源資訊系統的定義與架構，以及人力資源資訊系統可以帶給企業的效益，第二部分則為人力資源資訊系統各模組的簡要介紹，讓讀者可以熟悉各子系統或模組的主要目的；由於目前90%的人資系統企業多採取外購的模式，所以第三部分說明人資系統採購的準則；最後一部分則是說明人力資源管理e化的未來，說明人力資源資訊系統的未來趨勢。

16.1 什麼是人力資源資訊系統

Sander(1985)定義人力資源資訊系統為以電腦方式收集、儲存、存取、確保組織關於員工、應徵者及去職員工相關資料合法性的系統；DeSanctis(1986)更進一步指出，人力資源資訊系統並非只是作業處理自動化，更包含中階管理者決策支援及高階管理者的策略規劃，亦即 HRIS 應包含三個層次：在基層作業階層為例行性的報告系統；中階管理系統為支援各項人力資源管理功能的決策；高階管理系統則是用於人力需求預測及規劃等系統。Mondy & Robert(1990)將人力資源資訊系統定義為以任何有系統的方法獲取相關適時的資訊以作為人力資源管理的基礎，該系統提供的資訊包含時效性、正確性、簡明性、關聯性、完整性等特性。

Kavanagh, Gueutal & Tannenbaum(1990)定義人力資源資訊系統定義為發展用以取得、儲存、操作、分析、擷取及分配組織的人力資源資訊的一種系統，此系統不僅包括電腦硬體及人力資源作業的相關軟體，還包含系統使用者、表格型式、程序與資料。人力資源資訊系統主要目的是以資訊型態提供服務給系統的顧客或使用者。由於組織中存在著眾多潛在使用者，包含一般基層員工、部門主管以及高階主管，人力資源資訊系統的功用包含日常操作性業務的支援、計算或是評估業務以及支援戰術性或策略性的決策制定。

Ceriello & Freeman(1991)認為人力資源資訊系統就是管理程序與電腦系統的結合。其中，管理程序主要包含系統使用者、政策與程序、人工作業及幕僚等；電腦系統則包含員工／應徵者／解雇者的資料、工作／職位／組織與其他支援資料、軟體及其他硬體等等。

綜合學者專家的觀點，人力資源資訊系統是協助人力資源管理資料的處理，將員工重要資訊加以保存與分析，資訊可即時取得並提供作為人力資源管理相關決策參考；對高階人員協助進行策略性人力資源規劃，對中階主管協助進行人員的決策與管理，對一般使用者協助進行個人資料的查詢與行政作業執行。

16.1.1 人力資源資訊系統架構

各學者對人力資源資訊所包含的功能範圍及歸類方式不同。Kavanagh, Gueutal & Tannenbaum(1990)認為 HRIS 包含、基本人事資料模組、生涯發展模組、公平就業模組、應徵者追蹤模組、職位控制模組、訓練模組、招募模組、薪資模組、人力資源規劃模組、績效管理模組、福利模組；Walker(2001)認為 HRIS 包含應徵者追蹤與招募、訓練與發展、退休金計算、用人、薪資、保險、員工統計、福利；何永福與楊國安(1993)認為 HRIS 包含人力資源資料庫的建立、員工人力規劃、薪資作業、人力資源作業報告、福利管理。

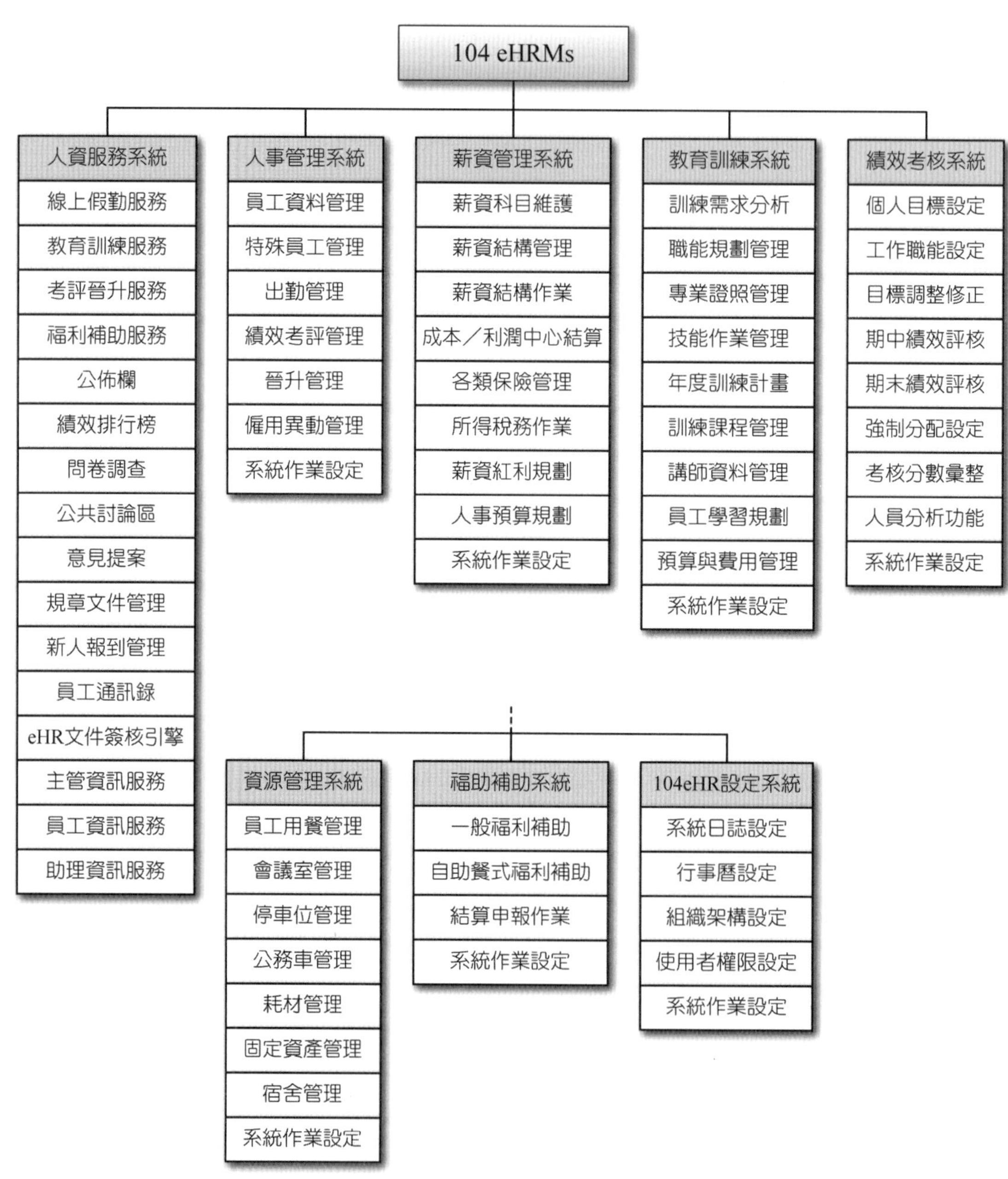

圖 16.3　人力資源管理系統架構（104 資訊科技提供）

綜合學者的意見，HRIS 可分為下列幾個模組，包括組織與職務設計管理模組，人事招募甄選管理模組、訓練與員工發展管理模組、績效管理模組、人事及考勤管理模組、薪資管理模組、員工福利管理模組、員工自助服務或 HR 入口網站、員工關係管理模組，系統架構如圖 16.3 所示。

16.1.2 資訊系統可以帶給企業的效益

一套全方位的人力資源資訊系統是結合 e-HR 與 e-Learning 的全方位人資管理系統，系統導入效益可分為量化與質化兩方面。

一、量化導入效益

量化導入效益的計算係以企業規模、企業新進與離職員工的人數、平均年薪及調保次數及人資行政作業員工薪資為基礎，另外考慮每月經常性作業所花費的日數，例如人事管理、出勤管理及薪資結算，以及特殊作業，包含媒體申報、調保及特休結算，經試算後，大約可節省 50~80%的人事行政作業成本，可將多餘的人力提供於策略性人力資源管理活動、員工的訓練發展或輔助直線主管的人力資源管理，將可大幅增加人資部門的產值，協助企業達成 CEO 所交付的目標。

二、質化導入效益

（一）資料處理精確性提高

資訊化最大的好處在於無論在甚麼情況之下，只要系統參數事先規劃正確，電腦在執行程式、處理資料的時候，包括資料的搜尋、比對、排序與計算，是不會發生任何錯誤的。除此之外，系統可更進一步根據既定的規則，迅速的幫助我們找到資料在編輯與輸入的過程中所可能產生的錯誤。例如男性員工在請假，不會選到產假、女性員工在請假時，不會有陪產假，更有甚者，員工在請特休假時，直接告訴員工特休假還剩餘幾天，使員工不會超休。系統也會根據程式事先的設定，自動的定期編修資料庫中的員工資料，讓使用者可以隨時取得並掌握員工最新的資訊。當然，及時且正確的資料產出仍需使用者負起責任提供電腦正確的資料與處理資料的規則。

（二）資料處理的時間縮短

以系統來代步處理員工的人事資料，最有利的一點就是資料處理上的速度。由於所有資料輸入的格式皆已標準化，電腦可以在短時間內，處理大量的資料，完成工作。這是人工處理資料所無法踰越的，也是吾人發明與利用電腦處理資料的主要目的之一。人資同仁唯一要做的事就是將資料正確無誤的輸入電腦。以神腦科技而言，2,000 人左右的薪資計算可以在 20 分鐘內完成。

（三）容易產生複雜且具管理意涵的分析結果

除此之外，資訊系統計算的能力可以在短時間內將資料轉化為有用、複雜的資訊。許多數位化的資料可以透過交叉分析、統計、數學公式的運算整理，形成有意義的資訊。例如，透過運算，吾人可以了解個別員工歷年來工資成長的狀況，以了解整個公司的勞動成本變化的情形。同時，我們也可以透過系統在短時間內所整理出的資料表格，提供管理者進行人員管理的決策。最重要的，系統長時間大量資料的儲存，在透過迅速的計算、整理後，讓我們馬上可以發現一些問題之處，包括員工異常的出缺勤、工作場所安全受到破壞與工作滿意度下降等，可以即早提出因應的措失。

（四）增進人力資源部門的服務效率

由於資訊科技能在短時間內，正確無誤的處理大量的人事資料。同時能協助企業經理人有效率的進行人事決策。所以人力資源管理電腦化可以提升企業人事作業的生產力。舉例來說，位居臺北的臺灣(NEC)公司的人力資源管理部門將公司內部人力資源管理相關的問題與員工經常查詢的問題之回覆意見加以數位化後，利用資料庫管理系統，透過企業網路供員工線上查詢並提供意見。此舉不但能立即有效解決員工的疑惑，改進勞資間的關係，同時人力資源管理部門也因此而節省大量的時間回覆經常性所發生的類似問題，而延誤其他的人事業務。如此，把許多勞務上重覆執行的工作委由電腦來代勞，讓人力資源管理部門的人員有時間去從事高層次思考性質的事務，業務效率與品質可以大量的提升。（鄭晉昌、林俊宏、黃猷悌，2006）

16.2 人資系統主要模組概說

人力資源資訊系統包含了基本模組與加值模組兩大部分，基本模組主要是由組織管理模組、人事差勤管理模組、薪酬管理模組所組成，加值模組是除了人事、薪資、出勤、保險以外的功能，都可以稱為加值模組，其包含了訓練發展、績效管理、員工入口網站與電子表單等等。本節首先介紹基本模組的部分，再介紹加值模組。

16.2.1 組織管理模組

組織設計與職務設計屬於前瞻性、策略性、全面性與整合性的人力資源管理措施；由人力資源資訊系統整體架構來看，這項管理活動所產生的組織圖、工作部門、職系與職位說明書為人力資源資訊系統中最重要的基本參數，是人力資源資訊系統基本模組中的基本模組。也就是說，系統管理者必須將組織資訊與職務資訊設計完成後，人事基本資料庫之員工基本資料才能帶入個人所屬之部門、所擔任的職務及所具備之工作相關條件等資訊，也使其他之人力資源資訊系統模組能透過這些組織與工作的資訊進行人員的招募甄選、職務評價、薪酬管理、訓練發展或是報表交叉分析等活動。而從資料處理的角度來看，組織設計、職務設計、人員合理化或工作說明書的產生皆涉及相當大量的資料處理，對中型以上的組織而言，若沒有 e 化系統的輔助，依靠傳統紙本作業的方式產生相關資料相當曠日費時，而資料的存取與搜尋亦會浪費許多寶貴的人力，唯有 e 化的輔助方能有事半功倍的效果(Rampton, Turnbull & Doran, 1999)。

16.2.2 人事差勤模組

當組織規劃好後，接下來就是要進行人員基本資料的管理，人事資料庫是所有人力資源管理 e 化系統中的最重要的模組，也是最優先需要透過資訊系統化來進行管理的對象。以人力資源管理資訊系統來說，整個的系統核心資料在於人事資料庫，其他的相關模組都必須利用人事資料欄位中特別的索引值或鍵值來進行查詢與串連其他的資料項目。

企業在推動整體 e 化的過程中，各系統不可避免的一定要有人事基本資料，因此無可避免地需要在各系統中建立人事資料，例如薪資系統需要人事資料庫，差勤系統也需要人事資料庫，考核系統也需要人事資料庫，一旦各式各樣的系統多了之後，員工資料的維護便出現困難，主要是資料不同步的問題，資料缺乏正確性、即時性與一致性上。因此，建立一套完整主要的人事資料庫，以期能提供各系統最即時與最正確的員工基本資料，應列為推動企業 e 化的優先任務。

人事差勤除了儲存員工基本資料外，處理資料的異動也是一個重點，因為員工從進入到企業工作之後，一直到離開企業為止，這中間的過程會經歷許多的調動，例如升降職、調薪、調部門、職務調動、留職停薪、復職等，乃至於員工資料的更新（例如更改聯絡地址、電話、e-mail 地址等），這些都屬於人員異動管理的範疇。

16.2.3 薪酬管理模組

薪資計算作業的目的是在正確的時間內計算出企業應正確給付給每位員工特定期間的薪資金額，所處理的主要資料來源是員工基本資料與出勤資料，員工基本資料包括員工的人事與異動資料、薪資項目資料、保險資料等；出勤資料則包括出勤記錄、請假、加班記錄、行事曆與排班表等。將這些資料依照企業薪資制度的規定，經過薪資計算作業處理無誤後，產生出給付給員工的薪資單和各類薪資報表，並將結果拋轉給財務會計部門，以便完成最後付款給員工和製作財務會計報表的工作。另外，人力資源部門還必須經常提供各種彙總與分析性薪資報表給中高階主管，作為主管管理決策上的依據。

16.2.4 訓練發展模組

數位學習系統(E-Learning)、網際網路訓練(web-based training)及數位化訓練(E-Training)的興起可以說是企業人力資源發展部門從事員工教育訓練以來最大的改變，在多媒體科技與網際網路的催化下，將傳統以老師為主，運用教室與黑板的訓練方式，轉化成以學員為主，跨時空之多媒體互動式訓練方式，讓學員可以在任何時間、任何地點皆可獲取個人所需知識。根據美國訓練與發展協會(ASTD)2011 年的調查，美國企業與政府運用科技來進行訓練之經費已超過 145 億美金。

數位學習系統與數位化訓練的興起最主要是起源於它的方便性，數位學習系統可以讓員工不受時空的限制接受從事相關的訓練活動，此外，更重要的是該套系統的導入可大幅降低企業訓練的成本。以 Dow Chemical 而言，推行一年之數位學習系統可以節省 3.4 億美元，IBM 推行數位學習系統於 2004 年節省 4 億美元，因此當企業的國內外據點越多，或者人員越分散，數位化訓練正好可以滿足企業集中化之訓練活動展開與訓練活動管理的需求，同時降低訓練成本。

與 e 化訓練有關的名詞定義中，數位化訓練或網際網路訓練的涵義較為狹隘，指的是透過 Internet 來傳遞訓練內容，而數位學習系統的涵義則較數位化訓練廣泛，除了多媒體的線上教學平台外，也包含訓練行政作業之 e 化系統、虛擬教室、模擬測驗系統以及員工學習入口網站等，而國內外廠商所提供有關員工訓練 e 化之系統多稱為數位學習系統，因其系統本身除了有多媒體之學習平台外，也包含上述訓練行政作業、員工訓練入口網站等功能。

16.2.5 績效管理模組

根據多家企業之訪談結果，特質考核僅有少數之企業採用，絕大部分之企業皆以結果（目標）考核及行為考核為主，因此後續之流程與功能的介紹上，亦以此兩種考核方式為說明的對象；在企業績效管理的流程上，多數企業皆由年初之目標與行為設定開始，並進行期中之績效評核，最後為年底的行為考核與目標考核，最後則是 HR 部門的彙總作業及員工績效輔導。

在年初之目標設定中，系統一開始需要產生參與本年度 / 期績效考核人員的名單，實務上並非每位員工都要參加績效考核，某些高階職位如總經理、副總經理或者從事庶務性工作者如總務、司機等則可不用加入考核體系中。在目標設定上，多先由高層單位設定好目標後，再由低層單位根據高層單位所分派的目標來設定本身的目標，透過此種層層目標分派的方式，將組織的目標分派給部門，部門的目標分派給處科，處科的目標分派給個人。如此一來，一旦個人的目標達成將協助處科的目標達成，進而完成部門與組織目標；然而在目標管理的理論中，很重要的一部分為員工必須同意上級所分派的目標藉此產生目標承諾感，所以目標雖多是上級分派，仍必須透過部屬同意並將目標填寫至系統中，再經由主管同意方能完成期初之目標設定。

在期中績效評核上，員工需將前半年之目標執行結果輸入於系統中，並經由主管評核與確認，此時主管可協助部屬調整（往上調或往下調）部屬年初所設定的目標。在期末績效評核上，原則等同於期中評核，不同之處有兩點，一為主管評分時必須參考組織所設定之等級分配原則（如特優 5%、優 25%），以利 HR 部門之績效彙整與優秀人員的拔擢；二為每位部屬需依照本年度考核的結果，針對自己的優缺點填寫下一年度的發展計畫表。

HR 部門的彙總作業方面，首先檢查各部門的資料是否符合公司所設定的分配的比率，接續為整理全公司之目標與行為考核結果，並將此結果作為調薪、晉升、分紅以及教育訓練的基礎。最後在績效輔導方面，則針對考核較差的同仁進行 3 個月的績效輔導，並於 3 個月後提報輔導結果供人才運用的參考。

運用資訊科技於績效管理是有可能增加生產力與強化競爭優勢的，其透過兩種方式，第一種為將科技視為一種收集員工績效資訊的工具，第二種為將科技視為一種過程的輔助。透過電腦來收集員工工作表現之資料，可以大幅度的降低主管監控部屬的時間，讓主管多些空間來從事規劃的工作或是針對績效表現差的員工進行輔導的工作。另一種形式為資訊科技輔助主管績效評鑑過程的進行或加速產生績效回饋，例如透過績效考核系統中之互動功能之設計（線上討論區、e-mail、即時會談），即時給予受評者相關的績效資訊與建議，使受評者能藉此改變自己的行為並引導自己的努力朝組織所設定的目標邁進。

16.2.6 員工入口網站

經理人可以透過人力資源入口網頁進行自助式服務，攫取人力資源管理相關資訊。部門經理人可以隨時察閱該部門員工的個人基本資料、人力資源各項活動記錄（出缺勤及事病假狀況、教育訓練記錄、績效考核資料等等）、公司人力資源相關政策及各項作業之程序、員工關係等資訊。由於第一線經理人即時掌握部屬的人事資訊，人力資源部門可以透過其提供員工更個人化的貼身服務(personalized service)，協同部門經理人共同來處理組織內部人力資源所發生的問題，相較之下也減輕人力資源部門的工作負擔。

在高階經理人方面，也可透過人力資源入口網頁，獲取整個組織人力資源的相關資訊。尤其是後端的人力資源資訊系統涵蓋所有的組織中人事方面的資料，儼然就是所謂的人力資源資料市集(HR Data Mart)或是人力資源資料倉儲(HR Data Warehouses)，可以透過線上即時分析(On-line Analytical Processing, OLAP)程式所提供的功能，第一時間內提供高階經理人結構化的人事資料，有助改善其人力資源決策的品質。

組織內的員工也可以透過人力資源入口網頁進行自助式服務。人力資源部門可以將一些人事資料作業管理活動轉移至個別的員工身上，由其自行控管，一方面可以減少人力資源部門的工作負荷及改進資料的品質，同時也可以員工賦能(Empowerment)，增加其對組織的歸屬感。這些資料的控管包括員工個人基本資料的修改、自助式福利、訓練發展課程的選取、內部工作調派機會及各項薪資抵免等。

另外，員工也可以透過網頁所可能提供的功能，接觸一些人事相關的訊息，包括個人人事（例如考勤、教育訓練、績效、薪資等）資料、組織人事資訊、公司政策及相關作業程序、人力資源常見問題集及進行線上學習(E-learning)活動等。系統可以透過推(Push)與拉(Pull)相關資訊呈現技術主動推銷或被動的由員工取閱，提供個人化的資訊服務。

根據 Kovach, Hughes, Fagan 與 Maggitti(2002)的調查資料指出，美商 Merck & Co.曾經就其企業導入人力資源入口網頁及推動自助式服務機制進行評鑑，發現整體作業管理成本降低 86%，從原先每筆資料的交易處理費用美金$16.96 調

降至美金$2.32。由此可見網路化自助式服務機制的建立，有助於企業營運成本的降低。（鄭晉昌、林俊宏、黃猷悌，2006）

16.2.7 電子表單系統

人力資源作業包含許多表單（請假、加班、教育訓練、福利金的申請等）的簽核處理。原本這些以紙本為主的表單簽核作業可以轉變為電子表單與電子化工作流程來處理。透過人力資源入口網頁前端所提供的許多人力資源電子表單與標準的 e 化作業流程，可以加速人力資源相關表單簽核作業的效率。一方面，組織內的員工不需要時常地叨擾人力資源部門以索取表單、詢問簽核的流程或作業的進度，而是透過自助的方式在網頁上按照既定的標準作業流程，填寫必要的資料，直接在線上申請。同時員工也可以透過網頁，查詢各項作業的進度。另一方面，隨著表單與作業流程的電子化，各項表單的簽核權限已事先設定，人力資源部門可以監控各項線上簽核作業的進度，觀察是否有簽核文件積壓與特殊作業瓶頸的地方，作為往後作業流程改善的依據。如此，表單簽核的服務品質可以有效地提升。

16.3 人資系統的採購準則

16.3.1 系統廠商的選取

在採購人力資源資訊系統的過程中，專案計畫團隊將會遇到眾多的系統公司提供軟體、硬體及整套系統。專案計畫團隊必須注意選擇有經驗及可靠的廠商，以過去筆者的經驗來說，有40%的系統導入失敗都是因為系統廠商選擇錯誤，因為人資單位在購買時，通常選擇一些熱情的大開支票卻無法兌現的廠商，相信許多企業多少都曾因為找錯廠商而嚐到痛苦的經驗。另外也有可能是溝通不良或得不到適當的售後服務，導致許多企業買了系統，但卻無法滿足本身的需要。因此有必要了解如何選取適當的系統廠商。

一、系統廠商的種類

系統廠商的規模不一，可以是硬體系統製造商、軟體系統開發商、系統整合商(SI)等。規模大的廠商不一定就比較好，有些規模較大的廠商銷售以大型主機為對象的應用軟體，完全沒有顧及使用中型電腦及個人電腦的企業。他們在市場上的反應能力可能比一些小而求新的廠商來得慢。有些系統使用者經常會感覺到大型系統軟體廠商在服務上顯得緩慢及缺乏彈性。除此之外，大型系統商無法將其產品鎖定在特定用途的產業，如醫療保健、保險、零售等。

有些小廠商會提供較佳的產品及服務。但是他們經常會人手不足、工作負荷過重及資金不足。每一年經常有這類的廠商歇業、合併或為其他的廠商購併，因此，使用者經常會發生售後找不到廠商服務的現象，因此在選擇廠商的時候，有必要睜亮眼睛。

二、尋求廠商的途徑

無論企業決定要購買套裝系統或者修正現成的系統，第一步必須選擇不同的軟體系統。企業必須評估系統所提供的功能與需求間的適配程度。基本上，軟體系統採購應先於硬體設備，因為有些軟體系統只能在特定的硬體設備上運作。以下所列是一些尋求系統廠商可能的管道。

1. 電腦硬體製造商。
2. 專業學會。
3. 專業出版品。
4. 人力資源研討會。
5. 廠商名錄。
6. 郵購目錄。
7. 專業顧問。

三、先期篩選廠商的標準

當企業找到一定數目的廠商名單，接著下來就要進行篩選的動作，從諸多廠商名單中，找出可能的候選廠商。企業可以根據下面幾個問題以協助進行廠商篩選：

（一）廠商從事人力資源資訊系統的相關業務時間有多長？

企業應該尋求長期從事人力資源資訊系統相關業務的廠商。但是也不必刻意的排除新進的廠商，當然這些新進廠商必須滿足客戶的需求條件。企業有必要調查那些新進的廠商，在從事人力資源資訊系統相關業務以前，究竟從事哪些業務。有些新進的廠商曾擁有人力資源管理或資訊系統長期的經驗，他們應該能夠利用管道獲取人力資源資訊系統。

（二）廠商是否熟悉企業所從事的業務？

不是所有的廠商都可以發展系統或提供服務給所有的企業。但是企業有必要了解廠商所提供的特殊服務。

（三）廠商過去安裝過多少套人力資源資訊系統？

企業可以要求廠商提供曾經被服務過的企業的名單、電話號碼及可接觸的窗口，這樣做可以避免廠商過度的吹噓，因為廠商知道企業有可能從這些服務過的企業中探知實況。

（四）廠商是否提供實在的保證？

大部分的廠商會提供軟硬體系統十足的保證，但是也有經銷商僅提供軟硬體製造商的保證，本身並不負任何擔保。越有信譽的廠商，所提供的保證就越完整。當企業是透過經銷商採購軟硬體，就應期望更完整的契約保證，以為往後萬一出現問題時，協商的依據。

（五）廠商是否提供系統在實際系統導入過程中的支援？

系統導入不僅僅是系統安裝而已，尚包括其他的服務，例如資料從舊系統轉入至新系統的服務；系統修繕的服務（系統使用者介面、報表格式的調整、資料庫的管理等）。企業應確認服務廠商財務營運上的健全及優良的系統導入記錄，以免這些廠商因營運出現問題而倒閉，到時候企業則求救無門。

（六）廠商是否提供必要的訓練？

廠商是否能夠提出完善的系統使用者教育訓練可以為評估的要項之一。這些教育訓練課程的範圍，可包括協助企業了解使用者手冊的內容、上線操作系統、協助企業訓練關鍵使用者(Key Users)、提供高階主管訓練課程等。企業必須查核廠商何時及何地提供教育訓練課程。

16.3.2 資訊徵求說明書及專案需求規劃說明書

除了運用上述的方法評選廠商外，可再運用資訊徵求說明書(Request for Information)及專案需求規劃說明書來協助篩選。

資訊徵求說明書主要是用來了解廠商參與計畫的意願及進行第一階段的資格審查。說明書中可能用一至兩頁的篇幅說明計畫的內容，及要求有意願的廠商提出他們參與計畫的資格條件及接觸的窗口。有些企業運用電話訪談的方式來進行。經由資訊徵求說明書的過程，企業可以藉此篩選及獲取初步的廠商名單。再運用廠商針對需求規劃說明書所提出的解決方案，找出最適配的廠商。

需求規劃說明書中載明企業的需求，要求有意願且具資格的廠商參與投標。透過需求規劃說明書來評選系統，雖然不能完全保證企業可以獲得最佳的系統解決方案，至少其可以確保所獲取的系統解決方案較接近企業的需求。運用需求規劃說明書可以有下列幾項優勢：

1. 需求規劃說明書中載明企業用戶的目標及需求，可做為企業與廠商間對於整個計畫內容溝通的媒介。
2. 需求規劃說明書中載明整個系統選取的決策流程，包括各項硬體、軟體及服務需求的最低條件，讓專案團隊在進行評選時，能有所依據。
3. 需求規劃說明書可以節省時間。由於廠商依需求規劃所要求的規格提出解決方案，其所提供的訊息格式一致，便於比較。
4. 由於需求規劃說明書中的內容在事前由企業準備。相較於臨場評選，企業較不易疏漏一些重要的評選項目。
5. 需求規劃說明書可以減低系統評選所可能產生的歧見。

一般說來，需求規劃說明書的內容，必須完整涵蓋企業在執行系統評選的條件、程序與廠商的資格，其中至少有下列五項內容必須在需求規劃說明書中詳細載明：

一、專案介紹

包括企業簡介及專案計畫的目標。

二、專案需求規劃指引

要求廠商在解決方案(Solution Proposal)中提供必要的資料，包括下列各項：

1. 廠商簡介、廠商的地址及聯繫接觸的窗口。
2. 功能需求條件的回應。
3. 廠商資格條件的回應。
4. 專案實施的費用（軟硬體系統及導入服務）明細。
5. 相關附件。

三、功能需求條件

有些企業會詳列所有的系統功能需求項目，要求廠商逐項回應。

四、廠商資格條件。

五、系統評選的行政程序

內容包括下列各項：

1. 整個需求規劃說明書的保密責任。
2. 提案處理的流程、評選的時間及地點、系統導入的時間。
3. 指明解答需求規劃說明書中內容的聯繫窗口。
4. 廠商提案的期限、送交地址、提案份數等。
5. 系統展示說明的時間及地點。
6. 標準合約範例等。(鄭晉昌、林俊宏、黃猷悌，2006)

16.3.3 系統評估準則

系統評估的項目與標準必須依據整個專案計畫的目標而定。PeopleSoft 公司在 2002 年的一份調查報告中顯示有 75%的企業在選擇系統時，不外乎設定以下五項專案目標(PeopleSoft, 2002)：

1. 系統能夠讓人力資源單位在組織中發揮其策略上的效益。
2. 系統能夠協助人力資源單位改善其服務品質。
3. 系統能夠降低行政成本。
4. 系統能夠簡化作業流程。
5. 系統能夠促進員工工作滿意度。

類似的報告也出現在 Cedar Group 的調查報告中(Cedar, 2002)。基本上，吾人可以根據上述的目標，演繹出企業在評選系統功能時的一些準則，分述如下：

1. 系統功能必須能夠符合企業人力資源策略

任何一套人力資源資訊系統的導入，必須有其管理策略上的意義。例如，系統的導入可以改善組織決策的品質，或是能改善員工之工作生活的品質，進而激勵員工。如果專案的目標是前者，則系統評估時，特別要注意系統所儲存及所能夠提供的報表資訊為何？如果目標是後者，系統所提供之員工自助服務功能必須要很完備，同時使用者介面必須很友善，才能達到服務員工的目的。

2. 系統功能必須能具體降低行政成本

行政成本的降低主要包括減少人力資源單位員工的員額、減少辦公室紙張的花費、減少人力資源單位電話服務的次數、降低人員交通往返的頻率及每次資料交易的成本等。如此，系統必須能夠提供各種電子表單、人力資源自助式服務網頁(HR Self-service Portal)、線上學習(E-earning)及線上招募(E-recruiting)、線上問卷調查、線上投票及即時統計結果等功能。企業可以針對特定的功能，檢視其是否可以達到行政成本降低的要求。

3. 系統功能必須能協助人力資源單位改善其服務品質

人力資源服務品質的提升是系統導入目標之一，包括員工滿意度的提高、行政效率的改善、更多複雜問題的解決等。系統必須能配合企業各項人力資源作業流程的改善，提供電子化作業流程的功能。人力資源網頁中能提供個人化的資訊(Personalized Content)及常見問題資料庫等。

4. 系統使用者介面必須能讓終端使用者易於學習使用

大多數的人力資源單位從業人員或企業員工，多無資訊科技的背景。所以人力資源資訊系統的設計最好能讓終端使用者(End Users)，很容易上線學習使用。系統最好能提供簡易的線上指引及防呆機制。同時介面設計友善，讓使用者對功能的選擇與使用能一目瞭然。

除了系統功能上的考量外，企業仍必須針對系統技術面進行評估，包括下列各項：

1. 系統可修改的程度

系統設計是否模組化？甚至元件化？是否易於修改及調整？相關的系統技術文件是否完備？由於人力資源制度及作業流程，因法律規範的變遷及組織管理需求的改變，而經常異動。人力資源資訊系統相較於其他系統，修改的頻率偏高。因此系統是否具有可修改性，應是企業評選系統的一項標準。

2. 系統可整合延展的程度

系統與其他系統相容及可整合的程度，也是系統評選的重點。人力資源資訊系統通常會與企業其他系統進行整合，例如財務會計系統、工作流程軟體及企業資源規劃系統等，有必要對系統的相容及可整合性進行檢核。

3. 系統資料庫的完整性

人力資源資訊系統之建置除了可以協助解決日常例行的人事行政及作業外，還可以據之以提供不同的統計資訊，協助企業進行人力資源相關之決策與規劃。最重要的各個時間點的人事資料還可以進一步加值運用，形成資料倉儲(Data Warehouse)，透過資料採擷(Data Mining)技術，協助建立人力資源關鍵指標，發展企業智慧。資料庫的完整性有助於上述目的的達成。因此，有必要在評選系統之時，針對系統資料庫完整性進行檢核，了解是否記錄儲存各個時間點的關鍵性人事資料。

4. 系統資訊安全措施

部分的人事資料有其機密性，例如個人以往的特殊經歷（吸毒、犯罪）、歷年考績、薪資、工作契約等。因此，系統的資訊安全及保護措施的設計一定要非常的完善周詳。一般說來，資訊安全的設計可從兩個方面考量，一是資料接觸權限(data access authority)的設定，也就是組織中不同職務階層的人，所能接觸的資料內容與範圍不一樣。另一是資料面使用權限，也就是說針對特定資料，有的人僅能閱讀，但不能修改；有的人可以閱讀及修改。在選購系統時，必須針對系統資訊安全及保護的機制，進行深入的檢核（鄭晉昌、林俊宏、黃猷悌，2006）。

›› 表 16.1　系統品質評選表

因素 1：操作友善
1. 整個系統畫面設計簡潔、清楚、乾淨
2. 操作容易了解（新使用者容易上手）
3. 介面操作之流程十分人性化
4. 好的圖形選單及圖形介面
5. 具良好之輔助功能(help function)
6. 具一致性的操作介面
因素 2：系統成熟
1. 系統可處理之資料量合乎要求
2. 可同時提供眾多使用者連線
3. 權限控制完善
4. 具高度的可靠性（產品具良好之自動偵錯與更正功能、所有的交易皆有紀錄、有完善的備用程序……）
5. 就該系統而言，系統廠商之程式開發能力值得信賴

表 16.1　系統品質評選表（續）

因素 3：創新服務
1. 利用最新穎的程式開發工具
2. 具許多體貼使用者之防錯（呆）設計
3. 具許多其他類似產品所沒有之功能
4. 未來可與系統廠商其他之相關產品結合（如：心理測驗、接班人計畫……）
因素 4：擴充相容
1. 此套系統之使用者端或 Server 端可輕易跨越於不同作業軟體(Unix、 Windows……)與平台中使用
2. 該套系統容易與您所服務企業之其他系統整合運用（如：財會系統等）
3. 系統所需要軟硬體可於企業現有之資源中加以運用、額外採購軟硬體之成本低
4. 此套系統能根據您未來的需要加以擴充
因素 5：功能完整
1. 系統在人力資源各功能架構合乎現行作業流程及邏輯
2. 系統之整體架構完整（如：人事薪資、招募、教育訓練、福利行政、績效考核等），無明顯遺漏
3. 包含了大部分貴公司所需要的功能（如：查詢資料、輸入資料、交易處理、人力資源之決策……）
因素 6；修改彈性
1. 可由客戶自訂各項功能之操作方式（如：所有的計算和處理程序是可依照貴公司所希望的步驟來進行）
2. 軟體易於修改且新的計算與處理程序容易加入

16.4 人資系統的導入步驟

16.4.1　系統導入的主要流程

多數協助系統導入的專業廠商或顧問公司都有一套完整的導入方法論(methodology)，各自所使用的字眼雖不同，但基本上可歸納為以下步驟：前置規劃與準備、作業與差異分析、方案建立、測試與方案確認、上線與維護。可將導入步驟串連成如圖 16.4，這些步驟彼此間有其優先順序，在實際的推動過程中，有時候在執行下一步驟時，會回顧上一步驟的完成程度，若發現先前的步驟執行結果發生問題或未落實，致使後續步驟銜接上有困難，就需要回到上一步驟重新檢討與執行，以彌補造成後續步驟窒礙難行的缺失。

圖 16.4 系統導入的主要流程

一、前置規劃與準備

之前章節已經針對組織專案團隊有詳細的說明，到了正式開始導入的階段，首先必須確認專案團隊成員與任務職掌，並擬定詳細的導入執行計畫，計畫中最重要的是展開任務細節、時程、相關參與人員與產出。因為團隊中的成員並不全然是人力資源部門人員，還包括資訊部門人員、顧問以及外部廠商相關人員，成員們彼此間不見得熟悉，而是在此階段逐漸發展出未來合作共事的模式。有些專案成果不盡理想，往往是在一開始時成員間適合的共事模式沒建立起來，導致後續在溝通協調上發生「人際問題」，使得衝突、嫌隙不斷。

或者是系統未來的使用對象抗拒改變，出現焦慮、不信任等問題，故此，有些專業顧問會安排諸如「變革管理」、「資訊系統發展」、「專案管理」、「人際溝通」等訓練課程，一方面使成員們逐漸相互熟悉，另一方面使成員們有具備後續專案執行的共同觀念與基礎，以順遂導入專案的執行，可惜實務上會如此做的企業並不多。如果導入的是外購的人力資源資訊系統，通常廠商會先進行系統的初始訓練，令未來的使用者與專案成員對新系統的功能與操作方式有初步的了解，建立起共同對話的語言，也可提前發覺需求差異(Gap)。系統未來需要的軟體、硬體設備，往往也在此階段購置與安裝。

二、作業與差異分析

一般在導入的前期，最需要釐清的是未來系統的功能與實際人力資源管理作業流程間的差異，因此以導入外購的人力資源管理系統而言，此時會由顧問與專案成員搭配來進行作業流程與企業需求差異的分析，進行的方式包括利用問卷、訪談、文件收集、會議等。參與的成員除了顧問、人力資源部門使用者之外，建議一定要搭配資訊部門的同仁（最好也應該納編在專案團隊中）一起。理由在於，資訊部門同仁原本對人力資源管理業務不熟悉，經過這個過程後，可以漸漸熟悉相關流程與各個業務的關鍵使用者(key user)，進而協助人力資源部門同仁推動系統導入的執行，並提供建議及後續上線維護的支援。

分析後的結果包括符合企業需求與有差異兩種狀況，系統功能可以符合企業需求的部分，顧問會將管理規則化為系統上可以設定的參數，經過在系統上設定後，就可以提供使用者測試標準功能，並驗證其執行後的結果。

另外，系統功能與企業需求有差異的部分，有可能是透過修改程式、新增程式、修改現有作業流程與管理規則、維持原作法、新系統不處理等方案來解決。

三、方案建立

經過作業與差異分析後，顧問與專案成員逐項擬定出各項差異與企業需求的可能解決方案，有些解決方案並非專案成員們職權上可以決定的，比如更改休假規定、薪資計算規則，或額外增加預算來進行新增／修改系統功能（即所謂的客製化，customize），專案領導人就必須提早呈報給權責主管來核定，以免延誤整個導入專案的時程。

在專案成員們能掌控的方案中，就要開始收集下一步驟所需的測試資料，並模擬新系統未來的操作流程如何與實務作業面銜接。將這些流程文字化、標準化的結果，便是所謂的使用者手冊(user manual)與標準作業程序(Standard Operation Procedure, SOP)文件。有些流程可能在調整或重新設計後，變更了原來的業務承辦人（如由 A 君改為 B 君），因此，在系統使用的權限上也必須做相對應的調整。

若有額外的客製化需求，則需要從客製需求的系統分析開始，到確認各項功能與資料的細部規格，撰寫成為系統分析(SA)文件，交由專案成員與使用者確認，爾後進行客製開發、程式撰寫等。

四、測試與方案確認

系統與客製程式安裝完成後，經過參數設定將企業的人力資源管理規則建立在系統中。在正式上線前，必須經過周詳和完整的測試，以確定系統運作結果是否正確。此時，專案成員與使用者應設計出測試計畫(test plan)，若此步驟未能詳盡測試，在系統上線運作後可能得面臨不可預期的錯誤發生，輕則使用上操作不便、系統執行效率不佳，重則人事相關資料錯誤，甚至系統毀損無法運作。

所有的系統參數與客製程式經過測試驗證與修正後，收集成為上線前的正式環境(production)，接著要經過系統轉換的工作，將舊系統上的人事相關資料，透過轉檔輸入新系統中。

五、上線與維護

上線之前會先擬定上線計畫，此計畫屬於整體導入計畫時程的一部分，主要規範出上線前後的工作項目、執行開始與完成時程、相關人員、地點、上線執行策略等。

前述的轉檔工作需規劃出一個時間分割點(cut off)，在此時間點之前的資料由舊系統轉出至新系統中，而時間分割點之後的資料就在新系統上輸入。至於在上線的策略上，實務大部分採用平行上線。平行上線期間大約是 2~3 個月，必須新、舊系統同時使用與相互驗證，好處是可避免廢棄舊系統不用後，新系統若未能立刻順利運作，導致作業延誤因而損及同仁薪資、請休假權益。但缺點是使用者要重複作業，同一筆資料新、舊系統都要輸入，耗時費力。

上線後，整個專案進行最後的結案階段，包括後續系統軟硬體維護與資料保全工作應交給哪些相關單位與人員負責？新系統上線的效益評估？是否繼續後續的改良與新功能開發？

絕大部分的廠商都會提供固定期間的保固與維護服務，因此對使用者來說，只需要知道有問題得找哪個對應的窗口尋求支援即可。(鄭晉昌、林俊宏、黃猷悌，2006)

16.5 ›› 人資系統的未來發展

人資系統的未來發展主要有兩個趨勢，一為人資系統 SaaS(Software as a Service) 時代的興起，二為商業智慧的運用。

16.5.1 人資管理系統之 SaaS

中小企業所面臨的挑戰很多，主要可概分為四大構面，包含外在經營環境的變化、組織市場競爭力的挑戰、財務競爭力的問題，以及組織人才競爭力的問題。舉例來說，中小企業在面對外在經營環境變化時，企業往往無法即時反應及面對；於市場競爭時，在產品之創新與品質上，缺乏關鍵性技術上的突破；於財務上的處理時，缺乏良善的財務規劃，資金常週轉不靈，常有重大錯誤；而這些問題的關鍵點，最後都可歸結到組織人才競爭力的問題，因為臺灣的中小企業過去忽視人才管理的重要性，以致於沒有一套作法來吸引、激勵與留任人才，在好人才流失或缺乏激勵的情況下，產品自然無法創新改善，財務當然無法妥善規劃、亦無法於外界環境變動時，產生良好因應對策加以面對。

臺灣中小企業的競爭環境已非昔日可比，故以人為核心的智慧資本的創造將更形重要，假若我國中小企業於人力資源管理落後他國，企業之生存將處於非常不利的地位。從國內外眾多的經驗與文獻皆顯示，人力資源管理已成為中小企業提升競爭優勢的來源之一，其重要性不可忽視，但中小企業對於人力資源管理該如何進行時，由於缺乏經驗及專業人才，常常感到千頭萬緒，不知從何著手，而學者專家多建議較務實的途徑，即透過人資 e 化平台的建置與使用，採用平台內建之人力資源最佳實務，逐漸地將中小企業之人員管理制度提升到國際級的地位，如此企業在面對國際競爭時，就會有最佳的角度與他國企業一較長短。在後續的文章安排上，本文首先說明中小企業人資平台的架構；另外，為了降低中小企業的成本，中小企業之人資平台大多以 SaaS(Software as a Service)之方式提供給企業，接續說明 SaaS 對中小企業的利益，最後則是本文的結論。

一、中小企業人資管理平台之架構

企業在人力資源的管理上，可分為人力資本的開發與激勵兩種活動，在人力資本的開發上，主要是透過訓練發展的方式來累積自身的人力資本，所以人力資本的累積乃是企業審慎投資的結果；在人力資本的激勵上，則是透過績效考核與薪酬設計來進行，一方面給予員工挑戰性的目標，另一方面對績效佳的員工給予即時的獎勵，以確保員工可持續的維持高績效水準；因此，一個完善的中小企業人資管理平台，除了傳統的人事行政作業（人事、薪資、出勤、保險）外，還必須配合相關的加值模組（績效考核、教育訓練），最後再輔以人力資源入口網站（或稱為人資服務系統）作為一個員工訊息交換的平台，即可協助企業累積與激勵企業自身的人力資本，提升企業管理的層次（圖 16.5）。

在此架構下，人事、薪酬管理模組的目的於確保人事行政作業的進行，功能如圖 16.5 最底層區塊所示，主要包含組織架構管理、員工基本資料管理、員工升遷與異動管理、公司行事曆設定、員工出勤管理、員工薪資結構管理、勞保管理、健保管理、勞工退休金管理、薪資計算與管理、所得稅務管理等等，透過系統的這些管理功能，可確保基本的人員管理與發薪作業可順利進行。

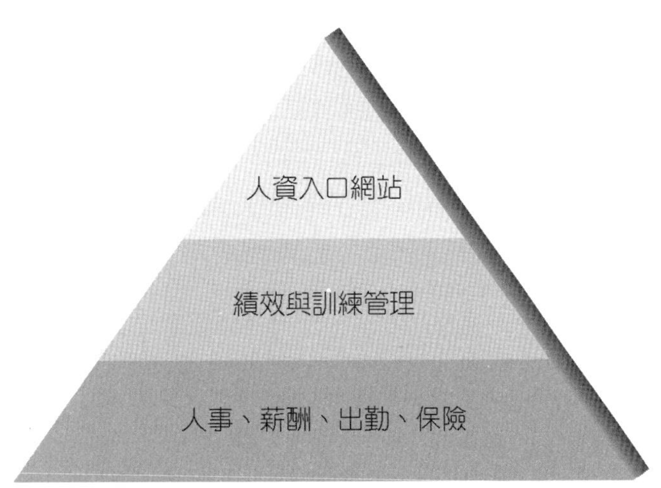

圖 16.5 中小企業人資管理平台架構

在績效與訓練管理區塊中，如圖 16.5 中間部分區塊所示，其可透過訓練需求分析、年度訓練計畫展開，訓練課程管理與員工學習規劃來強化內部同仁的能力；而透過目標管理與職能考核的功能，協助員工設定明確、可達成且具挑戰性的目標，並透過系統的評核功能即時給員工回饋以激勵員工之工作動機。

最後在人資服務系統如最上層區塊所示，除了協助員工自助服務外（如會議室預約、線上請假、自選式福利的申請等等），他更是公司與員工溝通的橋樑，公司的重要訊息可透過公布欄發佈給同仁，必要也可進行問卷調查以收集員工的意見，同仁若要發表看法也可透過意見提案的功能以及公共討論區與公司管理階層進行分享，以達到勞資和諧，共創勞資雙贏的目的。

二、SaaS 對中小企業的利基

然而一套完整的人力資源管理平台所費不貲，也只有一定規模的企業方能採用，因為其投資包含：

1. 硬體採購成本（server 2 台）：約 40 萬。
2. 人資管理平台採購成本：約 100 萬。
3. 相關作業系統與資料庫軟體：約 20 萬。
4. 後續的維護合約與 IT 人員人事費用分擔及其他雜支：約 40 萬。

根據以上的計算，建構一個完整的人資管理平台，基本的費用就要高達 200 萬，在預算的考量下，中小企業一般只能購買簡易版的人事薪資軟體，協助簡易的資料計算與管理，無法真正的降低人事行政作業的負擔以及協助推行較進步的人力資源管理措施。

在網際網路興起後，有一個值得注意的潮流為 HR 應用軟體租賃服務(eHR SaaS)，意指系統軟體廠商將 HR 應用軟體以透過網路以租賃及隨選(on-demand)的方式提供予企業使用。不同於過去由企業一次買斷的委外交易行為；未來中小企業可以不用採購所需要的 HR 軟體系統，只要透過合約，明訂服務水準，向軟體租賃服務業者購買軟體使用權，以中小企業可負擔的價格獲得完整的人資管理平台。很顯然的，運用應用軟體租賃服務，可以替企業帶來以下幾項效益：

1. 能夠持續不斷的享用企業營運所需的最新科技。
2. 能將企業資源集中於核心能力上，而非資訊科技本身。
3. 更快地使用最新應用軟體技術。
4. 輕易地享有足夠的軟硬體擴充性。
5. 能夠獲取範圍廣泛的資訊保密、回饋、災害回復及支援服務。
6. 藉由複雜的應用軟體，使現有的機器設備發揮更高的效能。
7. 降低企業資訊整體持有成本，使企業資訊成本更具可預測性。
8. 增加企業資訊方面的應變彈性。

所以對中小企業而言，e-HR 之 SaaS 的提供，將可提供企業很大的利基，可以用最少的 IT 投資，達到相同之管理目的。

最後要強調與說明的是，人力資源／人才資本的管理係企業經營之重要活動，其旨在運用各項的人力資源管理工具與措施，影響員工的能力、動機與行為，進而達成組織發展目標。與傳統上的人事管理不同的是人力資源管理將企業中「人」從成本(cost)轉化為資產(assets)的概念。過去人事管理的重要工作就是降低人事成本或雇用人數以增加經營績效，但新近的論點則討論到如何人力資源管理以強化並維持企業競爭優勢。因為傳統資源，如自然資源及經濟規模等，雖然都能創造價值，但這些資源相對較容易模仿。惟有人力資源同時具有價值性（透過人方能創造、發明與改善，增加企業價值）、稀少性（優秀的員工在人力市場上是相對稀少的）、無可模仿性（人力資源養成困難，不容易加以複製）、及不可替代性（目前尚未有其他的資源可以取代企業內部的人力資源），方能為組織創造競爭優勢。

中小企業要開發與運用優秀的人才，必須如同大企業一般，擁有一套人力資本管理 e 化平台來協助中小企業主與管理者進行人力資本的管理，然而中小企業因為資源有限無法如同大企業般，投入大量的軟硬體資源於數位人資平台上；針對中小企業的需要，逸凡科技與 104 資訊科技合作，從 2009 年一月開始，提供人資軟體之軟體租賃(eHR SaaS) 與隨選(on-demand)的經營模式，讓中小企業可以用最小的投資，獲得高滿意度的人才資源管理系統與服務。協助中小企業在多變且高度競爭的經營環境中，可以吸引、激勵以及留住好人才，讓他們願意持續貢獻企業，成就自己的理想，協助企業戰勝環境與競爭者的挑戰。

16.5.2 人力資源數據分析與 AI 運用

人力資源資訊系統資料庫所儲存的資料及處理過的資訊皆可以進一步作加值化(value-added)的運用，產生所謂的人力資源數據分析(People Analytics)，協助組織進行更高層次的決策規劃。這個觀念的實際運用與其他資訊系統一樣可以產生企業商業智慧(Enterprise Business Intelligence)，結合資訊科技，使用一些先進的資料庫設計模式與資料分析技術，如線上即時分析程式資料庫及資料探勘技術等，強化企業對外在環境的反應及解決問題的能力。

人力資源數據分析之所以能夠強化企業對問題的反應及解決的能力，主要是透過系統功能對管理行為的影響。

一、改變資訊收集與進行決策在整體時間中所占的比例

吾人可以將決策過程所需的時間切割為兩個不同的階段：資訊收集階段及決策進行階段。因為我們對於資訊來源不足已司空見慣，大多數的人已經無法清楚區分這兩個心智活動截然不同的階段。他們可能會認為他們正在進行決策過程，做出有關人事方面的決策。然而事實上，他們是將時間和精力花費在資訊的收集上。從過去的經驗中我們發現企業在做決策所花的時間，有 80%是花費在資訊收集上。在這種情況下，特別需要注意的地方是企業組織對於決策都有時間限制，但是大部分的時間都用來收集資訊，結果實際用於進行決策的時間和努力卻相當少。HR 及相關單位人員往往將他們所有的時間耗費在資訊收集上，最後為了趕上時間限制，只好倉促做出決定。

如圖 16.4 所示，人力資源數據分析就是要大幅縮短資訊收集的時間，儘可能增加實際用於進行決策的時間，讓決策的品質因而提升。

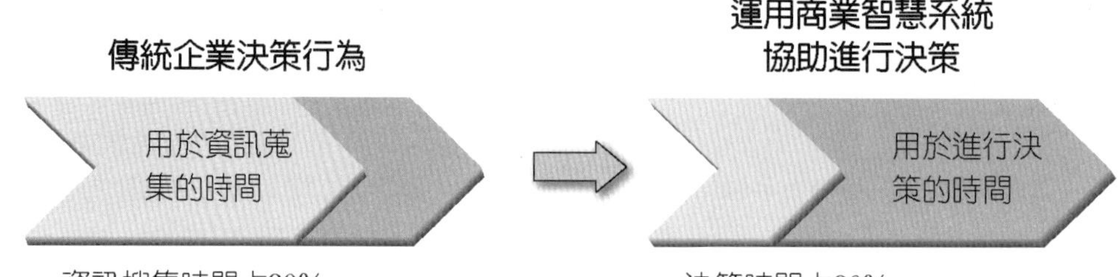

· 資訊搜集時間占80%
· 經常交付給資淺員工執行
· 決策時間短，占20%
· 由較低層管理人員親自決策，拉長決策與採取行動之時間差
· 無法釐清分割決策與資訊搜集活動

· 決策時間占80%
· 由高層管理人員親自決策
· 可縮短決策與採取行動之時間差

圖 16.4　運用 HR 商業智慧系統縮短資訊收集的時間

二、讓 AI 協助主管管理，讓人員管理更具主動性

誠如我們所見，讓企業主管能夠在為人事方面決策作準備時，取得相關資訊是非常重要的，如此他們才能根據事實而不是本能直覺或小道消息做出沒有根據的決策。但是這樣還是不夠，決策或是行動並非總是在事前作規劃，發生異常事件時，通常就必須要採取行動，例如發現員工曠職頻繁的現象等，且之前透過人力資源分析發現員工曠職與離職是有因果關係時，此時就可於系統建置 AI 功能，讓相關系統必須能夠在這些類型的事件時發生警示，來提醒企業主管及時決策，採取行動。

人力資源分析技術的提供是希望這項服務能夠在企業內各處普及，讓使用者選擇是否要收到警訊，或是定義他們需要得到通知的例外事件規則。當 HR 資料倉儲中有事件發生時，通知訊息就會透過各種不同型態的設備，如電子郵件、呼叫器、行動電話等，將訊息傳播給使用者。相關人員進行決策時不需要自己追查資料，資料中所包含的事件會促使使用者作出決策或採取行動。

當然，人力資源分析的運用可與 HR 效能指標的觀念結合。在人力資源效能指標的研究中，多以人力資源關鍵績效指標(Key Performance Indicators, KPI)來衡量人力資源部門的貢獻。許多學者以人力資源管理活動中的人力資源規劃、任用、績效評估、薪酬、教育訓練等功能，來探討人力資源部門的績效指標。人力資源管理活動各向度關鍵績效指標可設定如表所示。

這些量化指標的建立將有助於人力資源部門積極的審視人力資源活動的效能，透過這些指標所透露的訊息，企業可以掌握現有企業內部各項人力資源管理活動的狀況，有助於強化人力資源管理活動對於組織經營的影響（鄭晉昌、莊育維、林俊宏，2010）。

透過線上即時分析程式的功能可進一步融入這些人力資源關鍵績效指標，不但可以及時提供資訊讓企業主管靈活地從各種不同的角度檢視組織人力資源的運用狀態，更可以透過一些基準參照值，來衡量人力資源運用的良窳，讓組織人力資源管理與運用能夠持續地維持最佳狀態（鄭晉昌、林俊宏、黃猷悌，2006）。

》表 16.2　人力資源管理活動各向度關鍵績效指標

人力資源活動	關鍵績效指標
人力資源規劃	◎ 用人費用／營業額比率 ◎ 員工人數成長率／營業額成長率比值 ◎ 部分工時／全工時員工的比例 ◎ 管理人員／非管理人員比例 ◎ 員工年齡分布概況率 ◎ 出勤率 ◎ 流動（離職率） ◎ 企業文化與企業經營配合度 ◎ 規劃員工人數與實際任用人數偏差率
任用	◎ 面試到考率 ◎ 錄取人數／報考人數比率 ◎ 新進人員報到率 ◎ 雇用一個新進人員的成本 ◎ 新進人員從「申請」到「報到」所需的時間 ◎ 試用期成功／失敗率 ◎ 新進人員流動（離職）率（一或二年內） ◎ 新進人員對應徵時接待滿意度 ◎ 員工能力與職務需求配合度
績效評估	◎ 規定時間內完成評估工作 ◎ 績效指標量化比率 ◎ 績效指標達成率 ◎ 主管與員工績效評估面談實施程度 ◎ 員工完全了解「評估項目」比率 ◎ 員工對考績滿意度

表 16.2　人力資源管理活動各向度關鍵績效指標（續）

人力資源活動	關鍵績效指標
薪酬	◎ 獎金／薪資比率 ◎ 福利／薪資加獎金比率 ◎ 超時津貼／薪資比率 ◎ 職務（專業）津貼／薪資比率 ◎ 薪資維持高於、等於或低於同業比率 ◎ 退休金提撥比率 ◎ 每個薪資職等內員工平均薪資與薪資中距比值 ◎ 員工對薪資滿意度 ◎ 員工對獎金滿意度 ◎ 員工對福利滿意度

參考資料

Edwards, M., Edwards K., Predictive HR Analytics: Mastering the HR Metric

Kogan Page, 2019.

Johnson, R. D., Carlson, K. D., Kavanagh, M. J., Human Resource Information Systems: Basics, Applications, and Future Directions,

SAGE Publications, 2020.

Kavanagh., M. J., Johnson R.D., Human Resource Information Systems: Basics, Applications, and Future Directions, SAGE Publications, Inc; 4th edition, 2017.

Noe, R. A., Hollenbeck, J.R., Gerhart, B., Wright, P. M., Human Resource Management: Gaining a Competitive Advantage, McGraw Hill; 13th edition, 2022.

Rampton, G. M., Turnbull, I. J., Doran, J. A.(1999). Human Resources Management Systems: A Practical Approach. Carswell:Ontariio.

Waddill,D., Marquardt, M. The e-HR Advantage: The Complete Handbook for Technology-Enabled Human Resources, Boston: Nicholas Brealey, 2011.

Waddill, D., Digital HR: A Guide to Technology-Enabled Human Resources.

Society For Human Resource Management; None edition, 2018.

Waters, S. D., Streets, V., McFarlane, L., Johnson-Murray, R., The Practical Guide to HR Analytics: Using Data to Inform, Transform, and Empower HR Decisions, Society For Human Resource Management, 2018.

鄭晉昌、莊育維、林俊宏等，商業智慧，臺中：滄海書局，2022 年。

鄭晉昌、林俊宏、黃猷悌，人力資源 e 化管理：理論、策略與方法，臺北：前程文化，2006 年。

— 問題與討論 —

1. 何謂「人力資源資訊系統」(Human Resource Information System；簡稱 HRIS)？
2. 何謂「人力資源資訊系統」(Human Resource Information System；簡稱 HRIS)之架構？
3. 如何運用「人力資源資訊系統」，協助人資部門，維持高的績效水準？
4. 請列舉四點資訊系統可以為企業帶來之效益，並加以說明。
5. 人資系統的未來發展如何？

MEMO

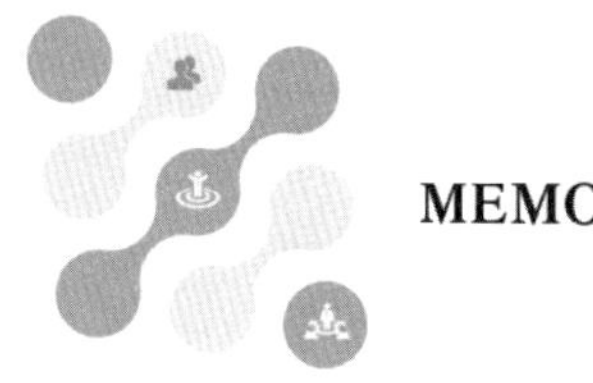

MEMO

MEMO

國家圖書館出版品預行編目資料

現代人力資源管理/丘周剛, 田靜婷, 林欣怡, 林俊宏, 高文彬, 徐克成, 劉敏熙, 劉嘉雯, 羅心妤編著. – 第四版. – 新北市 : 新文京開發出版股份有限公司, 2023.07

面； 公分

ISBN 978-986-430-936-8（平裝）

1. CST : 人力資源管理

494.3 112009918

現代人力資源管理（第四版） （書號:**H175e4**）

總 校 閱	丘周剛
編 著 者	丘周剛 田靜婷 林欣怡 林俊宏 高文彬 徐克成 劉敏熙 劉嘉雯 羅心妤
出 版 者	新文京開發出版股份有限公司
地 址	新北市中和區中山路二段 362 號 9 樓
電 話	(02) 2244-8188（代表號）
F A X	(02) 2244-8189
郵 撥	1958730-2
初 版	西元 2010 年 08 月 30 日
二 版	西元 2014 年 01 月 01 日
三 版	西元 2018 年 07 月 20 日
四 版	西元 2023 年 08 月 01 日

建議售價：590 元

法律顧問：蕭雄淋律師

ISBN 978-986-430-936-8

New Wun Ching Developmental Publishing Co., Ltd.

New Age · New Choice · The Best Selected Educational Publications — NEW WCDP

NEW
WCDP

新文京開發出版股份有限公司

新世紀・新視野・新文京 — 精選教科書・考試用書・專業參考書